“十四五”国家重点出版物
出版规划项目

合成树脂及应用丛书

聚酰胺树脂及其应用

第2版

颜刚 主编

化学工业出版社
·北京·

内容简介

本书在对聚酰胺树脂的基本知识进行介绍的基础上，详细论述了聚酰胺树脂的合成、聚酰胺树脂的结构与性能、聚酰胺树脂的改性、聚酰胺树脂的加工成型技术以及聚酰胺树脂的应用等，最后对聚酰胺树脂的回收利用进行了概括。

本书可作为聚酰胺领域科研、生产、营销等人员的参考书，也可以作为相关专业的教辅使用。

图书在版编目（CIP）数据

聚酰胺树脂及其应用 / 颜刚主编. -- 2版. -- 北京 : 化学工业出版社, 2025.12. -- （合成树脂及应用丛书）.

ISBN 978-7-122-49139-8

Ⅰ. TQ323.6

中国国家版本馆CIP数据核字第2025NX8747号

责任编辑：赵卫娟　仇志刚

责任校对：李雨晴

装帧设计：王晓宇

出版发行：化学工业出版社

（北京市东城区青年湖南街13号　邮政编码100011）

印　　装：中煤（北京）印务有限公司

787mm×1092mm　1/16　印张$20\frac{1}{2}$　字数456千字

2026年2月北京第2版第1次印刷

购书咨询：010-64518888　　售后服务：010-64518899

网　　址：http://www.cip.com.cn

凡购买本书，如有缺损质量问题，本社销售中心负责调换。

定　　价：148.00元

前言

《聚酰胺树脂及其应用》第 1 版自 2011 年出版以来，至今已近十五载。期间，全球高分子材料的发展势头迅猛，绿色化、高端化、循环化的发展趋势愈发鲜明。作为重要的工程塑料之一，聚酰胺在这一浪潮中，其生产规模的扩张、技术迭代的速度与应用领域的拓展均远超预期。生产层面，2024 年，全球聚酰胺产量已超过 1000 万吨，与 2010 年相比，增长了约 61%；技术层面，生物基单体与生物基聚酰胺蓬勃发展，高性能聚酰胺及其改性品种不断开发，聚酰胺的闭环回收体系逐步构建；应用层面，聚酰胺在新能源汽车、高端电子电气领域的应用不断拓展。在此背景下，第 1 版中的部分内容已难以全面展现当前聚酰胺行业的最新发展面貌。

本次再版修订紧扣行业先进和前沿技术，重点聚焦聚酰胺树脂行业的新技术、新进展、新应用，修订范围涵盖合成工艺、品种与性能、改性技术、加工技术、应用技术和安全环保等。具体修订内容包括国内外聚酰胺树脂的技术进展、市场状况及发展前景；聚酰胺单体的最新生产工艺和三废处理方法；生物基聚酰胺树脂生产工艺及性能；聚酰胺树脂的 3D 打印成型工艺及其他新工艺；聚酰胺树脂在医疗领域、水处理领域的应用；聚酰胺树脂的化学回收利用新方法等。

本书由颜刚担任主编，各章修订人员分工为：第 1 章颜刚，第 2 章任诚，第 3 章周江明、李先华，第 4 章张利建、邱旭，第 5 章伍仟新、黄舟太，第 6 章李湘平，第 7 章吴滚滚、周卫东。本书的再版工作历时两载，凝聚多方心血。在此特别感谢湖南师范大学易春旺教授、浙江大学朱明乔教授、华南理工大学严玉蓉教授、四川大学刘鹏清教授、湘潭大学张海良教授在百忙之中对书稿进行审阅并提出了宝贵意见。

本书是《合成树脂及应用丛书》的分册之一，既可作为聚酰胺领域生产、科研、营销人员的专业参考用书，也可作为聚酰胺相关专业的教学参考书。期望本书能为读者在材料科学探索之路上拓展思路提供助力，共同推动中国聚酰胺产业向绿色化、高端化、循环化方向稳步迈进。

限于编者的水平，书中疏漏与不足之处在所难免，恳请各位读者批评指正。

编者于岳阳

2025 年 8 月

目录

第 1 章
绪 论

聚酰胺（polyamide，简称 PA），俗称尼龙，是一类品类丰富的高分子材料。其中，聚酰胺 66 是最早实现工业化的品种，1939 年由美国杜邦公司开始生产，距今已有 80 多年的历史，最初开发的应用领域是纤维。1952 年聚酰胺 66 才被杜邦公司作为工程塑料使用，以取代金属满足下游工业制品轻量化、低成本的要求。材料是人类利用和改造自然的典型，高分子材料发展到今天，已经成为支持人类文明社会发展和科学技术进步的重要物质基础，聚酰胺树脂作为高分子材料家族的重要成员，在其中发挥着举足轻重的作用。本书将围绕聚酰胺树脂的合成、改性、加工成型、应用和回收利用等技术进行介绍。

聚酰胺是指在分子主链上含有酰胺基团（—CONH—）的一类聚合物，主要有两种结构，一种是内酰胺开环聚合或 ω-氨基酸自缩聚的结构；另一种是有机二元酸和二元胺缩聚的结构，其结构式分别如下：

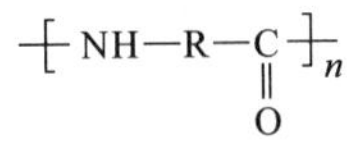

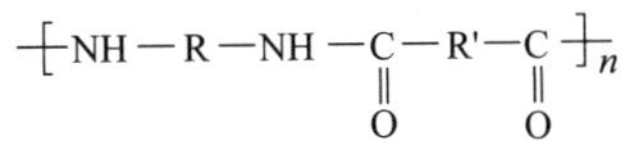

一般 R 和 R′为亚甲基（—CH_2—）或者芳香基（如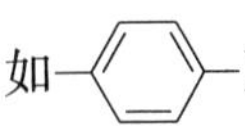）。

聚酰胺树脂发展过程中，相当长一段时间产量居五大工程塑料之首。目前，聚酰胺树脂仍保持强劲的发展势头，其主要原因是：

① 具有良好的综合性能；

② 原料来源广，品种多样；

③ 易于改性，可大幅度提高其性能；

④ 易于加工成型，特别适合注射成型；

⑤ 应用领域广泛。

1.1 聚酰胺的命名、分类及特性

1.1.1 聚酰胺的命名

聚合物的命名方法有习惯命名法和系统命名法。而到目前为止，聚酰胺还没有统一的命名原则。本书主要根据聚酰胺的化学结构特点，采用如下方法命名。

1.1.1.1 脂肪族聚酰胺命名

(1) 由 ω-氨基酸自缩聚或内酰胺开环聚合制得的高聚物称为聚酰胺 n，也可称尼龙

n，记为 PAn，其中 n 为重复单元碳原子数。通式为：

$$\left[NH - (CH_2)_{n-1} - \underset{\underset{O}{\|}}{C} \right]_P$$

（2）由二元酸和二元胺缩聚而得的聚酰胺，则要同时标记出两种单体的碳原子数，称为聚酰胺 mn，也可称尼龙 mn，记为 PAmn，其中 m 为二元胺碳原子数，标记在前面，n 为二元酸碳原子数。通式为：

$$\left[NH - (CH_2)_m - NH - \underset{\underset{O}{\|}}{C} - (CH_2)_{n-2} - \underset{\underset{O}{\|}}{C} \right]_P$$

1.1.1.2 半芳香族聚酰胺命名

对于半芳香族聚酰胺，如果二元胺或二元酸是芳香族，以它们的 ISO 16396-1 缩写代号表示，再按上述原则组合命名，即重复单元的二元胺的碳原子数或缩写代号在前，二元酸的碳原子数或缩写代号在后，组成聚酰胺的名称。如由己二胺和对苯二甲酸缩聚制得的聚酰胺称为 PA6T，由间苯二甲胺（缩写代号 MXD）和己二酸缩聚而成的聚己二酰间苯二甲胺可记为 PAMXD6。聚酰胺合成中常用单体的通用名、化学文摘系统（CAS）名称和登记号、缩写代号以及合成原料汇总于表 1-1。

表 1-1 常用聚酰胺单体的 CAS 名称、登记号、缩写代号以及合成原料

通用及 CAS 名	缩写代号	原料	CAS 登记号
线型脂肪族单体			
己二酸		苯、甲苯	124-04-9
壬二酸		油酸	123-99-9
癸二酸		蓖麻油	111-20-6
十二碳二酸		丁二烯	693-23-2
四亚甲基二胺(1,4-丁二胺)		丙烯腈+HCN	110-60-1
六亚甲基二胺(1,6-己二胺)		丁二烯、丙烯	124-09-4
十二亚甲基二胺(1,12-十二碳二酸)		丁二烯	2783-17-7
11-氨基十一酸		蓖麻油	2432-99-7
己内酰胺		苯、甲苯	105-60-2
十二内酰胺或月桂内酰胺		丁二烯、环己酮	947-04-6
侧链含甲基的脂肪族单体			
2-甲基五亚甲基二胺(2-甲基-1,5-戊二胺)	MPMD	丁二烯	15520-10-2
三甲基六亚甲基二胺(2,2,4-三甲基-1,6-己二胺和 2,4,4-三甲基-1,6-己二胺的混合物)	TMD	丙酮	2,2,4-ND=3236-53-1 2,4,4-IND=3236-54-2
环状单体			
间苯二甲酸(1,3-苯二甲酸)	I	间二甲苯	121-91-5
对苯二甲酸(1,4-苯二甲酸)	T	对二甲苯	100-21-0
双(对氨基环己基)甲烷(4,4′-亚甲基二环己基胺)	PACM	苯胺、甲醛	1761-71-3
间苯二甲胺(1,3-二氨甲基苯)	MXD	间二甲苯	1477-55-0
对苯二甲胺(1,4-二氨甲基苯)	PXD	对二甲苯	539-48-0

1.1.1.3　共聚聚酰胺的命名

共聚聚酰胺的命名通常要求标明每一种聚酰胺的代号，且代号之间用斜划线分开，把主要成分放在前面，例如以聚酰胺 6 为主的聚酰胺 6 和聚酰胺 66 的共聚体，表示为聚酰胺 6/66（PA6/66）；而聚酰胺 66/6（PA66/6），则表示以聚酰胺 66 为主的聚酰胺 66 和聚酰胺 6 的共聚体。

由异构体的混合物聚合而成的聚酰胺，除 ISO 16396-1 标准有指定代号的以外，要求记写时要同时标记出每一种异构体的代号，如三甲基己二胺［2,2,4-三甲基-1,6-己二胺（ND）和 2,4,4-三甲基-1,6-己二胺（IND）的混合物］和对苯二甲酸（T）缩聚制备的聚酰胺，可记为 NDT/INDT。同时，由于甲基位置和键合形式的不同，还存在头-头（H-H）、头-尾（H-T）、尾-尾（T-T）的多种异构体结构，为简明起见，可按表 1-1 中所示的缩写代号简写为 TMD。

1.1.1.4　按学名命名

原则上所有聚酰胺都可以按学名进行命名。如聚酰胺 6，可以叫作聚己内酰胺；聚酰胺 66，可以叫作聚己二酰己二胺。对于全芳香族聚酰胺，一般采用学名命名或者以它们英文名第一个字母简称表示，如对苯二胺和对苯二甲酸缩聚的高聚物称为聚对苯二甲酰对苯二胺或者 PPTA。

1.1.2　聚酰胺的分类

聚酰胺树脂的种类和品种很多，为了从整体上对各种聚酰胺树脂有一基本认识，下面将对现行通用的聚酰胺树脂进行分类。

聚酰胺是一类多品种的高分子材料，按制备的化学反应来区分，可以分为两类：一类是由氨基酸缩聚或内酰胺开环聚合制得（也称为 AB 型聚酰胺），另一类是由二元胺和二元酸缩聚制得（也称为 AABB 型聚酰胺）。按分子链重复结构中所含有的特殊基团分类，聚酰胺可以分为：脂肪族、半芳香族、全芳香族、共聚聚酰胺（简称共聚酰胺）4 类。聚酰亚胺作为一种高性能的特种工程塑料，本书不作介绍。图 1-1 为聚酰胺的分类。

1.1.3　聚酰胺的特性与应用

1.1.3.1　聚酰胺的特性

聚酰胺之所以得到如此快速的发展，与其独特的结构是分不开的：在聚酰胺的分子主链中含有大量极性酰胺基团，这使聚酰胺分子间有较强的作用力，并能形成氢键（一般氢键密度越大，机械强度越好；碳原子数越多，强度越差），同时还使聚酰胺的分子排列整齐，具有结晶性；聚酰胺分子主链中还含有亚甲基，使聚酰胺有一定柔性，能影响聚酰胺熔点和玻璃化转变温度（T_g）；另外，聚酰胺大分子主链末端含有氨基和羧基，在一定条件下，具有一定的反应活性，很容易被改性。这些含有酰胺基团的聚酰胺与其他材料相比，具有一系列优异的性能。几种聚酰胺的性能见表 1-2。

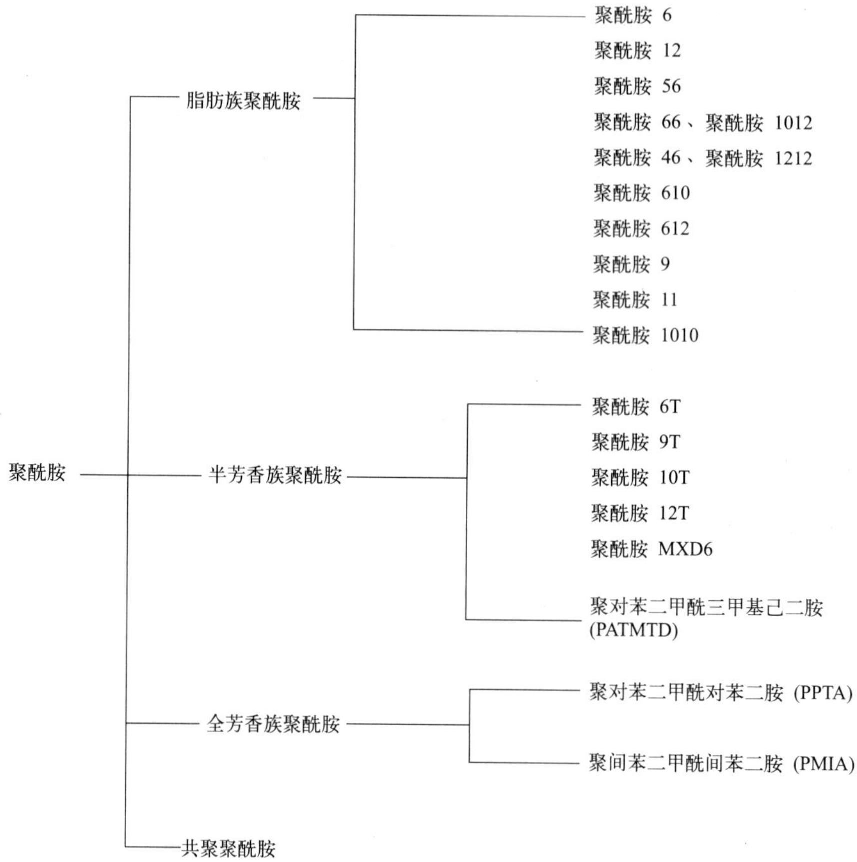

图 1-1　聚酰胺的分类

表 1-2　几种聚酰胺的性能

项目	PA66	PA6	PA610	PA612	PA1010	PA11	PA12
密度/(g/m^3)	1.14	1.14	1.09	1.07	1.05	1.04	1.02
熔点/℃	260	220	213	210	200～210	187	178
成型收缩率/%	0.8～1.5	0.6～1.6	1.2	1.1	1.0～1.5	1.2	0.3～1.5
拉伸强度/MPa	80	74	60	62	55	55	50
拉伸模量/GPa	2.9	2.5	2.0	2.0	1.6	1.3	1.3
伸长率/%	60	200	200	200	250	300	300
弯曲模量/GPa	3.0	2.6	2.2	2.0	1.3	1.0	1.4
缺口冲击强度/(J/m)	40	56	56	54	40～50	40	50
洛氏硬度	118	114	116	114	95	108	106
热变形温度/℃	70	63	57	60		55	55
连续使用温度/℃	105	105			80	90	90
吸水率/%	1.3	1.8	0.5	0.4	0.39	0.3	0.25

聚酰胺树脂是一种综合性能优良的材料，但也存在明显的缺点，如物性对温度敏感、

吸水性大而影响尺寸稳定性、低温韧性差等。通过化学或物理方法进行改性可以大大改善其性能。例如，通过添加玻纤材料可以大幅度地改善吸水性及尺寸稳定性，并且能提高树脂的强度和韧性；通过与其他聚合物共混可制成各种合金，替代金属、木材等传统材料。表 1-3 归纳了聚酰胺常用改性方法和目的。

表 1-3 聚酰胺改性的方法和目的

改性方法	主要目的
粒子尺寸	满足加工需要
分子量	满足加工或性能需要
共聚合	改变熔点、玻璃化转变温度、溶解性等
无机填料	提高表面性能
纤维增强	提高强度和硬度
金属、金属涂覆填料及碳粉	抗静电、电磁屏蔽
弹性体	提高韧性
阻燃剂	降低可燃性
增塑剂	增加柔性
润滑剂	降低摩擦
热稳定剂	避免氧化降解
光稳定剂	延长户外使用寿命
成核剂、脱模剂	改善加工性能
色料	美观，着色
各种助剂配合，如填料＋纤维	调整强度和挠曲
其他嵌段共聚物	热塑性弹性体
反应性原料（如醇类、醛类）	涂料和胶黏剂

1.1.3.2 聚酰胺的应用

聚酰胺主要用于合成纤维和工程塑料。用作纤维时，在纺织品服装领域，聚酰胺纤维弹性和耐磨性优异，常用于制作袜子、运动服、羽绒服、瑜伽服、登山服等；在家装纺织品领域，聚酰胺纤维主要用于制作地毯，可提供良好的耐磨性和耐用性；在工业领域，聚酰胺工业丝可用于制造帘子线、工业用布、缆绳、传送带、帐篷、渔网、安全气囊等，还可用于降落伞及军用织物。

用作工程塑料时，在汽车领域，聚酰胺可通过挤塑、注塑、浇注等成型方法制造进气歧管、发动机盖罩、燃料管、燃油箱等，其高强度、高耐温性和耐化学品性能使汽车在各种工况下都能保持优异的性能和安全性；在电子电气领域，聚酰胺可制作电子接插件、电路板、低压电器等，其出色的电绝缘性能和高耐温性使电子产品能够在复杂环境中稳定运行；在机械工程领域，聚酰胺主要用于制造轴承、齿轮等部件，其高强度和耐磨损特性使得这些部件在使用中能够显著提高使用寿命和性能；在航空航天领域，聚酰胺可应用于飞机引擎部件、飞行器构件、航天器燃料和氧气系统等，其高强度、高耐温性和耐腐蚀性能使其能够满足极端的使用环境要求；在包装领域，聚酰胺薄膜和包装膜具有优异的气体阻隔性能，可用于食品包装和电子产品包装等。

1.2 全球聚酰胺树脂的现状与发展

1.2.1 全球聚酰胺树脂发展历程

聚酰胺的生产已有80多年历史。全球聚酰胺材料的发展史按时间划分，大约经历了两个阶段：以聚酰胺新品种为主的开发阶段（20世纪70年代前）；以聚酰胺改性为主的发展阶段（20世纪70年代至今）。

如果按照聚酰胺的原料来源又可以划分为：以煤化学品为主要原料的阶段；以石油及衍生品为主要原料的阶段；以生物质为原料的趋势。

聚酰胺树脂及其改性技术的发展与其加工技术和应用开发相互促进、不可分割。进入21世纪，由于环境的要求和资源的限制，聚酰胺生物质原料的获取技术与加工再利用技术备受关注。

1.2.1.1 聚酰胺品种开发

（1）聚酰胺树脂开发阶段

早在1889年，Gariel和Maass两人首先在实验室合成出聚酰胺。1924年，高分子之父、德国科学家H. Staudinger首先提出了大分子学说，1932年他发表了第一部关于高分子有机化合物的专著，为W. H. Carothers研究高分子缩聚反应、开发聚酰胺树脂奠定了理论基础。表1-4列出了各聚酰胺品种的开发企业及年份。

表1-4　各聚酰胺品种的开发企业及年份

品种	商品名称	开发企业	工业化年份
聚酰胺66	Zytel	美国杜邦公司	1939(1931)
聚酰胺6	Ultramid B	德国BASF公司	1942(1937)
聚酰胺610	Zytel	美国杜邦公司	1941
聚酰胺11	Rilsan	法国Atochem公司	1950(1944)
聚酰胺1010		上海赛璐珞厂	1961(1958)
聚酰亚胺(PI)	Pyre-ML，Vespel，Kapton	美国杜邦公司	1962(1908)
聚酰胺12	Vestamid	德国许尔斯公司	1966
	Grilamid	瑞士Emser公司	
聚间苯二甲酰间苯二胺(PMIA)	Nomex	美国杜邦公司	1967
透明聚酰胺	Trogamit T	德国Dynamit Nobel公司	1969
聚酰胺612	Zytel 151	美国杜邦公司	1970
聚对苯二甲酰对苯二胺(PPTA)	Kevlar	美国杜邦公司	1974(1968)

续表

品种	商品名称	开发企业	工业化年份
聚酰胺热塑性弹性体(TPAE)		德国许尔斯公司	1980
聚酰胺 MXD6	Reny	日本三菱瓦斯化学公司	1983
聚酰胺 1212	Zytel 151L	美国杜邦公司	1990(1988)
聚酰胺 46	Stanyl	荷兰 DSM 公司	1990(1938)
聚酰胺 9T	Genestar	日本可乐丽公司	1999
聚酰胺 1012		郑州大学	2001
聚酰胺 10T	Vicnyl	金发科技股份有限公司	2006
聚酰胺 56	ECOPENT	上海凯赛生物技术股份有限公司	2014

注:( )为发明或开发年份。

(2) 聚酰胺树脂改性阶段

随着汽车、电器、机械、通信等相关行业的发展，人们对树脂的性能提出了更高、更严格的要求，各种改性聚酰胺品种也不断被开发。通过共混、共聚、嵌段、接枝、互穿网络、填充、增强、阻燃等方法对基础树脂进行改性，可以提高聚酰胺树脂的综合性能或赋予其某些特殊性能，以满足不同领域的需求。表 1-5 列出了部分改性聚酰胺的开发企业及年份。

表 1-5 部分改性聚酰胺的开发企业及年份

名称	商品名称	开发企业	工业化年份
玻纤增强聚酰胺	3/30,1/30,2/30	美国 Fiberfil 公司	1956(1952)
聚酰亚胺	AI,Torlon	美国 Amoco 公司	1964,1976(1972)
矿物填充聚酰胺	Minlon	美国杜邦公司	1972
双马来酰亚胺	Kerimid601	法国 Rhone-poulence 公司	1969
增韧聚酰胺 66/乙丙橡胶	Zytel ST801	美国杜邦公司	1976
阻燃聚酰胺	Zytel FR	美国杜邦公司	20 世纪 70 年代
聚醚酰亚胺(PEI)	Ultem	美国 GE 公司	1982(1972)
聚酰胺 6/66	Selar RB	美国杜邦公司	(1983)
丙烯腈-丁二烯-苯乙烯三元共聚物/聚酰胺合金	Elemid	美国 Borg Warner 公司	1984
非晶型聚酰胺/弹性体合金	Bexloyc	美国杜邦公司	1985
聚苯醚/聚酰胺合金	Noryl GTX	美国 GE 公司	1985
聚酰胺 6/6T	Ultramid T	德国 BASF 公司	—
聚酰胺 66/6T/6I	Amodel	美国 Amoco 公司	—
聚酰胺 6T/6I	Arlen	日本三井石油化学工业公司	1987

续表

名称	商品名称	开发企业	工业化年份
聚酰胺/PP合金	System S	日本昭和电工公司	1989
聚酰胺6/黏土纳米复合材料	UBE Nylon M1030D	日本宇部兴产公司	1996
聚酰胺6/云母纳米复合材料	System FE 2010Z	日本昭和电工公司	(1996)
聚酰胺66/锂蒙脱土纳米复合材料	アミドCL	日本大日本油墨公司	(1998)
抗菌玻纤增强聚酰胺6	CM1016G30	日本东丽公司	1998

注：(　)内为开发时间。

在聚酰胺共混（包括增强、填充、合金）改性中，双螺杆挤出机发挥了关键性作用。早在1935年意大利LMP公司就研制出商业化的同向双螺杆挤出机，1978年M. L. Booy首先将同向旋转双螺杆挤出机发展成为紧密啮合型同向双螺杆挤出机，使其具有了自洁功能，生产能力为单螺杆挤出机的3倍，并具有很强的操作性，是聚酰胺树脂改性研究和生产的重要设备。双螺杆挤出机的问世，大大促进了聚酰胺改性技术的进步与发展。

1.2.1.2 聚酰胺生产原料的变迁

聚酰胺品种较多，其中聚酰胺6和聚酰胺66占主导地位，它们的主要中间体是己内酰胺、1,6-己二胺和1,6-己二酸，同时这些中间体还是聚酰胺46、聚酰胺610、聚酰胺612和聚酰胺6T、聚酰胺MXD6等的中间体。因此，这些中间体的原料对聚酰胺树脂的发展起着非常关键的作用。纵观聚酰胺的发展，其生产原料的变迁经历了从农副产品、煤化学品和石油化学品向以生物质为原料的发展历程。

(1) 以煤化学品为主要原料的发展阶段

1937年德国的I. G. Farben公司发明了聚酰胺6，当时生产己内酰胺的原料是煤焦油中分离出来的苯酚，其产量较少，难于实现大规模生产。20世纪30年代，美国杜邦公司发明聚酰胺66并实现了工业化生产，生产两个中间体的原料主要是糠醛和苯酚（从煤焦油中分离），由于原料来源没有保证，加之生产工艺复杂，流程长，也不能形成大规模生产，为此，美国杜邦公司从1962年起不再用糠醛作为原料，转向采用石油化学品芳烃为原料。

(2) 以石油及衍生品为主要原料的发展阶段

从20世纪50年代开始，己内酰胺的原料由煤化学品转向石油化学品——苯。表1-6列出了己内酰胺生产工艺的开发历程。

表1-6　己内酰胺生产工艺的开发历程

方法/原料	开发企业	工业化年份
苯酚法/苯酚 HSO法/苯	美国联信公司 德国BASF公司	1954 1960
环己烷光亚硝化法/环己烷	美国杜邦公司	1961

续表

方法/原料	开发企业	工业化年份
环己烷光亚硝化法/环己烷 NO 还原法/苯	日本东丽公司 德国 BASF 公司	1963 1965
HPO 法/苯	荷兰 DSM 公司	1971
SNIA 法/甲苯	意大利 Snia 公司	1972
CO 工艺/丁二烯	美国杜邦公司、荷兰 DSM 公司	1994
甲烷工艺/丁二烯	美国杜邦公司、荷兰 DSM 公司	1995
环己酮氨肟化-气相重排工艺/苯、氨、双氧水	意大利 Enichem 公司、日本住友化学公司	2003
环己酮氨肟化工艺/苯、氨、双氧水	中国石油化工集团有限公司	2009

己二胺的生产主要是以己二腈为原料，而己二腈的生产是以己二酸、1,3-丁二烯或丙烯腈为原料。表 1-7 列出了己二腈生产工艺的开发历程。

表 1-7　己二腈生产工艺的开发历程

方法/原料	开发企业	工业化年份
己二酸催化氨化法/己二酸	美国杜邦公司	1930
间接氯化法/丁二烯	美国杜邦公司	20 世纪 50 年代初
己内酰胺法/己内酰胺	日本东丽公司/意大利 Snia 公司	1961
电解溶液法/丙烯腈	美国孟山都公司	1965
电解乳液法/丙烯腈	日本旭化成公司	1971
直接氰化法/丁二烯	美国杜邦公司	1972

2019 年 10 月，国内华峰集团有限公司采用己二酸催化氨化法建成了 50kt/a 己二腈装置，成为国内首个实现己二腈工业化的企业。2022 年 5 月，宁夏瑞泰科技成功突破己内酰胺法制己二腈生产工艺，并建成了一套 25kt/a 己二腈装置。

（3）以生物质为原料的发展趋势

为减少对石油及其衍生品的依赖，满足改善环境和社会可持续性发展的要求，进入 21 世纪后，各大聚酰胺公司纷纷推出了以生物质为原料的聚酰胺产品，如荷兰 DSM 公司的聚酰胺 410，德国 Evonik 公司的聚酰胺 1010、法国 Arkema 公司的聚酰胺 11、美国杜邦公司的聚酰胺 610 和聚酰胺 1010、日本东丽公司的聚酰胺 4 等，见表 1-8。目前，这些生物质聚酰胺树脂已经在汽车、电子工业和日用消费品等领域得以应用。

表 1-8　部分商品化生物基聚酰胺的原料及用途

生物基聚酰胺	原料	生物基含量	主要用途
聚酰胺 11	蓖麻油	完全生物基	汽车、飞机部件
聚酰胺 1010	蓖麻油	完全生物基	纤维增强复合材料
聚酰胺 46	葡萄糖、淀粉	完全生物基	汽车、电子电气

续表

生物基聚酰胺	原料	生物基含量	主要用途
聚酰胺 56	葡萄糖	完全生物基	纤维、工程塑料
聚酰胺 510	蓖麻油、葡萄糖	完全生物基	纤维、工程塑料
聚酰胺 4	葡萄糖	完全生物基	纤维、工程塑料
聚酰胺 6	葡萄糖	完全生物基	纤维、工程塑料
聚酰胺 610	蓖麻油、丁二烯	部分生物基	汽车、设备制造
聚酰胺 410	蓖麻油、丙烯腈	部分生物基	汽车、食品包装
聚酰胺 1012	蓖麻油、无环烷烃(链烷烃)	部分生物基	工程塑料
聚酰胺 10T	蓖麻油、对苯二甲酸	部分生物基	工程塑料
聚酰胺 46	丙烯腈、葡萄糖	部分生物基	汽车、电子电气
聚酰胺 66	丁二烯、葡萄糖	部分生物基	纤维、工程塑料
聚酰胺 56	葡萄糖、环己烷	部分生物基	纤维、工程塑料

1958年，我国上海赛璐珞厂以癸二酸和癸二胺为单体，首先实现生物基聚酰胺1010的工业化生产，这也是首个由我国开发的聚酰胺品种，很长一段时间内一直由我国独家生产，主要生产企业为苏州翰普高分子材料有限公司，2011年该公司被法国阿科玛公司收购。阿科玛公司目前是全球生物基聚酰胺1010的最大供应商，该产品100%采用可再生原料。

生物基聚酰胺11是最早开发的生物基聚酰胺产品，通过蓖麻油与甲醇反应，再经裂解等一系列化学反应生成ω-十一氨基酸，最后经过聚合制备。阿科玛公司是全球最大的聚酰胺11生产商，其聚酰胺11产品商标为Rilsan®，在欧洲、美国及亚洲均有生产基地。

当前，合成聚酰胺的主要中间体虽然仍以石油化学品为主要原料，但正加速向以生物质为原料的方向转变，这必将大大促进聚酰胺工业的可持续发展。

1.2.2 全球聚酰胺树脂技术进展

随着全球聚酰胺生产中心向中国转移，国外企业及机构的研究开始聚焦于单体的生物基合成及聚酰胺的回收再利用、高端化改性和加工成型等方面，以期通过循环化、生物基化、高端化重构竞争力。

1.2.2.1 单体的生物基合成

与石油基聚酰胺相比，生物基聚酰胺以可再生生物质为原料，不仅可以减少对有限化石资源的依赖，而且可以减少二氧化碳的排放。

生物基聚酰胺制备的关键难点在于单体的生物基合成。近年来，国外在以可再生糖类物质（多糖路线）和可再生天然油脂（油脂路线）为原料制备生物基聚酰胺单体方面取得了突破性进展，并已商品化多款生物基聚酰胺产品。

多糖路线主要是通过微生物技术或化学方法将葡萄糖、纤维素、淀粉等可再生的糖类物质转化为聚酰胺单体的路线。其中最为成熟的是葡萄糖路线，其基本原理是采用微生物技术对糖类物质进行发酵合成聚酰胺单体（如 γ-氨基丁酸、己内酰胺、己二酸、戊二胺等）。例如：美国密歇根州州立大学利用谷氨酸棒状杆菌将葡萄糖、甘蔗等含糖有机废弃物发酵制取赖氨酸，然后加热脱水生成 α-氨基己内酰胺，再经脱氨反应制得生物基己内酰胺，为生物基聚酰胺6的制备提供了借鉴；日本东丽公司利用其独有的微生物发酵技术和膜分离化学净化技术，以不可食用生物质（农作物秸秆）中提取的糖为原料生产出生物基己二酸，不但实现了工艺原料绿色化，且无一氧化二氮气体排放；美国 Verdezyne 公司利用酵母微生物专有的新陈代谢路径，以糖类、植物基油类或烷烃为原料，通过发酵过程实现了生物基己二酸的生产和回收。

油脂路线采用蓖麻油、油酸、亚油酸等可再生的天然油脂，经过酯交换、高温裂解等一系列化学反应制备聚酰胺单体（如 ω-十一氨基酸、癸二酸、壬二酸等）。例如：杜邦公司利用从蓖麻油中提取的癸二酸取代碳氢化合物，制备出 Zytel® RS 系列生物基聚酰胺产品，其中聚酰胺1010的可再生材料占20%～100%，聚酰胺610的可再生材料占20%～63%；日本东丽公司以来源于蓖麻的癸二酸和来源于玉米的戊二胺为原料制备出100%生物基聚酰胺510，商品名为 Ecodear® N510，并从2024年开始销售 Ecodear® N510 纤维；巴斯夫公司推出了由己二胺和癸二酸合成的生物基聚酰胺610，其中癸二酸源自可再生的蓖麻油；2009年，帝斯曼公司以丁二胺和来源于蓖麻的癸二酸为原料，开发出 EcoPaXX™ 生物基聚酰胺410产品系列，而后2014年又在该产品的基础上开发了面向薄膜、单丝的高黏度挤出成型级生物基聚酰胺410；2024年，奥升德公司宣布成功从废食用油中提取原料生产丙烯腈、己二胺、己二酸和聚酰胺66，进一步拓展了其生物基 Bioserve 产品组合，聚酰胺66产品的碳足迹降低了25%。

1.2.2.2 聚酰胺的回收利用

随着全球塑料制品的急剧增加，废旧塑料的处理问题受到了各国政府和企业的极大关注，欧盟、美国、日本等政府和组织通过了一系列政策和法律框架，设定了严格的回收目标，相关企业在塑料回收方面也积极布局，以减少废旧塑料对环境的污染。2011年，Shaw Industries 公司在美国奥古斯塔建设全球首个规模化地毯闭环中心，以物理回收为主、水解解聚回收为辅，专注处理聚酰胺6、聚酰胺66地毯废弃物；2017年，意大利 Auafil 公司在美国凤凰城设立了一家地毯回收工厂，利用其 Econyl 再生技术从废旧地毯中回收聚酰胺6，每年地毯的回收和处理量可达16kt；2019年，德国 APK 公司建设了一座 Newcycling® 工厂，产能为8kt/a，利用其 Newcycling® 技术从多层包装薄膜（来自工业废料）中分离聚乙烯和聚酰胺；2024年，巴斯夫公司首套再生聚酰胺6装置投产，该生产装置位于上海，年产量500t，生产的产品是一种完全基于工业后和消费后废旧纺织品的再生聚酰胺6（牌号为 Loopamid®），该装置及 Loopamid® 产品均已获得全球回收标准（GRS）认证。

与此同时，各种绿色环保的回收利用技术也被不断攻克和应用，如日本东丽公司以回收渔网为原料，通过超临界醇解和再聚合技术制造聚酰胺6纱线、纺织品和树脂产品，并建立了一条产能为400t/a 的生产线；2023年，东丽公司宣布开发出了一种可以从废弃的硅涂层安全气囊中回收聚酰胺66的技术，这是一种超临界水解技术，仅需几分钟就可以将聚酰胺树脂解聚得到单体原料；巴斯夫公司利用报废轮胎和混合塑料废料经化学回收提取的热解油为原料生产了 Ultramid® Ccycled 聚酰胺 6，并已应用于制造汽车连接器；日本旭化成公司和 Microwave Chemical 公司启动了一个联合示范项目，目的是利用微波技术对聚酰胺 66 进行解聚，直接得到单体六亚甲基二胺和己二酸，并于 2024 年利用生产设备进行小规模验证试验，为产业化收集工艺的基础数据。

1.2.2.3 聚酰胺的高端化改性

高端化改性是实现材料性能跃升和提高材料附加值的重要手段。近年来，国外在提升聚酰胺材料基础性能、增强聚酰胺材料功能性及拓展聚酰胺材料应用场景等方面进展迅速。

（1）基础性能提升

在提升聚酰胺树脂的强度和模量方面，采用更高性能的增强材料，如连续碳纤维、芳纶、超高模量玻璃纤维及碳纳米管（CNT）和石墨烯作为增强体，通过优化界面结合和分散技术（如原位聚合、表面处理），显著提升了复合材料的比强度和比模量；基于聚酰胺本身的高取向结构（如通过特殊纺丝或拉伸工艺）制备了自增强复合材料，实现了轻量化和高力学性能的结合；开发了聚酰胺与高性能聚合物（如聚芳醚酮、聚苯硫醚、液晶聚合物）的合金或共混物，在保持聚酰胺良好加工性的同时，大幅提升了强度、模量、耐热性和尺寸稳定性。在提升聚酰胺韧性方面，开发了更高效、低添加量、不影响其他性能（如耐热性、模量）的新型增韧剂，如超支化聚合物、核壳结构弹性体、功能性纳米粒子等，实现了材料在低温下的（−40℃以下）超高韧性，可满足极端环境应用；通过共聚改性，在主链或侧链引入柔性链段或特殊结构单元，从分子层面提升了聚酰胺的韧性；结合微米级（弹性体）和纳米级（刚性粒子、片层）增韧剂的协同作用，实现聚酰胺的多尺度增韧。为提升聚酰胺树脂的耐高温性能，对传统耐高温聚酰胺（如 PA46、PA4T、PA6T、PA9T、PA10T、PA12T）进行持续优化，提升了材料的长期耐热老化性能及高温下的力学性能保持率，改善了材料在高温下的耐水解性；使用更长链或刚性更强的二胺/二酸单体，如对苯二甲酸、萘二甲酸、芳香族二胺等进行均聚或共聚制备了新型耐高温聚酰胺；开发了更高效、耐迁移、无毒的复合热稳定剂体系，如新型受阻酚、亚磷酸酯、金属盐/炭黑复合体系等；利用层状硅酸盐（蒙脱土）、碳纳米管材料等提升聚酰胺树脂的热变形温度和尺寸稳定性。为提升聚酰胺树脂的尺寸稳定性，采用高长径比矿物（如硅灰石）、球形填料（如玻璃微珠）、纳米填料或其组合，优化填充形态和界面，在提升刚性的同时最大限度降低了材料的收缩率和各向异性；与低收缩树脂（如聚烯烃、特定工程塑料）共混，或添加成核剂控制结晶行为，开发了低吸水性聚酰胺合金及共混物；开发了基于长链聚酰胺（PA12、PA612、PA1010、PA1012）或特殊结构聚酰胺（如半芳香族聚酰胺）的低吸湿品种，从根本上解决因吸湿导致的尺寸变化问题。

（2）功能性增强

为满足高端工业场景对材料综合性能的严苛要求，各种导电、导热、耐磨、透明、阻燃聚酰胺产品得到开发与应用，如采用碳纳米管、石墨烯、导电炭黑、金属纳米线/片等为导电填料开发的导电聚酰胺在低填充量下实现高电导率，同时保持了良好力学性能和加工性，已用于电子设备外壳、连接器等；通过对添加的高导热填料（如氮化硼、氧化铝、石墨片、碳纤维）进行表面处理及复配，优化导热网络，开发了高导热聚酰胺，兼具导热性和力学性能，已用于 LED 散热器、电子元件外壳等；开发了含固体润滑剂（PTFE、石墨、MoS_2、石墨烯）、耐磨纤维（芳纶、PEEK 纤维）、高性能耐磨添加剂的耐磨聚酰胺，具有极低的摩擦系数和超高的耐磨耗性能，已用于无油润滑轴承、齿轮、密封件等；开发了高透光率、低雾度、高抗冲的透明聚酰胺（基于 PA12 或特殊共聚酰胺），已用于眼镜镜片、光学器件、透明包装等；通过添加磷氮系、金属氢氧化物、特殊硅系、DOPO 衍生物等为阻燃剂体系，开发了高性能无卤阻燃聚酰胺产品，UL94 达到 V-0，同时力学性能、电性能和加工性能没有下降。

（3）应用场景拓展

为满足新能源汽车对材料安全性、耐热性、绝缘性、轻量化和耐久性的要求，索尔维公司专门为电动汽车设计了新的 Technyl Blue 系列聚酰胺产品，该系列产品基于聚酰胺 66 和聚酰胺 610 改性制备，具有很高的机械强度、设计灵活性及出色的外观，适用于注塑电动汽车冷却回路零件和空调系统零件；杜邦公司开发了新型 eCool 技术，该技术基于杜邦公司 Zytel LCPA 长链聚酰胺与热塑性烯烃弹性体，专门为高压电池包内外部多层冷却管路而开发，旨在实现电动汽车的电池运行安全性和续航里程。

智能穿戴设备作为一种新兴的电子设备，不仅能够收集用户的健康数据、运动数据，还能提供个性化的服务和健康管理。为满足智能穿戴设备材料轻薄、柔软和耐腐蚀的要求，杜邦公司推出了 Zytel® FE150065 BK010 和 Zytel® RS32G10DO BK236 两款全新的生物质质量分数为 30%的聚酰胺 610 产品，旨在助力产品设计师打造轻便、耐用、舒适、时尚且环保的高性能可穿戴设备。

为满足电子设备微型化、集成化、高频化对聚酰胺材料强度、耐热性、尺寸稳定性的苛刻要求，Sabic 公司推出了一种聚酰胺和改性聚苯醚树脂的共混物 Noryl GTX 9500，该材料在高温和潮湿条件下具有优异的尺寸稳定性，同时保持了优异的力学性能，可应用于汽车接线盒、电子连接器等。

1.2.2.4 聚酰胺的新型加工成型工艺

加工成型直接决定材料的性能表现、经济价值及应用边界。近年来，随着汽车轻量化、电子元器件微型化的发展，新型加工成型工艺及设备也不断被开发和应用。

微孔发泡注射成型是在轻量化设计背景下发展起来一种新型加工成型工艺，其最大的优势在于能进一步激发塑料轻量化的潜能。同时，该技术还可减少缩痕、翘曲变形和内应力区域，降低锁模力和注射压力，实现节能环保。根据发泡剂类型的不同，微孔发泡注射成型分为物理发泡注射成型和化学发泡注射成型。物理发泡注射成型以超临界流体（通常为 N_2 或 CO_2，典型剂量为 0.2%～1.0%）为发泡剂，其中最知名的技术是 Trexel 公司的 MuCell® 工艺，它也是第一个商业化的物理发泡注射成型工艺。该技术使用专门设计的往复螺杆，比传统螺杆长，并带有混合单元以提升聚合物熔体和超临界流体的混合效果，确保两者在螺杆中形成均相体系。此外，其他已商业化的微孔发泡注射成型技术还有 Sulzer 公司和德国亚琛大学塑料加工研究所（IKV）开发的 Optifoam® 工艺、Arburg 公司和 IKV 开发的 ProFamo® 工艺、Demag 公司开发的 Ergocell® 工艺及大众汽车公司开发的IQFoam®工艺。化学发泡注射成型采用碳酸氢钠（分解产生CO_2）、偶氮二甲酰胺（分解产生N_2）等作为发泡剂。与传统工艺产品相比，微孔发泡注塑产品具有更高比强度、比韧性和抗冲击性，且尺寸稳定性更好、疲劳寿命更长、原材料消耗更低。在汽车工业中，微孔发泡注塑技术已被广泛应用于内外饰件及功能性结构部件中。

3D打印作为近年发展起来的新型加工成型技术，不仅成型周期短，而且能够打印出复杂结构的零部件。为满足3D打印对聚酰胺材料力学性能、稳定性能、加工性能的要求，国际知名3D打印机制造商Formlabs公司推出了一款聚酰胺11粉末，该材料适用于Formlabs公司的Fuse 1 SLS打印机，可用于打印弯曲设计的功能性部件，如铰链、夹具和矫正器等。美国3D打印企业Stratasys公司与全球制造商Xometry公司联手，为客户提供了4种高性能3D打印聚酰胺材料。第一种是聚酰胺11 EX，一种坚韧、耐冲击的聚酰胺材料，可用于复杂的管道系统、薄壁部件；第二种是聚酰胺11 HST，一种矿物纤维改性聚酰胺材料，可用于高温结构部件；第三种是聚酰胺12 AF，一种铝填充的复合聚酰胺材料，适用于功能组件、夹具和固定装置；第四种是聚酰胺12 CF，一种碳纤维填充的聚酰胺材料，可用于车辆引擎盖组件和风洞展示模型。日本东丽公司开发了适于3D打印的聚酰胺6粉末，粉末平均粒径可以在数微米到数百微米范围任意控制，且耐热性、强度比聚酰胺12高，流动性和均质充填性好，可实现汽车零部件的3D打印。

与短玻纤增强材料相比，长玻纤增强材料在抗冲击性、抗蠕变性、尺寸稳定性及载荷传递效率方面更优，但长玻纤在高剪切、高压注塑过程中极易被螺杆剪切，且树脂难以完全浸润长纤维，浮纤现象突出，制备难度较大。德国Krauss Maffei公司开发了混炼注射成型（IMC）技术，可以轻松帮助客户实现长玻纤增强材料的一体化生产。该技术有机地结合了双螺杆挤出机、柱塞式注塑机的特性，原材料可直接在IMC设备中进行配比塑化，不仅可减小剪切应力和热应力，改善均匀性和流动性，减少发生热降解的危险，也能更好地保留材料原本的特性优势，并有效降低碳排放。

高速薄壁注塑工艺是专为生产壁厚极薄、成型周期极短、尺寸精度要求极高的塑料制品而开发的一种加工成型工艺，其核心目标是在极短时间内将熔体高速、高压、高精度地填充满型腔并快速冷却成型。目前，高速薄壁注塑工艺已广泛应用于薄壁包装、电子连接器、精密医疗部件等领域，已商业化的高速薄壁注塑设备有Engel公司的e-speed系列、Sumitomo Demag公司的IntElect S系列、Krauss Maffei公司的PX系列等。

1.2.3 全球聚酰胺树脂市场概况

1.2.3.1 聚酰胺原料的生产和消费

（1）己内酰胺的生产和消费

2011—2024年，全球己内酰胺产能稳步增长，从4900kt/a增至10340kt/a（有效产能），年均增长率为6.0%，新增产能主要来自中国，其间中国的产能从585kt/a增至6850kt/a，其他地区产能变化幅度则相对较小。日本宇部公司在2014年关停一套100kt/a

己内酰胺装置，日本住友2015年9月底关掉其在日本的一套93kt/a的己内酰胺装置；哥伦比亚一套31kt/a的己内酰胺装置一直处于闲置状态；荷兰Fibrant公司（原帝斯曼纤维中间体）2016年6月底宣布其位于美国奥古斯塔的己内酰胺工厂将在未来16个月内逐步停止运营，涉及己内酰胺产能250kt/a；2022年10月，住友化学公司正式停运了爱媛工厂的85kt/a气相法工艺己内酰胺生产装置；2023年2月，巴斯夫公司宣布暂停其路德维希港工厂的己内酰胺生产；2023年12月，住友化学公司宣布决定在2024年3月底之前关闭于1973年开始运营的爱媛工厂环己酮装置（产能100kt/a），即完全退出日本聚酰胺原料的国内生产业务。2024全球己内酰胺产能分布见表1-9。

表1-9 2024全球己内酰胺产能分布

地区	国家和地区	产能/(kt/a)
北美	墨西哥	85
	美国	645
西欧	比利时	510
	捷克	48
	德国	176
	荷兰	280
	波兰	166
	西班牙	95
东欧	白俄罗斯	149
	俄罗斯	376
南亚及东南亚	印度	120
	泰国	130
东北亚	日本	100
	韩国	210
	中国台湾	400
	中国大陆	6850
合计		10340

2011—2024年，全球己内酰胺消费总量从约4500kt增至8700kt，年均增长率为5.2%，消费主要集中在亚洲、北美和西欧，其中亚洲的消费主要集中在中国大陆、中国台湾和日本。至2024年，中国己内酰胺消费量占到全球总消费量的67%左右，是全球最大的己内酰胺消费国。

（2）己二酸的生产和消费

2011—2024年，全球己二酸产能呈平稳增长态势，截至2024年底，全球己二酸产能约6000kt/a，其中中国产能3740kt/a，约占全球总产能的62%，是全球最大的己二酸生产国。2024全球己二酸产能分布见表1-10。

表 1-10　2024 全球己二酸产能分布

地区	国家和地区	企业名称	产能/(kt/a)
西欧	德国	BASF 公司	260
	法国	BASF/Domo 合资公司	160
	德国	Lanxess 公司	88
	意大利	Radici 公司	80
北美	美国	奥升德公司	450
	美国	英威达公司	215
东北亚	韩国	BASF/晓星合资公司	300
	韩国	SK 集团	560
	日本	旭化成公司	120
	中国		3740
南美	其他	其他	10
合计			5983

从区域产能来看，2024 年东北亚、西欧和北美三个地区的产能占全球总产能的 98.0%。东北亚为全球最大的己二酸生产基地，其产能占比高达 78.6%，这主要是由于中国己二酸产能的增加推动了东北亚的整体产能占比的不断增大，其次是北美、西欧，分别占比 11%、9.8%。

从生产企业来看，华峰集团有限公司产能居全球之首，己二酸产能达到 1440kt/a，占总产能的 24%；德国巴斯夫公司、韩国 SK 公司分别位居第二和第三，占比分别为 11.8%和 9.2%。

2024 年，全球己二酸消费量约 4800kt。从区域消费来看，东北亚是己二酸的最大消费市场，占总消费量的 51%。全球己二酸主要用于生产聚酰胺 66 盐和聚氨酯，其中，生产聚酰胺 66 盐的己二酸消费占比为 50.8%，生产聚氨酯的己二酸消费占比为 34.0%。

（3）己二腈的生产和消费

己二腈行业技术壁垒较高，全球仅少数几个国际化工龙头企业才能生产。截至 2024 年底，全球己二腈总产能为 2668kt/a，主要集中于美国英威达公司（1410kt/a）、美国奥升德公司（490kt/a）、德国巴斯夫公司（300kt/a）、华峰集团有限公司（300kt/a）、日本旭化成公司（43kt/a）五家企业。其中，英威达公司拥有丁二烯法专利技术，为全球最大的己二腈生产企业，产能分布在美国、法国。2020 年 6 月，英威达公司在中国上海化学工业区的 400kt/a 己二腈项目开工，采用了其最先进的第五代己二腈制备技术，2022 年正式投产。

国内有多家企业也正在布局己二腈，2019 年 10 月，华峰集团有限公司 50kt/a 己二酸法制己二腈项目成功投产，在国内率先实现己二腈的工业化生产，并于 2024 年将产能扩大至 300kt/a；2022 年 5 月，宁夏瑞泰科技成功突破己内酰胺法制己二腈生产工艺，并建成了一套 25kt/a 己二腈装置；2022 年 8 月，中国化学旗下天辰齐翔新材料有限公司 200kt/a 丁二烯法己二腈项目顺利落地。

1.2.3.2 聚酰胺树脂的生产和消费

截至 2024 年底，全球聚酰胺 6 产能超过 10000kt/a，其中产能主要集中在中国，占比近 78%，其次是亚太地区、欧洲和北美，欧美等国的生产地位逐渐被亚洲国家和地区所取代。2024 年全球聚酰胺 6 的消费量约 8000kt，消费主要集中在中国，占比约 66%，中国已成为全球聚酰胺 6 的消费中心，欧洲、北美等地的消费逐年萎缩。

受原材料供应及相关技术影响，全球聚酰胺 66 市场具有典型的寡头垄断特征。截至 2024 年全球聚酰胺 66 产能约 3600kt/a，主要集中在美国英威达公司、美国奥升德公司、德国巴斯夫公司等企业，其中英威达公司收购杜邦公司的聚酰胺 66 聚合产能后，成为全球产能最大的聚酰胺 66 生产商，产能占全球聚酰胺 66 的 30%左右。随着原料己二腈生产技术的突破，国内聚酰胺 66 发展增速，2024 年国内聚酰胺 66 产能为 1560kt/a（含外资企业），约占全球总产能的 43%。预计随着己二腈国产化的提速，国内聚酰胺 66 的生产和消费将迎来较快的增长。

全球特种聚酰胺（除聚酰胺 6、聚酰胺 66 以外的其他聚酰胺品种）产能约 600kt/a，生产主要集中在美国、西欧（法国、德国、荷兰、西班牙、瑞士）和日本。其中，荷兰帝斯曼公司是全球主要的聚酰胺 46 生产企业，产能为 50kt/a；法国阿科玛公司聚酰胺 11、聚酰胺 12 合计产能为 55kt/a。2024 年，全球特种聚酰胺消费量约 550kt，消费主要集中在美国、西欧、亚洲，其中亚太地区是全球最大的特种聚酰胺消费市场，占比 40%左右。

1.3 我国聚酰胺树脂的现状与发展

1.3.1 我国聚酰胺树脂发展历程

我国对聚酰胺的研究比较晚，主要目标是为合成纤维提供原料。

20 世纪 50 年代在锦西化工厂建成了我国第一套己内酰胺（1000t/a）装置，其后又在南京化学工业公司建设了己内酰胺生产装置。

1959 年从德国引进 300t/a 聚酰胺 6 的聚合及纺丝设备，建立了北京合成纤维试验厂，1964 年天津从捷克斯洛伐克引进了聚酰胺 6 生产设备。

20 世纪 60 年代中期，上海燎原化工厂建成了我国第一套聚酰胺 66 盐生产装置，产能为 600t/a。1973 年，辽阳石油化纤公司从法国罗纳普朗克公司引进技术和设备，建成了 46kt/a 聚酰胺 66 盐生产装置。

20 世纪 80 年代末，中国石化巴陵石化公司和南京东方帝斯曼化工有限公司从荷兰 DSM 子公司 Stamicarbon 引进己内酰胺生产技术，分别建设了两套 50kt/a 装置，1992 年建成投产。浙江巨化集团有限公司利用我国自主研发技术也建成了 4500t/a 生产装置。

1994 年神马集团（原平顶山帘子布厂）从日本旭化成公司引进苯部分加氢、聚酰胺 66 盐等生产技术，建设了 60kt/a 装置，1998 年 9 月建成投产。

1996 年，中国石化石家庄炼化分公司引进意大利 Snia 公司以甲苯为原料生产己内酰胺的技术，1999 年 11 月建成投产。

2012 年 4 月，中国石化巴陵石化公司利用中国石化自主研发的氨肟化己内酰胺生产技术建成了200kt/a装置。

2019年10月，华峰集团采用自主研发的己二酸制己二腈技术，在重庆涪陵基地建成了50kt/a己二腈装置，实现了己二腈的国产化突破。

以上生产装置主要生产聚酰胺6和聚酰胺66的中间体。这些装置为国内聚酰胺6、聚酰胺66工业发展奠定了基础。

20世纪50年代末，国内一些大专院校和科研单位利用我国蓖麻油资源开发了聚酰胺1010。1961年，上海赛璐珞厂实现了聚酰胺1010的工业化生产，其后又开发一系列改性聚酰胺1010，如聚酰胺6/1010、聚酰胺1010/66/6、阻燃聚酰胺1010、玻璃纤维增强聚酰胺1010等。

20世纪60年代，北京合成纤维研究所开发了聚间苯二甲酰间苯二胺，并在陕西实现了小量生产。中国科学院化学研究所开发了单体浇铸尼龙技术，后又相继研制了聚酰胺9、聚酰胺610、聚酰胺612、透明聚酰胺、聚酰胺810、聚酰胺1212、聚酰胺1313、聚酰胺1012等，其中聚酰胺1212是我国具有自主知识产权的新材料。

20世纪70年代，上海树脂研究所和江苏淮阴化工研究所合作，以1,3-丁二烯为原料，进行聚酰胺12的研究。中国科学院化学研究所、晨光化工研究院、上海树脂研究所、清华大学、中国石化巴陵石化公司等开展了聚对苯二甲酰对苯二胺的研究。

20世纪80年代，北京化工研究院、上海胜德塑料厂、中国石化巴陵石化公司等单位相继引进德国双螺杆挤出机，先后开发和生产了一系列玻璃纤维增强PA6、PA66、PA1010，阻燃PA和PA合金等改性品种。

2013年10月，金发科技股份有限公司采用以水为分散介质的固相悬浮聚合技术实现了耐高温聚酰胺10T、聚酰胺6T的产业化，装置产能为5kt/a。

2014年，上海凯赛生物技术股份有限公司实现生物法戊二胺、生物基PA56的中试，并于2021年建成100kt/a生物基PA56生产线。

2022年10月，万华化学集团利用自主研发的聚酰胺12生产技术建成了40kt/a装置，成为全球第二家拥有聚酰胺12全产业链制造核心技术和规模化生产制造能力的企业。

1.3.2 我国聚酰胺树脂技术进展

1.3.2.1 单体合成

“十二五”以来，国内在聚酰胺单体的合成、聚合，新型聚酰胺产品的开发及聚酰胺的回收利用方面取得了突破性进展，并正经历从规模扩张向技术绿色化、高端化的战略转型。

（1）己内酰胺生产技术

中国石油化工集团有限公司旗下石油化工科学研究院与湖南石化公司历经三十年深耕不辍，成功开发出己内酰胺绿色生产成套技术，该技术路线包括：环己烯酯化加氢制环己酮绿色合成新途径、空心TS-1分子筛与浆态床集成用于环己酮氨肟化、S-1分子筛与移动床集成用于环己酮肟气相贝克曼重排、非晶态镍催化剂与磁稳定床集成用于己内酰胺精制。与引进己内酰胺生产技术相比，该成套技术碳原子和氮原子利用率明显提升，三废排放显著减少，装置投资大幅下降，生产成本明显减少。此外，针对己内酰胺关键原料过氧化氢受制于国外技术封锁，国内固定床技术生产效率低、重大安全事故频发等问题，两家企业还联合开发了流化床过氧化氢生产技术，创制了高强度、高活性、高稳定性蒽醌加氢微球催化剂，研制了高产能工作液配方，发明了集反应-分离-取热为一体的流化床加氢反应器和微界面气液传质新型氧化反应器，实现了生产过程的本质安全。

环己酮氨肟化反应以环己酮、双氧水、氨气为原料，叔丁醇为反应介质，在特定温度和相关催化剂作用下一步均相反应得到环己酮肟。但是叔丁醇在系统中循环使用会导致系统内的杂质含量不断增加，需要增加叔丁醇精制系统才能降低累积性杂质对环己酮肟化反应液的转化率及选择性的影响，不仅增加了能耗，且流程较长。针对此问题，湘潭大学、湖北三宁化工有限公司联合开发了水相氨肟化-溶剂强化重排制造己内酰胺变革性绿色新工艺。该技术以水代替叔丁醇作为反应介质，为非均相反应体系，省去传统环己酮氨肟化需用的有机溶剂，流程缩短1/3，环己酮制己内酰胺综合能耗下降76%，单套反应器产能提升2倍。目前，该技术已应用于湖北三宁化工有限公司400kt/a己内酰胺装置。

针对传统环己烷氧化制环己酮工艺单程转化率较低，工艺流程较长的不足，中国化学工程集团有限公司旗下中国天辰工程有限公司开发了苯部分加氢制环己烯、环己烯水合制环己醇的工艺及ZSM-5分子筛催化剂，该工艺不仅单程转化率高，收率接近100%，产品中杂质少，且氢气消耗量较传统氧化法工艺减少了约1/3。目前该技术及催化剂已成功应用于福建天辰耀隆新材料有限公司己内酰胺装置。

在国家能源战略安全和煤炭清洁化利用背景下，山东鲁南化工有限公司以焦炉煤气中回收的粗苯经加氢、精馏得到加氢苯，再与石油苯混掺使用（加氢苯掺用比例达到69.5%）生产己内酰胺，不仅降低了原料成本及对石油苯的依赖，也符合国家“煤代油”发展战略。

为提升装置能源利用率、降低二氧化碳排放强度，实现绿色低碳发展，浙江巴陵恒逸有限公司将加氢处理后的己内酰胺水溶液引入蒸馏工序，使加氢处理后的己内酰胺水溶液与己内酰胺二次蒸汽进行换热，既减少了循环水用量，又避免了换热存在的热损失；湖北三宁化工有限公司开发了一种提高己内酰胺反萃取己内酰胺水溶液浓度的装置，降低了后续蒸发工序蒸汽消耗。

（2）己二酸生产技术

传统己二酸生产工艺首先通过环己烷氧化生成KA油，然后以硝酸氧化KA油合成己二酸，不仅对设备腐蚀性大，而且生产过程中会产生大量有害气体，污染环境。“十二五”以来，国内己二酸生产企业及相关研究机构在开发清洁己二酸合成工艺方面取得了重大突破。

重庆华峰化工有限公司构建了苯选择性加氢负载型Ru-M催化体系，设计了具有自主知识产权的己二酸成套装置及工艺，以苯选择性加氢合成环己烯，经水合生成环己醇，再用硝酸氧化生产己二酸，实现了精己二酸大规模低成本工业化连续生产，己二酸产能达到1440kt/a，为全球最大的己二酸生产企业。

山西阳煤丰喜肥业（集团）有限责任公司申请了双氧水氧化环己烯直接合成己二酸的连续生产工艺专利，并建成了1套3kt/a双氧水氧化环己烯生产己二酸的中试装置，成功生产出合格的己二酸产品。中国石油辽阳石化公司也开发了环己烯一步法制备己二酸技术，即从环己烯出发，以低浓度双氧水为氧化剂，常压温和条件下实现了一步氧化制己二酸，环己烯转化率100%。与现有传统己二酸工艺相比，该技术减少了环己烯水合制环己醇、环己醇脱氢生产环己酮、醇酮分离、环己酮硝酸氧化生产己二酸等过程，规避了环己烯水合单程转化率低、硝酸氧化存在污染的难题，且大大降低安全风险。该技术有望替代目前的环己烯水合＋硝酸氧化路线，实现绿色高效生产己二酸。

传统己二酸生产工艺中，每生产1t己二酸会产生0.27～0.30t N_2O，是CO_2排放的273倍。长期以来，N_2O高温催化分解技术一直被国外垄断，不仅催化剂价格贵、运行成本高，而且严重制约了行业减排进程。2022年，重庆华峰化工有限公司推出第三代T-350低温催化剂。该催化剂起活温度为350℃，较国际主流技术降低100℃，分解率超过99%，设备投资成本下降60%，并创新集成余热回收系统，成为负能耗、正收益的N_2O减排工艺。此外，重庆华峰化工有限公司已启动第四代N_2O超低温催化分解催化剂研发，旨在进一步降低运行成本和能耗。

与化学法相比，生物法制备己二酸的原材料可再生且生产过程清洁高效。北京化工大学通过对生物合成通路进行最优设计，获得了高效生产己二酸前体的微生物菌株，其产量达到110g/L，己二酸理论收率从原有的55%提升至87%，并计划在2025年完成1t级中试罐验证，该方法的成功开发有助于产业绿色低碳转型。

（3）己二腈生产技术

长期以来，己二腈的生产技术一直被英威达公司、奥升德公司、巴斯夫公司等少数几个国际化工龙头企业垄断和技术封锁，严重制约了国内聚酰胺66产业链的发展。为解决己二腈“卡脖子”难题，实现己二腈技术国产化突破，摆脱对进口产品的依赖，国家出台了多项鼓励政策，国内企业及研发机构也不断投身己二腈的技术攻关，并取得了突破性进展。

中国化学旗下中国天辰工程有限公司自主研发了丁二烯直接氰化法合成己二腈技术，以丁二烯和氢氰酸为原料，在稀土金属混合配体催化剂及助剂的作用下直接反应生成己二腈。该方法极大地简化了己二腈的工艺流程，原料转化率及己二腈选择性高，运行成本低。2023年，中国天辰工程有限公司旗下天辰齐翔新材料有限公司利用该技术建成了200kt/a丁二烯法己二腈装置。

华峰集团有限公司设计了全新的己二酸催化氨化制备己二腈及其精馏提纯工艺，实现了己二酸制己二腈关键技术和装备的重大突破。2019年华峰集团有限公司采用己二酸法建成了50kt/a己二腈装置，而后2024年将产能提升至300kt/a。

1.3.2.2 聚合工艺

“十二五”以来，国内聚酰胺6的聚合技术取得了质的飞跃和“革命性”的进步。一是聚合单线规模不断提高，单线产能由100～150t/d增至250～300t/d，聚合管直径已达2500mm。同时，为解决聚合管直径增大导致缩聚反应、链平衡反应阶段熔体径向温差增大问题，各大技术服务商也提出了相应解决方案，如北京三联虹普新合纤技术服务股份有限公司通过对大容量聚酰胺6聚合生产技术进行系统研究，开发了两步两塔聚合、三级萃取、双塔并联干燥、串级三效蒸发与回收等工艺与设备。二是单体及低聚体回收和全回用技术取得突破。通过将萃取水的浓缩液直接回液至聚合器参与聚合，或通过蒸馏和解聚低聚体等方法回收单体，原料单耗降至1.001t/t左右，大幅降低了聚酰胺6的生产成本，这是聚酰胺6聚合技术的一个重大突破。通常己内酰胺聚合后的聚合物中还含有质量分数8%～10%的单体及低聚体，必须通过萃取、蒸发、蒸馏等回用单体，但每吨切片仍有30～40kg的低聚体不能回用。

在聚酰胺66的聚合方面，国内神马实业股份有限公司针对聚合工序产生大量蒸汽，蒸汽中含有微量的低聚物杂质和己二胺，除少部分蒸汽作为盐预热器的热源之外，大部分直接排入大气中，造成能源浪费和环境污染的问题，通过新增蒸汽饱和塔、过滤器、溶液回收槽和控制系统等回收利用装置，将反应器排放的1.85MPa，245℃的过热蒸汽处理为0.8～1.0MPa的饱和纯净蒸汽，作为浓缩槽热源，降低了装置能耗。此外，针对聚酰胺66盐水溶液聚合反应过程中不仅要排出缩聚过程中产生的水，而且还要将作为溶剂的水全部蒸出，需要消耗大量的热量的问题，该公司还通过浓缩槽工艺蒸汽预热利用、反应器工艺蒸汽余热利用、闪蒸器加热方式调整、常压聚合加热方式调整、真空聚合加热方式调整等，既回收利用了蒸汽，节约了能源，又减少了盐液调配时的纯水消耗及整套装置的污水排放量。

1.3.2.3 新产品开发

除了聚酰胺6、聚酰胺66外，“十二五”以来，国内生物基聚酰胺56、聚酰胺10T、聚酰胺6T、聚酰胺12T、聚酰胺12等聚酰胺品种，以及增强、增韧、阻燃、抗静电、抗菌、有色聚酰胺改性产品的工业化也取得了突破性进展，如金发科技股份有限公司采用以水为分散介质的固相悬浮聚合技术实现了耐高温聚酰胺10T、聚酰胺6T的产业化；上海凯赛生物技术股份有限公司实现了生物法戊二胺、生物基聚酰胺56产业化；万华化学集团有限公司攻克了聚酰胺12的生产技术，成为国内唯一一家拥有聚酰胺12全产业链制造核心技术和规模化生产制造能力的企业；苏州大学现代丝绸国家工程研究中心在国内外首创颜料和己内酰胺低温连续原位聚合关键技术，攻克了颜料改性和纳米化处理分散关键技术，开发了全色系有色切片智能配色和混料技术及装备，突破了有色聚酰胺6切片纺丝关键技术。

1.3.2.4 回收利用

国内废弃聚酰胺及其单体的回收利用虽然起步较晚，但在政策、技术和市场的多重驱动下，发展较快。

在己内酰胺单体回收方面，恒天中纤纺化无锡有限公司采用三效蒸发法对萃取水进行三效蒸发浓缩后滤除残渣及杂质，然后与新鲜己内酰胺按照一定比例进行配比，再将其送入聚合装置回用生产聚酰胺6短纤或高黏聚酰胺6树脂；山东鲁西化工有限公司在三效蒸发浓缩基础上增设压滤装置以提高浓缩液的纯度，实现了对高浓度低聚物的有效分离，并将其回收再聚合，用于制备中黏常规聚酰胺6切片。

在废弃聚酰胺的回收利用方面，广东巨洋环保科技有限公司开发了一种在高温条件下将聚酰胺6废料裂解成己内酰胺的方法，并使用回收得到的己内酰胺再次生产可供使用的聚酰胺6棒材，具有良好的经济效益；金华市广拓新材料科技有限公司研发了利用溶剂溶解/再沉淀法制备再生聚酰胺6的技术，该法对原料损伤较小，再生聚酰胺6性能较佳；2016年，浙江嘉华特种尼龙有限公司在江苏淮安建立国内第一家再生聚酰胺工厂，并于

2018 年完成了国内首套物理法再生聚酰胺的设备研发、设计，成功量产了 OCEAN 系列再生聚酰胺产品（原料来自回收尼龙渔网），而后 2021 年又在淮安投资建设了化学法再生体系。

1.3.3 我国聚酰胺树脂市场概况

1.3.3.1 聚酰胺原料的生产和消费

“十二五”以来，伴随中国石化具有自主知识产权的环己酮氨肟化己内酰胺生产技术的突破，国内己内酰胺的生产得到较快发展，己内酰胺产业形势也发生了较大变化，先后有山东海力化工股份有限公司、浙江巴陵恒逸己内酰胺有限责任公司、山东方明化工有限公司、湖北三宁化工股份有限公司、鲁西化工集团股份有限公司、南京帝斯曼东方化工有限公司及福建天辰耀隆新材料有限公司等多家企业参与到己内酰胺的生产，己内酰胺产能由 2011 年的 585kt/a 增长至 2024 年的 7650kt/a（有效产能 6850kt/a，2022 年后中国石化石家庄炼化分公司 200kt/a、山东海力化工股份有限 200kt/a、江苏海力化工股份有限 200kt/a、内蒙古庆华集团腾格里精细化工有限公司 200kt/a 己内酰胺装置停车），14 年间产能增长了约 13 倍，同时产能和产量的快速增长也带动了己内酰胺需求的快速增长，表观消费量由 2011 年 1167.0kt 增长至 2024 年的 5816.6kt，一跃成为世界最大的己内酰胺生产国和消费国，并且进口量逐年减少，出口量逐年增多，由自给型市场逐步转向出口导向型市场。2011—2024 年国内己内酰胺的供需状况见表 1-11。

表 1-11　2011—2024 年国内己内酰胺的供需状况

年份	产能/(kt/a)	产量/kt	进口量/kt	出口量/kt	表观消费量/kt	自给率/%
2011	585	535	632.7	0.7	1167.0	45.8
2012	1210	744	706.5	0.6	1449.9	51.3
2013	1810	1173	452.9	0.1	1625.8	72.1
2014	2150	1540	222.3	0.1	1762.2	87.4
2015	2350	1783	223.6	2.1	2004.5	88.9
2016	2770	1875	220.9	0.2	2095.7	89.5
2017	3470	2180	237.4	5.0	2412.4	90.4
2018	3990	2857	173.5	0.1	3030.4	94.3
2019	4080	3170	202.1	0.2	3371.9	94.0
2020	4360	3520	267.8	0.5	3787.3	92.9
2021	5540	3970	105.8	3.6	4072.2	97.5
2022	5840	4230	85.6	47.8	4267.8	99.1
2023	6780	4920	153.8	94.4	4979.4	98.8
2024	7650	5870	146.8	200.3	5816.6	100.9

伴随己二酸生产工艺不断成熟，2011—2024 年我国己二酸生产能力由 950kt/a 增至 3740kt/a，年均增速达到 10.4%，已成为全球第一大己二酸生产国。国内己二酸产能主要集中在少数几家大型企业手中，且集中度较高，其中华峰集团有限公司拥有己二酸产能

1440kt/a，占国内总产能的38.5%，居榜首；中国平煤神马能源化工集团有限责任公司拥有己二酸产能470kt/a，占国内总产能的12.6%；山东华鲁恒升集团有限公司拥有己二酸产能360kt/a，占9.6%。另外，江苏海力化工有限公司产能为300kt/a、恒力石化（大连）化工有限公司产能为300kt/a、山东海力化工股份有限公司产能为225kt/a、唐山中浩化工有限公司产能为150kt/a、阳煤集团太原化工新材料有限公司产能为140kt/a、中国石油辽阳石化分公司产能为140kt/a、山东洪鼎化工有限公司产能为140kt/a、新疆独山子天利高新技术股份有限公司产能为75kt/a。

国内己二酸的表观消费量增长较为缓慢，2011—2024年年均增长率为8.4%，低于己二酸产能的扩张速度。从进出口结构来看，从2012年起，我国开始彻底摆脱以往依赖进口填补国内需求缺口的局面，成为己二酸净出口国。2024年，我国己二酸出口量为490.1kt，约占国内己二酸总产量19.2%，有效缓解了国内己二酸供应过剩的压力。2011—2024年国内己二酸的供需状况见表1-12。

表1-12 2011—2024年国内己二酸的供需状况

年份	产能/(kt/a)	产量/kt	进口量/kt	出口量/kt	表观消费量/kt	自给率/%
2011	950	689	75.8	38.2	726.6	94.8
2012	1275	762	33.8	45.7	750.1	101.6
2013	1580	787	22.6	111.6	698	112.8
2014	1810	980	20.0	155.8	844.2	116.1
2015	1970	1138	22	184.2	975.8	116.6
2016	2050	1014	22.1	290.3	745.8	136.0
2017	2330	984	17.7	343.5	658.2	149.5
2018	2500	1375	17.7	368.5	1024.2	134.3
2019	2650	1400	11.4	344.0	1067.4	131.2
2020	2705	1557	9.7	305.2	1261.3	123.4
2021	2800	1970	12.7	398.1	1584.6	124.3
2022	2940	2000	8.9	401.6	1607.3	124.4
2023	3540	2301	8.3	448.0	1861.3	123.6
2024	3740	2550	7.0	490.1	2066.9	123.3

“十二五”以来，我国加大了对己二腈制备工艺的研发攻关，2019年10月，华峰集团有限公司投资建设的50kt/a己二酸法制己二腈项目成功投产，在国内率先完成己二腈大规模生产技术的落地；2022年5月，宁夏瑞泰科技也成功突破己内酰胺法制己二腈生产工艺，并建成了一套25kt/a己二腈装置；2022年8月，中国化学旗下天辰齐翔新材料有限公司200kt/a己二腈项目顺利落地，并产出优级品，该项目采用最为先进的丁二烯法制己二腈技术。此外，行业龙头英威达公司2022年在上海投资建设一套400kt/a己二腈装置。截至2024年底，我国己二腈产能达925kt/a，产业发展已初具规模。国内己二腈生产企业及产能见表1-13。

表 1-13　国内己二腈生产企业及产能

生产企业	产能/(kt/a)	备注
天辰齐翔新材料有限公司	200	2022年8月正式投产
英威达尼龙化工(中国)有限公司	400	2022年11月投产
华峰集团有限公司	300	一期50kt/a于2019年10月投产；二期50kt/a于2021年7月投产；三期100kt/a于2022年6月投产；2024年将产能扩大到300kt/a
宁夏瑞泰科技股份有限公司	25	2022年5月投产
合计	925	

1.3.3.2　聚酰胺树脂的生产和消费

我国聚酰胺树脂主要以聚酰胺6和聚酰胺66为主，聚酰胺1212、聚酰胺1010等生产规模都比较小，大多数在百吨级到千吨级水平。

“十一五”期间，虽然我国在大容量、先进聚合装置的引进，具有自主知识产权的聚合、纺丝装置的突破等方面取得了长足发展，但受原料己内酰胺供应不足影响，聚酰胺6的发展仍较为缓慢。“十二五”以来，受益于原料己内酰胺国产化技术的突破，国内聚酰胺6树脂进入快速发展阶段，主要体现在：产能快速扩展，聚酰胺6产能由2011年的1680kt/a扩张至2024年的7840kt/a，年均增长率达到12.6%，见表1-14；上下游一体化布局加速，产能集中度提升，如恒申控股集团有限公司、福建永荣控股集团有限公司等企业经过近十年发展，已打通“苯-己内酰胺-聚酰胺6切片-聚酰胺6纤维-新材料”一体化全产业链，竞争力不断提高。

表 1-14　2011—2024年国内聚酰胺6切片的供需状况

年份	产能/(kt/a)	产量/kt	进口量/kt	出口量/kt	表观消费量/kt	自给率/%
2011	1680	1170	544.3	53.8	1660.5	70.5
2012	2008	1430	598.2	59.7	1968.5	72.6
2013	2208	1590	630.2	48.9	2171.3	73.2
2014	2560	1800	535.0	48.9	2286.1	78.7
2015	3390	2069	449.2	56.8	2461.4	84.1
2016	3630	2150	412.4	78.4	2484.0	86.6
2017	4090	2420	364.4	105.1	2679.3	90.3
2018	4428	2928	379.0	99.8	3207.2	91.3
2019	5078	3350	343.2	118.1	3575.1	93.7
2020	5468	3770	294.4	122.8	3941.6	95.6
2021	5990	4010	253.4	255.9	4007.5	100.0
2022	6370	4260	199.0	391.0	4068.0	104.7

续表

年份	产能/(kt/a)	产量/kt	进口量/kt	出口量/kt	表观消费量/kt	自给率/%
2023	6800	4870	222.7	478.8	4713.9	103.3
2024	7840	5700	174.9	577.1	5297.8	107.6

聚酰胺 6 的下游消费包括纤维、薄膜和工程塑料等。受汽车、电子电气行业快速发展的带动，聚酰胺 6 在工程塑料领域的消费量逐年提高，2024 年聚酰胺 6 在工程塑料领域的消费量占比为 16%。

受已二胺原料己二腈供给制约，2022 年之前我国聚酰胺 66 发展一直相对较为缓慢，2022 年之后随着国产化己二腈技术的突破、聚酰胺 66 聚合技术的进步及下游应用的拓展，国内聚酰胺 66 产业迎来快速发展，截至 2024 年底，国内聚酰胺 66 产能达到 1580kt/a，与 2021 年相比，增长了近 3 倍，生产企业包括英威达尼龙化工（中国）有限公司（产能为 400kt/a）、平煤神马集团有限公司（产能为 250kt/a）、华峰集团有限公司（产能为 230kt/a）、湖北三宁化工有限公司（产能为 200kt/a）等。预计“十五五”期间，随着原料供给矛盾的进一步缓解及下游需求的增加，国内聚酰胺 66 产能将进一步扩大。2011—2024 年国内聚酰胺 66 切片的供需状况见表 1-15。

表 1-15　2011—2024 年国内聚酰胺 66 切片的供需状况

年份	产能/(kt/a)	产量/kt	进口量/kt	出口量/kt	表观消费量/kt	自给率/%
2011	190	131	230.2	44.9	316.3	41.4
2012	256	168	239.5	49.9	357.6	47.0
2013	256	177	271.1	48.7	399.4	44.3
2014	286	163	314.7	49.5	428.2	38.1
2015	326	221	285.7	46.8	459.9	48.1
2016	436	252	297.9	42.5	507.4	49.7
2017	476	283	270.7	76.4	477.3	59.3
2018	510	333	272.6	85.7	519.9	64.1
2019	520	357	277.7	81.6	553.1	64.5
2020	560	387	192.7	87.7	492.0	78.7
2021	560	380	253.1	126.9	506.2	75.1
2022	790	465	198.5	118.0	545.5	85.2
2023	1170	598	191.1	129.6	659.5	90.7
2024	1580	640	166.3	142.2	664.1	96.4

我国聚酰胺 66 主要用于生产帘子线等工业用丝及工程塑料，2024 年聚酰胺 66 在工程塑料领域的消费占比为 59%，在工业丝领域的消费占比为 29%。

上海凯赛生物技术股份有限公司先后突破了生物基1,5-戊二胺大容量低成本制备及纯化、生物基聚酰胺56高效聚合及纺丝等关键技术，在全球率先实现万吨级生物基聚酰胺56的稳定化和均匀化生产。截至2024年底，国内生物基聚酰胺56产能达到160kt/a，产量超过20kt。国内生物基聚酰胺56的生产企业及产能见表1-16。

表1-16　国内生物基聚酰胺56的生产企业

生产企业	产能/(kt/a)
上海凯赛生物技术股份有限公司	100
优纤科技(丹东)有限公司	20
烟台华润锦纶有限公司	20
黑龙江伊品生物科技有限公司	20
合计	160

聚酰胺56的基本物理性能、长期抗老化性能、长期耐油性均不弱于聚酰胺6、聚酰胺66，但由于聚酰胺56的奇碳结构使其吸湿性较大，从而导致聚酰胺56在吸湿环境下的性能变化较大，耐水解（醇解）性能较差，所以聚酰胺56目前尚不能替代聚酰胺66、聚酰胺6作为工程塑料应用于汽车、电子电气等领域。

除了聚酰胺6、聚酰胺66、聚酰胺56外，近年来，国内长碳链聚酰胺，如聚酰胺1212、聚酰胺610、聚酰胺612等的发展也较快，但生产企业不多，产量也比较小，主要生产企业有山东广垠新材料有限公司、山东东辰工程塑料有限公司、上海盈诺工程塑料有限公司等，见表1-17。聚酰胺1212在结构上与聚酰胺11和聚酰胺12近似，但其生产成本比聚酰胺11和聚酰胺12低。2022年万华化学集团股份有限公司40kt/a聚酰胺12项目投产，成为亚洲第一家、世界第二家掌握聚酰胺12全产业链生产技术的企业。

表1-17　国内长碳链聚酰胺的主要生产企业

生产企业	产品	产能/(kt/a)
山东广垠新材料有限公司	PA610/612/1010/1212	10
山东东辰工程塑料有限公司	PA610/612/1010/1212	6.5
上海盈诺工程塑料有限公司	PA610/612/1010/1212	6.5
万华化学集团股份有限公司	PA12	40

目前，国内长碳链聚酰胺的需求量在80kt左右，而进口量在60kt左右，国产料由于性能上的原因大量被进口料挤占。长碳链聚酰胺主要应用在汽车、电子电气等领域，其中在汽车领域的消费占比为65%，在电子电气领域的消费占比为25%。

与发达国家相比，目前我国聚酰胺工程塑料的消费仍存在很大的差距，特别是汽车用聚酰胺工程塑料。预计随着国内聚酰胺6、聚酰胺66产能的扩张，以及下游新能源汽车及其充电设施的发展，我国聚酰胺树脂的需求会进一步提升。

1.4　聚酰胺树脂的发展前景

聚酰胺作为高性能工程塑料的核心品类，与聚酯、聚碳酸酯、聚甲醛、聚苯硫醚等树脂相比，其在力学性能、耐磨性、耐热性方面具有显著优势，且生产成本较低，是全球消费量最大的工程塑料。据专业机构统计与预测，2023 年全球聚酰胺市场规模已突破 486 亿美元，我国市场占比超过 30%，达 1500 亿元，预计到 2030 年我国市场规模将突破 2700 亿元，复合增长率达 8.9%。这一增长主要受益于汽车轻量化、电子电气高端化及绿色包装需求的爆发。

根据中国化工信息中心统计，在汽车轻量化与新能源革命的牵引下，2024 年中国新能源汽车渗透率超 40%，单车聚酰胺用量较传统燃油车增加 3～5kg，预计 2024—2030 年 PA66 在发动机罩盖、充电桩等领域的需求年均增速将达 18%。受电子电气高端化趋势影响，预计 2024—2030 年 5G 基站、折叠屏手机等对液晶聚酰胺、低介电损耗聚酰胺的需求年均增长率将超过 10%。在绿色包装与可持续发展方面，至 2030 年高阻隔聚酰胺薄膜在生鲜冷链中的应用规模将超过 90 亿元，发展前景广阔。

目前，聚酰胺树脂正朝着绿色环保、高性能化、多功能化方向发展。

（1）绿色环保　随着人们环保意识的提高，绿色化已成为聚酰胺树脂一个重要的发展方向，如开发生物基、含再生成分及生物可降解的聚酰胺材料，减少对化石燃料的依赖和环境的影响；通过改进生产工艺，降低能耗和废弃物排放；采用绿色溶剂和催化剂，减少能源消耗和环境污染；通过改进回收技术和提高回收率，实现聚酰胺树脂的循环回收利用等。

（2）高性能化　随着科技的进步，人们对高性能聚酰胺材料的需求不断提高，高性能聚酰胺材料的开发也成为了研究的热点，如通过改进聚合工艺和添加增强材料，提高聚酰胺的强度、刚度和耐热性；通过纳米技术进一步提高聚酰胺材料的力学性能和导电性能；通过分子结构设计合成与聚酰胺树脂基体相容性好、多元素协同阻燃的高效阻燃剂，在提高聚酰胺树脂阻燃性的同时保持其力学性能及韧性等。

（3）多功能化　多功能化可以满足高端工业场景对聚酰胺材料综合性能的严苛要求。例如，通过添加不同的填料或改性剂，赋予聚酰胺材料多种功能，如阻燃、导电、抗菌功能等，以满足特定领域的特殊需求。

聚酰胺树脂在高性能应用领域展现出强劲的增长潜力，但同时也面临着技术创新、环保和可持续发展等方面的挑战。未来，行业应通过技术创新和环保型材料的研发来应对这些挑战，并抓住新兴市场的增长机遇。

参考文献

[1] 朱明乔．己内酰胺生产绿色化[J]．合成纤维工业，2002，25(2)：38-41.

[2] Schuchardt U，Cardoso D. Cyclohexane oxidation continues to be challenge[J]. Applied Catalysis A，General，2001，211：1-17.

[3] 付送保，朱泽华，吴巍．苯法生产己内酰胺新技术[J]．合成纤维工业，2004，27(2)：35-38.

[4] 王洪波，付送保，吴巍．环己酮肟化新工艺与 HPO 工艺技术及经济对比分析[J]．合成纤维工业，2004，27(3)：40-42.

[5] 钱伯章．己内酰胺技术进展[J]．化工中间体导刊，2005，(19/20)：13-18.
[6] 彭琳，己内酰胺新工艺工业化[N]．国外石油化工快报，2002，109(6)：6.
[7] 蒋云峰，邓蜀平，董桂燕．己内酰胺生产技术发展与市场前景[J]．合成纤维工业，1999，22(6)：36-38.
[8] 王镇．迎接21世纪超临界流体新技术的产业革命[J]．化工进展，2001，(3)：21-22.
[9] 汪云．中国己二酸需求快速增长市场竞争日益急烈[J]．广州化工，2010(4)：1-2.
[10] 中国己二酸下游亟待拓展应用领域[J]．化工科技市场，2010(1)：10.
[11] 魏莉，陈梅，刘娜，等．清洁催化氧化合成己二酸[J]．大连工业大学学报，2010(3)：216-219.
[12] 周彩荣，石晓华，南慧芳，等．催化氧化环己烯制备己二酸[J]．精细化工，2010(5)：437-441.
[13] 许晓棠．国内己二酸供需格局变化及应对策略[J]．聚氨酯，2010，(1)：70-72.
[14] 朱静安，王立军，姜明才．增强增韧尼龙66工程塑料结晶行为的研究[J]．高分子材料科学与工程，1999，15(1)：76-79.
[15] 王留阳，何素芹，朱诚身，等．尼龙66蒙脱土纳米复合材料的制备与表征[J]．中国塑料，2001，15(10)：23.
[16] 郭承鑫，秦铭俊，翟一霖，等．杂化三聚氰胺聚磷酸盐的合成及其在聚酰胺6中的阻燃应用[J]．中国塑料，2019，33(8)：44-48.
[17] Guo CX，ZhaoY S，Ji G C，et al. Organicaluminum hypo-phosphite/graphiticcarbon nitride hybridsas halogen-free
[18] flameretardantsforpolyamide6[J]. Polymers，2020，12(10)：2323.
[19] 华阳，刘振明，刘权毅，等．尼龙66国内外生产现状及发展建议[J]．弹性体，2010，20(6)：78-82.
[20] 王利梅，亢旭阳，任晓珍，等．我国尼龙产业发展现状思考[J]．现代商贸工业，2012，24(1)：45-46.
[21] 李伟斌，孟迎，韩艳辉．我国尼龙66的产业化现状与发展建议[J]．合成纤维，2021，50(8)：1-3.
[22] 王佳臻，蒯平宇，刘会敏，等．国内尼龙6、尼龙66产业的发展现状[J]．合成纤维，2021，50(3)：8-11.
[23] SiddikaS，Sharif A，Hasan M. Effect of areca and waste nylon fiber hybridization on the properties of recycled polypropylene composites[J]. Journal of Atural Fibers，2022，19(13)：6625-6637.
[24] UddinM，Williams D，Blencowe A. Recycling of selective laser sintering waste nylon powders into fused
[25] filament fabrication parts reinforced with Mg particles[J]. Polymers，2021，13(13)：2046.
[26] Al-Mazrouei N，Al-Marzouqi A H，Ahmed W. Characterization and sustainability potential of recycling 3D-printed nylon composite wastes[J]. Sustainability，2022，14(17)：10458.
[27] 张婷婷．尼龙-6己内酰胺回收工艺发展[J]．山西化工，2017，37(6)：30-31，50.
[28] 黄达，李金晟，吕昊，等．生物3D打印干细胞的研究进展[J]．中国临床解剖学杂志，2019，37(05)：603-607.
[29] 张学军，唐思熠，肇恒跃，等．3D打印技术研究现状和关键技术[J]．材料工程，2016，44(02)：122-128.
[30] 王岩，程婷，卢万里，等．3D打印植物纤维素研究进展[J]．纤维素科学与技术，2019，27(02)：74-84.
[31] 陈尤旭，王德山，张伟，等．面向软体机器人的3D打印硅胶软材料实验研究[J]．中国机械工程，2020，31(05)：603-609，629.
[32] 纪宏超，张雪静，裴未迟，等．陶瓷3D打印技术及材料研究进展[J]．材料工程，2018，46(07)：19-28.
[33] 张惠檄，游剑．3D打印阿司匹林速释缓释双层片[J]．中国药学杂志，2017，52(04)：298-302.
[34] Huang Y Q，Dai D D，Li H B，et al. Oxygen barrier，free volume，and blending properties of fully bio-based polyamide 11/poly(vinyl alcohol) blends[J]. J Appl Polym Sci.，2019，137(17)：48562.
[35] Battegazzore D，Frache A. Bio-based PA 5.10 for industrial applications：improvement of barrier and thermomechanical properties with rice husk ash and nanoclay[J]. J Polym Environ，2019，27(10)：2213-2223.
[36] Quiles C L，Montanes N，Boronat T，et al. Evaluation of the engineering performance of different bio-based aliphatic homopolyamide tubes prepared by profile extrusion[J]. Polym Test，2017，61：421-429.
[37] 季栋，方正，欧阳平凯，等．生物基聚酰胺研究进展[J]．生物加工过程，2013，11(2)：73-80.
[38] 李璐．聚酰胺6/聚醚胺共聚物的制备及表征[D]．上海：东华大学，2017.
[39] 罗慧如．活性阴离子聚合制备PA6纤维及其原位增强改性[D]．杭州：浙江大学，2016.
[40] 朱晓清．基于原位聚合的氧化石墨烯/尼龙6复合材料及性能研究[D]．杭州：杭州师范大学，2017.
[41] 李建华，黄雨薇，孙军，等．碳纳米管与蒙脱土在尼龙6阻燃中的协同效应[J]．塑料，2018，47(4)：55-58.
[42] XiaoX，Zhai J G，Chen，et al. Flame retardant properties of polyamide 6 with piperazine pyrophosphate[J]. Plastics，

Rub-ber and Composites,2017,46(5):193-199.

[43] 顾磊,陈爽,肖茹. 芳香席夫碱基阻燃剂的制备及其在聚酰胺 6 中的应用[J]. 塑料科技,2023,51(2):36-42.

[44] Zhang H,Yang H Y,Yang H,et al. Pyrolysis dynamics of dicyclohexyl phosphonic acidaluminium flame retardant polyamide[J]. Plastics,Rubber and Composites,2019,48(6):240-247.

[45] GaoJ,He W T,Xiang Y S,et al. Terminal group effects of DOPO-conjugated flame retardant on polyamide 6:thermal stability,flameretardancyand mechanical performances[J]. Frontiers in Chemistry,2022,10:1002569.

[46] 孟坤,许江菱,刘朝艳,等. 2023—2024 年世界塑料工业进展(Ⅱ):工程塑料和特种工程塑料[J]. 塑料工业,2025,53(4):1-13,96.

[47] 刘朝艳. 2022—2023 年世界塑料工业进展(Ⅱ):工程塑料和特种工程塑料[J]. 塑料工业,2024,52(4):1-26.

[48] 胡家乐,周超群,王巧玉,等. 汽车用轻量化材料的研究进展[J]. 湖南工程学院学报(自然科学版),2024,34(1):25-33.

第2章
聚酰胺树脂的合成

2.1 聚酰胺6

学名：聚己内酰胺

俗称：尼龙6

结构式：$\text{-[}NH(CH_2)_5CO\text{]-}_n$

聚酰胺6（PA6）由ε-己内酰胺开环聚合制备，是聚酰胺中产量最大的品种。PA6的生产成本与原料己内酰胺的工艺路线有密切关系。

2.1.1 己内酰胺生产工艺

己内酰胺全称ε-己内酰胺（CPL），是重要的中间体和化工原料，主要用于生产聚酰胺6。1899年，S. Gabriel首先合成出ε-己内酰胺。

己内酰胺已工业化的生产工艺主要有环己酮-羟胺工艺路线和非羟胺工艺路线。环己酮-羟胺工艺路线主要包括传统的拉西法（HSO法）、NO还原法和HPO法，生产过程是通过苯加氢制得环己烷，再氧化生成KA油（环己酮和环己醇的混合物）；也可用苯酚加氢制环己醇或者环己烯水合生成环己醇，环己醇脱氢制环己酮。然后，环己酮再与羟胺反应生成环己酮肟并经贝克曼（Beckmann）重排制得己内酰胺。非羟胺路线主要有环己酮氨肟化法、环己烷光亚硝化法、甲苯法（SNIA法）及非芳烃路线等制备方法。图2-1为己内酰胺生产工艺示意图。

2.1.1.1 环己酮-羟胺路线

（1）环己酮生产工艺

环己酮是生产己内酰胺和己二酸的主要原料之一，其工业化生产方法主要有环己烷氧化法、苯酚加氢法、环己烯水合法、环己烯酯化加氢法。

① 环己烷氧化法　环己烷氧化是一个极为复杂的化学反应过程。根据环己烷氧化过程反应机理，环己烷首先氧化成环己基过氧化物，然后用碱性（氢氧化钠）溶液处理，在钴催化剂作用下，环己基过氧化物迅速分解为环己酮和环己醇混合物（称为KA油），化学反应式如下：

$$C_6H_{12}+O_2 \longrightarrow C_6H_{11}OOH$$

$$C_6H_{11}OOH \xrightarrow{\text{分解}} C_6H_{10}O+H_2O$$

$$C_6H_{11}OOH \xrightarrow{\text{分解}} C_6H_{11}OH+1/2\ O_2$$

在环己烷氧化制环己酮过程中，如果发生深度氧化，会产生大量的醛、酸、酯类化合

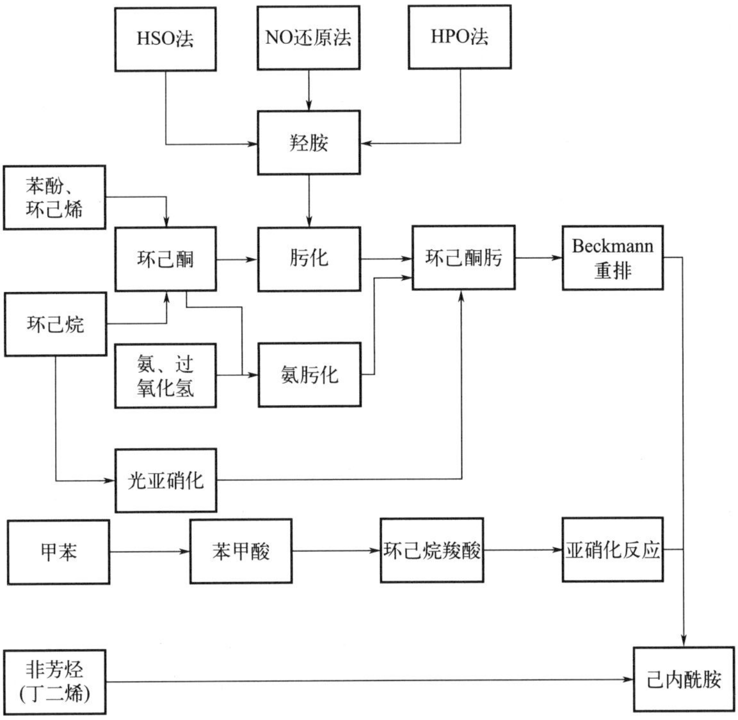

图 2-1　己内酰胺生产工艺

物，造成环己烷单耗升高。工业上一般通过控制转化率来维持目的产物的选择性，减少副产物的生成，转化率一般控制在 3.5%～6.0%（摩尔分数）。

目前已工业化的环己烷氧化技术主要有三种：20 世纪 40 年代杜邦公司开发的钴盐催化氧化法，60 年代开发的硼酸催化氧化法和无催化氧化法。其中，无催化氧化法综合了前二者的优点，结渣较少，运转周期长，但环己烷单程转化率较低，工艺流程长，能耗较高。

环己烷催化氧化所用的催化剂体系主要包括钴盐催化剂体系、硼酸催化剂体系、Gif 体系（由 $FeCl_3$、O_2、Zn、乙酸、吡啶组成氧化体系）、仿生催化剂、过渡金属氧化物和分子筛催化剂等，其中钴盐催化剂体系、硼酸催化剂体系已经应用到工业化生产中。

钴盐催化法、硼酸催化法及无催化氧化法一般选用空气为氧化剂，除此之外也可采用富氧、纯氧等作氧化剂。

② 苯酚加氢法　工业上以苯酚为原料生产环己酮，最初采用苯酚加氢生成环己醇和环己醇脱氢制取环己酮的两步法，加氢部分一般采用镍催化剂；后来，荷兰 DSM 公司开发了在钯催化剂存在下，一步苯酚液相加氢制取环己酮的新工艺。苯酚加氢有气相和液相两种方式。工业上主要是采用气相法，该工艺采用 3～5 个反应器串联，温度为 140～170℃、压力 0.2～0.4MPa，苯酚转化率 95%，产率 97%。反应历程：苯酚通过加氢首先生成活性中间体 1-羟基环己烯，1-羟基环己烯异构化生成环己酮，或者苯酚一步加氢生成环己醇，化学反应式如下：

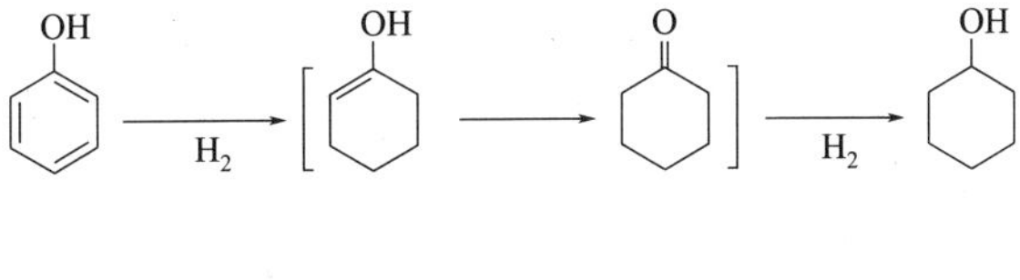

③ 环己烯水合法　环己烯水合法是苯在催化剂作用下进行部分加氢，生成环己烯和少量环己烷，分离后，环己烷为副产品，环己烯在催化剂作用下进行水合反应生成环己醇，环己醇在催化剂作用下脱氢生成环己酮。20世纪80年代，日本旭化成公司开发出环己烯水合法制环己醇工艺，原料苯的利用率可以达到99.5%左右，其工艺流程见图2-2。

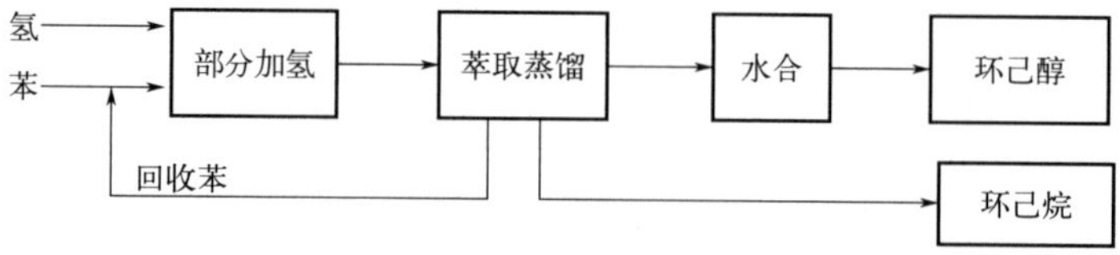

图2-2　旭化成公司环己烯水合法制环己醇工艺流程

主要反应过程为：在125～140℃、4.0～6.0MPa条件下于2个串联的反应器中苯部分加氢生成环己烯，水为连续相，苯为分散相，为了防止过度加氢生成环己烷，苯稍过量。苯转化率可达到40%，环己烯选择性80%，主要副产物为环己烷，主催化剂采用平均粒径50Å的钌、锌盐颗粒，助催化剂为氢氧化锌。反应混合物（苯、环己烯、环己烷）经萃取蒸馏得到环己烯送入水合工序。

环己烯水合反应采用全混流式二级串联反应器，在反应温度100～130℃、压力0.5～1.0MPa下，以沸石型分子筛ZSM-5（Al_2O_3/SiO_2比值为26～40）为催化剂，环己烯水合生成环己醇，环己烯单程转化率为10%～15%，环己醇选择性为99.9%，有少量副产如甲基环戊烯、1-甲基环戊醇、二聚环己醚等。另外，环己烯对环己醇有萃取作用，可以通过调节环己烯与水的比例来改变水相中的环己醇浓度，破坏水相中的化学平衡，促进水合反应进行。其反应方程式为：

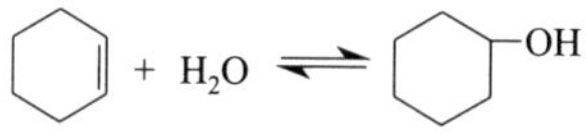

环己烯水合法是环己烷氧化法的主要竞争工艺路线。国内新建环己酮装置大多采用环己烯水合法生产环己酮。

④ 环己烯酯化加氢法　环己烯酯化加氢法以苯为原料，首先部分加氢得到环己烯和环己烷，环己烷为副产品，然后环己烯与乙酸进行酯化反应生成乙酸环己酯，乙酸环己酯再经加氢得到环己醇和乙醇，分离后环己醇脱氢生成环己酮。同时，该工艺还可联产精制无水乙醇、粗乙醇、轻质油、重质油等，具有碳收率高、三废排放少、安全清洁高效等特点。2017年，中国石油化工集团有限公司（简称中国石化）首次成功开发了环己烯酯化加氢制环己酮成套技术，并已应用于中石化湖南石油化工有限公司600kt/a己内酰胺装置。

（2）羟胺生产工艺

羟胺（NH_2OH）的生产是环己酮-羟胺工艺中的核心技术之一。羟胺在游离状态下为白色透明菱形结晶，熔点33℃，沸点57～58℃（22mmHg），具有很强的吸湿性，在游离状态下很不稳定（通常以盐形式存在），受热迅速分解，对金属化合物和空气非常敏感，很容易被氧化或还原。目前有拉西法（HSO）、NO还原法和HPO法三条羟胺生产路线。

① 拉西法制备羟胺硫酸盐　拉西法制备硫酸羟胺早期是以亚硫酸氢铵、SO_2为原料通过还原亚硝酸钠制备，后通过改进，采用亚硝酸铵为原料替代亚硝酸钠生产羟胺硫酸盐$(NH_3OH)_2SO_4$，羟胺硫酸盐水解生成羟胺。

② NO还原法制备羟胺 NO加氢还原制备羟胺硫酸盐由德国BASF公司开发，是对拉西法制备羟胺硫酸盐的改进。该方法首先将NH_3用纯氧催化氧化制得NO，然后将NO导入带有搅拌的釜式反应器中，在温度40～50℃，压力1.5MPa及硫酸介质中，Pt作催化剂，用氢气还原生成硫酸羟胺。该方法生产羟胺硫酸盐要求原料必须很纯净，反应时H_2/NO比例在3.5～5.0之间具有最好选择性。

③ HPO法制备羟胺 由荷兰DSM子公司Stamicarbon开发。其特点是将硝酸合成、羟胺合成和环己酮肟合成融入无机工艺液（IPL）和有机工艺液（OPL）构成的循环反应体系中（见图2-3）。磷酸羟胺的合成反应条件温和，反应温度低（最佳温度为60℃），生产安全可靠、不副产硫酸铵。

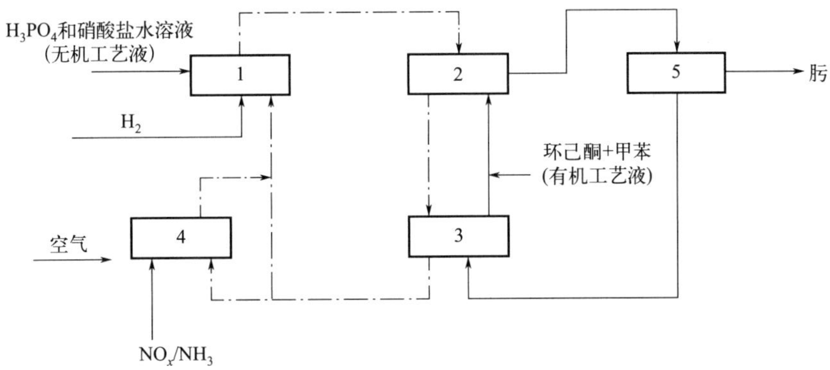

图2-3 DSM公司HPO工艺流程

1—羟胺合成；2—肟化；3—IPL净化；4—氨氧化与NO_2吸收；5—甲苯-肟分离

主要过程：由20%H_3PO_4和20%NH_4NO_3组成的水溶液加入反应器，在水、磷酸盐、硝酸盐及氢离子组成的无机工艺液（缓冲液）中，以Pt+Pd/C（8%Pd+2%Pt）或Pd/C（10%Pd）为催化剂，于45～65℃反应温度，2.5MPa反应压力下，利用H_2还原NO_3^-，合成磷酸羟胺。同时，NH_3被空气氧化生成NO和NO_2，二者被磷酸缓冲液吸收合成硝酸盐来补充在羟胺生成反应中消耗掉的硝酸根离子。羟胺收率为80%，主要反应式如下：

$$NH_4NO_3+2H_3PO_4+3H_2 \xrightarrow{\text{Pt-Pd}} (NH_3OH)H_2PO_4+(NH_4)H_2PO_4+2H_2O$$

$$4NH_3+5O_2 \longrightarrow 4NO+6H_2O$$

$$2NO+O_2 \longrightarrow 2NO_2$$

(3) 环己酮肟生产工艺

环己酮与羟胺肟化过程中，环己酮上的羰基与羟胺反应是典型的亲核加成反应，其中羟胺是亲核剂，以NH_3^+OH形式存在于酸性溶液中，反应机理如下：

$$NH_3^+OH \rightleftharpoons NH_2OH+H^+$$

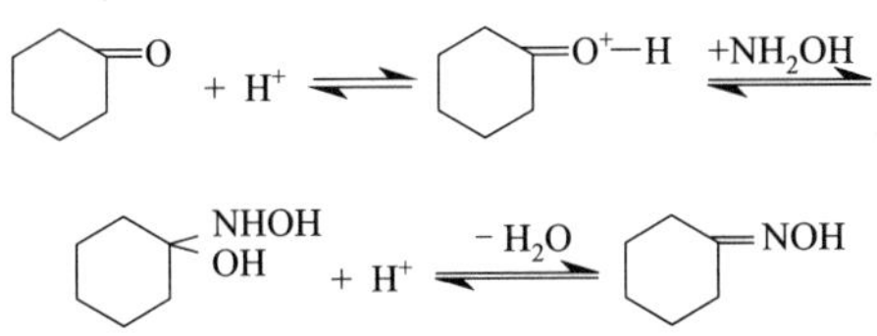

① 拉西法和NO还原法制备环己酮肟工艺 拉西法和NO还原法合成环己酮肟的工

艺条件基本相同，都是逆流肟化。拉西法采用两段逆流肟化流程，反应温度：第一段75～80℃，第二段65～70℃；NO还原法用管式反应器逆流肟化，反应温度80℃。化学反应过程如下：

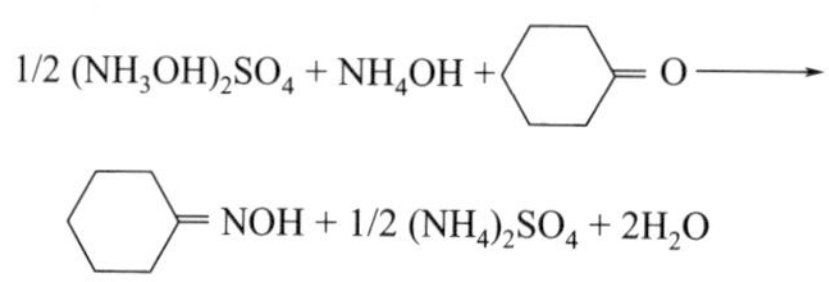

实际生产中，一般使羟胺稍过量有利于环己酮反应完全，pH值控制在7左右。

② HPO法制备环己酮肟工艺　该工艺采用甲苯作溶剂，羟胺和环己酮在肟化脉冲塔中实现逆流肟化。肟化温度控制在42～46℃，原料配比为环己酮：羟胺为1：1（摩尔比），环己酮转化率为98%。

（4）环己酮肟重排工艺

环己酮肟贝克曼（Beckmann）重排是生产己内酰胺的重要工艺过程。已工业化的重排工艺有：液相重排工艺和气相重排工艺，目前以液相重排工艺为主。

液相重排反应历程比较复杂，环己酮肟在发烟硫酸存在下，首先生成环己酮肟磺酸酯，然后进行贝克曼重排，生成己内酰胺。整个反应必须有 SO_3 的引发才能进行，具有自催化反应的特征。过程如下：

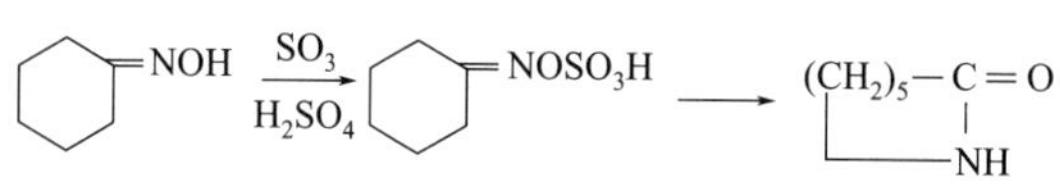

由于贝克曼重排反应速度极快，因此实现酸/肟充分混合是十分必要的。若混合不均匀，会因局部反应不完全和局部温度过高导致副产物大量生成。温度过高易生成八氢吩嗪、苯胺、呋喃及衍生物等。一旦反应体系偏离正常条件（如发烟硫酸不足），则有可能发生Neber重排反应，见下式：

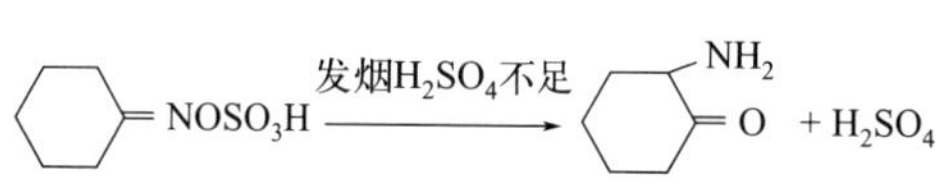

α-氨基酮

① 环己酮肟液相多级重排工艺　为有效降低重排反应中发烟硫酸的消耗量，减少硫酸铵副产物的产出，荷兰DSM公司、中石化湖南石油化工有限公司等对重排工艺进行了改进，先后采取了二级、三级重排工艺，并在工业装置上进行了应用，硫酸铵副产由原来的每吨己内酰胺1.8t降至1.3～1.5t，工序质量得以改善。

基本过程为：在多级重排的第一级操作中，一次性加入全部发烟硫酸，在较低温度和较高酸肟比条件下使发烟硫酸与大部分肟反应，以保证低温下黏度不至于太高，抑制副反应的发生；后续各级重排在略高于前级反应温度条件下进行，确保发烟硫酸与剩余的肟反应，以保证反应完全，降低发烟硫酸的消耗量。图2-4所示为环己酮肟二级重排流程。

环己酮肟和循环物料在反应器Ⅰ内反应，温度为98℃，游离 SO_3 质量分数约5%，酸肟比为1.65，出口物料进入反应器Ⅱ，与新加入的肟反应。第二级反应温度为100～115℃，游离 SO_3 质量分数为4.5%，酸肟比下降为1.3。

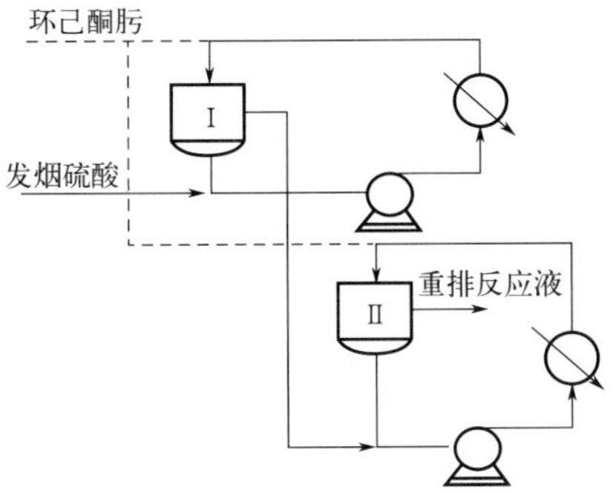

图 2-4　环己酮肟二级重排流程

② 环己酮肟气相重排工艺　气相贝克曼重排以固体酸作催化剂，无副产硫酸铵。但由于在高温下环己酮肟和己内酰胺都会发生热分解，因此气相重排己内酰胺的收率低于液相重排工艺。目前有固定床和流化床两种方式可供选择。

气相重排中，催化剂是关键。日本住友开发了 MFI 高硅分子筛固体酸催化剂（专用高硅沸石），该催化剂在反应温度 325℃、重排空速（WHSV）$8h^{-1}$ 条件下，反应 5.5h 后，环己酮肟转化率为 99.8%，己内酰胺的选择性为 96.9%，并且该催化剂具有良好的再生性能。图 2-5 为日本住友开发的连续反应-再生循环流化床新工艺流程。

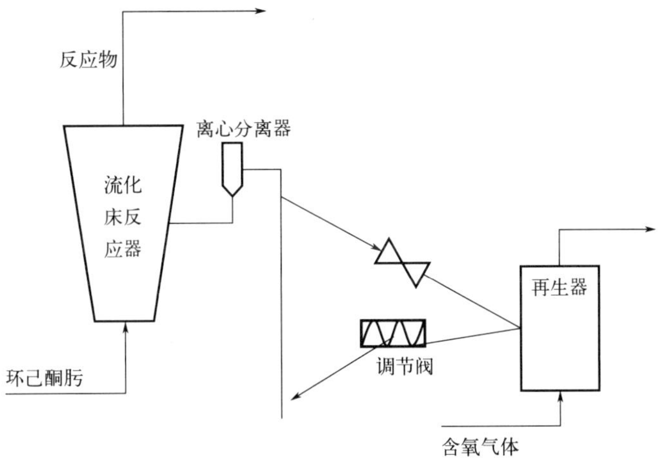

图 2-5　连续反应-再生工艺流程

环己酮肟及溶剂经汽化后进入流化床反应器进行 Beckmann 重排反应，反应器中的催化剂以一定的循环量经控制阀进入再生器，利用含氧气体（多为空气）进行再生。经再生后的催化剂通过调节阀放出，经离心分离器分离后回到流化床反应器。

中国石化石油化工科学研究院与中石化湖南石油化工有限公司合作的环己酮肟气相贝克曼重排反应固定床新工艺也取得了突破性进展。开发了具有 MFI 结构的催化剂（RBS-1），解决了环己酮肟气相贝克曼重排固定床技术工程放大过程中的相关难题，在 8000kt/a 工业侧线装置上进行了催化剂稳定性评价试验，运行 700h，环己酮肟转化率为 99.9%，己内酰胺选择性达到 96.5%。

因气相重排的杂质有别于传统的液相重排，还需开发相应的己内酰胺精制工艺。

(5) 中和与精制

① 中和　含有发烟硫酸的 Beckmann 重排反应液用氨水中和得到粗己内酰胺。图 2-6 为重排反应液中和流程示意图。

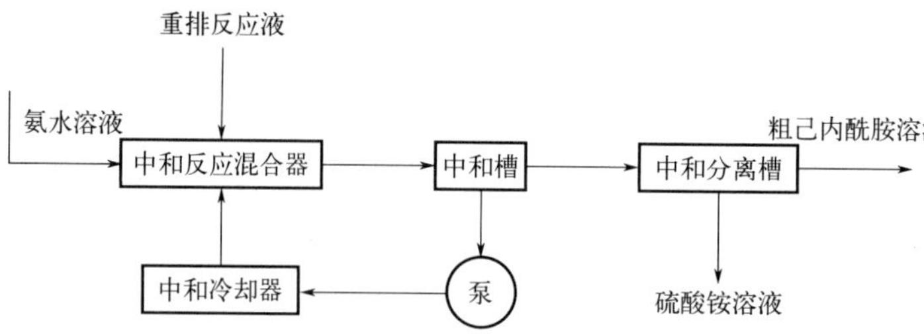

图 2-6　重排反应液中和流程示意

② 精制　粗己内酰胺一般要经过苯萃取（有的萃取溶剂采用甲苯、三氯甲烷等）、水反萃取、离子交换、加氢、三效蒸发、蒸馏等一系列精制工艺过程，最后才能得到符合标准的 ε-己内酰胺产品。图 2-7 为粗己内酰胺精制流程示意。

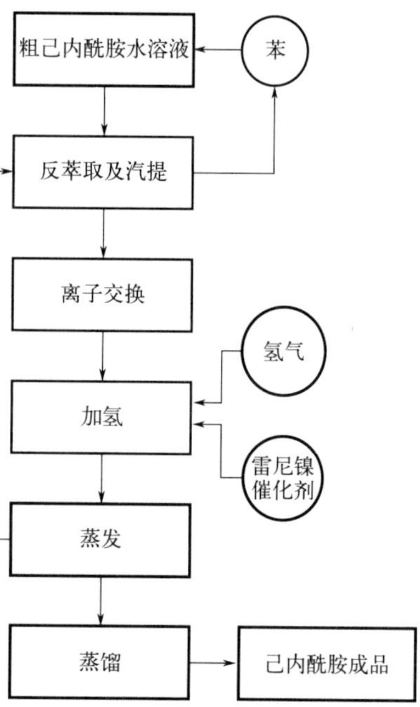

图 2-7　粗己内酰胺精制流程示意

在 DSM 公司的精制工艺中，苯萃取工序通过一个转盘萃取塔（RDC）完成，苯萃取除去水溶性杂质，然后用水反萃取除去苯溶性杂质。中石化湖南石油化工有限公司的精制工艺则采用一种新型转盘萃取塔（NRDC），与 RDC 相比，NRDC 内的固定环平面增设了筛孔挡板，能有效抑制 NRDC 内物料的轴向返混，传质效率提升 30%～40%，且萃取塔的处理能力得到提高，塔底水相己内酰胺质量分数降至 0.2%～0.3%。

己内酰胺的水溶液中还有一些不饱和有机物杂质，其沸点与己内酰胺相差不大，后续蒸馏很难除去，需要加氢使不饱和杂质成为饱和化合物，拉开与己内酰胺的沸点差。己内酰胺水溶液在釜式搅拌反应器中采用雷尼镍催化剂加氢，加氢效率较低。中国石化石油科学研究院和中石化湖南石油化工有限公司合作，采用研制的 SRNA-4（Ni 和 Al 按一定比例组成）催化剂和磁稳定床加氢工艺，加氢效果和催化剂消耗均优于釜式搅拌反应器。

(6) 废液处理

己内酰胺废液是目前化工行业较难处理的工业废液之一，该废液具有酸性强（pH 值为 3、硫酸铵质量分数为 3%）、含微量苯、COD 高（含己内酰胺衍生物、环己酮等，COD 达到 1.0×10^5mg/L 以上）、含盐量高（硝酸钠、硫酸钠质量分数达 3%）、颜色深、处理难度大、处理成本高等特点。

目前工业上处理己内酰胺废液常用的工艺为浓缩焚烧法。即先用低压蒸汽将己内酰胺废液（含水质量分数大于 90%）蒸发浓缩，控制母液质量分数为 50%～60%，然后喷入废液焚烧炉。此工艺的缺点是浓缩、焚烧单元能耗高、经济效益差，且蒸发冷凝液中氨氮含量大于 800mg/L、COD 大于 3000mg/L，难以进一步处理，同时焚烧工序需要使用较多伴烧用燃料油。

除了浓缩焚烧法外，将己内酰胺废液代替新鲜水用于制备水煤浆，并应用于水煤浆气化工艺装置中，也是一种可行的方法。该方法不仅可以节约大量新鲜水，减少石灰石、原煤等消耗，而且可以节省己内酰胺废液浓缩装置的投资，节能降耗效果明显。目前，中石化湖南石油化工有限公司 600kt/a 己内酰胺装置采用此方法处理己内酰胺废液。

2.1.1.2 非羟胺路线

（1）环己酮氨肟化法

环己酮氨肟化法以环己酮、氨和双氧水为原料，在催化剂作用下，一步合成环己酮肟。与传统的工艺相比，该工艺省去了羟胺的合成，缩短了工艺流程；反应温度低，降低了能耗；催化剂循环使用，提高了己内酰胺生产的经济效益和社会效益，没有传统工艺过程带来的污染，符合绿色化工发展的要求，属“原子经济”工艺，国内 90％以上的己内酰胺装置采用此工艺，其反应过程如下：

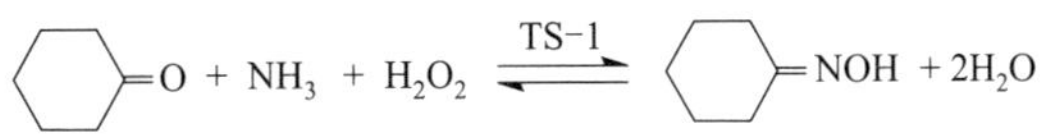

除了上述主反应外，还伴随下列副反应：

$$4H_2O_2 + 2NH_3 \longrightarrow N_2O + 7H_2O$$

$$3H_2O_2 + 2NH_3 \longrightarrow N_2 + 6H_2O$$

$$2H_2O_2 \longrightarrow 2H_2O + O_2$$

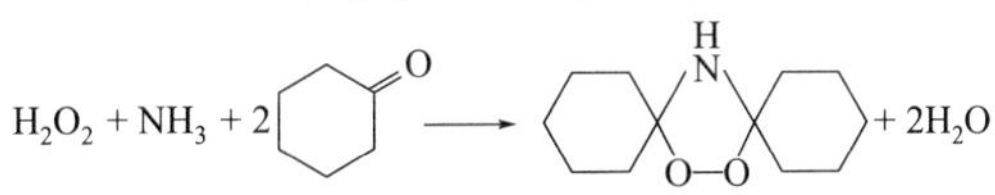

表 2-1 列出了环己酮氨肟化工艺与 HPO 工艺比较。

表 2-1　环己酮氨肟化反应条件对比

项目	反应	反应温度/℃	反应压力/MPa
HPO 工艺	羟胺反应	60	2.65
	肟化反应	50	0.1
	氨氧化反应	88.5	0.6
	氨分解反应	70	0.5
氨肟化工艺	氨肟化反应	80～85	0.2～0.3

意大利 Enichem 公司和中国石油化工集团有限公司均开发了各具特点的环己酮氨肟化工艺。前者与日本住友化学公司合作，2003 年在日本爱媛建成 60kt/a 己内酰胺装置。

中国石化公司的氨肟化工艺采用单釜连续淤浆床反应器，在温度 80～85℃、压力 0.28～0.32MPa 条件下，以钛硅分子筛（HTS-1）作催化剂，叔丁醇作溶剂，环己酮、氨、双氧水在反应器内一步合成环己酮肟。催化剂经分离后循环使用，反应清液回收叔丁醇溶剂后，剩余的环己酮肟水溶液送甲苯-肟精馏工序进行处理。反应条件见表2-2，工艺流程见图2-8。

表2-2 中国石化氨肟化工艺反应条件

项目	参数
压力/MPa	0.28～0.32
温度/℃	80～85
停留时间/min	70
H_2O_2：酮(摩尔比)	1.08～1.16
环己酮转化率/%	99.5
环己酮肟选择性/%	99.5
过氧化氢利用率/%	89～90

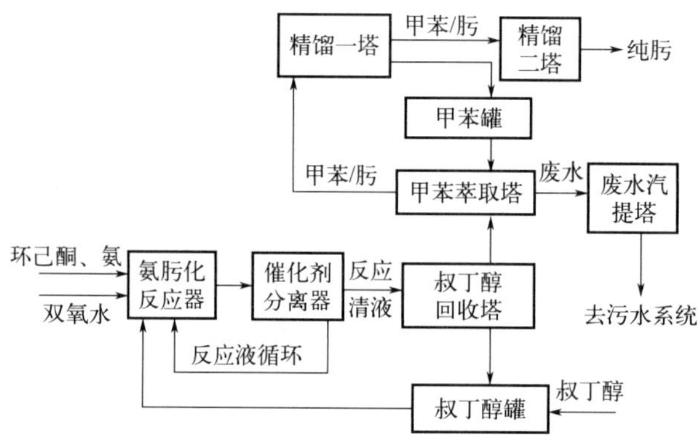

图2-8 中国石化公司氨肟化工艺流程

意大利Enichem公司的环己酮氨肟化工艺采用二级串联釜生产环己酮肟，过氧化氢、氨和环己酮加入第一级釜式搅拌反应器（CSTR），在温度80℃、压力0.25MPa条件下，以叔丁醇为溶剂进行初步反应。随后，反应混合物进入第二级反应器，反应条件与第一级接近（见表2-3）。反应完成后将第二级反应液送入真空蒸馏柱，从蒸馏柱出来的环己酮肟水溶液送往重力分离器，并加入硫酸铵溶液，使环己酮肟和水的分离更容易，并且减少水相中肟的含量。图2-9为意大利Enichem公司环己酮氨肟化工艺流程示意，其中一级到二级为溢流。

表2-3 Enichem公司环己酮氨肟化工艺反应条件

项目	第一步	第二步
压力/MPa	0.23	0.23
温度/℃	85	85
停留时间/min	72	72
H_2O_2：酮(摩尔比)	1.1	1.13

续表

项目	第一步	第二步
环己酮转化率/%	98.3	99.95
环己酮肟选择性/%	99.6	>99
过氧化氢利用率/%	89.1	87.4

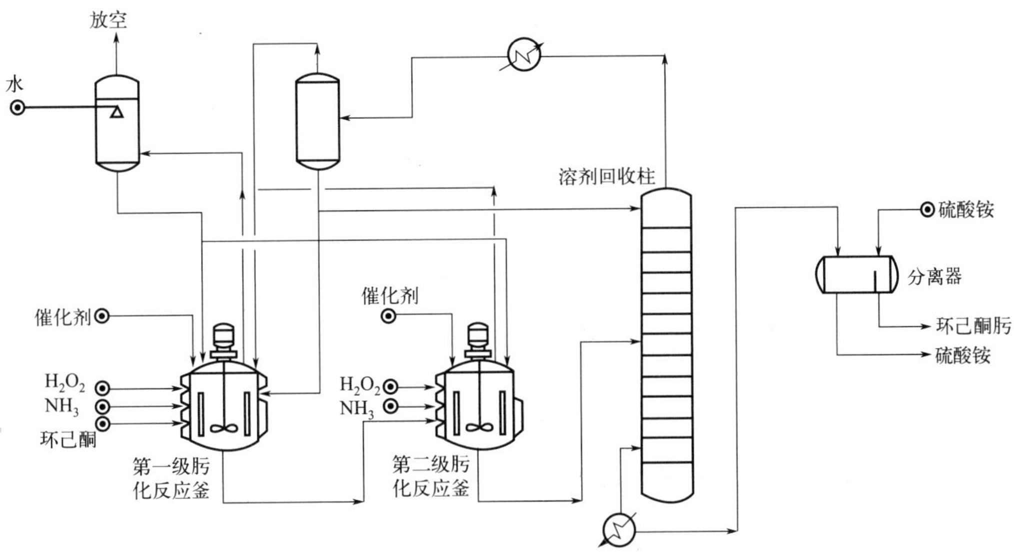

图 2-9　Enichem 公司氨肟化工艺流程

环己酮氨肟化反应为强放热反应，影响主副反应的主要因素包括催化剂的性能、反应温度、反应压力、物料配比、反应停留时间、催化剂浓度等，其中催化剂是整个工艺的核心。日本住友化学公司采用钛硅分子筛（TS 分子筛），具有很好的选择催化性。中国石化公司采用一种新型空心钛硅分子筛（HTS），能显著改善和提高分子筛的催化氧化性能，解决了钛硅分子筛合成难重复以及反应活性不稳定的问题。

钛硅分子筛催化剂由于颗粒小，如 TS-1 催化剂平均粒径一般只有 0.2μm 左右，回收过滤是一个难题。中国石化公司氨肟化工艺采用膜分离技术，实现了钛硅分子筛催化剂与物料的完全分离及循环利用。该分离系统采用膜孔径为 0.05～0.2μm 的陶瓷微滤膜，膜面流速控制在 2～4m/s。

（2）甲苯法（SNIA 法）

甲苯法由意大利 Snia 公司在 20 世纪 60 年代初开发，并于 1962 年建成了一套 12kt/a 的装置，但已停产。中国石化石家庄炼化分公司也采用此工艺生产己内酰胺。该工艺流程为：甲苯在催化剂作用下氧化生成苯甲酸，苯甲酸加氢得环己烷羧酸（六氢苯甲酸，CCA）；CCA 在发烟硫酸作用下，与亚硝基硫酸发生酰胺化（亚硝化）反应得到粗己内酰胺；粗己内酰胺经中和、精制等工序得到 ε-己内酰胺产品。其中，中和、精制工艺与 DSM 公司的 HPO 工艺基本相同。甲苯法制己内酰胺工艺流程见图 2-10。各步骤的反应如下：

① 甲苯氧化制苯甲酸　将甲苯与催化剂乙酸钴、空气送入带搅拌的反应器中，反应

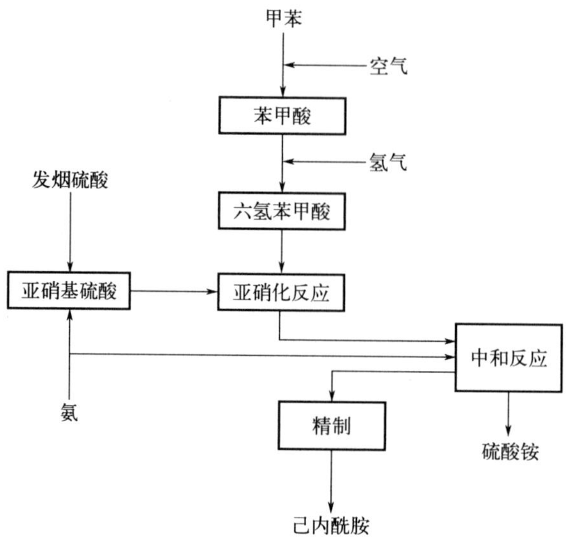

图 2-10　甲苯法制己内酰胺工艺流程

压力 0.8MPa，反应温度 170℃，停留时间 1h，生成苯甲酸。主反应如下：

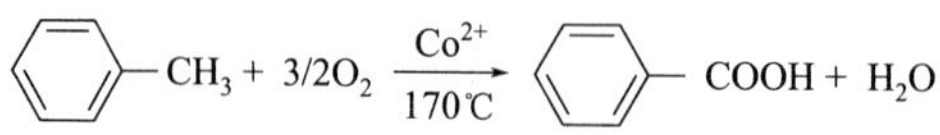

② 苯甲酸加氢制环己烷羧酸　苯甲酸加氢生成环己烷羧酸。反应式如下：

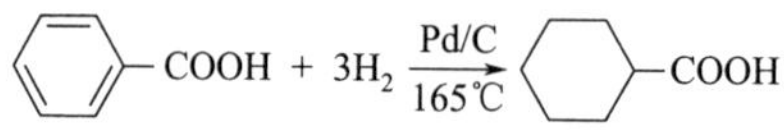

该反应在 1.35MPa、165℃、四个带搅拌器的串联反应器中进行，催化剂为负载在活性炭上的钯，转化率和收率均可达 99%以上。副产物是苯甲酸和 CCA 脱羧基生成的 CO 和 CO_2。

③ 亚硝基硫酸的制备　以液氨、发烟硫酸为原料，反应过程如下：

$$4NH_3 + 5O_2 \xrightarrow{Pt/Rh} 4NO + 6H_2O$$
$$2NO + O_2 \rightleftharpoons 2NO_2$$
$$NO + NO_2 \longrightarrow N_2O_3$$
$$N_2O_3 + H_2SO_4 + SO_3 \longrightarrow 2NOHSO_4$$

④ 亚硝化反应　亚硝化反应又称酰胺化反应，是甲苯法合成己内酰胺的关键步骤，整个反应包括：CCA 吸收正己烷、CCA/正己烷溶液的浓缩、预混合、中性副产物的分离、酰胺化反应、水解反应、反应气循环和正己烷冷凝回收、萃取酸团中的 CCA 等几个部分。

CCA/正己烷溶液与发烟硫酸混合，生成一种 CCA 和 SO_3 的混合酸酐（环己基羧酸硫酸酯）。反应温度一般控制在 30℃以下。反应式如下：

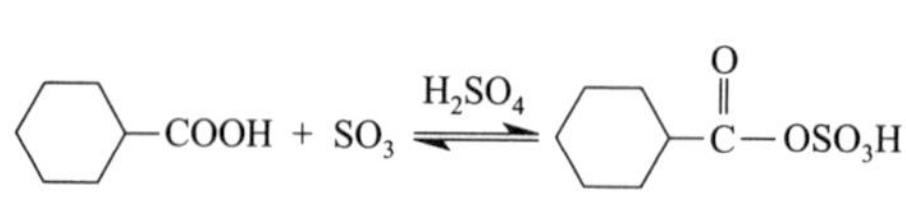

酰胺化反应采用九级卧式搅拌釜式反应器，反应温度 71℃，反应压力略大于常压。

反应式如下：

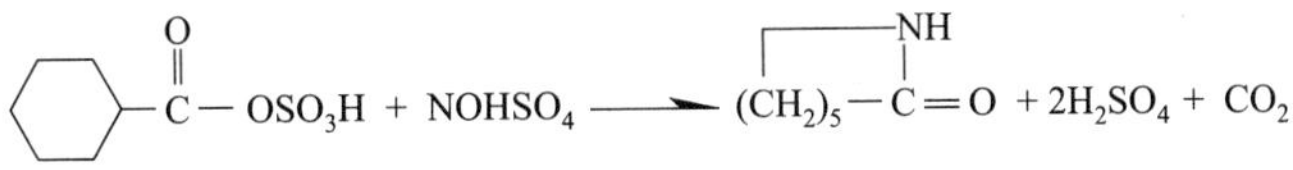

甲苯法生产条件苛刻，收率较低，生成的副产物成分复杂，每吨己内酰胺副产3.8t硫酸铵，环境污染大，且存在精制流程长、工艺复杂、能耗较大、质量不稳定等问题。

20世纪60～80年代，大量学者和企业对甲苯法工艺进行了改进，虽然提高了己内酰胺的选择性，但副产物硫酸铵的控制却成效不明显。进入21世纪，中国石化石家庄炼化分公司结合中石化湖南石油化工有限公司的氨肟化新技术，利用甲苯法生产己内酰胺过程中，过量的三氧化硫、硫酸与环己酮肟进行Beckmann重排生成己内酰胺（简称为环己烷羧酸-环己酮肟组合工艺）。该工艺投产后，产能扩大到160kt/a，每吨己内酰胺副产硫酸铵由3.8t降低至1.6t，大大提高了甲苯法的市场竞争力。该组合工艺反应过程如下：

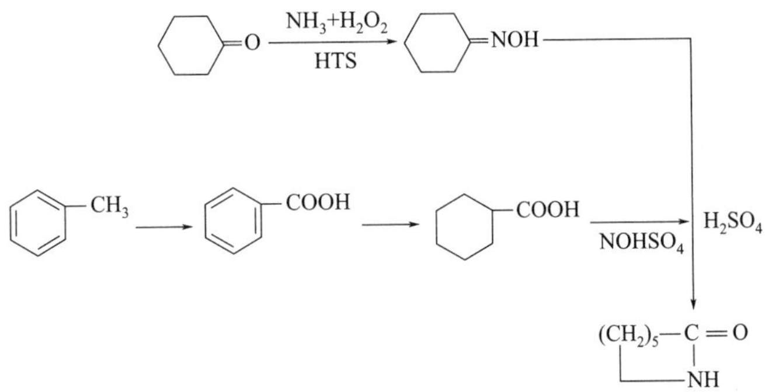

环己烷羧酸-环己酮肟组合工艺的核心和关键就在于酰胺液与环己酮肟的反应，而此过程实际就是一个贝克曼重排反应过程，但此过程并不是肟直接与发烟硫酸发生重排，而是与己内酰胺硫酸酯反应。反应流程如图2-11所示。

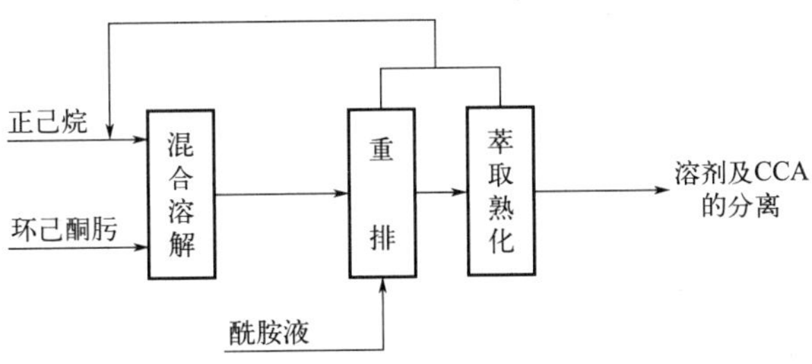

图2-11 酰胺液与环己酮肟混合重排工艺流程

组合工艺中环己酮肟溶解在正己烷中，与酰胺液中的 $H_2SO_4 \cdot SO_3$ 发生贝克曼重排，正己烷既是溶剂，又是稀释剂、取热剂和萃取剂。

此外，SO_3 的浓度和温度对重排反应也有很大影响。SO_3 浓度高，有利于提高重排反应速度，但会降低己内酰胺收率，增加副产。工业试验表明，控制 SO_3 含量为3.5%～4.0%，反应温度为71～85℃时能较好地实现重排反应。

（3）光亚硝化法

光亚硝化法由日本东丽公司开发，已实现工业化。该工艺通过氯化亚硝酰制备、环己酮肟制备及己内酰胺制备三大核心步骤构建高效生产体系。三个步骤的反应如下。

① 氯化亚硝酰制备

$$NH_3 + O_2 \longrightarrow N_2O_3 + H_2O$$
$$H_2SO_4 + N_2O_3 \longrightarrow NOHSO_4 + H_2O$$
$$NOHSO_4 + HCl \longrightarrow NOCl + H_2SO_4$$

② 环己烷、氯化亚硝酰制备环己酮肟

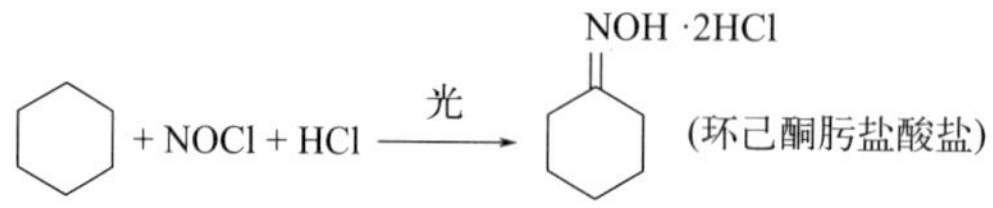

③ 环己酮肟盐酸盐在发烟硫酸的作用下贝克曼重排为己内酰胺。

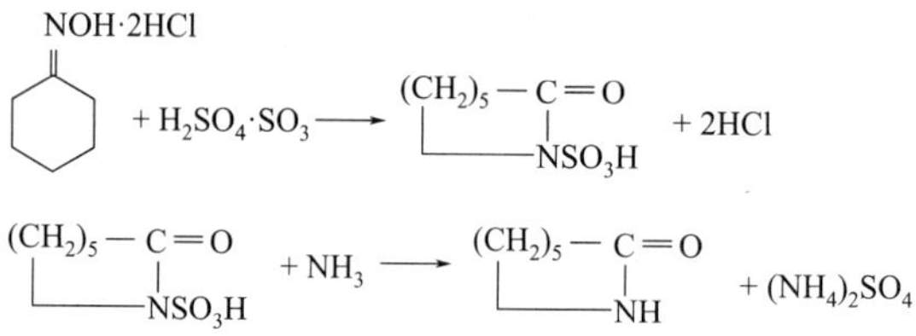

该工艺省去了环己酮、羟胺和肟化装置，使投资费用大大降低。但是，该工艺中大型的光化学反应器难以设计，生产过程中耗电量大，物料腐蚀性强，光源灯管发光效率低，且发热量很高，寿命短，需要不断清洗以除去类似焦油的反应残渣，难以长期连续运转。

2.1.1.3 非芳烃路线

目前，工业领域生产己内酰胺大都是以芳烃类化合物（苯酚、甲苯、苯）为原料。如果将起始原料替换为直链烃，同时规避硫酸铵副产物的生成，可以显著降低成本。

① DuPont/DSM 的丁二烯/一氧化碳工艺　DuPont 公司和 DSM 公司合作，开发出以丁二烯和一氧化碳为原料生产己内酰胺的工艺技术，该工艺通常需 5 步关键反应。

第一步：丁二烯与一氧化碳及甲醇反应生成戊烯酸甲酯，选用钴、铑、铂等Ⅷ族金属作为催化剂。

第二步：3-戊烯酸甲酯与一氧化碳进行甲酰化反应，生成 5-甲酰基戊酸甲酯及少量支链异构体，反应也用钴、铑、铂等Ⅷ族金属作催化剂。

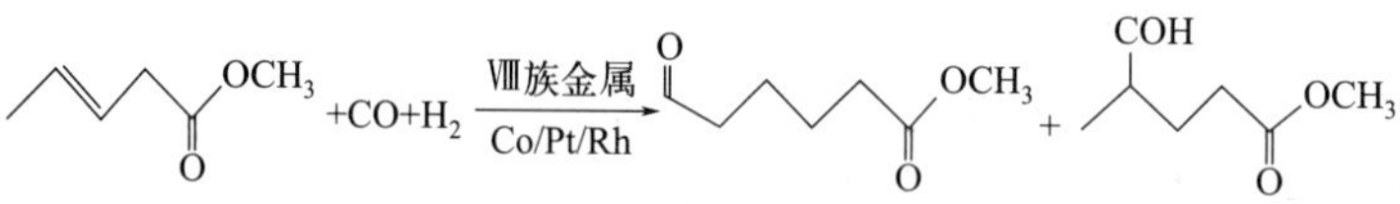

第三步：5-甲酰基戊酸甲酯与其支链异构体分离，然后进行还原氨化反应，生成 6-氨基己酸甲酯，用钌作催化剂。

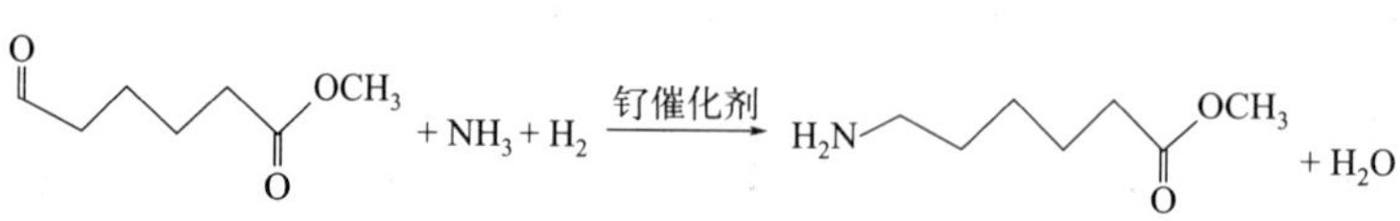

第四步：6-氨基己酸甲酯在惰性溶剂（如矿物油或芳香烃）中加热环化，得到己内酰胺。环化温度为 250～270℃。

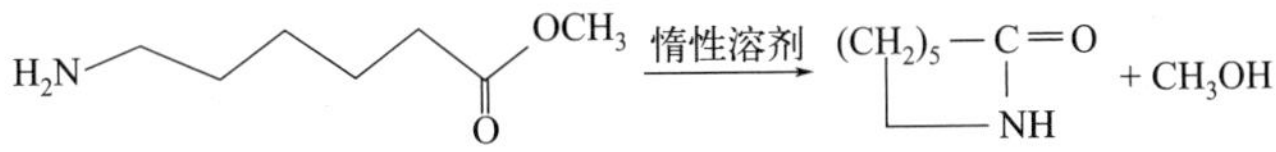

第五步：将第二步反应中产生的一些支链甲酰基异构体分解为戊烯酸甲酯，在工艺中回收利用。

该工艺采用廉价丁二烯为原料，无副产物，生产过程安全环保，但反应多采用贵金属作催化剂，影响其成本。

② DuPont/BASF 的丁二烯/甲烷工艺　DuPont 公司和 BASF 公司开发了以丁二烯和甲烷为原料生产己内酰胺的专利技术，其生产工艺路线如下。

第一步：在铂铑催化剂作用下，甲烷（天然气）与氨在 1200℃的条件下反应生成氢氰酸、氢气等。

$$CH_4 + NH_3 \xrightarrow[1200℃]{Pt/Rh} HCN + H_2$$

第二步：丁二烯直接氢氰化，通过三步法工艺生产己二腈。

在催化剂 $Ni(O)L_4$（L 为芳基亚磷酸盐）或铜盐络合物存在下，丁二烯与氢氰酸在 100～140℃发生加成反应得到 3-戊烯腈（3PN）、4-戊烯腈（4PN）和 2-甲基-3-丁烯腈（2M3BN）。

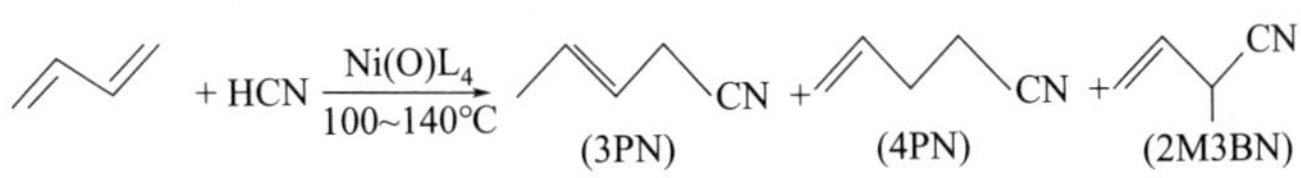

在含有 Lewis 酸促进剂的镍络合物催化剂作用下，3PN 异构化为 4PN，并进一步与 HCN 加成生成己二腈（ADN）。

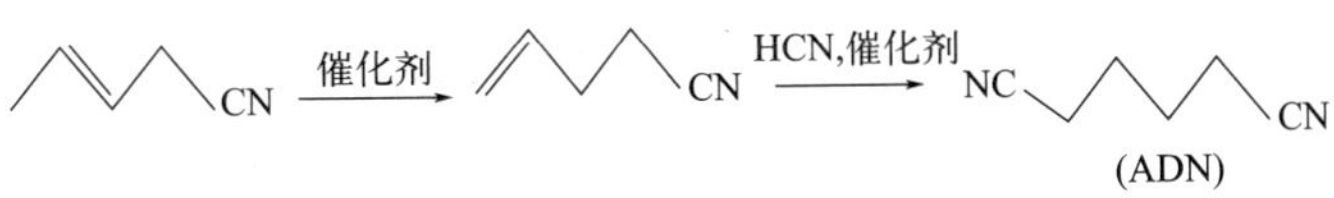

第三步：在 80℃、7MPa 条件下，以雷尼镍为催化剂，己二腈进行加氢反应，生成氨基己腈、己二胺以及少量的亚胺等副产物。

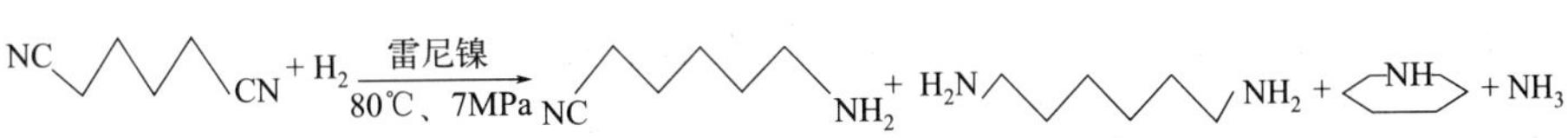

第四步：以二氧化钛作催化剂，氨基己腈与水反应生成 6-氨基己酰胺，再环化生成己内酰胺，同时产生氨气。

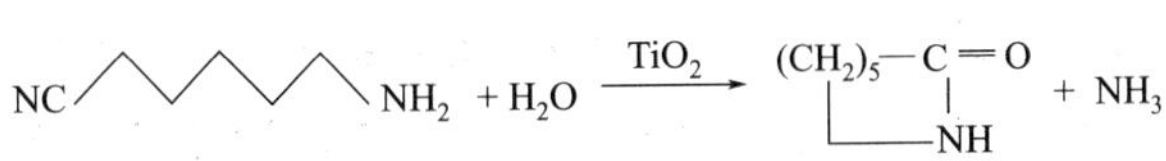

该工艺的关键在于己二腈选择性部分加氢，主要优点是采用了价格较为低廉的丁二烯，流程较短，物耗能耗较低，不副产硫酸铵，缺点是 HCN 和腈类毒性较大。

2.1.2 聚酰胺6聚合过程与工艺

聚酰胺 6 生产工艺路线较多，不同的工艺路线所得到的产品性能大不相同，用途也有所差异。按聚合机理的不同分为水解聚合、固相聚合、阴离子聚合和插层聚合，其中水解聚合反应时间长，分子量分布窄，适合大规模生产，是当今世界普遍采用的方法；固相聚合主要以低分子量 PA6 为基料，在催化剂作用下，在其熔点以下进行分子链的增长，适合制造高分子量 PA6；阴离子聚合反应快，聚合时间短，对反应体系水分含量及操作控制要求高。目前水解聚合与固相聚合融合为一体成为聚酰胺 6 聚合发展趋势。

2.1.2.1 水解聚合工艺

（1）水解聚合原理

在工业上，PA6 的水解聚合是将己内酰胺、3%～10%的水加热到 250～270℃，经过 12～24h 聚合反应得到 PA6，以水或酸为催化剂，属于逐步聚合反应。

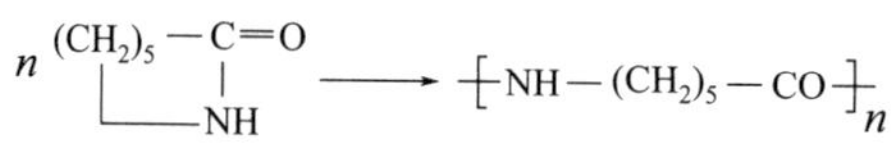

己内酰胺水解开环聚合时有三种平衡反应：

① 己内酰胺水解开环生成氨基酸（氨基己酸）

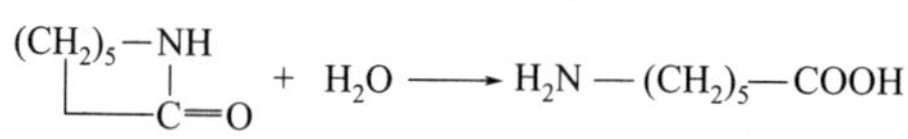

② 氨基酸本身逐步缩聚

$$\sim\sim COOH + H_2N\sim\sim \rightleftharpoons \sim\sim CONH\sim\sim + H_2O$$

③ 氨基上氮原子向己内酰胺亲电进攻，使分子链增长

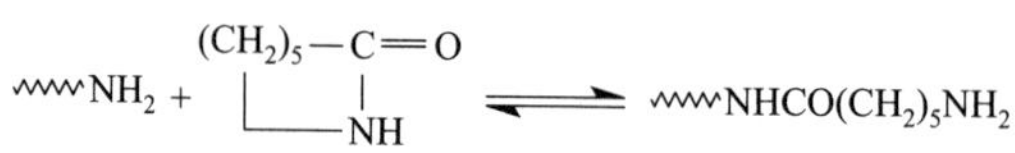

己内酰胺开环聚合的速率比氨基酸自缩聚速率至少要大 1 个数量级。因此，上述反应中氨基酸自缩聚只占很少的百分比，主要是水解开环形成聚合物。

从机理分析，可考虑氨基酸以双离子 [$^-OOC(CH_2)_5NH_3^+$] 形式存在，先使己内酰胺质子化，而后开环聚合。质子化单体对亲电进攻要活泼得多。

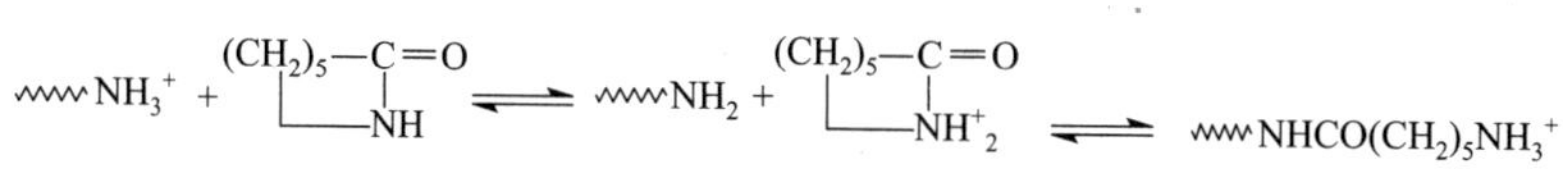

此反应的最终聚合度与平衡水浓度密切相关，为提高分子量，转化率达 80%～90%时，须将引发用的大部分水脱除。同时，通过添加封端剂（一般为单官能团酸）来精确调控聚合物分子量。己内酰胺聚合产物中会有 6%～9%未反应单体和 3%左右的低聚物，可用热水浸取或真空蒸馏的方法去除。为确保产品质量，聚合物在 100～120℃、133Pa 压力条件下进行真空干燥，使水分含量降至 0.1%以下。

（2）水解聚合的影响因素

PA6 水解聚合的影响因素较多，主要有开环剂水的用量、聚合温度、聚合时间、分子量调节剂等。

① 开环剂水的用量　水的用量不仅影响反应速度，而且直接影响聚合物的平均分子量。在反应初期，水的用量越多，反应速度越快；在反应后期，水的用量越多，则聚合物的平均分子量越低。因此在聚合反应后期，应尽可能除去反应体系中的水分。

② 聚合温度　提高反应温度能加快己内酰胺的聚合反应速度，缩短聚合时间，但也使平衡时相应的单体含量增加，并且易产生热裂解作用。反应前期温度高，有利于加快聚合反应的速度；反应后期温度低，有利于聚合产物分子量的提高和低分子量产物含量的减少。一般聚合管内温度采用分段控制，上段温度控制在 260～270℃，有利于开环；中段以聚合为主，温度控制在 260℃左右；下段为平衡阶段，温度控制在 250℃左右。

③ 聚合时间　聚合时间增加，单体转化率和聚合物平均分子量也相应增加。

④ 分子量调节剂　适当加入分子量调节剂（如乙酸），可使聚己内酰胺的端基封闭，精准调控分子量的增长，从而确保其熔体黏度稳定。一般而言，调节剂加入量越多，所得产物的平均分子量越低。

（3）水解聚合主要设备

己内酰胺水解开环聚合最初采用高压釜间歇聚合工艺。随着技术的进步、产量的扩大、设备的不断更新，工业上 PA6 聚合逐渐采用以管式反应器（VK 管）为核心连续生产模式。作为 PA6 生产过程中最关键的设备，VK 管结构直接影响聚合反应效率和产品质量。VK 管分直型和 U 型两种，世界上大多数 PA6 生产厂家采用直型 VK 管。瑞士 Inventa 公司 PA6 聚合管见图 2-12，聚合管内有五个单独的换热器；顶部有搅拌器；下部有液体联苯管道；底部有静态混合器。

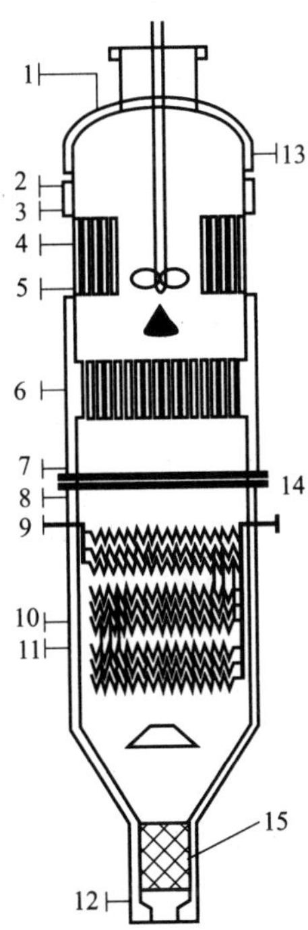

图 2-12　Inventa 公司 PA6 聚合管结构示意图

1,4,6—联苯蒸汽进口；2,8,12,14—联苯液进口；3,9,10,11—联苯液出口；
5,7,13—联苯冷凝液出口；15—静态混合器

目前，VK管正在向大型化发展，管直径由原来的250mm拓展到如今的2000mm。单线聚合生产能力由20世纪50年代初的0.5t/d提高至250～300t/d。

（4）水解聚合方法

按工艺划分，PA6的水解聚合分为一段聚合法、常压连续聚合法和二段聚合法。其中，一段聚合法采用高压釜间歇工艺，现少有公司采用；常压连续聚合法主要用于生产纤维级PA6切片，切片相对黏度2.4～2.6；二段聚合法主要用于生产帘子线用、工程塑料级PA6切片，切片相对黏度2.8～3.6。常压连续聚合和二段聚合的差异在于VK管结构不同，其他工序基本类似。在PA6聚合技术上，代表性的公司有瑞士的Inventa公司、意大利的NOY公司、德国的Karl Fischer公司、德国的Zimmer公司等。

① 常压连续聚合　常压连续聚合以水为引发剂，己内酰胺开环、加聚、缩聚在一个常压管式聚合反应器（VK管）内进行。以意大利NOY公司生产工艺为例，聚合反应器采用大型VK管连续聚合，熔融的己内酰胺与水和助剂混合，在260℃温度下，聚合20h，排出熔融聚合物，经切粒、萃取、干燥制得成品，工艺流程见图2-13。

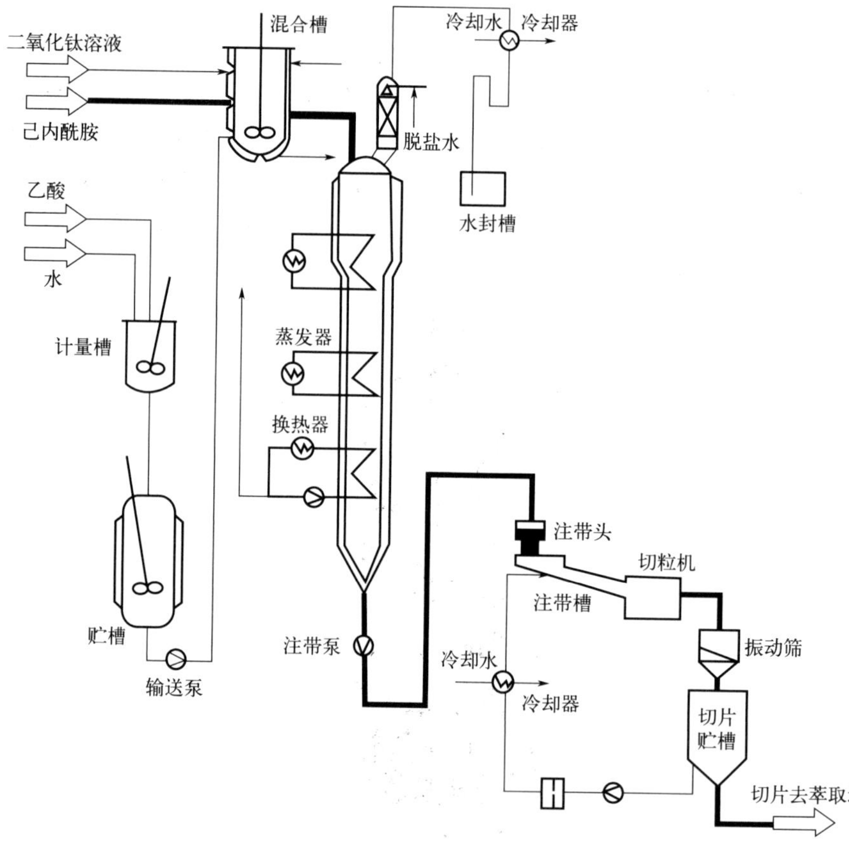

图2-13　NOY公司聚合工艺流程

② 二段聚合　二段连续聚合是指聚合过程分成两个阶段，采用两个聚合管、不同的聚合工艺条件来实现产品牌号的调整。通常二段聚合法又包括加压-减压连续聚合、高压-常压连续聚合、常压-减压连续聚合三种方法。表2-4为三种二段聚合方法比较。

表 2-4　二段聚合方法比较

聚合方法	工艺特点	切片相对黏度	代表企业
加压-减压连续聚合	气相联苯加热，液相联苯吸热，减压脱水保证聚合反应充分，聚合物黏度波动小，分子量分布均匀；切片萃取采用新型塔内构件；采用氮气逆流干燥；单线容量大	2.8～3.6	德国 Zimmer 公司
高压-常压连续聚合	工艺过程包括水解预聚合、加成反应、真空闪蒸、螺杆后聚合等。第一个预聚合反应器为矮胖型结构，己内酰胺在其中开环预聚。第二个聚合反应器为瘦长型结构，物料在其中进行开环加聚反应。第三个聚合反应器为上大下小结构，上段真空闪蒸，下段进行缩聚反应及平衡。采取双螺杆后缩聚增黏法提高聚合物黏度；聚合时间短，工艺独特；设备复杂，生产成本高	2.8～3.5	美国 Allied Chemical 公司
常压-减压连续聚合	VK 管后设有管式脱水反应器，在(266～399)$\times 10^2$Pa 真空下抽去熔体中所含平衡水量；具有稳定的分子量和较低的萃取值；聚合时间较 Zimmer 二段法长 30%左右，灵活性也不如 Zimmer 工艺	2.8～3.6	日本宇部公司

③ 高压釜间歇聚合　该法主要用于生产小批量、多品种工程塑料级切片。其规模 10～12t/d；单台釜产量为 2t/批。切片相对黏度一般为 3.8，最高可达 4.0。该工艺灵活易控，生产弹性大。缺点是原料消耗比连续法多，聚合时间长，产品质量不稳定。

2.1.2.2 固相聚合工艺

固相聚合也称固相后聚合，是将普通聚酰胺 6 切片用水萃取后，在干燥过程中，引入某种催化剂使聚酰胺 6 在其熔点以下进行聚合的方法，是聚酰胺 6 增黏的有效途径。

工业生产中，固相聚合工艺可分为连续固相聚合和间歇固相聚合两种。同时，该工艺可在 3 种方式下操作：真空间歇反应器、惰性气体保护下的固定床反应器和流化床反应器，后两者为连续聚合。

固相缩聚的干燥、增黏和冷却 3 个工艺过程可在一套装置内进行，有转鼓式和连续式两种。图 2-14 为 Inventa 公司固相缩聚工艺流程，与 VK 管连续聚合不同之处是该工艺把连续干燥塔设备分为三段，第一段为干燥塔，第二段为固相缩聚塔，第三段为冷却塔，并设置三个氮气循环系统。塔内氮气温度为 160～180℃（第二段），通过调节氮气温度，使切片相对黏度从 2.5 提到 4 以上。图 2-15 为 Zimmer 公司固相缩聚工艺流程，该工艺将干燥设备分为固相缩聚塔和冷却塔两段。用这种方法增黏时，一般采用磷酸、硼酸或者磷酸酯作催化剂。

综上所述，聚酰胺 6 聚合方法较多，聚酰胺 6 水解间歇聚合仅适合小批量生产，常压聚合主要用于民用丝切片的生产，制备高黏度聚酰胺 6 切片时则采用二段聚合或固相聚合。

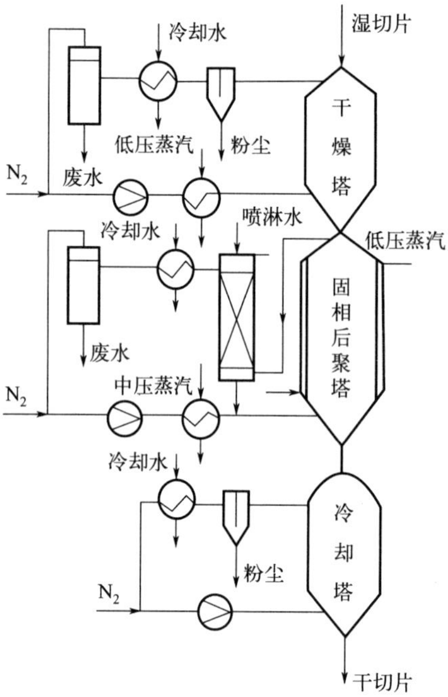

图 2-14　Inventa公司固相缩聚工艺流程

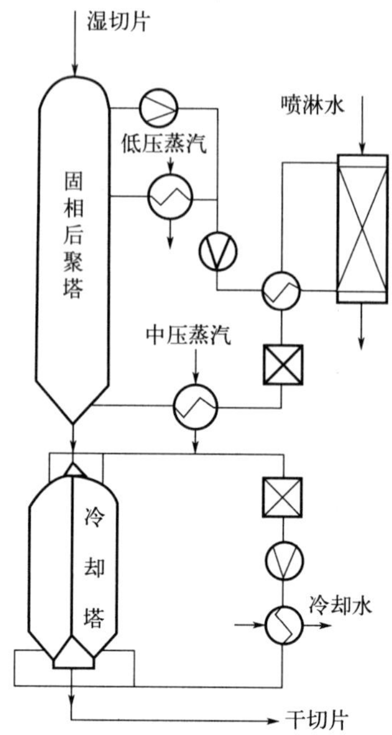

图 2-15　Zimmer公司固相缩聚工艺流程

2.2　聚酰胺 66

学名：聚己二酰己二胺

俗称：尼龙 66（PA66）

结构式：$\left[NH-(CH_2)_6-NH-\overset{O}{\overset{\|}{C}}-(CH_2)_4-\overset{O}{\overset{\|}{C}} \right]_n$

聚酰胺 66（PA66）由 1,6-己二酸和 1,6-己二胺缩聚而得，1938 年杜邦公司首先开发了该产品。

2.2.1　单体制造工艺

2.2.1.1　1,6-己二酸的合成

1,6-己二酸（以下简称己二酸），俗称肥酸，分子式 $C_6H_{10}O_4$，分子量 146.14。己二酸属于脂肪族二元酸，是制备聚酰胺 66 等化工产品的原料和中间体。追溯历史，1902 年，己二酸首次通过 1,4-二溴丁烷合成；20 世纪 30 年代初，德国的氢化工厂以苯酚为原料合成了己二酸；1939 年，德国将己二酸生产推向商业化，并在美国落地。

（1）己二酸的工业化生产方法

己二酸的工业化生产方法主要有环己烷法、环己醇法（含苯部分加氢和苯酚加氢工艺）和丁二烯羰基化法三种，其中环己烷法占世界己二酸总产能的 93%。图 2-16 为己二

酸主要生产工艺路线。

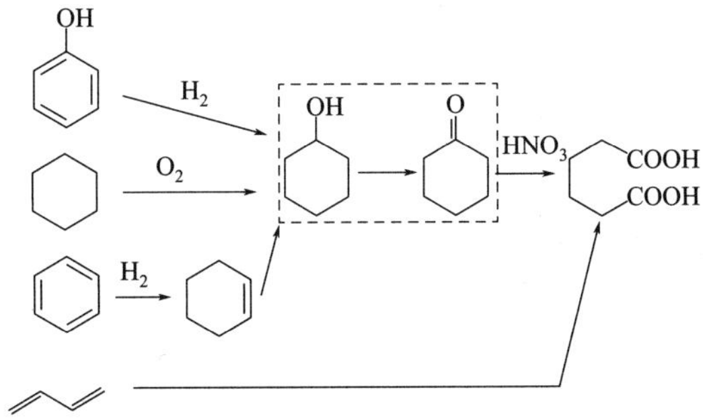

图 2-16　己二酸的主要生产工艺路线

① 环己烷法　此法又称环己烷二步氧化法，第一步，环己烷经空气或氧气氧化生成 KA 油（环己酮和环己醇的混合物），第二步，以 Cu^{2+}-V^{5+} 作催化剂，利用 HNO_3 氧化 KA 油得到己二酸。

a. 环己烷空气氧化制 KA 油　环己烷氧化生成 KA 油的过程见己内酰胺生产工艺相关部分内容。

b. HNO_3 氧化 KA 油制己二酸　HNO_3 氧化 KA 油反应迅速，很难用确切的中间体来描述，公认的机理为：环己醇首先被硝酸氧化成环己酮，然后经历三种路线转化为己二酸。其中最主要的历程是环己酮经亚硝基化得到 2-亚硝基环己酮，然后进一步氧化成 2-硝基-2-亚硝基环己酮，再水解为硝肟酸，最后经水解、脱 N_2O 后得到己二酸。反应历程如下：

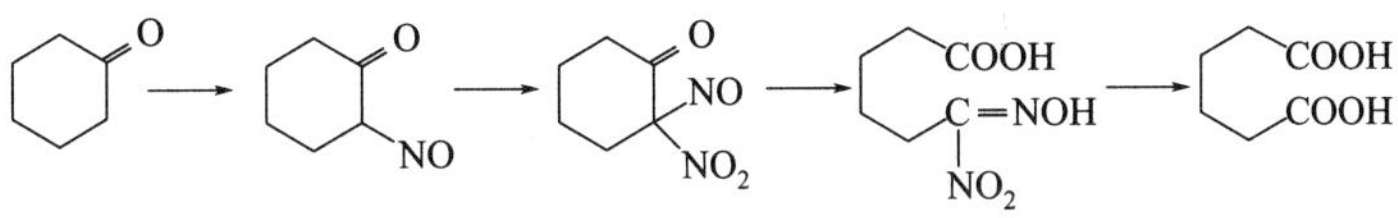

KA 油氧化为己二酸，反应过程非常复杂，产物种类多，主要化学反应式如下：

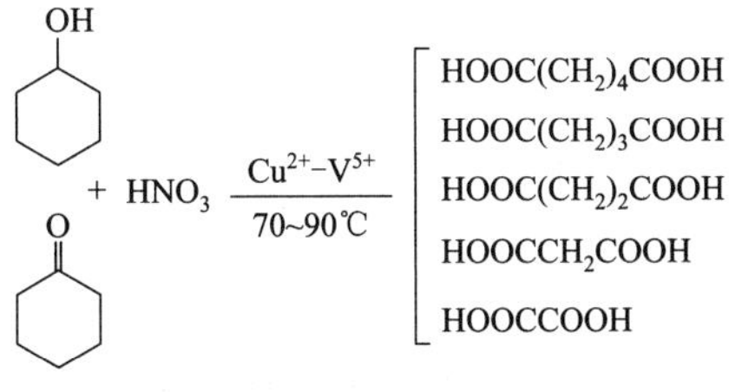

合成过程中加入 V^{5+}，可减少丁二酸和草酸的生成；加入 Cu^{2+} 可减少戊二酸的生成；采用 Cu^{2+} 和 V^{5+} 组成的复合催化剂，己二酸收率一般可提高约 10%。

硝酸氧化过程中 KA 油的纯度非常重要。采用高纯度的 KA 油或环己醇为原料，己二酸的产率可达 1.35～1.40kg/kg KA，主要副产物为丁二酸和戊二酸，分别占己二酸的 2%和 6%。如果 KA 油的纯度较低，则己二酸的产率会降低，而副产戊二酸和丁二酸会增加。另外，该过程是一个强放热反应并且是不可逆的，处理不当时，氧化反应产生的 NO_x 会引发次级反应，发生燃爆或爆炸。

c. 氮氧化物处理方法　KA 油经 HNO_3 氧化时放出 N_2O，会严重污染环境，需要分解除去。目前分解 N_2O 的方法主要有：高温分解法、选择性催化还原法和催化分解法。

高温分解法是将 N_2O 加热到 800℃以上时，在 1.5MPa 压力条件下使 N_2O 分解为 N_2、O_2 和 NO_2。在经过热交换回收热量后，NO_2 被送至吸收塔进行回收。日本旭化成公司 120kt/a 己二酸装置采用此方法来处理氮氧化物。此过程回收的硝酸比催化法多，但由于反应温度高从而导致能耗高，且对反应设备的加工和材质要求较高。

选择性催化还原法是在催化剂作用下，将 N_2O 加热到 600℃以上，加入碳氢化合物、氨气等还原剂，将 N_2O 还原成为 N_2。此法在实际生产中成本较高，而且易产生二次污染。

催化分解法是在催化剂作用下，将 N_2O 加热到 400～750℃，于 0.1～0.3MPa 压力下直接催化分解为 N_2 和 O_2。此法可将己二酸生产所排放废气中 98%以上的 N_2O 转变为氮气。该方法操作简单，成本低，无需引入其他杂质，从根源上杜绝了二次污染的可能，从而实现无害化环保排放。

② 环己醇法　由苯酚加氢或苯部分加氢制得环己醇，环己醇氧化制己二酸方法与环己烷法相同。

a. 苯酚加氢　苯酚加氢是最早实现环己醇或环己酮生产的方法之一，苯酚在镍催化剂的作用下，于 95～130℃、0.2～1.8MPa 条件下，在液相中发生催化加氢反应得到环己醇，环己醇通过 HNO_3 催化氧化得到己二酸，苯酚加氢反应过程如下：

$$C_6H_5OH + 3H_2 \xrightarrow[95\sim130^\circ C]{Ni\text{-}Al_2O_3} C_6H_{11}OH$$

氢气与苯酚的摩尔比以 10∶1 为宜。若温度过高，易发生深度加氢生成环己烷、甲烷等副产物，也易积炭和生成焦油状物质，催化剂也易失活；有效的反应器和足够的停留时间可以使苯酚的转化率达到 99%以上，环己醇的选择性可达 97%～99%。少量杂质一般可用蒸馏或离子交换法除去。

b. 苯部分加氢　首先苯通过部分加氢生成环己烯，再经水合生成环己醇，最后环己醇经 HNO_3 催化氧化得到己二酸。日本旭化成公司开发了此工艺，并于 1990 年在日本水岛建立了 60kt/a 环己醇装置，后来扩大到 100kt/a。我国神马集团引进了旭化成技术建成了一套 65kt/a 尼龙 66 盐装置，1999 年投产。

③ 丁二烯羰基化法　丁二烯羰基化法制备己二酸，有两条工艺路线：第一条是加氢羰基甲氧基化；第二条是加氢羰基酯化及氧化羰基化。

第一条工艺路线：先将 1,3-丁二烯、CO 和甲醇转变成戊烯酸甲酯；然后在催化剂作用下，戊烯酸甲酯于 160～200℃、15MPa 条件下进一步羰基化、甲氧基化生成己二酸二甲酯，最后水解成己二酸，反应过程见第 2.1.1.3。

BASF 公司用该工艺建成了 60kt/a 己二酸生产装置，己二酸总收率为 70.1%。表 2-5 列出了 BASF 工艺的主要工序和条件。

表 2-5　BASF 工艺主要工序的工艺参数

项目	参数
催化剂制备	
T/℃	120
P/MPa	30
CO∶H_2(摩尔比)	1

续表

项目	参数
一段羰基化工序	
T/℃	130
P/MPa	60
MeOH：1,3-丁二烯　(摩尔比)	2
CO：1,3-丁二烯　(摩尔比)	2.7
吡啶：1,3-丁二烯　(摩尔比)	1
停留时间/h	2.7
1,3-丁二烯转化率/%	100
戊烯酸甲酯选择性/%	91.7
二段羰基化工序	
T/℃	170
P/MPa	15
MeOH：戊烯酸甲酯　(摩尔比)	2
CO：戊烯酸甲酯　(摩尔比)	1.7
吡啶：戊烯酸甲酯　(摩尔比)	0.2
停留时间/h	1.8
戊烯酸甲酯选择性/%	93
己二酸二甲酯收率/%	78.5
催化剂回收	
停留时间/min	10
O_2/产物(混合物)/(kg/kg)	0.028
消除乙缩醛(或乙醇)	
T/℃	120
催化剂	阳离子交换树脂
停留时间/min	15
水解工序	
T/℃	100
催化剂	阳离子交换树脂
停留时间/h	0.5
二酯转化率/%	约 100
己二酸选择性/%	99.7
己二酸总收率(以丁二烯计)/%	70.1

注：T 为温度；P 为压力。

第二条工艺路线：在催化剂和脱水剂存在下，1,3-丁二烯与 CO、O_2 反应生成己烯-(3)-二酸二甲酯，然后以 Pd/C 为催化剂进行催化加氢反应生成己二酸二甲酯，最后水解生成己二酸，化学反应式如下：

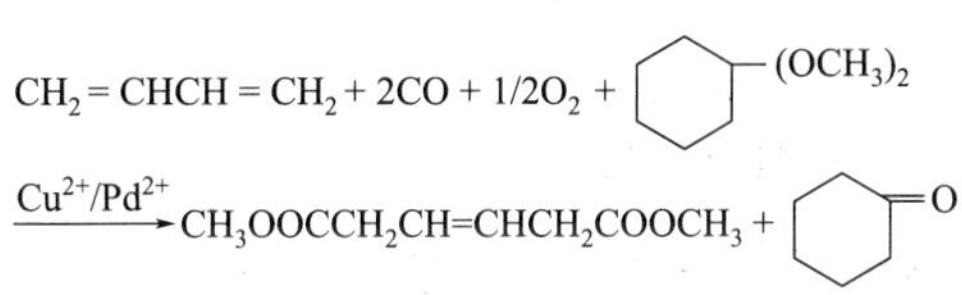

注：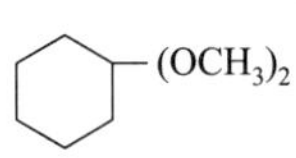 为脱水剂

$$CH_3OOCCH_2CH=CHCH_2COOCH_3 \xrightarrow[H_2]{Pd/C} CH_3OOC(CH_2)_4COOCH_3 \xrightarrow{水解} HOOC(CH_2)_4COOH + 2CH_3OH$$

丁二烯羰基化法起始原料不用供应紧张的芳烃，而是采用来源丰富的轻质脂肪烃，避免了以芳烃为原料氧化生产己二酸的弊端。但此法工艺复杂，操作条件苛刻，己二酸收率不高，对环境有一定污染，从而制约了该工艺的进一步发展。

（2）己二酸生产新工艺

环己烷法虽经多次改进，但在环己烷氧化和 KA 油氧化过程中都产生了大量的三废排放，对环境造成严重污染。环己醇法也有类似的问题。这些传统工艺难以满足 21 世纪对环境友好和绿色化学的要求。

国内外科技人员从优选氧化剂和催化剂等方面着手，进行了积极的探索和研究，其中采用 H_2O_2 催化氧化环己烯合成己二酸的绿色工艺有望成为今后己二酸生产的发展方向。另外，用生物合成法生产己二酸、环己烷一步合成己二酸等工艺路线也取得了很大进展。

① 以 H_2O_2 为氧化剂，催化氧化环己烯合成己二酸　在反应过程中催化剂和酸性条件至关重要，反应过程经过烯氧化、醇氧化、Baeyer-Villiger 醛氧化及两步水解反应，反应机理如下：

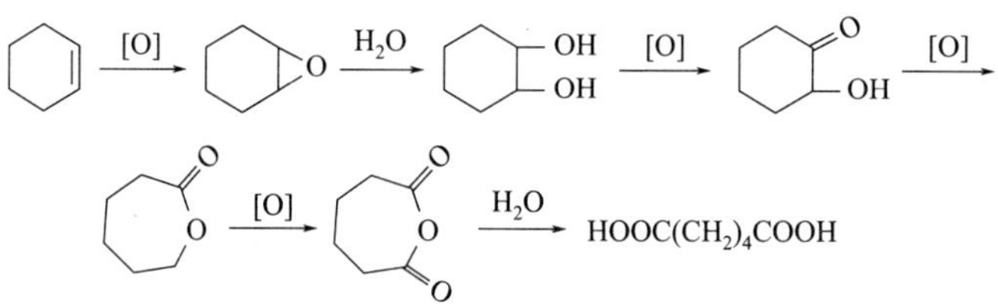

催化剂主要采用以下几种：以金属负载沸石分子筛为催化剂，如钛硅分子筛 TS-1、用六氟钛铵［$(NH_4)_2TiF_6$］法合成的含钛的 Y 型分子筛、TAPO-5 分子筛等；以钨酸盐和过氧钨酸盐为催化剂；以杂多酸盐或杂多酸为催化剂；以三氧化钨为催化剂等。

② 生物合成法制备己二酸　生物合成法制取己二酸是在酶的催化作用下，将取自植物淀粉和纤维素等生物质的 D-葡萄糖先转化为儿茶酚，再进一步转化生成顺,顺-己二烯酸，最后用 Pt/C 催化剂催化加氢生成己二酸，己二酸收率可达 90%，化学反应式如下：

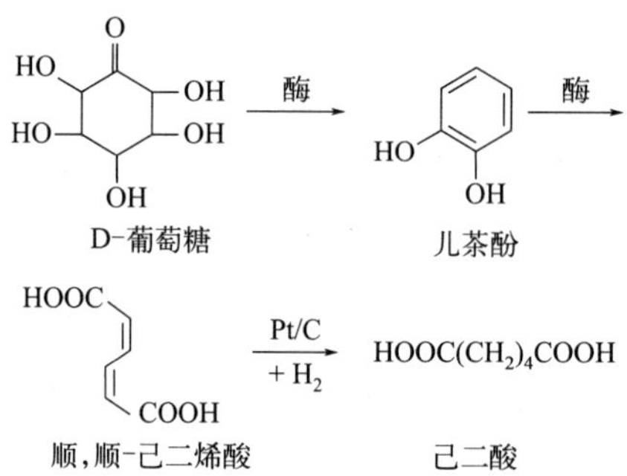

此法采用酶催化法，避免了使用对环境有危害的化学品，不产生污染，反应条件温和。目前尚处于研究探索阶段。

③ *N*-羟基酞酰亚胺催化环己烷一步合成己二酸　日本大赛璐化学工业公司引入关西

大学开发的环己烷一步法合成己二酸工艺。该工艺以在环己烷中溶解度较高的脂溶性 *N*-羟基酞酰亚胺（NHPI）为催化剂，在少量钴盐和锰盐存在下，于 100℃、1MPa 条件下空气氧化环己烷，己二酸选择性为 85%。副产物琥珀酸可用于制备 *N*-羟基酞酰亚胺，使 *N*-羟基酞酰亚胺催化剂用量减少两个数量级。该工艺不产生氮氧化物（NO_x），有望实现工业化。

2.2.1.2　1,6-己二胺的合成

1,6-己二胺（以下简称己二胺），又名 1,6-二氨基己烷、六亚甲基二胺、亚己基二胺，分子式 $C_6H_{16}N_2$，结构式 $H_2N(CH_2)_6NH_2$，分子量 116.21。1896 年，B. A. Солонина 以辛二酰胺与过卤酸碱为原料，通过 Hofmann 降解首次合成己二胺。此后，又有多种己二胺合成方法得到了开发。目前己二胺主要采用己二腈加氢制得，另还有己二醇法、己内酰胺法等。2019 年 10 月，华峰集团有限公司应用己二酸氨法催化法建成了国内首套产业化的 50kt/a 己二腈生产装置，成为国内首个实现己二腈工业化的企业。2022 年 7 月，中国化学天辰工程有限公司旗下天辰齐翔新材料有限公司 200kt/a 丁二烯法己二腈装置顺利打通全流程，彻底打破国外对我国己二腈的技术封锁和垄断。

（1）己二腈合成

己二腈工业生产路线主要有丁二烯（BD）法、丙烯腈（AN）电解二聚法和己二酸（ADA）催化氨化法三种。

① 丁二烯法　丁二烯法分为丁二烯氢氰化法和丁二烯氯化氰化法。此两种方法均为杜邦公司开发。

a. 氯化氰化法　丁二烯氯化氰化法于 20 世纪 60 年代开发，但目前工业上已不再采用。

b. 氢氰化法　20 世纪 70 年代初，杜邦公司开发了不用氯气的丁二烯氢氰化法。其反应过程是：将 1,3-丁二烯在催化剂存在下与氢氰酸（HCN）进行液相反应，生成戊烯腈的异构体混合物，经分离并将异构体异构为直链戊烯腈后，再与氢氰酸进行加成，生成己二腈。

丁二烯氢氰化法生产己二腈的反应包括一步氰化、异构化、二步氰化。

一步氰化：该过程为均相（液相）催化反应，催化剂为镍络合物和过量配位基的混合物，如 Ni［$P(p\text{-}OArCH_3)_3$］$_4$，过量的配位基可提高 3PN 收率，加快反应速度，增加催化循环次数；溶剂为烷基苯，起散热作用；反应温度 100℃；压力 6.8MPa；丁二烯单程转化率为 70%，目的产物选择性为 98.5%。反应式如下：

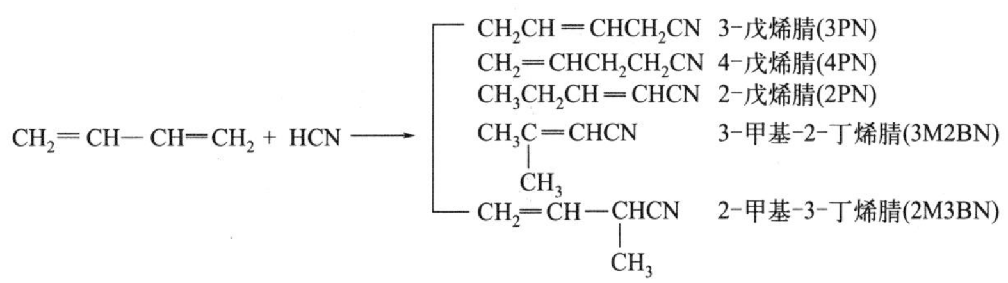

异构化：一步氰化反应后蒸发出 4PN、3PN、3M2BN 和 2M3BN，3PN 和 2M3BN 继续异构成 4PN，3M2BN 很难异构成 3PN。反应温度为 80℃，催化剂由 Ni［$P(p\text{-}OArCH_3)_3$］$_4$

和助催化剂 $ZnCl_2$ 组成，单程转化率50%左右，3PN和4PN选择性接近100%。

二步氰化：3PN、4PN与HCN进行二步氰化反应生成己二腈，反应式如下：

$$3PN 或 4PN + HCN \longrightarrow NC(CH_2)_4CN$$

图2-17为丁二烯氢氰化法制己二腈的工艺流程。

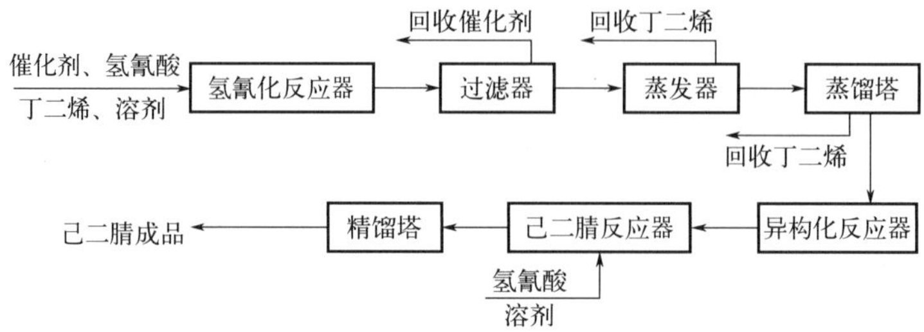

图2-17　丁二烯氢氰化法制己二腈的工艺流程

该工艺原料价廉易得、路线短、无污染、能耗少、成本低。杜邦公司与罗纳-普朗克公司联合垄断着此项生产技术。

② 丙烯腈电解二聚法　丙烯腈（AN）电解二聚法生产己二腈由孟山都公司在20世纪60年代开发。该技术发展过程中经历了隔膜式电解法到无隔膜式电解法的技术革新。隔膜式电解法分为溶液法和乳液法两种工艺路线。

a. 孟山都溶液法　其工艺流程包括电解、回收和精制三部分。为了避免丙烯腈于阳极发生氧化反应生成氰酸，进而对阳极造成腐蚀并降低整体转化率，采用离子交换膜将阴极和阳极隔开。阳极液为硫酸溶液，阴极液为丙烯腈水溶液。一般向溶液中加入对苯磺酸四烷基胺或对烷基磺酸四烷基胺以提高丙烯腈在水中的溶解度和反应速度，降低体系电阻。在电解液循环过程中丙烯腈逐步转化为己二腈。具体工艺参数方面，阴极的线速度为0.4m/s，电流密度为 $20\sim100A/dm^2$，槽电压6～12V，阳极线速度为1～2m/s。

b. 旭化成乳液法　日本旭化成公司在溶液法的基础上开发了该工艺。与溶液法相比，主要设备无大的变化，但电流密度较低，一般为 $20A/dm^2$；最大的区别在于丙烯腈借助乳化剂聚乙烯醇、电解质等物质，在阴极液里呈乳化状态进行二聚反应。

c. 无隔膜电解法　无隔膜电解法是一种直接电合成工艺，其电解液为乳液，因丙烯腈不参与阳极反应，取消了传统电解工艺中的隔膜。比利时联合化学公司是应用此方法的代表。BASF公司也采用一种特殊的毛细间隙电解槽，建立了无隔膜电解装置，电解槽由多片石墨板重叠构成。

③ 己二酸催化氨化法　己二酸催化氨化法曾是广泛采用的己二胺生产方法，但由于该工艺使用了生产聚酰胺66盐的另一主要原料己二酸，工艺路线长，成本高，目前已接近淘汰。其主要反应过程为：己二酸和过量的氨在催化剂磷酸或其盐类或酯类存在下，于270～290℃温度下进行反应，生成己二酸二铵和己二酰胺，然后加热脱水，生成粗己二腈，最后经精馏得产品，反应式如下：

$$HOOC(CH_2)_4COOH + NH_3 \xrightarrow{H_3PO_4} H_4N^{+}\ {}^{-}OOC(CH_2)_4COO^{-}\ {}^{+}NH_4$$

$$\xrightarrow{-2H_2O} H_2NOC(CH_2)_4CONH_2 \xrightarrow{-2H_2O} NC(CH_2)_4CN$$

上述三种生产己二腈的方法，己二酸法是最古老的也是最成熟的技术，然而其工艺流程长，生产成本高。丙烯腈电解二聚法和丁二烯氢氰化法，克服了上述弊端，显示出一定的优越性。如杜邦公司的丁二烯氢氰化法比氯化氰化法原料成本降低 15%，节能 45%；孟山都公司采用无隔膜电解槽生产己二腈，简化了电解槽的结构，并采用固体金属电极和高导电性电解液，使耗电量降低 60%，且免除了更换隔膜，减少了设备投资和设备维修费用。

(2) 己二胺的制备

① 己二腈加氢工艺　己二腈加氢是一个很复杂的过程，既可发生深度加氢生成己二胺，也可发生氢化、环化反应生成环己亚胺及缩合形成大分子化合物等。目前，只有以雷尼镍为催化剂的己二腈加氢工艺路线实现了工业化。该工艺路线有低压法和高压法两种。

a. 低压加氢法　低压加氢法生产己二胺工艺是以乙醇为溶剂，雷尼镍为催化剂，氢氧化钠为助催化剂，在反应温度为 73℃、反应压力为 2.2MPa 的条件下，己二腈进行加氢反应生成己二胺。但有的工艺中，并不需要添加任何溶剂（如乙醇等），因此低压加氢法又分为有溶剂法和无溶剂法。

孟山都等公司以己二腈为原料，以乙醇为溶剂，以骨架镍为主催化剂（添加量 12%），并辅以 0.6%氢氧化钾或氢氧化钠作助催化剂，在温度 70～90℃，压力 2～3MPa 下与氢气进行反应，总收率可达 97%。反应历程如下：

$$NC(CH_2)_4CN + H_2 \longrightarrow NC(CH_2)_4CH{=}NH \xrightarrow{H_2} NC(CH_2)_5NH_2 \xrightarrow{H_2} NH{=}CH(CH_2)_5NH_2 \xrightarrow{H_2} H_2N(CH_2)_6NH_2$$

己二腈加氢反应在管式气、液、固三相沸腾式流化床反应器内完成。具体流程为：新鲜氢气和循环氢气经升压处理后从反应管底部引入，液固混合物（己二腈、碱、水）从反应管底部切线进入反应管。在氢气的推动下，反应物由反应管底部上升到顶部，整个反应过程 4～5s。反应放出的热量通过反应器夹套中的冷却水带走，反应结束后反应液进入液固分离器，分离出三种物料：气相——氢、乙醇和水蒸气；液相——己二胺、乙醇和氢氧化钠水溶液；固相——废催化剂。经过后续处理，乙醇和氢气循环使用，废催化剂回收再生。最终，液相物料通过五个精馏塔的连续分离提纯得到精己二胺产品。图 2-18 为低压法生产己二胺工艺流程。

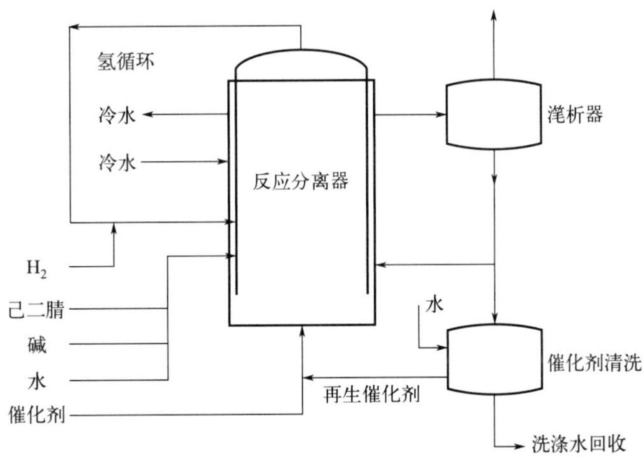

图 2-18　低压法生产己二胺工艺流程

20世纪90年代末，河南神马集团引进日本旭化成公司的技术建成了一套低压法己二胺装置。后来，神马公司通过对引进技术的消化和吸收，开发了规模为50kt/a的己二胺装置成套工艺包。催化剂采用国内自主研发的L-WCR四元合金催化剂，加氢反应器采用典型的管式气、液、固三相流化床反应器，反应管内管直径390mm，外管直径430mm。2005年该装置试车成功，是我国第一套自主设计建设的大型己二胺成套技术设备国产化装置。

b. 高压加氢法　由杜邦公司、英国帝国化学工业集团（ICI）开发。其流程由己二腈加氢和己二胺精制两部分组成。以铁为催化剂，液氨为稀释剂，并添加2%～10%的水以抑制副反应。氢化反应在滴流床反应器中进行。原料配比为氢气∶己二腈∶液氨＝38∶1∶25（摩尔比），温度90～135℃，压力20.2～30.3MPa。反应转化率99.6%，选择性99.4%。经过五塔蒸馏得到精己二胺，总收率90%～93%。

② 己二醇法　己内酯加氢合成1,6-己二醇，1,6-己二醇采用骨架镍作催化剂进行氨化脱水反应：

$$HOCH_2(CH_2)_4CH_2OH+2NH_3 \longrightarrow H_2N(CH_2)_6NH_2+2H_2O$$

为了防止己二胺脱氢，反应时需加入少量氢。反应温度200℃，压力23MPa，收率约90%。

③ 己内酰胺法　己内酰胺与氨在磷酸盐（如锰、铝、钙、钡或锌的磷酸盐）催化剂存在下，进行气相反应生成氨基己腈。反应温度约350℃，收率几乎达100%。生成的氨基己腈再进行加氢反应生成己二胺：

$$H_2N(CH_2)_5CN+2H_2 \longrightarrow H_2N(CH_2)_6NH_2$$

这一加氢过程与己二腈加氢相似。

此法可利用质量稍差的己内酰胺。目前该法在己二胺生产中所占比例很小。日本东丽公司利用回收的己内酰胺或废尼龙为原料，采用上述方法生产己二胺，生产成本显著降低，但由于原料相对匮乏，限制了其大规模生产。

2.2.2 聚酰胺66聚合过程与工艺

己二酸和己二胺发生缩聚反应即可得到聚酰胺66。工业上一般先将己二酸和己二胺中和制成聚酰胺66盐，利用聚酰胺66盐在冷热溶剂中溶解度的差别，经重结晶提纯，以确保己二酸和己二胺以等摩尔比进行反应。反应式如下：

成盐：

$$HOOC(CH_2)_4COOH + H_2N(CH_2)_6NH_2 \xrightarrow{60℃以下} {}^{-}OOC(CH_2)_4COO^{-}\ {}^{+}NH_3(CH_2)_6NH_3^{+}$$

缩聚：

$${}^{-}OOC(CH_2)_4COO^{-}\ {}^{+}NH_3(CH_2)_6NH_3^{+} \xrightleftharpoons{200\sim250℃} \left[\overset{O}{\overset{\|}{C}}-(CH_2)_4-\overset{O}{\overset{\|}{C}}-NH(CH_2)_6NH \right]_n + (n-1)H_2O$$

2.2.2.1 聚酰胺66盐的制备方法

聚酰胺66盐是己二酰己二胺盐的俗称，分子式$C_{12}H_{26}O_4N_2$，分子量262.35。

根据溶剂不同，聚酰胺 66 盐可采用水溶液法和溶剂结晶法制备。

（1）水溶液法

将纯己二胺用软水配成约 30%的水溶液，加入反应釜中，在 40～50℃、常压和搅拌下慢慢加入等摩尔的纯己二酸，控制 pH 值为 7.7～7.9。在反应结束后，用 0.5%～1%的活性炭净化、过滤，即可得到 50%的聚酰胺 66 盐水溶液。其工艺流程如图 2-19 所示。

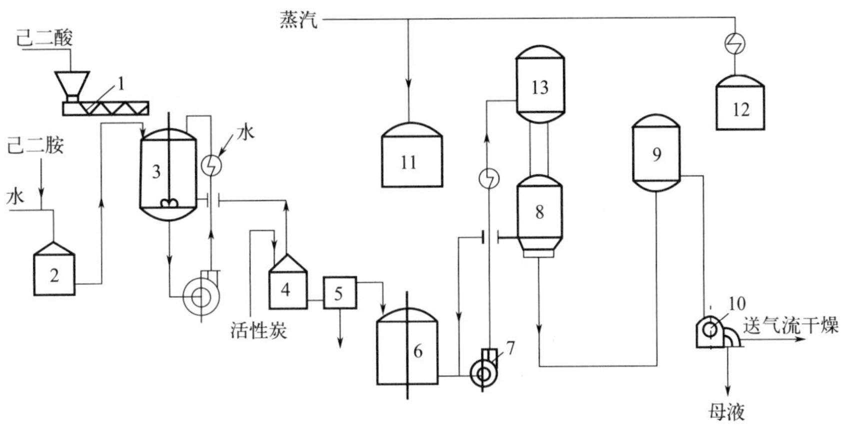

图 2-19　水溶液法生产聚酰胺 66 盐工艺流程

1—己二酸配制槽；2—己二胺配制槽；3—中和反应器；4—脱色罐；5—过滤器；6,9,11,12—贮槽；7—泵；8—成品反应器；10—鼓风机；13—蒸发反应器

本法的特点是不采用甲醇或乙醇等溶剂，方便易行，安全可靠，工艺流程短，成本低。但对原料中间体质量要求高。美国孟山都公司、杜邦公司和法国罗纳-普朗克公司均采用本法。表 2-6 为聚酰胺 66 盐水溶液规格。

表 2-6　聚酰胺 66 盐水溶液的规格

指标	孟山都	罗纳-普朗克
外观	清澈液体	清澈液体
浓度(质量分数)/%	48.5±0.75	45～51
色度(Hazen)		15
pH 值	7.60±0.20	7.50～8.00
灰分/(mg/kg)	10	10
硝酸盐/(mg/kg)	20	6
硼/(mg/kg)	9.00	
铜/(mg/kg)	1.00	
铁/(mg/kg)		0.50

（2）溶剂结晶法

将纯己二酸溶解于 4 倍质量的甲醇或乙醇中，完全溶解后，移入带搅拌的中和反应器并升温到 65℃，然后慢慢加入配好的己二胺溶液，控制反应温度在 75～80℃。反应完全后，反应产物经冷却、过滤、洗涤、离心分离后制得固体聚酰胺66盐。其工艺流程如图2-20所示。

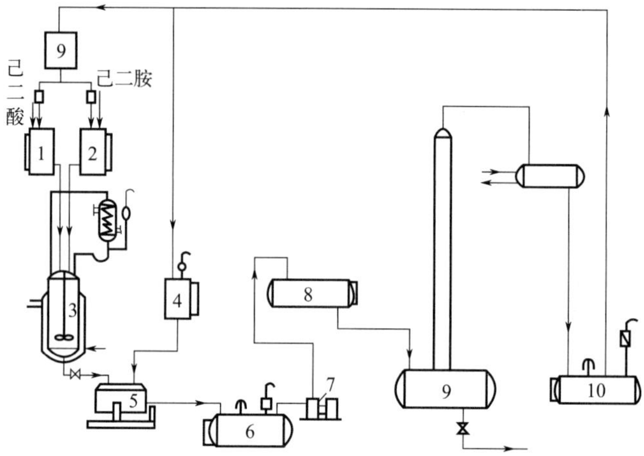

图2-20　溶剂法生产聚酰胺66盐工艺流程

1—己二酸配制槽；2—己二胺配制槽；3—中和反应器；4—乙醇计量槽；5—离心机；6—乙醇贮槽；7—蒸汽泵；8，11—乙醇高位槽；9—乙醇回收蒸馏塔；10—合格乙醇贮槽

溶剂结晶法具有运输方便、灵活，产品质量好等特点，但对温度、湿度、光和氧极为敏感，且在缩聚操作中需要重新加水溶解，增加了工序复杂性。英国ICI公司、德国BASF公司采用此法。

2.2.2.2　聚酰胺66盐缩聚工艺

在密闭系统内，于较低温度下持续加热1.5～2h，借助水蒸气将体系压力保持在1.62～1.72MPa，然后缓慢升温至聚酰胺66盐熔点以上，聚酰胺66盐缩聚脱水制得聚酰胺66成品。在缩聚过程中，脱水的同时伴随着酰胺键的生成，形成线型高分子。体系内水的扩散速度决定了反应速度，因此在短时间内高效率地将水排出反应体系是聚酰胺66制备工艺的关键。另外，缩聚时还存在着大分子水解、胺解（胺过量时）、酸解（酸过量时）和高温裂解等使聚酰胺66的分子量降低的副反应。

聚酰胺66盐不太稳定，在稍高温度下，盐中己二胺易挥发，己二酸易脱羧，破坏等摩尔比，缩聚时可在聚酰胺66盐水溶液中加入少量单官能团酸（如乙酸），以减少己二胺挥发和己二酸脱羧。

聚酰胺66盐缩聚既可连续也可间歇进行。

（1）连续聚合工艺

聚酰胺66盐的连续缩聚，按所用设备的形式和能力可分为立管式连续缩聚和横管式减压连续缩聚两种。国内一般采用后者，其工艺流程见图2-21。

（2）间歇聚合工艺

间歇缩聚法与连续缩聚法的原理相同，反应条件基本一致，间歇缩聚在同一高压釜中完成缩聚的全过程（升温、加压、卸压、抽真空），其生产流程如图2-22所示。

间歇法的生产过程是柔性的，通过对添加剂和反应时间的调整可以生产出不同品级的

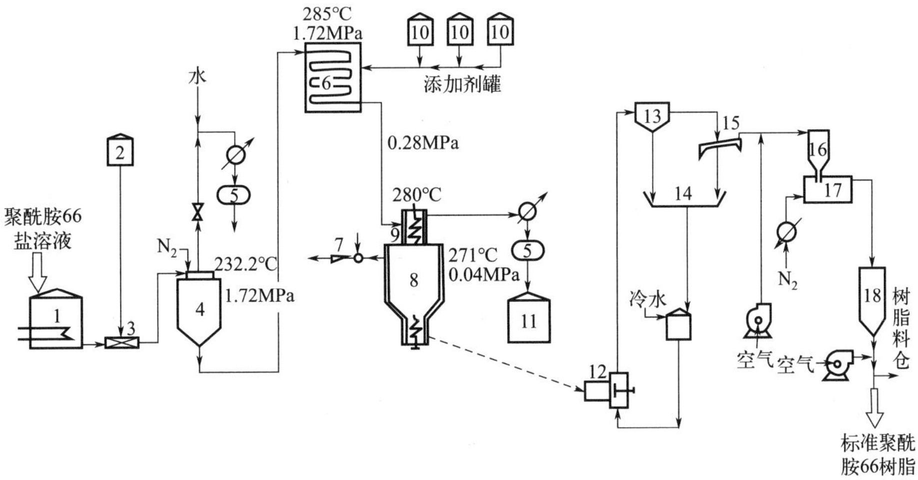

图 2-21　聚酰胺 66 盐连续缩聚工艺流程

1—聚酰胺 66 盐贮罐；2—乙酸罐；3—静态混合器；4—蒸发反应器；5—冷凝液槽；6—管式反应器；
7—蒸汽喷射器；8—成品反应器；9—分离器；10—添加剂罐；11—冷凝液贮槽；12—挤压机；
13—造粒机；14—脱水桶；15—水预分离器；16—进料斗；17—流化床干燥器；18—料仓

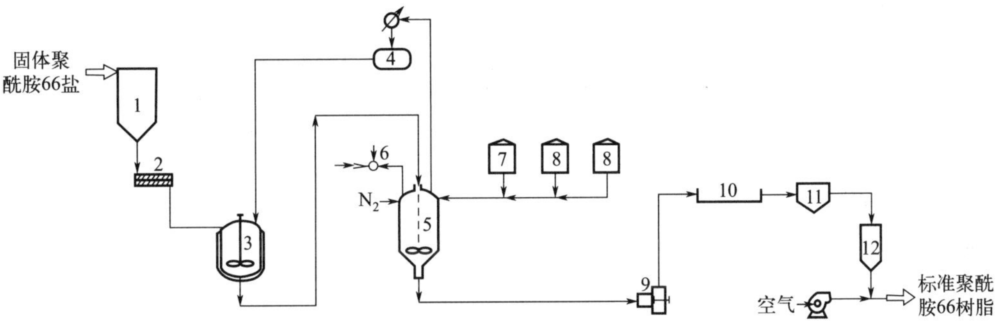

图 2-22　聚酰胺 66 盐间歇缩聚工艺流程

1—料仓；2—螺旋运输器；3—溶解釜；4—冷凝器；5—反应器；6—蒸汽喷射器；
7—乙酸罐；8—添加剂罐；9—挤压机；10—水浴；11—造粒机；12—料仓

产品。不同品级的产品成本差异主要取决于添加剂。

2.3　聚酰胺 46

学名：聚己二酰丁二胺

俗称：尼龙 46

结构式：$\left[NH \left(CH_2 \right)_4 NH - CO \left(CH_2 \right)_4 - CO \right]_n$

20 世纪 30 年代，美国杜邦公司研究开发了低分子量聚酰胺 46（PA46）。1979 年 R. Gaymans 和 J. Schuyer 在研究固相聚合时，获得了高分子量的 PA46。DSM 公司 H. Jacobs 提出了以丙烯腈和氰化氢为原料合成 1,4-丁二胺，为 PA46 规模化生产奠定了基础。1985 年，PA46 工业试验在 DSM 日本工厂进行，1990 年建成年产 20kt/a 工业化生产装置，1995 年，DSM 和尤尼卡公司确定了 PA46 的工业化路线。

2.3.1 原料制备

（1）己二酸　己二酸生产参见聚酰胺 66 部分。

（2）丁二胺

丁二胺（1,4-二氨基丁烷，简称 TMDA）采用两步合成：首先丙烯腈和氢氰酸反应合成丁二腈，然后丁二腈加氢制得丁二胺。主要化学反应如下：

$$CH_2{=}CHCN + HCN \longrightarrow NCCH_2CH_2CN$$

$$NCCH_2CH_2CN + H_2 \longrightarrow H_2N(CH_2)_4NH_2$$

① 丙烯腈的氢氰化　在 70℃的反应温度下，将丙烯腈、氢氰酸、三乙胺以恒定的速率加入氢氰化反应器中，反应物的平均停留时间约为 40min，以夹套中的冷却水除去反应热，使反应温度维持在 70℃。反应粗产物中含有 88%（质量分数）的丁二腈，6%的丙烯腈，5%的三乙胺，少于 1%的重组分。粗产物通过薄膜蒸发器分离出纯净的丁二腈，未反应的丙烯腈和三乙胺循环使用。

② 丁二腈加氢还原　丁二腈、液氨、新鲜氢气和循环氢气一起进入加氢反应器，反应温度 80℃，压力 9MPa，物料停留时间 40min。反应完成后，在 80℃，0.3MPa 的压力下分离反应混合物，过量的液氨和氢气循环使用。分离出粗丁二胺中的催化剂后，再经过薄片蒸发器分离出少量的重组分，得到成品丁二胺。反应条件和结果列在表 2-7 中。

表 2-7　DSM 公司的丁二胺生产工艺参数

	氢氰化工序	加氢工序
反应条件		
温度/℃	70	80
压力/MPa	平衡压力	9
反应时间/min	40	40
转化率/%		
丙烯腈	82.5	—
氢氰酸	100.0	—
丁二腈	—	100.0
选择性/%		
丁二腈	99.0	—
丁二胺	—	96.8
四氢吡咯	—	2.7
重组分	1.0	0.5
收率/%		
以丙烯腈计	94	
以氢氰酸计	100	

注：催化剂中含 30%（质量分数）的钴、66.5%的铝、3.5%的锰。

2.3.2　聚酰胺 46 聚合过程与工艺

聚酰胺 46 聚合过程一般分为 3 步：成盐，预聚，后缩聚（固相聚合）。

（1）聚酰胺 46 盐的制备

根据 DSM 公司专利，将 TMDA 溶于甲醇中（甲醇：TMDA＝8：1，质量比），并加入等摩尔的己二酸进行反应，析出聚酰胺 46 盐，经过滤、洗涤、干燥，即得到聚合用的聚酰胺 46 盐，甲醇循环使用。丁二胺和己二酸纯度较高时，可采用类似聚酰胺 66 的水溶液成盐法。

$$\underset{\substack{\text{丁二胺}\\ \text{(TMDA)}}}{NH_2(CH_2)_4NH_2} + \underset{\text{己二酸}}{HOOC(CH_2)_4COOH} \longrightarrow \underset{\text{聚酰胺46盐}}{{}^{+}H_3N(CH_2)_4NH_3^{+}\ {}^{-}OOC(CH_2)_4COO^{-}}$$

（2）预聚

在有回流冷凝器的反应釜中，用极性溶剂 N-甲基-2-吡咯烷酮作溶剂，在 175～200℃温度下，过量的 TMDA 与聚酰胺 46 盐反应 2～6h，得到白色的预聚体。

$$(mn)\ {}^{+}H_3N(CH_2)_4NH_3^{+}\ {}^{-}OOC(CH_2)_4COO^{-} + m\ H_2N(CH_2)_4NH_2 \longrightarrow$$

$$m\ H\left[HN(CH_2)_4NH-\underset{\underset{O}{\|}}{C}-(CH_2)_4-\underset{\underset{O}{\|}}{C} \right]_n NH(CH_2)_4NH_2 + 2mn\ H_2O$$

采用预聚工艺的目的主要是防止在高温下进行熔融缩聚反应时各种副反应的发生，如氧化分解、热分解、末端氨基环合等，以得到高分子量的聚合物。

（3）后缩聚

将所得的预聚体粉碎成 1～1.5mm 的小颗粒，装入带有搅拌的反应釜或转鼓反应器中，在 225～275℃温度下，聚合 2～12h，并在反应器中通入过热蒸气和 N_2 组成的混合气体（H_2O：N_2＝1：3），可制得平均分子量为 15000～75000 的白色聚合物。

聚合过程中有热降解、氧化降解等副反应发生。

除固相缩聚（后缩聚）外，还可通过界面缩聚、溶液缩聚、熔融聚合等方法合成聚酰胺 46。

2.4　聚酰胺 56

学名：聚己二酰戊二胺

俗称：尼龙 56

结构式：$\left[NH \left(CH_2 \right)_5 NH-CO \left(CH_2 \right)_4 CO \right]_n$

20 世纪 30 年代，美国杜邦公司率先以戊二胺与二元酸为原料，成功聚合出高性能聚酰胺 56（PA56）产品，但由于戊二胺价格昂贵，杜邦公司最终选择了成本较低的己二胺来生产聚酰胺 66。2014 年，上海凯赛生物技术股份有限公司实现了生物基戊二胺的产业化技术突破并完成中试，为聚酰胺 56 的规模化生产奠定基础。

2.4.1 原料制备

聚酰胺56通常以戊二胺和己二酸为原料缩聚而成。戊二胺的制备方法可以分为化学合成法和生物转化法。化学合成法条件苛刻、污染环境，而生物转化法过程复杂、成本较高。目前，戊二胺主要通过微生物发酵获得，或者通过全细胞法构建大肠杆菌系统直接将赖氨酸转换成戊二胺。

（1）微生物发酵法

日本Ajinomoto公司以天然植物油为原料，在催化剂作用下合成赖氨酸，然后以赖氨酸为中间体，经脱羧、还原、酶催化等工序合成了戊二胺。

上海凯赛公司以玉米或其他含淀粉类的物质为原料，将淀粉分解成葡萄糖后，通过葡萄糖的无氧呼吸作用得到赖氨酸，然后将经过生物工程技术改造后的微生物作用于赖氨酸使其脱羧得到戊二胺，氨基酸转化率基本上可达100%。

（2）全细胞催化法

中国科学院微生物研究所以赖氨酸发酵液作为底物，运用基因技术对大肠杆菌进行改造，以改造后的大肠杆菌全细胞体为催化剂合成戊二胺。该方法减少了其他副产物的产出，提高了催化效率，并且加快了大肠杆菌本身合成戊二胺的速度，还弱化了戊二胺对大肠杆菌的生长抑制。

2.4.2 聚酰胺56聚合过程与工艺

聚酰胺56的聚合过程与聚酰胺66相似，首先将摩尔比为（1～1.08）∶1的戊二胺和己二酸溶于水溶液中，使其成盐（聚酰胺56盐水溶液质量分数为50%～55%，pH值为7.8～8.0），随后将制备得到的聚酰胺56盐水溶液依次经过预聚合、缩聚，最终得到聚酰胺56切片。预聚合压力为0.8～1.7MPa，温度为230～250℃，缩聚温度为260～280℃。生物基PA56的合成路线如下：

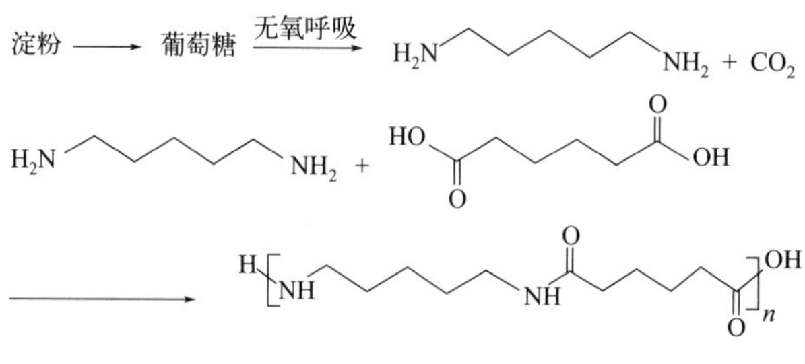

2.5 长碳链聚酰胺

长碳链聚酰胺是指大分子主链中相邻酰胺键之间的亚甲基数量为10个以上的聚酰胺产品，包括聚酰胺11、聚酰胺12、聚酰胺1010，以及聚酰胺1212、聚酰胺1111、聚酰胺1311、聚酰胺1313等。聚酰胺610与聚酰胺612两种脂肪族聚酰胺选用长链二元酸与己二胺缩聚而成，严格意义上不符合上述定义，但其二元酸的长度超过10个碳，其周期性长度中间隔的一半是满足长碳链聚酰胺的定义的，因此本书将聚酰胺610和聚酰胺612划入长碳链聚酰胺大类。

2.5.1 聚酰胺 11

学名：聚十一内酰胺

俗名：尼龙 11

结构式：$\mathrm{\lbrack NH(CH_2)_{10}CO\rbrack_n}$

聚酰胺 11 是以蓖麻油为原料生产的 ω-氨基十一酸聚合制得，由法国 Atochem 公司（现名为阿科玛公司）于 1955 年开发成功并实现工业化生产，商品名为 Rilsan®。该产品初期主要用于生产纤维，后逐渐扩大到汽车输油管、电缆电线护套等领域。2022 年阿科玛公司位于新加坡裕廊岛的新工厂投产，主要生产 ω-氨基十一酸和聚酰胺 11。2023 年阿科玛公司在中国常熟生产基地新建了一座 3kt/a 聚酰胺 11 粉末工厂。

国内聚酰胺 11 的研究始于 20 世纪 60 年代，现已有很大进步，如山西宏远科技股份有限公司和太原中联泽农化工有限公司分别建成了千吨级聚酰胺 11 生产装置，但行业总体并未实现规模化、工业化生产，产品进口依赖度高。

2.5.1.1 原料的制备

聚酰胺 11 的单体 ω-氨基十一酸（11-氨基十一酸）是以蓖麻油为原料，经酯交换、热裂解、水解、溴化、氨解等工序制得。

（1）酯交换

蓖麻油（主要成分为三蓖麻油酸甘油酯）和甲醇发生酯交换反应生成蓖麻油酸甲酯和甘油。该反应以氢氧化钠作催化剂，反应温度为 30℃，转化率约 95%。化学反应式为：

$$\begin{array}{l} \mathrm{CH_3(CH_2)_5CHOHCH_2CH=CH(CH_2)_7COOCH_2} \\ \qquad\qquad\qquad\qquad\qquad\qquad\qquad\quad | \\ \mathrm{CH_3(CH_2)_5CHOHCH_2CH=CH(CH_2)_7COOCH} + 3CH_3OH \xrightarrow{NaOH} C_3H_5(OH)_3 + 3CH_3(CH_2)_5CHOHCH_2CH{=}CH(CH_2)_7COOCH_3 \\ \qquad\qquad\qquad\qquad\qquad\qquad\qquad\quad | \\ \mathrm{CH_3(CH_2)_5CHOHCH_2CH=CH(CH_2)_7COOCH_2} \end{array}$$

（2）热裂解

蓖麻油酸甲酯在 450～500℃的温度下催化裂解生成 10-十一烯酸甲酯和庚醛，化学反应式为：

$$\mathrm{CH_3(CH_2)_5CHOHCH_2CH=CH(CH_2)_7COOCH_3 \longrightarrow CH_3(CH_2)_5CHO + CH_2{=}CH(CH_2)_8COOCH_3}$$

裂解时过热水蒸气能显著提高收率，通过减压分馏分离出 10-十一烯酸甲酯和庚醛。

（3）水解

10-十一烯酸甲酯与氢氧化钠在 90℃下进行皂化反应生成 10-十一烯酸钠和甲醇。皂化产物在 50～60℃下用硫酸中和生成 10-十一烯酸和硫酸钠，化学反应式为：

$$\mathrm{CH_2=CH(CH_2)_8COOCH_3 + NaOH \longrightarrow CH_2{=}CH(CH_2)_8COONa + CH_3OH}$$

$$\mathrm{CH_2=CH(CH_2)_8COONa + H_2SO_4 \longrightarrow CH_2{=}CH(CH_2)_8COOH + Na_2SO_4}$$

粗 10-十一烯酸经减压蒸馏精制提纯后备用，10-十一烯酸熔点为 21℃。

（4）溴化

10-十一烯酸在过氧化物存在下，以甲苯作溶剂，在 30℃左右与 HBr 发生反马氏加成反应（Markovnikov）生成 ω-溴代十一酸，化学反应式为：

$$CH_2{=}CH(CH_2)_8COOH + HBr \longrightarrow Br(CH_2)_{10}COOH$$

10-十一烯酸与溶剂配比为 1∶3，得到的溴代酸熔点在 47℃以上，产率 90%以上。

（5）氨解

溴化产物在常温（20℃）下与氨水反应生成 ω-氨基十一酸和溴化铵，化学反应式为：

$$Br(CH_2)_{10}COOH + 2NH_3 \cdot H_2O \longrightarrow NH_2(CH_2)_{10}COOH + NH_4Br + 2H_2O$$

2.5.1.2 聚酰胺 11 的聚合过程与工艺

聚酰胺 11 的聚合原理比较简单，但工业生产上反应难以控制：ω-氨基十一酸熔点为 187℃，熔融后呈黏稠状，当加热到熔点时，会立即脱水缩聚，如控制不好就会造成焦化、分解、结块，达不到制备高质量聚酰胺 11 的目的。

聚酰胺 11 的聚合工艺主要有溶液法和熔融缩聚法。溶液法是将含水的 ω-氨基十一酸在反应釜中加热至熔点以上，再泄压放出水蒸气，然后在真空或 N_2 保护下完成缩聚反应。该方法具有方便易行、安全可靠、工艺流程短、成本低等优点，缺点是需要在耐压设备中加压熔融物料，且在水蒸气放出的同时 ω-氨基十一酸也会随着水蒸气被带出，造成单体的损失。熔融缩聚法是在常压下将 ω-氨基十一酸熔融后加入癸二酸、冰乙酸等进行缩聚反应脱水，然后在真空状态下进一步缩聚制得聚酰胺 11。熔融缩聚法对设备结构有特殊要求，一般采用 VK 管，反应温度为 230～160℃，其聚合反应式如下：

$$n\,H_2N(CH_2)_{10}COOH \xrightarrow{加热} H\!\left[N(CH_2)_{10}CO\right]_n OH + (n-1)H_2O$$

按照生产方式的不同，聚酰胺 11 生产分为间断和连续两种工艺。在间断工艺中，反应单体分批进入高压聚合釜；而连续工艺里，单体则是连续地进入管式缩聚釜，且反应一般在常压下进行。加料方式可以以单体粉末直接加入，也可以以单体的水悬浮液加入。目前多采用悬浮液加料方式在管式缩聚釜中进行连续化生产。图 2-23 为聚酰胺 11 连续聚合工艺流程。

2.5.2 聚酰胺 12

学名：聚十二内酰胺、聚月桂内酰胺

俗称：尼龙 12

结构式：$\left[NH\left(CH_2\right)_{11}CO\right]_n$

聚酰胺 12 是一种性能优良的工程塑料，1966 年德国 Hüls 公司首先以丁二烯为原料实现了聚酰胺 12 的工业化生产。1969 年英国 B. P. Chemicals 公司开发了以环己酮为原料制备聚酰胺 12 的方法，此后日本宇部兴产（UBE）公司取得此技术许可，实现了聚酰胺 12 的工业化生产。1978 年意大利 Snia 公司以环十二碳三烯（CDT）为原料合成了 ω-氨基十二酸。

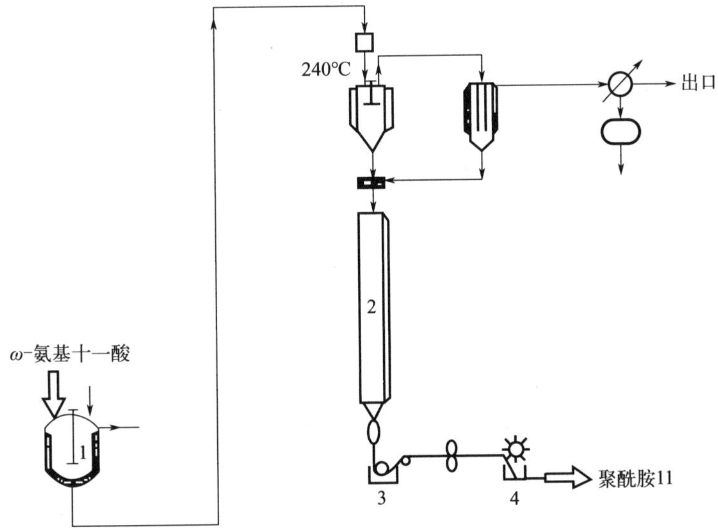

图 2-23　连续法生产聚酰胺 11 切片的工艺流程
1—浆料罐；2—反应器；3—冷却器；4—切粒机

长期以来，全球聚酰胺 12 的生产一直被德国赢创公司、法国阿科玛公司、瑞士 EMS 公司、日本 UBE 公司垄断。2022 年 10 月，万华化学集团股份有限公司 40kt/a 聚酰胺 12 装置建成投产，成为继德国赢创公司之后，全球第二个掌握聚酰胺 12 全产业链生产技术的企业。

2.5.2.1　原料的制备

聚酰胺 12 可由 ω-氨基十二酸（ω-氨基月桂酸、ADA）或 ω-十二内酰胺（月桂内酰胺）单体聚合而制得。其单体合成有丁二烯和环己酮两种原料路线。丁二烯路线以丁二烯为原料合成环十二碳三烯（CDT），再以 CDT 为原料用氧化肟化法、光亚硝化法合成 ω-十二内酰胺，或者以 CDT 为原料用 O_3 氧化法合成 ω-氨基十二酸。环己酮路线是以环己酮为原料合成 ω-氨基十二酸。其中，丁二烯路线应用较广，环己酮路线仅日本宇部兴产公司实现了工业化。

（1）以丁二烯为原料的技术路线

丁二烯原料路线合成聚酰胺 12 单体有三种方法，即氧化肟化法（Hüls 法）、光亚硝化法和斯尼亚法（SNIA 法）。

① 氧化肟化法　由德国 Hüls 公司开发，最早实现工业化生产。其基本过程是：将丁二烯三聚合成 CDT，然后 CDT 经加氢生成环十二烷，再经过类似环己烷为原料合成己内酰胺的方法，合成 ω-十二内酰胺。反应过程如下：

a. 环 1,5,9-十二碳三烯合成

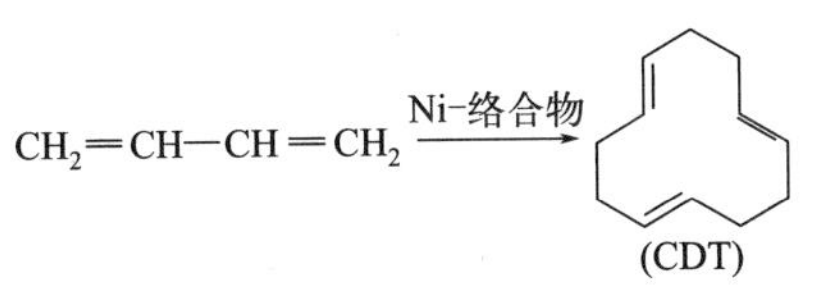

环1,5,9-十二碳三烯存在三种异构体：

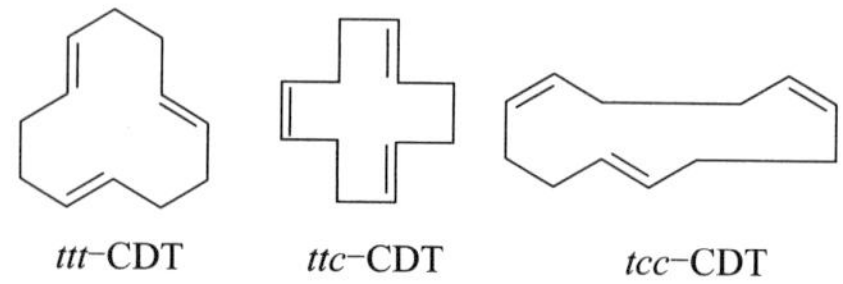

反应条件：以苯、甲苯或环己烷为溶剂，反应温度为60～67℃，反应时间为1h，转化率达98%，收率为92%。副产物为环辛二烯、乙烯基环己烯低聚物等。合成CDT的催化剂见表2-8。

表2-8　合成CDT的催化剂

过渡金属化合物	有机铝化合物	CDT收率/%
$TiCl_4$	$(C_2H_5)_3Al_2Cl_3$	90～92
$TiCl_4$-RCOOH		88
$Ti[N(C_2H_5)_2]Cl_3$	$(C_2H_5)_2AlCl$	90
$Ti(acac)_2O$		86～88
$Ti(acac)_2Cl_2$	$R_3Al_2Cl_3$	89～92
$Ti(C_6H_5COOCH_3)_2Cl_2$	$(C_2H_5)_3Al_2Cl_3$	91～93

b. 环十二烷合成

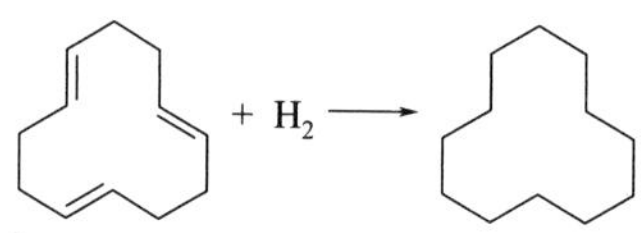

反应条件：以雷尼镍为催化剂，反应温度为200～209℃，压力为2.94～3.29MPa。CDT转化率为91%，选择性为99.9%。环十二烷熔点为61℃，沸点为60℃（0.133kPa）。

c. 环十二烷氧化制环十二酮

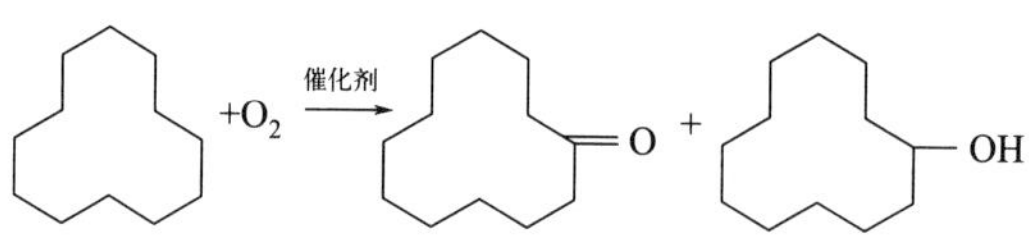

环十二醇（CDOL）：熔点为80℃，沸点为141～142℃（1.467kPa）。

环十二酮（CDON）：熔点为60℃，沸点为125℃（1.60kPa）。

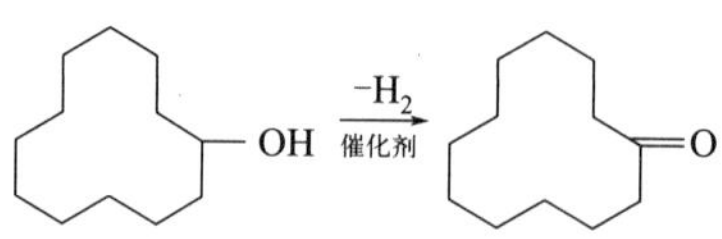

d. 环十二酮肟化制环十二酮肟

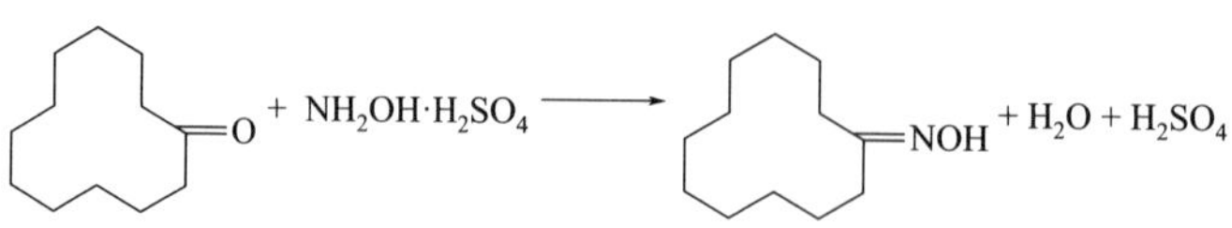

e. 重排

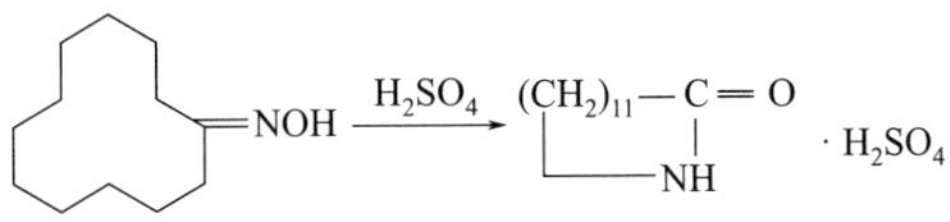

重排产物（ω-十二内酰胺磺酸酯）水解温度为95℃，反应时间0.5h。ω-十二内酰胺熔点为160℃，沸点为185℃。

② 光亚硝化法　在高压汞灯照射以及HCl存在下，环十二烷与氯化亚硝酰反应，生成环十二酮肟盐酸盐，再经发烟硫酸Beckmann重排得到ω-十二内酰胺，反应式如下：

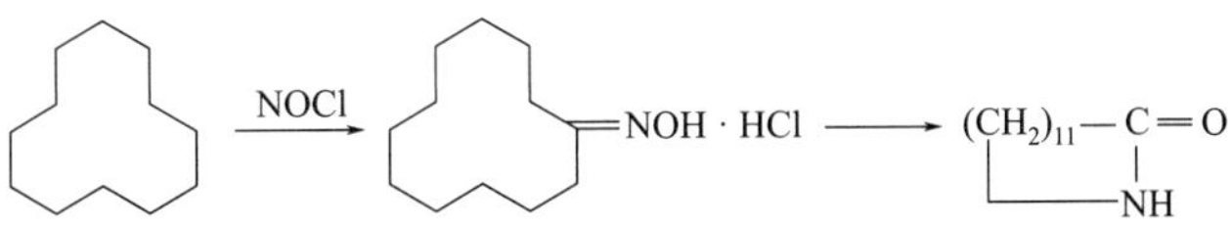

③ 斯尼亚法(SNIA法)　此法由意大利Snia Viscosa公司于1978年发明，以CDT为原料，用臭氧（O_3）氧化合成ω-氨基十二酸，其化学反应式如下：

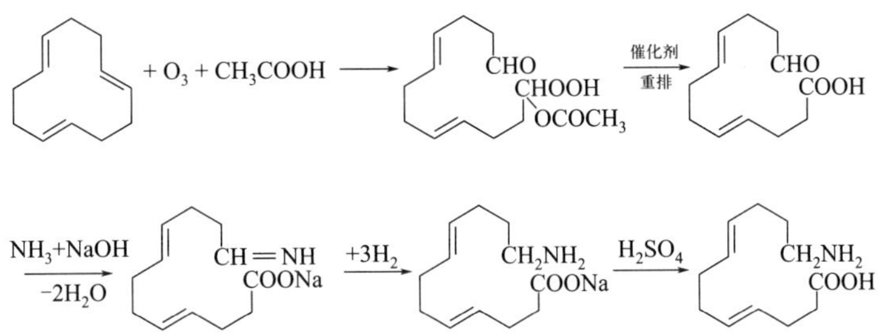

（2）以环己酮为原料的技术路线

以环己酮为原料，经PXA（1,1′-过氧化双环己胺）合成、热分解，加氢可制得聚酰胺12单体ω-氨基十二酸。

① PXA的合成　环己酮在过氧化氢、氨水和催化剂作用下，常压室温反应生成PXA。其反应机理有两种：

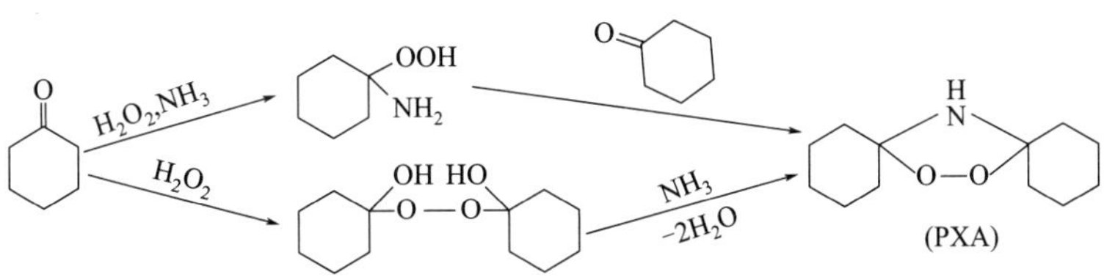

② 热分解过程　热分解主要是将PXA在350～600℃气相（过热水蒸气）环境下加热分解为11-氰基十一酸（CUA），此过程会产生约20%的己内酰胺副产物（约20%）。

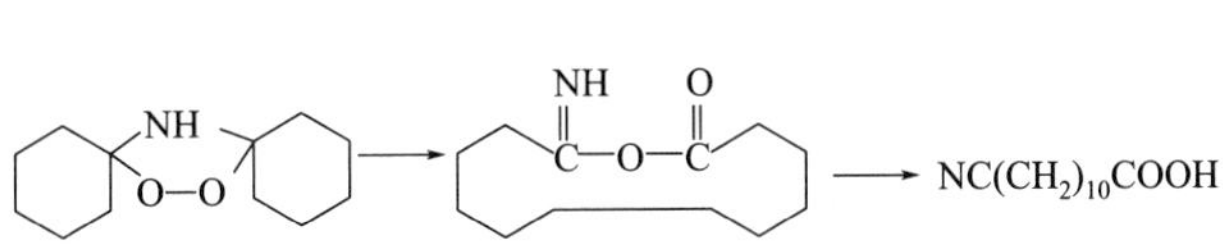

③ CUA加氢工序　该工序是将结晶的CUA溶解在乙醇及水的混合液中进行催化加

氢还原成 ADA。加氢催化剂为雷尼镍。

$$NC(CH_2)_{10}COOH \xrightarrow[\text{催化剂}]{+H_2} H_2N(CH_2)_{11}COOH$$

上述方法各有特点，氧化肟化法工艺成熟，原料丰富，收率高，反应条件不苛刻，与聚酰胺 6 合成相似，缺点是流程复杂；光亚硝化法主要缺点是耗电量大，设备腐蚀严重，但其流程比氧化肟化法短，生产成本低于氧化肟化法；SNIA 法的特点是在常温常压下操作，中间产物为液态，工艺流程短，品种调整灵活，只要对工艺稍作改变就可生产一系列 C_{12} 产品，缺点是产物收率低（约 50%），高温分解制 CUA 操作较难。

2.5.2.2 聚酰胺 12 的聚合过程与工艺

聚酰胺 12 由 ω-氨基十二酸或 ω-十二内酰胺聚合而成。

ω-氨基十二酸的聚合机理与聚酰胺 11 的聚合机理基本相同，聚合温度为 200～250℃，反应式如下：

$$NH_2(CH_2)_{11}COOH \longrightarrow \left[NH \left(CH_2 \right)_{11} CO \right]_n + (n-1)H_2O$$

ω-十二内酰胺的聚合机理与己内酰胺相似，但开环反应比己内酰胺慢。一般采用酸催化开环，如以二元酸、ω-氨基酸或聚酰胺盐作开环剂，也可用磷酸、有机膦酸和有机磺酸作水解聚合的催化剂。反应式如下：

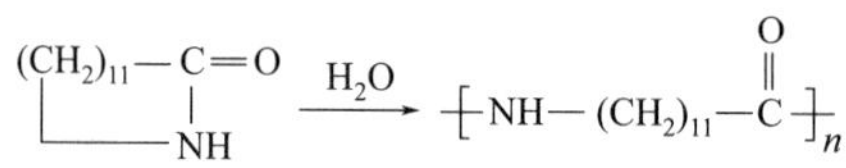

其主要工艺条件：水 3%；乙二酸（开环剂）0.2%；反应温度 280℃，压力 1.93MPa，吹扫气体 N_2；收率 99.5%。工艺流程见图 2-24。

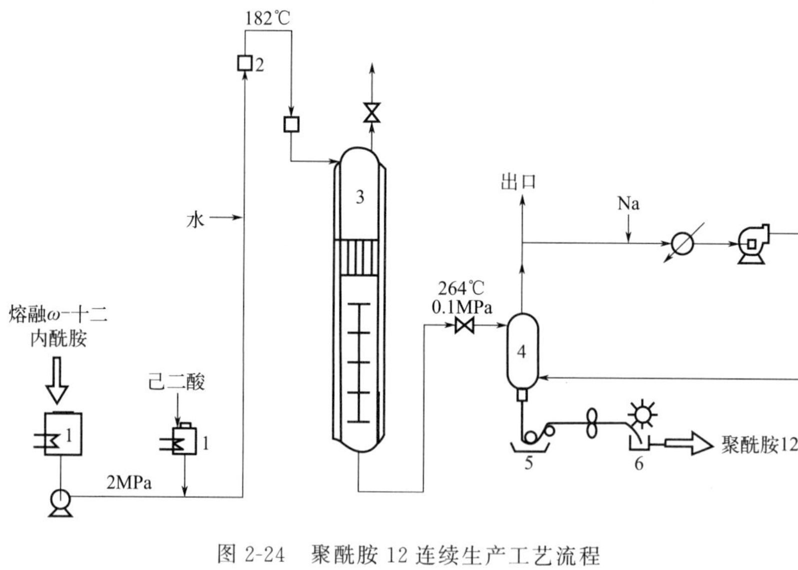

图 2-24 聚酰胺 12 连续生产工艺流程

1—贮罐；2—混合器；3—反应器；4—柱式反应器；5—冷却器；6—切粒机

2.5.3 聚酰胺 1010

学名：聚癸二酰癸二胺

俗称：尼龙 1010

化学式：$\left[NH(CH_2)_{10}NHOC(CH_2)_8CO \right]_n$

聚酰胺 1010 由癸二酸与癸二胺缩聚制得。其中，癸二酸主要以蓖麻油为原料，经皂化，裂解制取；癸二胺由癸二酸氨化脱水得到癸二腈，再经催化加氢合成。聚酰胺 1010 最初仅用作工业丝及民用丝，20 世纪 80 年代开始用于棒材、管材及改性工程塑料。目前，主要用作工程塑料。

2.5.3.1 癸二酸的制备

癸二酸又名皮脂酸、辛二甲酸，为无色单斜棱柱体、片状或小叶状结晶。既可以蓖麻油为原料制备，也能通过石油化工原料合成，还可采用发酵法等制备。以蓖麻油为原料生产癸二酸的工艺有传统稀释工艺、加压连续工艺、碱裂解工艺及微波感应碱熔工艺等，目前我国主要采用传统稀释工艺和碱裂解工艺。微波感应碱熔工艺具有工艺简单、反应时间短、能耗低、产率高等优点，具有广阔的发展前景。

(1) 传统稀释工艺

传统稀释工艺是我国最普遍采用的方法。该工艺首先通过催化水解或加碱皂化的方式将蓖麻油转化成蓖麻油酸；然后，以苯酚或甲酚作稀释剂于 260～280℃加碱裂解；最后，经纯化处理得到癸二酸，并副产甘油。生产过程分为水解、裂化、中和、脱色、酸化、水洗、脱水及干燥等 8 个步骤。

① 水解　天然蓖麻油的主要成分是蓖麻油酸甘油酯，蓖麻油在一定条件下发生皂化水解反应，可生成蓖麻油酸盐和甘油。

$$\begin{array}{l} CH_3(CH_2)_5CHOHCH_2CH=CH(CH_2)_7COOCH_2 \\ \qquad\qquad\qquad\qquad\qquad\qquad\qquad\quad | \\ CH_3(CH_2)_5CHOHCH_2CH=CH(CH_2)_7COOCH \quad + \quad H_2O \\ \qquad\qquad\qquad\qquad\qquad\qquad\qquad\quad | \\ CH_3(CH_2)_5CHOHCH_2CH=CH(CH_2)_7COOCH_2 \end{array}$$

$$\xrightarrow[100^\circ C]{NaOH+H_2O} CH_3(CH_2)_5CHOHCH_2CH=CH(CH_2)_7COONa + CH_2OHCHOHCH_2OH$$

生成的蓖麻油酸盐用稀硫酸酸化至 pH 值为 2 左右，分离出蓖麻油酸。

$$CH_3(CH_2)_5CHOHCH_2CH=CH(CH_2)_7COONa \xrightarrow{H_2SO_4} CH_3(CH_2)_5CHOHCH_2CH=CH(CH_2)_7COOH$$

② 裂化　蓖麻油酸和 NaOH 溶液在稀释剂甲酚或苯酚存在下，于 260～340℃下发生裂解反应，反应产物为癸二酸二钠盐、仲辛醇和氢气。添加稀释剂的目的是使反应温度均匀，以避免过热而发生副反应。反应方程式为：

$$CH_3(CH_2)_5CHOHCH_2CH=CH(CH_2)_7COOH+2NaOH \longrightarrow CH_3(CH_2)_5CHOHCH_3+NaOOC(CH_2)_8COONa+H_2$$

裂解温度不同产物也不同。当温度为 260～340℃时，产物主要是癸二酸；当温度为 200～240℃时，产物主要是 10-羟基癸酸，其反应历程如下：

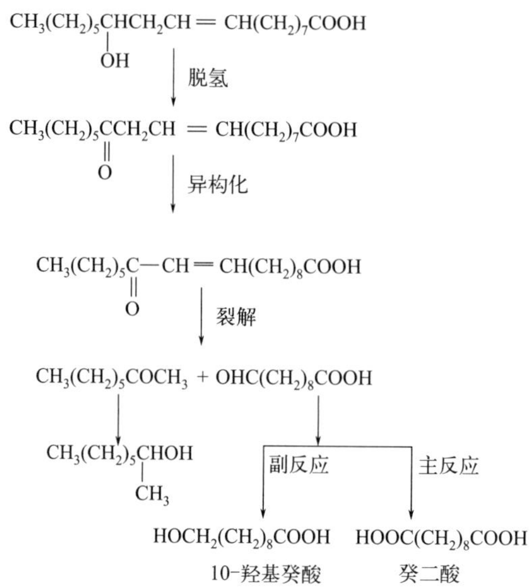

③ 中和　加入 H_2SO_4 将癸二酸二钠盐酸化为癸二酸，并中和过量的 NaOH；然后调 pH 值到 6.0～6.2。反应式如下：

$$NaOOC(CH_2)_8COONa + H_2SO_4 \longrightarrow HOOC(CH_2)_8COOH + Na_2SO_4$$

④ 脱色　利用阴离子大孔吸附树脂的吸附能力，除去料液中有机色素并中和工序中未除去的微量脂肪酸，使 pH 值保持在 2.0～2.5，此时溶液中的癸二酸二钠盐全部生成癸二酸，经冷却降温析出。一般脱色剂采用活性炭。

传统稀释工艺常压操作，反应条件较温和，但生产周期长，工艺流程较复杂，癸二酸收率较低，只有 30%～40%；且大量使用酸碱和一定量的酚类稀释剂，导致生产过程中产生大量有毒有害、有腐蚀的含酚碱性废水，严重环境污染。

（2）碱裂解工艺

20 世纪 70 年代，福建化工研究所开发了以蓖麻油为原料制备癸二酸的碱裂解工艺，并实现了工业化生产。与传统稀释工艺相比，该工艺大大减少了酚类对环境的污染，节省了成本。该工艺适宜中小型企业采用。

该工艺过程为：在 150℃温度下，采用 NaOH 水溶液皂化水解蓖麻油，然后将皂化后的物料冷却、固化、切片，再加入碱裂解塔中裂解，最后经酸化和提纯得到癸二酸。最佳工艺条件为：NaOH/蓖麻油投料比 0.35∶1.0（质量比），裂解温度 300～320℃，反应时间 3h。最佳工艺条件下，制备的癸二酸收率为 68.4%～74.6%。

（3）Pb_3O_4 催化裂解工艺

该工艺采用石蜡油代替酚类稀释剂，以 Pb_3O_4 为催化剂制备癸二酸。先将石蜡油和 NaOH 水溶液按比例加入反应器，搅拌均匀后加热，除去水，然后升温到 240℃，加入催化剂和蓖麻油，搅拌反应 5h 左右，最后得到癸二酸和仲辛醇。最佳工艺条件为：NaOH/稀释剂质量比为（1.0∶3.2）～（1.0∶3.8），蓖麻油/稀释剂质量比为（1.0∶1.7）～（1.0∶2.0），反应温度 300℃，反应时间 5～6h，催化剂用量约为蓖麻油用量的 1%（质量）。最佳工艺条件下，制备的癸二酸平均收率为 75%，纯度为 99.3%。

（4）微波感应碱熔工艺

微波感应碱熔工艺以蓖麻油为原料制备癸二酸、2-辛醇和 2-辛酮。工艺过程为：NaOH 和蓖麻油按一定比例混合，待蓖麻油完全皂化为蓖麻油酸钠盐后，再用微波加热，最后制得产物。在 NaOH/蓖麻油投料比为 14∶15（质量比）、反应温度为 240℃、反应时间为 20min 的最佳工艺条件下，制备的癸二酸收率为 76.2%，纯度为 98.7%。该工艺优点是反应时间短，工艺过程简单、不用稀释剂、污染少、能耗低、产率高等，具有广阔的发展前景。

（5）己二酸电解工艺

己二酸电解工艺以己二酸单甲酯电解偶联得到癸二酸二甲酯，再经水解制备癸二酸，反应式如下。

① 酯化

$$HOOC(CH_2)_4COOH+CH_3OH \longrightarrow CH_3OOC(CH_2)_4COOH+H_2O$$

② 电解

$$2CH_3OOC(CH_2)_4COOH \longrightarrow CH_3OOC(CH_2)_8COOCH_3+2CO_2+H_2$$

③ 水解

$$CH_3OOC(CH_2)_8COOCH_3+2H_2O \longrightarrow HOOC(CH_2)_8COOH+2CH_3OH$$

己二酸电解工艺的制备过程为：将己二酸、甲醇及等量的甲基己二酯在 200℃、1.5MPa 条件下进行酯化反应；反应完成后，经蒸馏回收甲醇。随后，将反应产物己二酸单甲酯及其钠盐送入电解槽电解，电解过程中控制己二酸单甲酯含量在 1.5mol/L，钠盐含量在 0.5mol/L，水含量在 2.5mol/L。电解完成后，己二酸单甲酯几乎完全消耗，含量降至 0.0。电解产物接着进入后续处理工序，在 80℃下脱除甲醇，经分解、稀释后送入高压反应釜，在 250℃、0.4MPa 下水解反应 2.5h，最后再用 HNO_3 进行 1h 的分离反应。电解时，控制温度为 58℃，以 Pt-Ti 为电极，电流密度控制在 $670A/m^2$。电解己二酸工艺生产癸二酸流程如 2-25 所示。

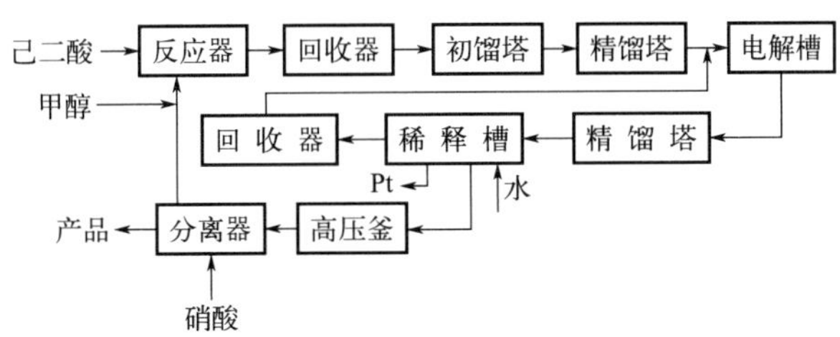

图 2-25　电解己二酸工艺生产癸二酸流程

（6）发酵法

常温常压下，癸烷在酵母菌的催化作用下可生成癸二酸。研究表明，控制好发酵过程中的流加基质、发酵周期、基质的起始浓度、流加方式及摇床温度对产量的提高非常重要。此外，菌种的选择和优化也是提高收率的关键。

研究证明，热带假丝酵母（Camadida tropcalis）产生株经亚硝酸诱导，产生的变异株能生长在以正烷烃为唯一碳源的简单培养基中，且产量比野生株高 41.22 倍。我国具有丰富的正烷烃来源，为生物发酵技术提供了充足原料基础。在此背景下，发酵法凭借其独特的优势，成为我国生产长碳链饱和二元酸的重要方法。

2.5.3.2 癸二腈的制备

癸二腈的制备通常以癸二酸为原料，与氨反应生成癸二酸铵，再脱水生成癸二腈，其反应历程如下：

$$HOOC(CH_2)_8COOH+2NH_3 \xrightarrow{150\sim180℃} H_4N^{+-}OOC(CH_2)_8COO^{-+}NH_4$$

$$\xrightarrow{200\sim280℃} H_2NOC(CH_2)_8CONH_2 \longrightarrow NC(CH_2)_8CN$$

癸二腈的制备分为液相法和气相法，两种工艺均有工业化装置。液相法包括癸二酸的氨化脱水制癸二腈与精制两个工序。气相法制备癸二腈工艺有固定床气相法和沸腾床气相法两种。目前工业上一般采用沸腾床气相法。沸腾床气相法制备癸二腈包括催化剂制备、气相氨化脱水反应和产品精制三大工序。

2.5.3.3 癸二胺的制备

癸二胺，又名1,10-癸二胺，1,10-二氨基癸烷，是合成聚酰胺及共聚酰胺的主要原料。癸二胺的生产已有50多年的历史。传统的合成工艺是以癸二腈为原料、雷尼镍为催化剂，采用间歇式催化加氢方式生产。反应条件为：温度90～130℃，压力2.0～2.8MPa，催化剂雷尼镍质量分数15%～20%（以癸二腈计），氢氧化钾质量分数0.2%～0.5%（以癸二腈计），癸二腈/溶剂乙醇（90%～95%）体积比为1∶1.2。反应式如下：

$$NC(CH_2)_8CN+4H_2 \longrightarrow H_2N(CH_2)_{10}NH_2$$

癸二腈加氢反应为多相催化放热反应，反应机理较为复杂，可以认为是分阶段进行的。第一阶段生成氨基腈，第二阶段生成二胺，并伴随有副产物生成，其反应机理如下：

$$NC(CH_2)_8CN \xrightarrow{H_2} NC(CH_2)_9NH_2 \xrightarrow{H_2} H_2N(CH_2)_{10}H_2N$$

该工艺主要有三道工序：加氢工序；粗癸二胺的精制工序；溶剂回收工序。各工序主要工艺参数见表2-9。

表2-9 癸二胺制备的工艺条件

项目	参数
加氢	
催化剂	骨架镍
助催化剂	KOH
配比：癸二腈/%	100
溶剂乙醇/%	200
骨架镍催化剂/%	30～35
KOH/%	1
压力/MPa	2.5
温度/℃	80～110
反应时间/min	12～14
维持反应温度/℃	90～100
维持反应时间/min	30
转化率/%	95～96
粗癸二胺质量分数/%	93～95

续表

项目	参数
精制	
癸二胺沸点/℃	150℃/13.7mmHg,155℃/19.5mmHg
精制方法	减压蒸馏
蒸馏柱温度(1.33～2kPa)/℃	150±5(10～15mmHg)
釜温/℃	280
乙醇回收	
硫酸中和 pH 值(中性)	6.5～7.0
回收方法	蒸馏
回收乙醇含量/%	>93(供加氢反应用)
收率/%	90～91

2.5.3.4　聚酰胺 1010 的聚合过程与工艺

(1) 聚酰胺 1010 盐的制备

癸二酸与癸二胺在等摩尔比下进行反应即可制备聚酰胺 1010 盐，反应式如下：

$$H_2N(CH_2)_{10}NH_2 + HOOC(CH_2)_8COOH \xrightarrow[\text{乙醇}]{75℃} {}^{+}H_3N(CH_2)_{10}NH_3^{+}\ {}^{-}OOC(CH_2)_8COO^{-}$$

由于聚酰胺 1010 盐在乙醇中的溶解度小（40℃时为 0.072%），因此，需要先将癸二酸和癸二胺配制成乙醇溶液，再进行中和反应。制备聚酰胺 1010 盐包括三道工序：癸二酸精制、中和反应和溶剂回收。

(2) 聚酰胺 1010 的缩聚

聚酰胺 1010 的缩聚类似聚酰胺 66。以癸二酸为分子量调节剂，聚酰胺 1010 盐在一定温度、压力下，进行脱水缩合反应，形成线型结晶高分子。这个过程包括脱水、缩合、形成氨基羟酸的多聚体，多聚体再进一步缩聚，进而形成大分子。实际反应过程中，几种反应同时发生，总反应过程如下：

$$n\ {}^{+}H_3N(CH_2)_{10}NH_3^{+}\ {}^{-}OOC(CH_2)_8COO^{-} \xrightarrow[-H_2O]{\text{缩聚}} \left[NH(CH_2)_{10}NHCO(CH_2)_8CO \right]_n + (2n-1)H_2O$$

聚酰胺 1010 缩聚工艺流程如图 2-26 所示。

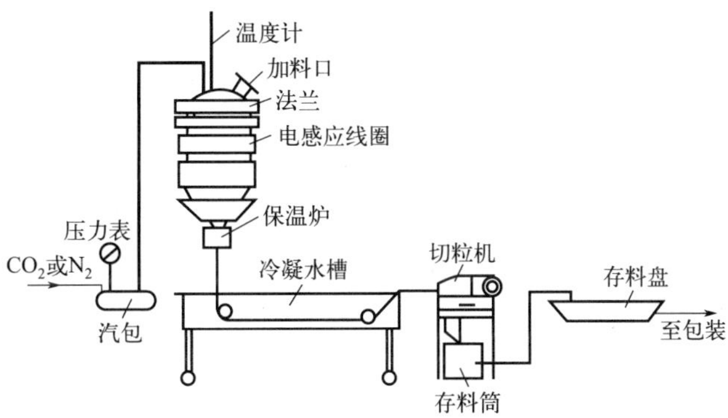

图 2-26　聚酰胺 1010 缩聚工艺流程

2.5.4 聚酰胺610和聚酰胺612

聚酰胺610，化学名称：聚癸二酰己二胺；俗称：尼龙610；

结构式：$\mathrm{\left[NH-(CH_2)_6-NH-CO(CH_2)_8-CO\right]_n}$

聚酰胺612，化学名称：聚十二烷酰己二胺；俗称：尼龙612；

结构式：$\mathrm{\left[NH-(CH_2)_6-NH-CO(CH_2)_{10}-CO\right]_n}$

1941年，美国DuPont公司首先开发出聚酰胺610，并于20世纪60年代投产。目前，我国生产聚酰胺610切片的厂家主要有神马尼龙工程塑料公司、江苏兴隆尼龙有限公司、山东东辰工程塑料有限公司、浙江慈溪洁达公司等。

聚酰胺612也由美国DuPont公司首先制备，1970年投产。上海合成树脂研究所、山东东辰工程塑料有限公司、中石化湖南石油化工有限公司、郑州大学等都对聚酰胺612进行过研究，但至今均未有工业化。目前，我国聚酰胺612主要从美国、日本进口。国外主要生产商有美国杜邦公司，日本东丽公司等。

2.5.4.1 聚酰胺610的生产工艺

聚酰胺610由己二胺（见聚酰胺66部分）和癸二酸（见聚酰胺1010部分）经成盐、缩聚而制备，聚合工艺基本和聚酰胺66相同。与聚酰胺66聚合的主要差异在于己二酸、癸二酸的解离常数不同（分别为3.6×10^{-5}、2.3×10^{-5}），所以聚合速度有变化，并且癸二酸的热稳定性比己二酸更好。

$$\mathrm{H_2N(CH_2)_6NH_2+HOOC(CH_2)_8COOH} \longrightarrow$$

$$\mathrm{{}^{+}H_3N(CH_2)_6NH_3^{+}\ {}^{-}OOC(CH_2)_8COO^{-}} \xrightarrow[-\mathrm{H_2O}]{\text{缩聚}} \mathrm{\left[NH(CH_2)_6NHCO(CH_2)_8CO\right]_n}$$

聚合过程：将等摩尔比的己二胺与癸二酸在乙醇中于70℃中和，生成聚酰胺610盐，然后在270～300℃、1.7～2.0MPa压力下进行间歇或连续聚合，其生产工艺流程如图2-27所示，聚合过程比聚酰胺66更易控制。

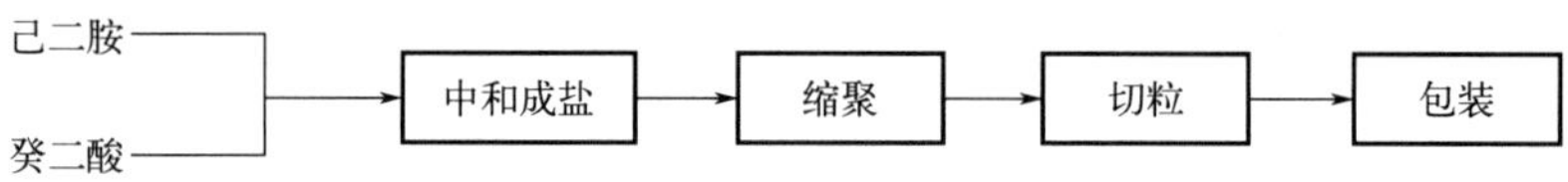

图2-27 聚酰胺610聚合生产工艺流程

除了使用乙醇等有机溶剂外，还可使用水作溶剂。专利CN1557858中提出了一种以水为溶剂制造聚酰胺610盐的工艺，制造方法是：将己二胺溶于水中，再向其中投入癸二酸进行中和反应，然后进行缩聚制成聚酰胺610。该方法具有无易燃危险、原料消耗低等特点。

聚酰胺610聚合工艺有连续法和间歇法两种，前者是将合成的聚酰胺610盐经螺杆式连续反应器，停留一定时间（以达到一定的分子量或相对黏度），然后挤出造粒或直接进行纺丝；后者是将聚酰胺610盐配以一定量的助剂，投入间歇式聚合反应釜中，在一定的温度和压力下，经过一定的反应时间，达到所需的相对黏度。

2.5.4.2　聚酰胺 612 的生产工艺

（1）原料的制备

聚酰胺 612 以己二胺（制法见聚酰胺 66）和十二碳二酸为原料，经缩聚制备，十二碳二酸可以通过化学合成法或者微生物发酵法制得。

化学合成法：由环十二醇（制法见聚酰胺 12）经硝酸氧化制备，反应式如下：

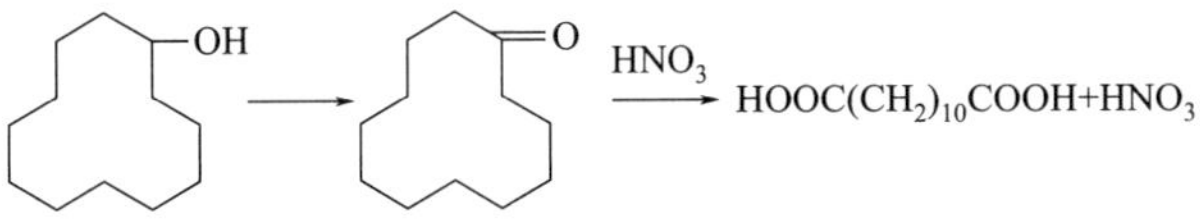

生产工艺流程如图 2-28 所示。

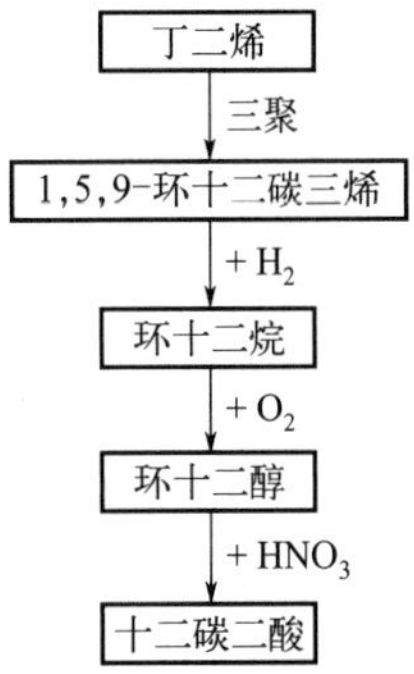

图 2-28　十二碳二酸生产工艺流程

微生物发酵法：以石油轻蜡（正构十二烷烃）为原料经微生物发酵法制备。

（2）聚酰胺 612 的聚合

聚酰胺 612 的聚合过程与聚酰胺 66 基本相同。以己二胺和十二碳二酸为原料，经中和反应生成聚酰胺 612 盐（熔点 166℃），再经缩聚制得聚酰胺 612，聚合反应式如下：

$$H_2N(CH_2)_6NH_2 + HOOC(CH_2)_{10}COOH \longrightarrow$$
$$^{+}H_3N(CH_2)_6NH_3^{+}\ {}^{-}OOC(CH_2)_{10}COO^{-} \xrightarrow[-H_2O]{\text{缩聚}} \left[NH(CH_2)_6NHCO(CH_2)_{10}CO \right]_n$$

聚合过程：将己二胺与十二碳二酸溶解在乙醇中，在 70～90℃温度下搅拌混合 30～60min，进行中和反应，调节溶液的 pH 值至适当范围，然后室温下冷却结晶，离心分离得到聚酰胺 612 盐；再将聚酰胺 612 盐、分子量调节剂（冰乙酸、己二酸和癸二酸等有机酸或有机胺）、去离子水、抗氧剂（亚磷酸等）加入聚合釜中，加热升温至 200～275℃，在 0～2.0MPa 压力下，聚合 2～8h，然后减压到常压，继续保温 5～60min，排气即制备出聚酰胺 612。此方法制备聚酰胺 612 需要将聚酰胺 612 盐与乙醇进行分离、洗涤、干燥后再进行聚合反应，因此工艺流程长，物耗能耗较高。

为了降低成本，保护环境，安全生产，中石化湖南石油化工有限公司提供了一种以水为溶剂、高效节能的聚酰胺 612 制备工艺。将十二碳二酸、己二胺、水加入反应器中，其中十二碳二酸与己二胺以等摩尔比加入，水的加入量为总量的 20％～60％，在 50～130℃下进行成盐反应。

郑州大学也以水替代乙醇为溶剂合成了聚酰胺 612，并且提出将活性炭吸附和膜过滤技术直接应用于聚酰胺 612 盐提纯，省去了对反应原料的提纯。

2.5.5　聚酰胺 1212

学名：聚十二烷二酰十二烷二胺

俗称：尼龙 1212；

结构式：$\left[NH-(CH_2)_{12}-NH-CO(CH_2)_{10}CO \right]_n$

杜邦公司于 1988 年开始生产聚酰胺 1212，商品名 Zytel®，1991 年停产。

郑州大学从1976年开始与中国科学院微生物研究所合作进行长碳链聚酰胺的研究，1998年生产出具有自主知识产权的聚酰胺1212新品种，性能指标接近进口聚酰胺12的水平。

根据十二碳二酸（DDA、DDDA、DC12）的来源不同，聚酰胺1212生产工艺分为丁二烯工艺、传统的（蓖麻油、石油）发酵工艺和以环己酮为原料的制备工艺。

2.5.5.1 丁二烯工艺

此工艺中，二元酸和二元胺均来自丁二烯。主要工艺过程为：

（1）丁二烯三聚制1,5,9-环十二碳三烯（CDT）

在催化剂存在下，1,3-丁二烯三聚合成CDT，其制法见聚酰胺12章节。

（2）CDT部分加氢制环十二烯（CDD）

CDT加氢制备CDD时，CDT可先用乙醇或丙醇进行稀释，也可不用溶剂稀释。

在未稀释的情况下加氢，反应温度为120～150℃，反应压力为7～10MPa，反应时间为6h；催化剂为碘化镍与三苯基膦的络合物，三苯基膦过量2～3mol（相对于催化剂）；CDT的转化率约99.8%，CDD的选择性达99.9%。

在稀释的情况下加氢，反应条件更加温和，反应温度为75～125℃，反应压力为0.25～0.8MPa，反应时间为1.3～6.0h，催化剂为三氯化铱和氯化锡；CDT转化率为40%～70%，CDD选择性为40%～80%，环十二烷的选择性为2%～7%。

（3）CDD氧化制十二碳二酸（DDA）

在催化剂存在下，可采用硝酸或双氧水氧化CDD得到十二碳二酸（DDA）。

以硝酸为氧化剂，在 OsO_4 和 V_2O_5 存在下，反应温度为60～120℃，反应压力为0.1～0.7MPa，反应时间为1h；采用二氧杂环己烷或乙酸为反应溶剂，DDA的收率为70%～86%，反应副产物为十一烷二酸和癸二酸。

以双氧水为氧化剂，当反应温度为50～150℃、反应时间为5h、反应介质为冰乙酸、催化剂为七氧化铼、双氧水质量分数为30%时，DDA的收率最佳。

制备DDA还有以下几种方法，但收率都很低：

① 十一烯酸加氢羧基化——转化率54%，选择性77%；

② 环十二烷催化氧化为环十二醇和环十二酮，再用60%的硝酸氧化得到DDA，环十二烷的单程转化率为20%；

③ 在螯合的亚铁离子存在下，环己酮与双氧水反应得到DDA，收率为40%～50%。

（4）十二碳二胺（DMDA）制备

在315～345℃温度下，DDA与50%氨气反应生成1,12-十二碳二腈（DDN），反应副产物包括水、低沸点的羧酸酯及一些重组分等。DDN收率69%～93%。脱水催化剂可采用磷酸、碱金属的磷酸盐或硫酸盐等。

DDN加氢还原为DMDA的过程与传统工艺类似，以雷尼镍为催化剂，在固定床反应器中完成加氢操作。主要反应过程如下：

$$HOOC(CH_2)_{10}COOH + NH_3 \longrightarrow H_4N^+ \ {}^-OOC(CH_2)_{10}COO^- \ {}^+NH_4 + H_2O$$

$$H_4N^+ \ {}^-OOC(CH_2)_{10}COO^- \ {}^+NH_4 \xrightarrow{-H_2O} NH_2OC(CH_2)_{10}CONH_2 \xrightarrow{-H_2O} NC(CH_2)_{10}CN$$

$$NC(CH_2)_{10}CN + H_2 \longrightarrow H_2N(CH_2)_{12}NH_2$$

(5) 聚酰胺 1212 的制备

采用与聚酰胺 66 相似的缩聚工艺，DDA 与 DMDA 缩聚得到聚酰胺 1212。

2.5.5.2 石油发酵工艺

传统发酵法生产 DDA 过程中，原料一般采用蓖麻油、芥子油等，但由于来源有限，未能实现规模化生产。中科院微生物研究所通过对传统生产装置的改进，研制了以轻蜡油中的 C_{12} 为原料制备 DDA 的微生物发酵工艺。郑州大学以石油发酵十二碳二酸为原料，通过氰化、氨化、中和及聚合等步骤合成了聚酰胺 1212。试生产中，氰化、氨化、中和及聚合转化率分别为 87.9%、86.5%、90.2%和 90%。其合成过程如下：

$$\text{石油轻蜡} \xrightarrow{\text{微生物发酵}} HOOC(CH_2)_{10}COOH \xrightleftharpoons{\text{氰化}}$$

$$NC(CH_2)_{10}CN \xrightarrow[H_2\text{催化}]{\text{氨化}} H_2N(CH_2)_{12}NH_2$$

$$\xrightarrow[\text{十二碳二酸}]{\text{中和}} {}^{+}H_3N(CH_2)_{12}NH_3^{+}\ {}^{-}OOC(CH_2)_{10}COO^{-}$$

$$\xrightarrow{\text{聚合}} \left[HN(CH_2)_{12}NHOC(CH_2)_{10}CO \right]_n$$

2.5.5.3 以环己酮为原料制备十二碳二酸

以环己酮为原料，经过氧化、开环二聚、皂化、精制等工序可制备纯度为 99%的精品十二碳二酸。

(1) 过氧化反应

在 −5～5℃温度条件下，于甲醇溶液中加入环己酮及无机酸，搅拌 1.5h，加入相转移催化剂和质量分数为 35%的双氧水，搅拌制得甲氧基环己基过氧化物。

(2) 开环二聚反应

在甲醇和硫酸亚铁混合液中，于−5～5℃温度条件下，加入上述过氧化反应液，持续搅拌，使反应温度升到 55℃，降温终止反应，得到十二碳二酸二甲酯（简称双酯），pH 值为 0.1。

(3) 精制、皂化、酸析

将粗双酯精制后加入碳酸钠溶液中，在 70℃进行皂化反应；反应结束后，加入盐酸中和，使溶液 pH 值为 3～4；经过滤、水洗得到纯度为 96.0%的粗十二碳二酸。

采用此工艺制十二碳二酸过程中，一般用质量分数为 35%的双氧水进行过氧化反应，开环二聚时甲醇添加量为环己酮的 45 倍（摩尔），硫酸亚铁的用量为环己酮的 1.8 倍（摩尔）；开环二聚反应升温速率控制在 8～10℃/h；产品精制采用重结晶法，反应总收率为 66%（环己酮计），产品纯度为 99.0%。

2.5.6 其他长碳链聚酰胺

除了前述长碳链聚酰胺品种外，利用发酵技术，使石油轻蜡中的 C_{10}～C_{14} 正构烷烃发酵可生成 C_{10}～C_{14} 二酸，二酸经氨化和加氢反应制得相应二胺，再分别制成相应的盐，然后经缩聚反应还可制备聚酰胺 1012、聚酰胺 1111、聚酰胺 1311、聚酰胺 1313 等不同

AABB型长碳链聚酰胺品种。

2.5.6.1 原料的制备

（1）石油发酵法制备长碳链二元酸

长碳链二元酸是指碳链中含有十个以上碳原子的直链二元酸。中科院微生物所首先采用石油微生物发酵技术制备了长碳链二元酸。目前，我国已有多家长碳链二元酸生产企业，大多采用石油微生物发酵技术。石油微生物发酵制长碳链二元酸主要工艺流程见图2-29。

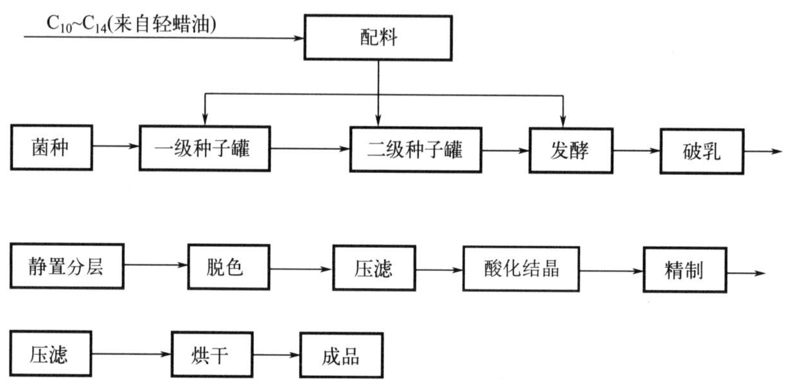

图2-29 石油发酵生产长碳链二元酸工艺流程

石油发酵和淀粉、蓖麻油发酵有相同点，也有不同之处。传统的发酵工艺设备不能完全用于石油发酵生产。石油发酵的工艺设计必须结合石油提炼环节，才能保证生产顺利进行。实践表明，对种子罐、发酵罐、搅拌装置、冷却装置及内外部的结构设计进行优化，可使产酸率提高20%，节能25%。

（2）长碳链二元腈的制备

C_{10}～C_{14}二元酸在氨气作用下能生成相应的二元腈。以十三碳二酸为例，熔融的十三碳二酸与氨气反应生成十三碳二酸铵盐，铵盐在200℃以上开始脱水生成十三碳二酰胺；随着温度的继续升高，十三碳二酰胺进一步脱水生成十三碳二腈。此过程可加入磷酸作催化剂，以提高产物收率，缩短反应时间。反应式如下：

$$HOOC(CH_2)_{11}COOH+2NH_3 \xrightarrow{150\sim160℃} H_4N^{+-}OOC(CH_2)_{11}COO^{-+}NH_4 \xrightarrow{200\sim280℃}$$

$$H_2NOC(CH_2)_{11}CONH_2+2H_2O \xrightarrow{300\sim350℃} NC(CH_2)_{11}CN+2H_2O$$

（3）长碳链二元胺的制备

C_{10}～C_{14}二元腈加氢能生成相应二元胺。以十三碳二腈为例，以乙醇为溶剂、骨架镍为催化剂，氢氧化钾为助催化剂，在2.5MPa、80～110℃条件下，十三碳二腈加氢可制得十三碳二胺。反应式如下：

$$NC(CH_2)_{11}CN+4H_2 \xrightarrow{80\sim110℃,乙醇,催化剂} NH_2(CH_2)_{13}NH_2$$

2.5.6.2 长碳链聚酰胺的聚合过程与工艺

（1）长碳链聚酰胺盐的制备

长碳链聚酰胺的聚合过程与聚酰胺 66 相似，将二元酸和二元胺以等摩尔比进行中和反应即可得到相应的盐。一般以乙醇为溶剂，利用长碳链聚酰胺盐在乙醇中溶解度很小的特点（如 40℃时，聚酰胺 1311 盐在乙醇中的饱和浓度为 0.06%～0.07%），将长碳链聚酰胺盐从乙醇中分离出来。反应式如下：

$$HOOC(CH_2)_9COOH+NH_2(CH_2)_{13}NH_2 \xrightarrow{75℃,\text{乙醇}} {}^{+}H_3N(CH_2)_{13}NH_3^{+}\,{}^{-}OOC(CH_2)_9COO^{-}$$

（2）长碳链聚酰胺的缩聚

合成的聚酰胺盐在 200～220℃，一定压力下脱水缩聚生成结晶型、线型高分子。以聚酰胺 1311 为例，反应式如下：

$$n\,{}^{+}H_3N(CH_2)_{13}NH_3^{+}\,{}^{-}OOC(CH_2)_9COO^{-} \xrightarrow{200\sim220℃,1.1MPa}$$

$$\text{⫞}HN(CH_2)_{13}NHOC(CH_2)_9CO\text{⫟}_n+(2n-1)H_2O$$

将聚酰胺 1311 盐、防老剂、分子量调节剂按质量比 1∶0.001∶0.006 混合后加入聚合釜中，然后，向聚合釜中充入二氧化碳气体（或者氮气）；逐步升温至 220℃时，并维持压力在 1.1MPa 左右。反应完成后，对制得的物料依次进行水冷却、切粒、烘干处理即得聚酰胺 1311 成品，其收率为 90.1%。

2.6 芳香族聚酰胺

在聚酰胺分子主链中引入芳香环，可改善聚酰胺的性能。如果将合成聚酰胺的二元酸或二元胺分别以芳香族二元酸或二元胺代替，则得到的聚酰胺称为半芳香族聚酰胺；由芳香族二元胺和芳香族二元酸合成得到的聚酰胺则称为全芳香族聚酰胺。

2.6.1 半芳香族聚酰胺

半芳香族聚酰胺由脂肪族二胺或二酸与芳香族二酸或二胺经缩聚制得，是芳香族聚酰胺的一种。目前实现工业化生产的半芳香族聚酰胺主要有改性聚酰胺 6T 系列（“6”代表己二胺，“T”代表对苯二甲酸）、聚酰胺 9T（壬二胺和对苯二甲酸的缩聚产物）、聚酰胺 10T、聚酰胺 MXD6［间苯二甲胺（MXDA）与己二酸的缩聚产物］等。此外，聚酰胺 4T、聚酰胺 2T、聚酰胺 13T 等新型半芳香族聚酰胺目前尚处于研发阶段。

2.6.1.1 PPA 合成工艺

聚苯二酰胺（PPA）是以对苯二甲酸、间苯二甲酸、己二酸与己二胺为原料，通过缩聚反应生成相应缩聚物的混合物，是一种半芳香族聚酰胺 6T/6I/66 树脂，商品名为“Amodel”。其中，由对苯二甲酸和己二胺合成的聚酰胺称为 PA6T，它的熔点和分解温度接近，缩聚很难形成稳定的高质量产品，加工成型也非常困难，因此业界所称的 PA6T 通常指其改性品种，如 PA6T/6I/66、PA6T/66，PA6T/6I、PA6T/M-5T 等。

PPA 合成过程：首先将对苯二甲酸（A）、间苯二甲酸（B）、己二酸（C）与 44% 的己二胺溶液按表 2-10 中配比［总酸∶己二胺的摩尔比为（1.05～1.10）∶1.0）］加入反应釜中，以水为溶剂，并加入适量的引发剂苯甲酸和一定量催化剂次磷酸钠，用氮气保护，在 120℃温度以下进行反应生成盐溶液；然后将其移入罐中（温度 220℃，约15min）蒸出水，以降低含水量，再送入两根串联的不锈钢管反应器内缩聚，第一根管温度为315～325℃，第2根管温度为325～335℃，两管压力均为12.41MPa，最后移入双螺杆挤出机中进一步缩聚，以增大聚合物的分子量，并挤出切粒后得到透明的PPA树脂。

PPA的合成也可以在带搅拌的反应釜中进行，在反应釜中加入对苯二甲酸、间苯二甲酸、己二酸（摩尔比为65∶25∶10）、己二胺和水（总酸/己二胺摩尔比为100∶102，水的质量分数为15%）、引发剂苯甲酸、催化剂次磷酸钠，之后，用氮气置换反应釜中的气体，在216℃下反应100min，然后在325～332℃的预热器中预热约40s，进行闪蒸，最后送入双螺杆挤出机中缩聚、挤出、切粒，制得的透明PPA树脂的熔点为300～310℃，特性黏数为1.0dL/g，T_g为127℃。

表2-10 二元酸和己二胺摩尔比对PPA特性黏数与熔点的影响

A/B/C摩尔比	特性黏数①/(dL/g)	熔点/℃
65∶25∶10	1.00	300～310
60∶15∶25	0.95	301
65∶35∶0	1.05	302
50∶50∶0	0.97	—

① 特性黏数是在30℃,苯酚∶1,1,2,2-四氯乙烯(质量比)为60∶40的0.4%的溶液中测定的。

2.6.1.2 PA9T合成工艺

（1）壬二胺合成

日本可乐丽公司以1,3-丁二烯为原料，采用四步法合成了壬二胺。

第一步：丁二烯加水二聚

$$CH_2=CH-CH_2=CH_2+H_2O \longrightarrow CH_2=CH(CH_2)_3CH=CHCH_2OH$$

采用钯和磷盐催化剂，在75℃和0.5MPa下，丁二烯经水合二聚生成2,7-辛二烯-1-醇。

第二步：异构化

$$CH_2=CH(CH_2)_3CH=CHCH_2OH \longrightarrow CH_2=CH(CH_2)_3CH_2CH_2CHO$$

采用一种过渡金属催化剂，在180～250℃、0.024MPa下将2,7-辛二烯-1-醇异构化生成辛-7-烯醛。

第三步：CO/H_2化

$$CH_2=CH(CH_2)_3CH_2CH_2CHO \xrightarrow{CO/H_2} OHC(CH_2)_7CHO + OHC-\underset{\underset{CH_3}{|}}{CH}-(CH_2)_5CHO$$

采用铑-有机膦络合物催化剂，在H_2和CO气氛下，于100℃、9.0MPa下将辛-7-烯醛转变为1,9-壬二醛。

第四步：加氢氨化

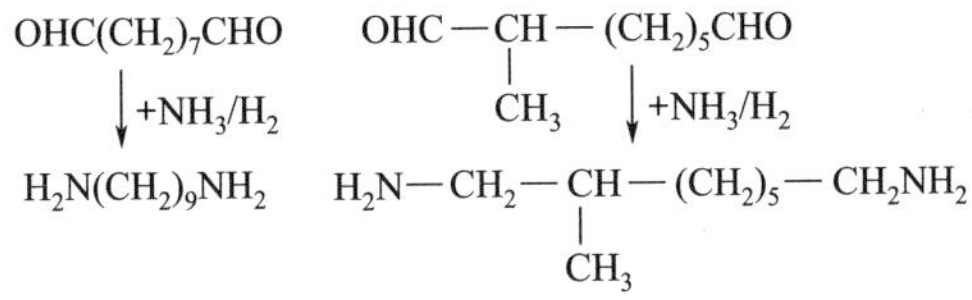

1,9-壬二胺　　　　2-甲基-1,8-辛二胺

采用 Ni 催化剂，在 100～160℃、2.0～20.0MPa 下将 1,9-壬二醛加氢氨化生成目的产物，其中 1,9-壬二胺（NMDA）占 85%，2-甲基-1,8-辛二胺占 15%。

（2）PA9T 合成

将等摩尔的对苯二甲酸和二胺（二胺可以是壬二胺或 2-甲基-1,8-辛二胺，或者二者混合物），适量的水，次磷酸钠催化剂（为二酸和二胺质量分数的 0.07%～1.0%），封端剂一元酸和一元胺（最好是一元酸，常用苯甲酸，相当于二元酸和二元胺摩尔分数的 0.1%～15.0%）加入高压反应釜，在 250～275℃温度下进行缩聚反应制得预缩聚物。预聚物一般为无泡粉末粒料，特性黏数为 0.15dL/g（在 30℃浓硫酸中测定）。然后对预聚物进行进一步固相缩聚或熔融缩聚，固相缩聚温度不高于熔点，一般在 200～280℃，氮气保护下，使预聚物缩聚 2～20h；熔融聚合一般采用挤出机，在 260～350℃加热 1～10min 使预聚物聚合。

2.6.1.3　PA10T 合成工艺

聚对苯二甲酰十碳二胺（PA10T、聚对苯二甲酰癸二胺）一般以对苯二甲酸和 1,10-癸二胺为原料，经成盐、预聚合和固相聚合 3 个步骤合成。反应过程如下：

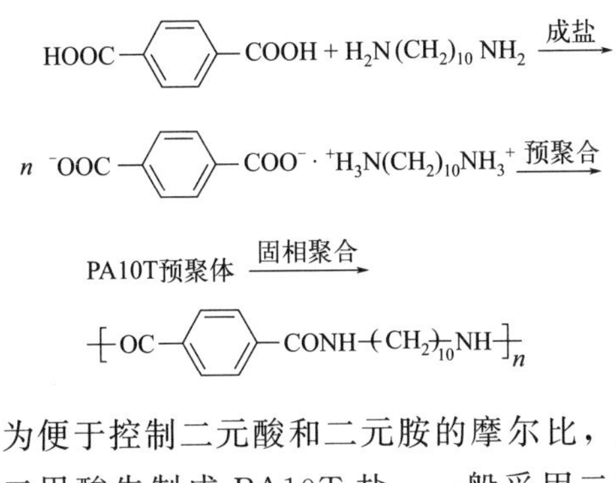

在合成 PA10T 时，为便于控制二元酸和二元胺的摩尔比，且去除单体中的杂质，需要将 1,10-癸二胺和对苯二甲酸先制成 PA10T 盐。一般采用二甲基甲酰胺作溶剂，它可溶解对苯二甲酸和癸二胺，但不溶解 PA10T 盐，容易分离、提纯生成的盐。

PA10T 制备过程：首先将对苯二甲酸与二甲基甲酰胺混合均匀，搅拌加热使温度升至 120℃，形成 A 溶液，然后将癸二胺与二甲基甲酰胺混合均匀，搅拌加热使温度达到 80℃，制成 B 溶液。将 A、B 两种溶液混合均匀，搅拌加热使温度升至 120℃，使其充分反应后，离心分离，得到的沉淀物先用二甲基甲酰胺洗涤后再用去离子水洗涤数次，得到 PA10T 盐（T_m 为 271.5℃）；将 PA10T 盐、苯甲酸、次磷酸钠和水按比例加入用氮气吹扫过的反应釜，搅拌升温至 220℃，恒温搅拌 1h，然后再搅拌升温至 230℃，在 230℃和 2MPa 条件下继续反应 2h，移去所生成的水，保持压力恒定，反应完成得到 PA10T 预聚物（T_m 为 235.7℃），然后将预聚物在 80℃下真空干燥 24h，在 260℃氮气保护下固相缩聚 10h，得到 PA10T，其 T_m 为 316℃，T_g 为 125℃。

2.6.1.4 聚对苯二甲酰三甲基己二胺合成工艺

聚对苯二甲酰三甲基己二胺，俗名尼龙 TMDT（PATMDT），又名透明尼龙，结构式为：

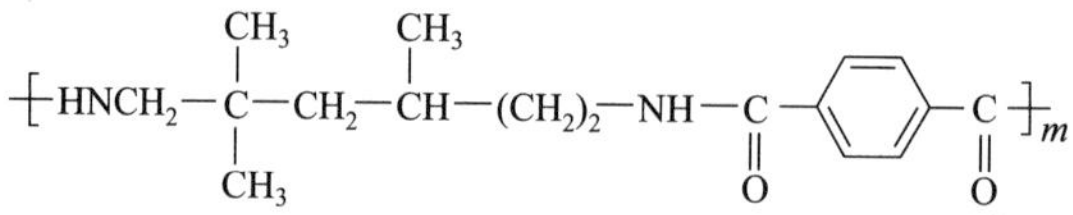

PATMDT 由等量的 2,2,4-和 2,4,4-三甲基己二胺两种异构体的混合物与对苯二甲酸（DMT）缩聚而得。

支链化的三甲基己二胺（TMD）首先由丙酮三聚得到异佛尔酮（3,5,5-三甲基-2-环己烯-1-酮），加氢生成 3,5,5-三甲基-2-环己醇-1-酮，然后用硝酸氧化得到三甲基己二酸的异构体混合物，三甲基己二酸再经氨化后生成三甲基己二腈，最后三甲基己二腈通过加氢得到 TMD 异构体混合物，同时还生成环二胺（异佛尔酮二胺），均可以用于 PATMDT 缩聚。

PATMDT 缩聚分两步反应：第一步是酰胺的生成和甲醇的分离，第二步是单体的缩聚。产物的分子量可以通过反应条件和/或链终止剂来控制。

2.6.1.5 聚己二酰间苯二甲胺合成工艺

聚己二酰间苯二甲胺，俗称尼龙 MXD6（PAMXD6），结构式为：

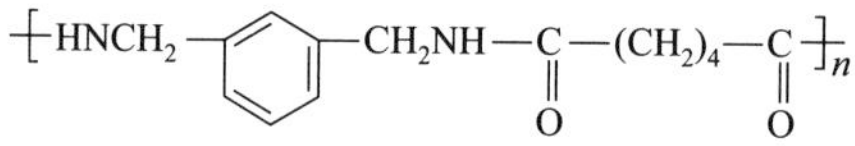

PAMXD6 由间苯二甲胺（MXDA）与己二酸缩聚反应制得，反应式如下：

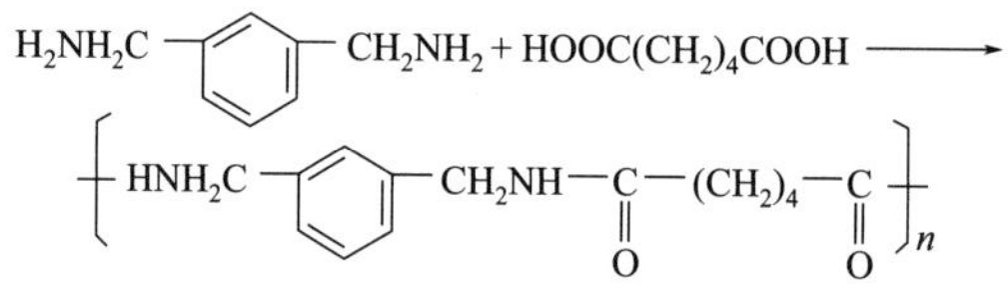

① 间苯二甲胺

间苯二甲胺（MXDA）的制备大致有两条路线。路线一：以间二甲苯为原料经溴化、氨化制得间苯二甲胺。路线二：以间二甲苯为原料经过氨化、氢化制得间苯二甲胺。工业上一般采用路线二制备间苯二甲胺。

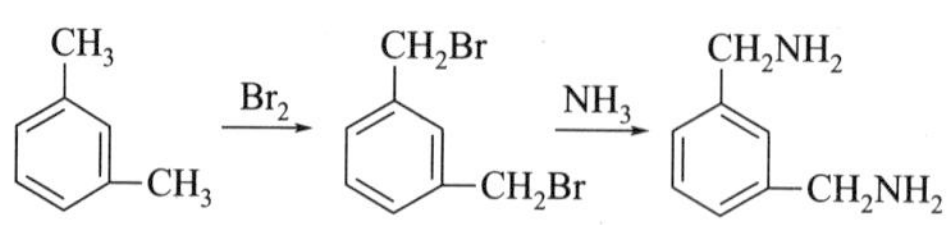

路线一

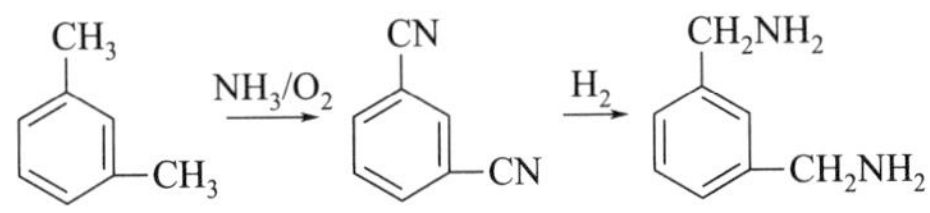

路线二

加氢催化剂主要是第Ⅷ族过渡金属雷尼镍、雷尼钴、Co-Ti/硅藻土等，一般采用雷尼镍或改性雷尼镍。

② 己二酸的合成（参见聚酰胺 66 部分）。

③ PAMXD6 的合成　目前 PAMXD6 的工业化生产方法主要有直接缩聚法（日本三菱瓦斯化学公司工艺）和尼龙盐法（东洋纺织公司工艺）。

a. 直接缩聚法　日本三菱瓦斯化学公司利用熔融的己二酸与 MXDA 在常压下直接缩聚，较经济地制得 PAMXD6 产品。

根据日本三菱瓦斯化学公司专利描述，间苯二甲胺与己二酸直接缩聚步骤如下：将己二酸熔融；在装有分凝器的第一间歇聚合反应器中将间苯二甲胺连续或间断加入熔融状态的己二酸中，使间苯二甲胺与己二酸在预定摩尔比下缩聚生成相对黏度为 1.4～2.7 的中间阶段聚酰胺，其中在第一聚合反应器内，间苯二甲胺的沸点比中间阶段聚酰胺熔点高；将第一聚合反应器的中间阶段聚酰胺加入熔体保持罐中，借助饱和蒸汽，使熔体保持罐的气相部分压力保持在预定范围内，将中间阶段聚酰胺的相对黏度变化控制在±0.2 内；在第二聚合反应器中对中间阶段聚酰胺进行进一步缩聚，减压除去水分，最后得到 PAMXD6。其反应流程如图 2-30 所示。

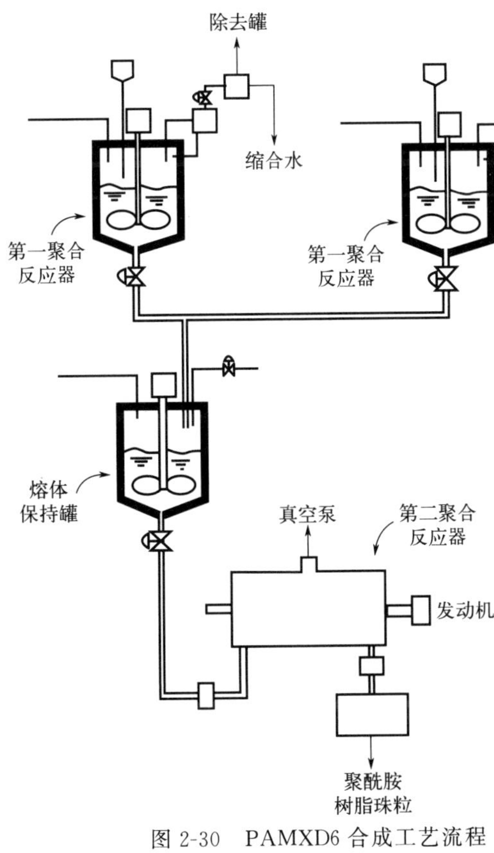

图 2-30　PAMXD6 合成工艺流程

b. 尼龙盐法　东洋纺织公司生产工艺与聚酰胺66的生产工艺相同，首先将MXDA与己二酸反应制得尼龙盐，然后将水溶液状态下的尼龙盐加热加压使其发生聚合反应，生成缩聚物。

生产工艺：将35%的尼龙盐、0.2%（己二酸占尼龙盐的摩尔分数）的黏度稳定剂己二酸、65%的水加入高压釜，升温至40℃，保持釜内压力0.4MPa约2h，缓慢放出水并继续升温至260℃，调节釜内压力至1.5MPa，历经1h后得到PAMXD6。

PAMXD6生产方法的选择应根据不同的用途而定。若用于制造阻隔性材料或工程结构材料时可用三菱瓦斯化学公司的生产方法，当生产纤维级PAMXD6树脂时可选择东洋纺织公司的生产方法。

2.6.2 全芳香族聚酰胺

美国杜邦公司于1965年成功开发出全芳香族聚酰胺，并于1972年实现工业化生产，商品名为Kevlar（对位芳纶）。全芳香族聚酰胺几乎全部用于合成纤维生产，非纤维用途很少，其中具有实用价值并且已经开发成功的主要有：聚对苯二甲酰对苯二胺（PPTA），杜邦公司纤维级的产品，商品名为Kevlar，我国称为芳纶1414（芳纶-Ⅱ）；聚对苯甲酰胺（PBA），我国称为芳纶14（芳纶-Ⅰ）；聚间苯二甲酰间苯二胺（PMIA），杜邦公司纤维级产品，商品名为Nomex，我国称为芳纶1313。

2.6.2.1 聚对苯二甲酰对苯二胺

PPTA由对苯二甲酰氯与对苯二胺聚合而成，化学结构式为：

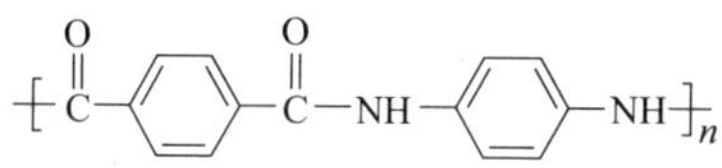

（1）原料的制备

① 对苯二胺的合成方法　对苯二胺（ρ-PDA）的制备方法有对二卤苯氨解法和对硝基苯胺还原法等，其中对硝基苯胺还原法是工业上广泛采用的方法。

a. 对硝基苯胺还原法　对硝基苯胺的合成一般采用氯苯经硝化成对硝基氯苯，再氨解而制取，反应式如下：

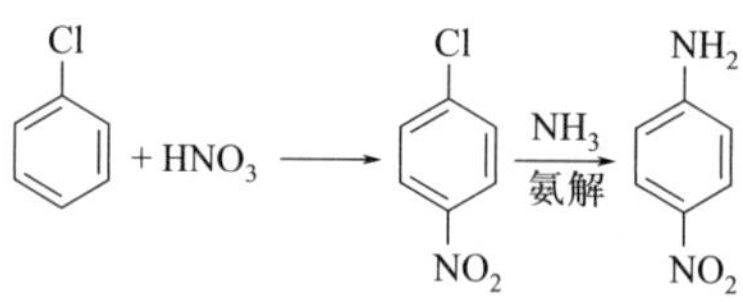

对硝基苯胺在铁粉和盐酸的作用下还原生成对苯二胺，反应式如下：

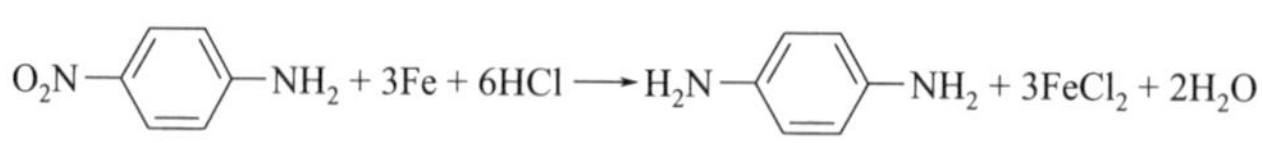

铁粉是对硝基苯胺最常用的还原剂，首先用铁粉在75～80℃温度下还原对硝基苯胺，然后在70～75℃下过滤，滤液经冷却结晶、干燥即得到对苯二胺。该工艺路线长、成本高、污染严重。

b. 对二卤苯氨解法　对二溴苯在铜化合物催化下，氨解得到对苯二胺。

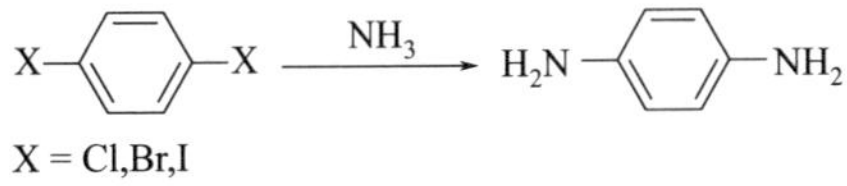

对二卤苯氨解法原料易得、成本低、污染小，但技术要求高。该方法宜于大规模生产，有较强的工业竞争力。

② 对苯二甲酰氯的合成方法　对苯二甲酰氯（TPC）工业制法有对苯二甲酸光气法、对二甲苯光氯化法和对苯二甲酸氯化亚砜法等。

a. 对苯二甲酸光气法

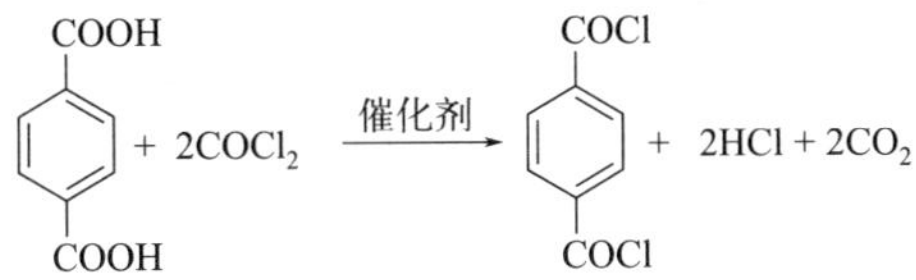

反应条件：反应压力 1～10MPa，反应温度 100～150℃，催化剂可以为二甲基甲酰胺（DMF）或钯、铂、镍、铁的化合物。

b. 对二甲苯光氯化法

以对二甲苯为原料，通入氯气经光照或过氧化苯甲醛催化下氯化，得到 1,4-二(三氯甲基)苯，反应过程如下：

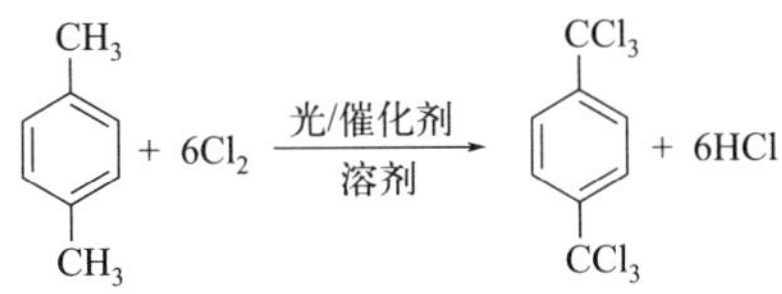

在水、醇、二氧化硫、三氧化硫或金属氧化物（如 TiO_2 等）存在的条件下，将 1,4-二(三氯甲基)苯转变为对苯二甲酰氯。1,4-二(三氯甲基)苯与金属氧化物的反应在 200～300℃下进行，收率为 85%。

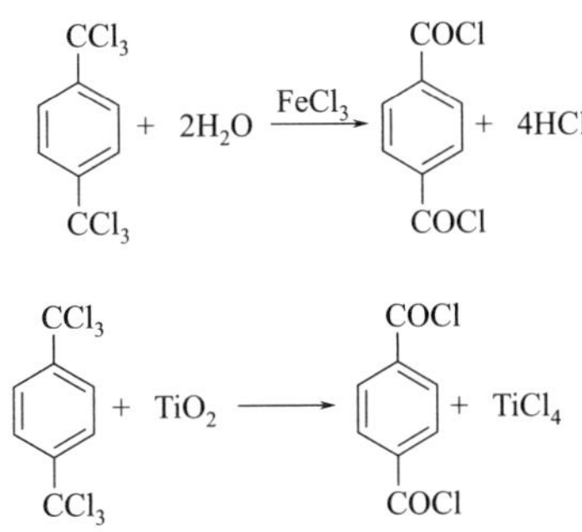

1,4-二(三氯甲基)苯也可与对苯二甲酸二甲酯或者对苯二甲酸反应制得对苯二甲酰氯，催化剂可采用 MoO_3、Fe_2O_3、$FeSO_4$、$FeCl_3$ 等。

c. 对苯二甲酸氯化亚砜法

以对苯二甲酸为原料，在少量的催化剂 $FeCl_3$、*N*,*N*-二甲基甲酰胺或吡啶的作用下用氯化亚砜酰化，加热回流 10h，一步得到对苯二甲酰氯，收率为 84%，反应过程如下：

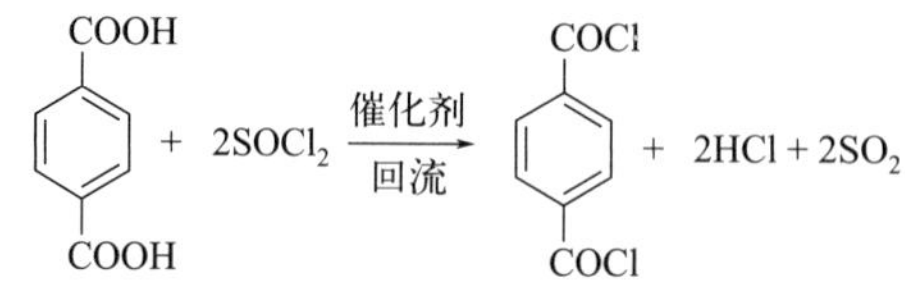

该方法是目前应用最广泛的工艺路线，国内部分厂家采用此法生产对苯二甲酰氯，如山东凯盛生物化工等，但该工艺反应副产较多，污染环境，腐蚀设备。

（2）PPTA 的合成工艺

PPTA 合成工艺有低温溶液缩聚工艺、亚磷酸三苯酯直接缩聚工艺、氯化亚砜直接缩聚工艺等，目前只有低温溶液缩聚工艺在工业上得到了应用。

① 低温溶液缩聚法　该反应由对苯二甲酰氯（TPC）与对苯二胺（PPD）在极性溶剂 *N*-甲基吡咯烷酮（NMP）中缩聚而成，由于对苯二甲酰氯为高活性的单体，与含活泼氢的二元胺的反应为不可逆的缩聚反应，反应速度很快，反应在－4℃至室温下进行，主要设备为反应型双螺杆挤出机。溶剂选用复合型酰胺溶剂，如六甲基磷酰三胺（HMPA）/NMP、*N*,*N*-二甲基乙酰胺（DMAC）/HMPA 等。反应过程如下：

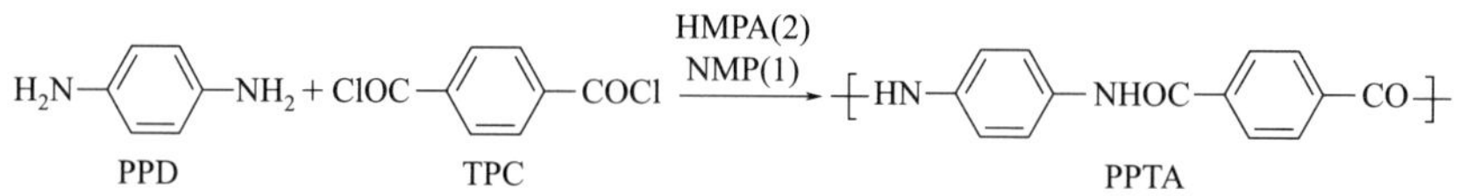

工业上一般采用 NMP 和盐（如 $CaCl_2$、LiCl 等）的溶液作溶剂，提高 PPTA 的溶解性。HMPA 具有致癌作用。

② 直接缩聚法　直接缩聚法是以对苯二甲酸（TPA）和对苯二胺（PPD）为初始单体进行的聚合反应。但由于对苯二甲酸相对于对苯二甲酰氯而言反应活性要低得多，而且酸和胺反应生成酰胺的反应为可逆的平衡反应，因而目前文献中关于对苯二甲酸的直接缩聚都是首先通过催化剂或活化剂对对苯二甲酸进行活化，生成相对活泼的中间体，然后与对苯二胺聚合。常用的活化剂主要有亚磷酸三苯酯（TPP）、氯化亚砜等。

2.6.2.2　聚间苯二甲酰间苯二胺

聚间苯二甲酰间苯二胺（PMIA）由间苯二胺和间苯二甲酰氯聚合而成，结构式为：

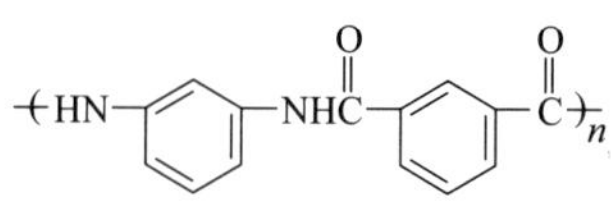

（1）原料的制备

① 间苯二胺的合成　根据还原工艺路线的不同，间苯二胺（MPDA）的合成方法分为铁粉还原法和催化加氢法。

a. 铁粉还原法　在水相中，盐酸存在下用铁粉还原间二硝基苯，得到浓度约为 10% 的间苯二胺水溶液，再在硫化钠和亚硫酸钠的保护下减压蒸馏得到产品，收率 75%～80%。该法生产能耗高，污染严重。目前，该方法在国外已被催化加氢工艺取代。

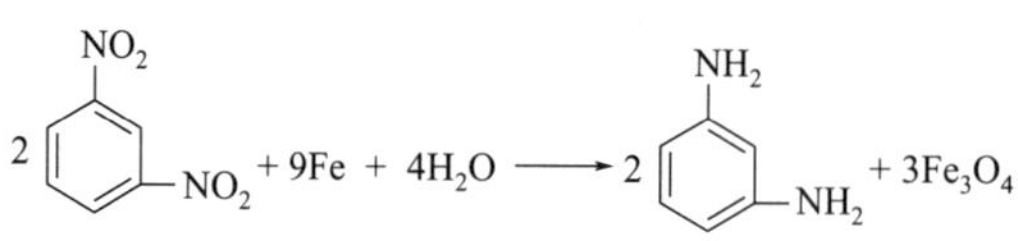

b. 催化加氢法　此法是生产间苯二胺的一种清洁工艺，生产成本比铁粉法约低 20%。

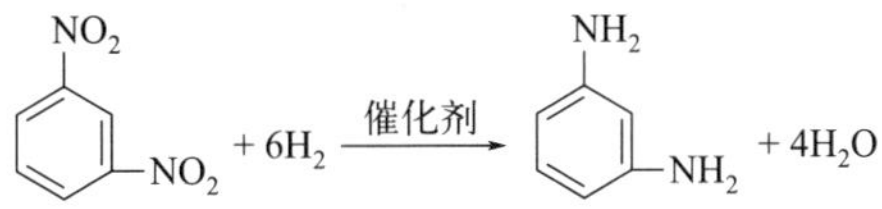

国外采用塔式流化床反应器，在 3～5MPa 压力下加氢还原生产间苯二胺，收率为 90%～95%，与铁粉还原法相比，减少“三废” 95%以上。我国大部分装置采用反应釜，装置的规模受到限制。图 2-31 为间二硝基苯催化加氢工艺流程。

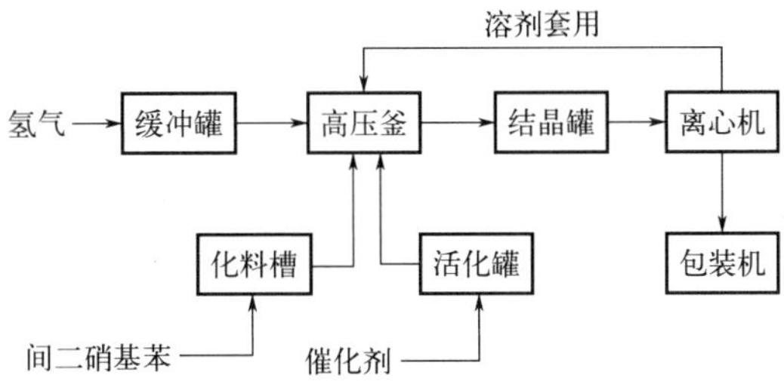

图 2-31　间二硝基苯催化加氢工艺流程

采用的催化剂可以是骨架镍催化剂或者 Pd/C 催化剂。由于成本原因，国内目前工业化的装置均采用骨架镍催化剂。

② 间苯二甲酰氯（IPC）　虽然间、对苯二甲酰氯两者的甲酰基在苯环上的取代位置不同，但在制备方法上有很多相似之处。目前工业上一般采用间苯二甲酸或者间二甲苯制备间苯二甲酰氯。具体制备方法参照对苯二甲酰氯的合成。

（2）PMIA 的合成工艺

以间苯二胺和间苯二甲酰氯为原料，通过低温溶液聚合法、界面聚合法、乳液聚合法或者气相聚合法可以得到高分子量的 PMIA。

① 低温溶液聚合法　将间苯二胺（MPDA、MPD）和间苯二甲酰氯（IPC）溶于二甲基乙酰胺（DMAC）中，在低温下发生聚合反应，即可生成高聚物 PMIA，反应中生成的酸用氢氧化钙中和。其反应过程如下：

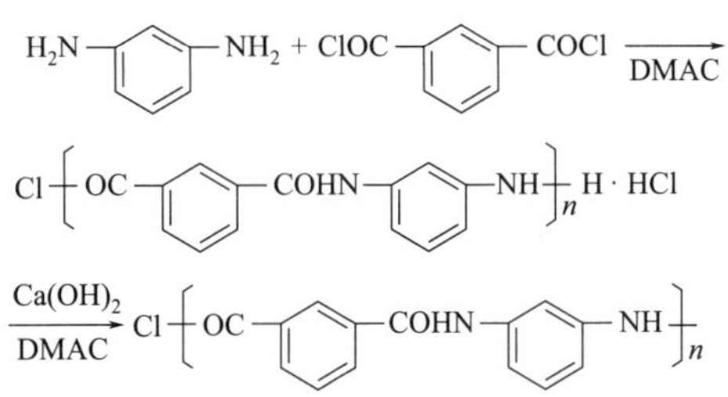

② 界面缩聚法　反应分两段进行，以缓和界面缩聚时的剧烈热量，使反应平稳和易于控制。日本帝人公司、美国杜邦公司等采用此法生产 PMIA。

第一步：将间苯二甲酰氯（IPC）溶于四氢呋喃（THF）溶剂中，然后边搅拌边将 THF 溶液加入间苯二胺（MPD）的碳酸钠水溶液中，在水和 THF 的有机相界面发生缩聚反应，生成末端具有活性的低聚物。除了四氢呋喃外，还可采用二氯甲烷及四氯化碳等有机溶剂。

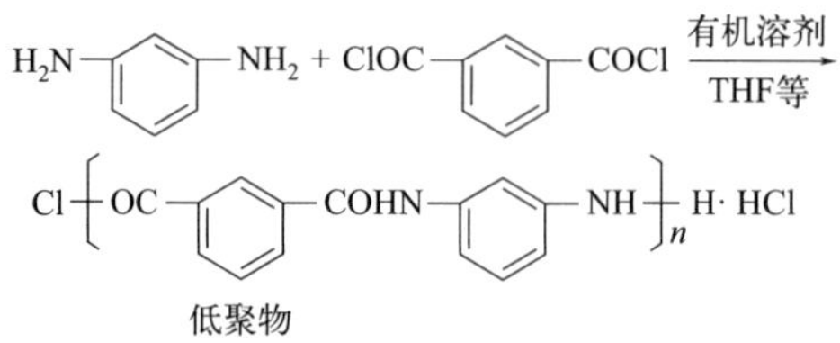

第二步：将低聚物用碱性水溶液（如三乙胺、无机碱类化合物）处理，以中和反应生成的氯化氢，并进一步聚合得到高分子量聚合物，再经分离、水洗、精制得到成品。

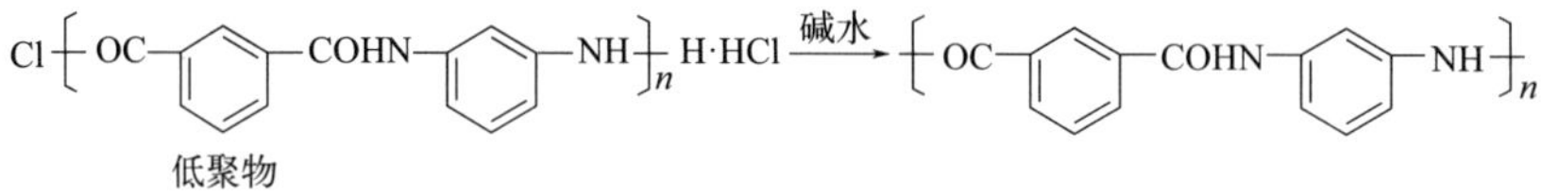

③ 乳液聚合法　此法和界面缩聚法相似，首先将间苯二胺和间苯二甲酰氯在一种极性、非碱性的惰性有机溶剂中进行等摩尔反应，生成一种分子量较低的预聚物，然后在搅拌下将预聚体与碱溶液混合进一步聚合生成高分子量的聚合物。

④ 气相聚合法　杜邦公司公开了一种芳香族聚酰胺的气相聚合专利，汽化后的单体用惰性气体稀释，在150～500℃的反应器中聚合，反应时间1～5s，然后经过冷却、分离除去氯化氢后得到聚合物。此方法对单体的等摩尔比要求不高。图2-32为PMIA气相聚合工艺流程。

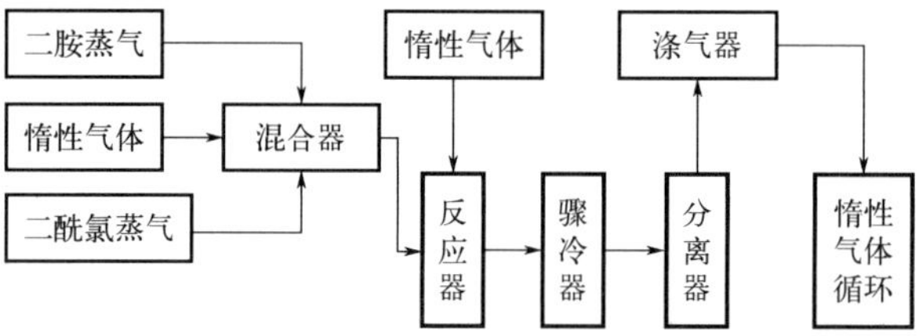

图2-32　PMIA的气相聚合流程

2.6.2.3　聚对苯甲酰胺

聚对苯甲酰胺（PBA）制备过程：首先将对硝基甲苯经空气氧化制成对硝基苯甲酸，然后将对硝基苯甲酸还原制成中间体对氨基苯甲酸，最后对氨基苯甲酸经缩聚制得PBA。其反应历程如下：

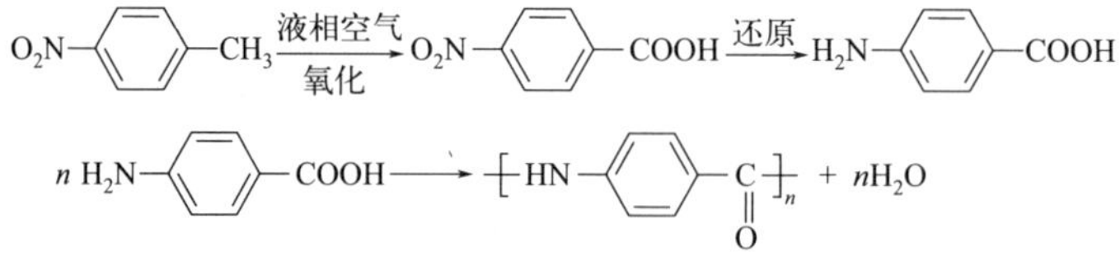

参考文献

[1] 肖铭．我国己内酰胺的市场分析[J]．精细与专用化学品，2024，32(11)：29-32.

[2] 吴望成．己内酰胺精制绿色工艺研究进展[J]．当代化工研究，2024(19)：24-26.

[3] 汪海峰．尼龙6单体己内酰胺的生产与应用研究[J]．化学工程与装备，2024(9)：43-45，102.

[4] 陈亚君，苏伟伟，祝桂军．己二胺生产工艺研究进展[J]．精细与专用化学品，2024，32(9)：19-21.

[5] 张立云．苯/甲苯法低副产硫铵己内酰胺组合工艺的开发[D]．湘潭：湘潭大学，2005.

[6] 赵俊琦，孙斌，王诗晴，等．尼龙-6单体己内酰胺绿色生产技术[J]．石油炼制与化工，2024，55(1)：202-207.

[7] 杨峰，张晓辉．气相与液相贝克曼重排工艺的己内酰胺产品质量对比[J]．合成纤维工业，2023，46(06)：38-42.

[8] 李晨亚，刘捷，王建芝，等．螺旋微通道反应器贝克曼重排制备己内酰胺[J]．化工学报，2023，74(10)：4182-4190.

[9] 柴勇利，李明，郑洋，等．6-氨基己腈催化加氢制备己二胺的工艺研究及优化[J]．化学工程师，2024，38(7)：5-8，31.

[10] Xu K，Sun B，Lin J，et al. ε-Iron carbide as a low-temperature Fischer-Tropschsynthesis catalyst[J]. Nature Communication，2014，5(12)，5783.

[11] Zong B N. Amorphous Ni alloy hydrogenation catalyst and magnetically stabilized bed reaction technology [J]. Catalysis Surveys from Asia，2007，11(1)：87-94.

[12] Pei Y，Zhou G B，Luan N，et al. Synthesis and catalysis of chemically reduced metal-metalloidamorphous alloys[J]. Chemical Society Reviews，2012，41(24)：8140-8162.

[13] Zong B N，Mu X H，Zhang X X，et al. Research，development，and application of amorphous nickel alloy catalysts prepared by melt-quenching[J]. Chinese Journal of Catalysis，2013，34(5)：828-837.

[14] Hu J Y，Fan Y Q，Pei Y，et al. Shape effect of ZnO crystals as cocatalyst in combined reforming-hydrogenolysis of glycerol[J]. ACS Catalysis，2013，3(10)：2280-2287.

[15] 张中伟．尼龙单体1,6-己二胺生物合成系统的创制研究[D]．武汉：湖北大学，2024.

[16] 李朝辉．环己烷羧酸亚硝化动力学的研究[D]．湘潭：湘潭大学，2004.

[17] 游军杰，徐军，郭士岭，等．环己酮肟Beckmann重排制己内酰胺的研究进展[J]，河南化工，2003(2)：1-5.

[18] 李海生，吴剑，罗和安．环己酮肟贝克曼重排反应动力学[J]．湘潭大学自然科学学报，2002，24(1)：52.

[19] 宗保宁，慕旭宏，孟祥堃，等．镍基非晶态合金加氢催化剂与磁稳定床反应器的开发与工业应用[J]．化工进展，2002(8)：536-539.

[20] 谢崇禹．影响聚己内酰胺质量的主要因素[J]．纤维复合材料，2006(2)：33-34.

[21] 隆金桥，凌绍明．超声波辅助杂多酸催化环己醇氧化合成己二酸[J]．化学世界，2006(9)：558-560.

[22] 张世刚，姜恒，宫红，等．催化氧化环己酮 己醇清洁合成己二酸[J]．化工科技，2002，10(5)：4-6，16.

[23] 丁宗彪，连慧，王全瑞，等．钨化合物催化过氧化氢氧化环己酮合成己二酸[J]．化学研究与应用，2004，24(3)：319-321.

[24] 胡延韶．己二腈催化加氢制己二胺[J]．化工生产与技术，2005，12(1)：43-44.

[25] 李专成，吴端桂，鲍乃铎．蓖麻油固相碱裂制癸二酸[J]．精细石油化工，1997(2)：8-11.

[26] Azcan N，Demirel E. Obtaining 2-octanol，2-octanone，and sebacic acid from castor oil by microwave-induced alkali fusion[J]. Industrial and Engineering Chemistry Research，2008，47(6)：1774-1778.

[27] 刘祖同．微生物发酵法生产癸二酸[J]．石油学报(石油加工)，1989，5(2) 80.

[28] 陈尚标，丁浩军，顾建燕．癸二腈加氢制癸二胺的工艺研究[J]．精细化工中间体，2008，36(12)：44-47.

[29] 张庆新，莫志深．尼龙11结构与性能的研究进展[J]．高分子通报，2001(6)：27-37.

[30] Petrovicova E，Knight R. Schadler L S. Nylon 11/silica nanocomposite coatings applied by the HVOF process[J]. Applied Polymer Sci.，2000，77(8)：1680-1684.

[31] 金国珍．工程塑料[M]．北京：化学工业出版社，2001.

[32] Zhang Q X，Mo Z S，Zhang H F，et al. Crystal transitions of nylon 11[J]. Polymer，2001，42：5543-5547.

[33] 崔建兰，徐春彦．11-氨基十一酸合成新工艺的研究[J]．应用化工，2002(6)：24-25.

[34] 刘民英，赵清香，王玉东，等．石油发酵尼龙1212的合成、性能及应用[J]．工程塑料应用，2002(9)：37-40.

[35] 汪多仁．尼龙11和12的合成与应用[J]．汽车工艺与材料，1997(2)：31-32.

[36] 唐新华，李馥梅．尼龙612的合成及其性能研究[J]．合成纤维工业，2007，30(5)：8-10.

[37] 张利建，曹长海，刘炎，等．尼龙612的制备及结构与性能研究[J]．合成纤维工业，2020，43(6)：15-19.

[38] Azcan N，Demirel E. Obtaining 2-octanol，2-octanone，and sebacic acid from castor oil by microwave-induced alkali fusion[J]. Industrial and Engineering Chemistry Research，2008，47(6)：1774-1778.

[39] 王玉东，赵清香，刘民英，等．一种合成尼龙612的新工艺：200610106919.4[P]．2008-10-01.

[40] 福本修．聚酰胺树脂手册[M]．北京：中国石化出版社，1992：354-355.

[41] 彭治汉，施祖培．塑料工业手册[M]．北京：化学工业出版社，2001：7-17.
[42] Liu B, Qiao M H, Deng J F, et al. Skeletal Ni catalyst prepared from a rapidly quenched Ni-Al alloy and its high selectivity in 2-ethylanthraquinone hydrogenation[J]. J Catal, 2001, 204(2): 512-515.
[43] 李民慧，王开，方世东，等．锌粉还原法合成对苯二胺的研究[J]．光谱实验室，2001，18(6)：796-798.
[44] 李宽义．钯-炭低压催化加氢生产对苯二胺方法：CN02128852.6[P]．2004-02-18.
[45] 朱泳悌，金镇亿，元贞妊．制备对苯二胺的新方法：CN00124406.X[P]．2005-10-05.

第 3 章
聚酰胺树脂的结构与特性

3.1 聚酰胺的结构特点

聚合物的性能本质上源于其结构：链结构的化学特性（如官能团种类）与链间相互作用力（如氢键）决定材料的本征属性；链段的排列堆砌方式（包括结晶、取向等）主导材料的力学响应、热行为及光学特性等；分子量及其分布、聚集形态等则影响材料在实际应用中的综合表现和可加工性等。

3.1.1 聚酰胺的分子结构特征

聚酰胺是指主链上含有酰胺基团（—CONH—）的一类聚合物，其结构通式有两种，一种是由内酰胺开环缩聚或 ω-氨基酸缩聚而成，结构式如下：

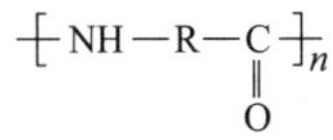

另一种是由二元胺和二元酸缩聚形成的，结构式如下：

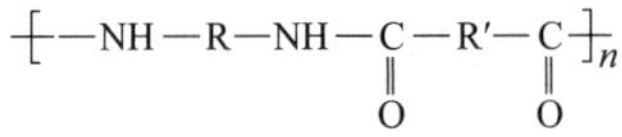

聚酰胺分子链由重复结构单元（R 和 R′）、酰胺基团和分子链端的氨基、羧基组成。R 和 R′一般是亚甲基（$—CH_2—$）、环烷基、芳香基（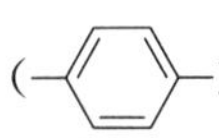或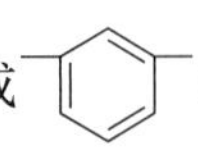），由于 R 和 R′的不同可以形成多种聚酰胺组合，因此聚酰胺种类繁多。按主链结构将聚酰胺分成脂肪族、芳香族和半芳香族类。R 和 R′全部是亚甲基，为脂肪族聚酰胺，如 PA6、PA610、PA1212 等；若都是芳香基则为芳香族聚酰胺，如 PPTA、PMIA；而如果一个是芳香基，另一个是亚甲基则是半芳香族聚酰胺，如 PA6T、PA9T、PAMXD6 等。另外脂肪族聚酰胺也可按其合成原料的种类及碳原子数分类，由内酰胺聚合成的分为偶数聚酰胺和奇数聚酰胺，如 PA6 和 PA11；而由二元胺和二元酸聚合成的分为偶-偶、奇-奇、奇-偶、偶-奇聚酰胺，如 PA66、PA57、PA912、PA69 等。所有聚酰胺都含有酰胺基团这一相同的化学结构，所以具有类似的共性，随着主链中 R 和 R′种类的变化，不同聚酰胺又具有其个性。

3.1.1.1 酰胺基

酰胺基（—CONH—）作为极性基团，其独特的结构特征决定了聚酰胺的性质。该基团包含碳氧双键（C ═O）、氮氢（N—H）单键，C—N 键因 p-n 共轭作用呈现部分双键特性，使得酰胺基具有刚性平面构型，不仅增强了分子链的规整度，同时通过 C ═O 和 N—H 之间的高极性及强氢键形成能力，赋予了体系较大的内聚能。脂肪族聚酰胺中酰胺基的基本结构如图 3-1 所示。聚酰胺的性质取决于分子主链中亚甲基或芳香基与酰胺基的比例。

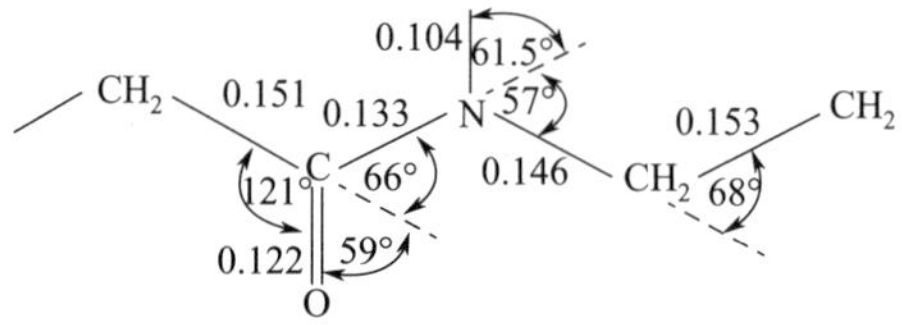

图 3-1 脂肪族聚酰胺中的酰胺基的基本结构（键长单位：nm）

3.1.1.2 氨基和羧基

聚酰胺大分子主链末端含有氨基（$—NH_2$）和羧基（—COOH），在一定条件下，具有一定的反应活性，可通过嵌段、接枝、共混、增强和填充等方法对其进行化学和物理改性。

聚酰胺的平均分子量一般采用端基分析法进行测定，这是因为大多数聚酰胺为线型结构，其分子链数量恰好等于端基总数的一半。聚酰胺通常采用酸碱滴定法测定端基浓度，但困难在于溶剂的选择，原因是室温下聚酰胺仅溶解在强酸或间甲酚中，无法直接进行常规的酸碱测定。因此，实验中常采用混合溶剂体系进行分析。例如在测定 PA6 的端羧基含量时，可先将试样在 135℃下溶解于苯甲醇中，待溶液冷却到 60℃左右，加入适量的甲醇-水（2∶1）混合液，形成的混合物可在室温下保持 1～2h 不产生浑浊，随后用碱溶液进行滴定并计算端羧基含量；也可将 PA6 溶解于间甲酚和乙酸的混合溶剂中，直接用高氯酸进行电位滴定，以测其端氨基的含量。在测定 PA66 端羧基含量时，则采用苯酚和甲醇混合溶液溶解 PA66，随后通过电位滴定或电导滴定测定端氨基的含量。

3.1.1.3 亚甲基

亚甲基（$—CH_2—$）作为非极性基团，其含量的增加可显著增强聚酰胺分子链柔顺性。因此，聚酰胺的各项性质根本上取决于其分子链中亚甲基与酰胺基的相对比例。C—C 键的主要弱点是易发生热氧断裂，因此亚甲基越长，酰胺基与亚甲基的比值越小，则聚酰胺分子的极性越小，耐热性下降，熔点降低，吸水性也随之减小。

3.1.1.4 芳香基

芳香基（如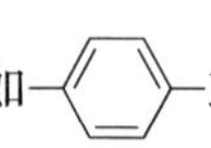或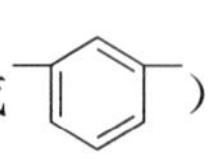）具有较强的内聚能，不能内旋转，表现出显著的刚性。聚酰胺分子主链中芳香基含量越高，链的柔顺性越差，则玻璃化转变温度和熔点相应升高，耐热性也随之提高。若分子链中芳香基含量过高会导致分子链刚性过大，使材料丧失塑性，造成加工困难，影响其实际应用。

芳香族聚酰胺根据主链上酰胺基与芳香环的相对连接位置不同可分为间位和对位两类。对位芳香族聚酰胺的主链结构高度规整，大分子链呈伸展构象。同时，直线型分子链中存在强共价键、弱氢键以及芳环与酰胺基产生的共轭效应，因此，具备高机械强度、高弹性模量、耐高温、阻燃、低密度、耐疲劳和耐化学腐蚀等优异性能。相比之下，间位芳香族聚酰胺的芳环连接不产生共轭效应，分子内旋转能垒较低，大分子链表现出柔性特征，其弹性模量及耐热性均低于对位结构。

3.1.1.5 氢键

聚酰胺分子间的—NH—和—CO—基团能形成氢键，该氢键具有较强的极性和方向性，键能为 16.7kJ/mol，键长为 0.29nm。由于酰胺基呈平面特征，聚酰胺中较强的氢键主要沿分子链轴向平面在相邻链间形成，不构成三维网络，从而使分子链倾向于以平面锯齿结构排列，以实现氢键数量的最大化（如图 3-2 所示）。不同碳原子数的聚酰胺分子在形成氢键时其分子链采取的排列方式有所不同。由内酰胺聚合得到的偶数聚酰胺（如 PA6），其分子链是非中心对称的，只有当相邻的分子链呈反向平行排列时，方可充分形成氢键；如果相邻的分子链同向平行排列，则只形成一半的氢键。而由内酰胺聚合得到的奇数聚酰胺（如 PA7），分子链无论平行或反向平行排列都可以形成氢键。对于二元胺和二元酸聚合得到的聚酰胺，分子链中的重复单元是非极性的，其分子链平行和反向平行排列的效果是一样的。

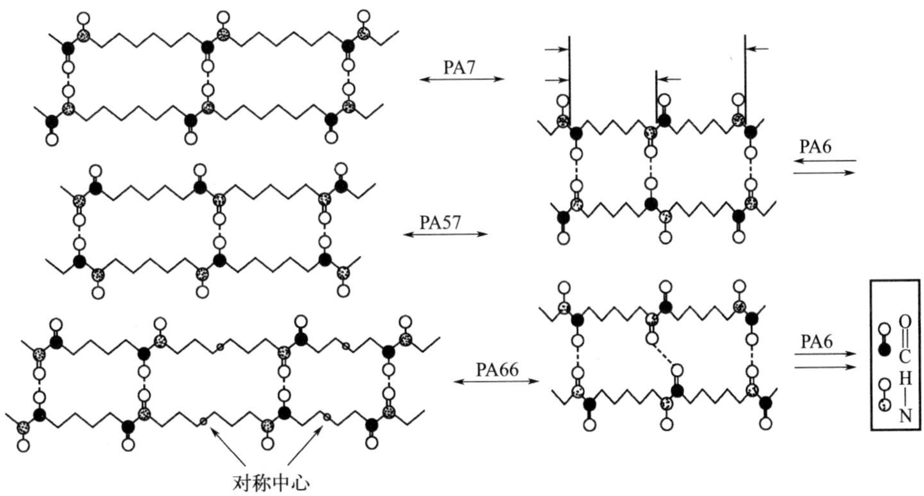

图 3-2　聚酰胺分子链结构及其链排列方式对氢键的影响

3.1.1.6 酰胺基的定向排列

由 ω-氨基酸或内酰胺合成的聚酰胺，即单一原料的聚酰胺，其分子链上所有的酰胺基按同一方向排列，沿着链轴的方向呈现极性。

酰胺基的排列方向：$\sim \overrightarrow{\text{CO—NH}}\cdots\overrightarrow{\text{CO—NH}}\cdots\overrightarrow{\text{CO—NH}} \sim$

由二元胺和二元酸合成的聚酰胺，每一个重复单元连接中的两个酰胺基以相反的方向排列，其极性相互抵消。

酰胺基的排列方向：$\sim \overrightarrow{\text{CO—NH}}\cdots\overleftarrow{\text{NH—CO}}\cdots\overrightarrow{\text{CO—NH}}\cdots\overleftarrow{\text{NH—CO}} \sim$

3.1.2 聚酰胺的结晶

聚合物熔体凝固过程中，部分聚合物会形成有规律排列的内在结构，这种大分子的有规律排列叫作结晶结构。高聚物的分子链很长，要使分子链的每一部分都有序排列是很困难的，即使最易结晶的聚乙烯，其最高结晶度也仅为95%，无法全部结晶。因此，高聚物属于部分结晶材料，其微观结构由结晶相与非晶相（无定形）共同构成。结晶区由于内部分子排列规整，分子间的作用力较大，熔点稳定，耐热性和机械强度均比非结晶区高，而非结晶区没有确定的熔点。聚合物的结晶能力与分子链间结构密切相关，凡分子结构对称（如聚乙烯）、规整性好（如等规立构聚丙烯）、分子链间相互作用强（如能产生氢键或带强极性基团等）的聚合物更易结晶。

3.1.2.1 聚酰胺的结晶性

聚酰胺通常为线型高聚物，结构规整性比较高，分子链上没有支链，且分子链中—NH—和—CO—之间形成的氢键使结晶更加稳定。此外，酰胺基的定向排列，使得大分子链排列堆砌更为规整，从而更易于结晶。绝大多数聚酰胺是部分结晶聚合物，其结晶度可以在一个相对较宽的范围内变化，见表3-1所列。从表3-1可以看出，分子结构简单、结构对称、碳链短的PA46具有很高的结晶度；而空间位阻大、碳链长的PATMDT则很难结晶。

3.1.2.2 聚酰胺的结晶结构及晶型转变

聚合物最主要的结晶形态是片晶和球晶，片晶是一种在结晶过程中由链的折叠而形成的薄片状结晶，球晶是片晶的球状聚集体。球晶是高聚物在无应力状态下从溶液或熔体结晶时形成的一种最为重要、也最为普遍的结晶形态。球晶结构的形成要求结晶在没有应力的环境中进行，这些应力包括因搅拌形成的机械应力和因温度的剧烈变化形成的热应力。球晶具有双折射性，在光学显微镜的光路上安装两个正交的偏振器就可以检测到这种双折射。聚酰胺由于存在氢键的定位作用而产生晶体的各向异性，具有较强的双折射。根据生成条件的不同，同一种聚酰胺的球晶可以具有正或负的双折射，据此可将球晶分为正球晶（正光性球晶）和负球晶（负光性球晶）。在正负球晶中分子链均沿球的切向排列，区别在于氢键平面（010）：正球晶中该平面与径向平行，而负球晶中则与径向垂直。偶-偶聚酰胺的正负球晶形成时的折叠链如图3-3所示。

表3-1 部分聚酰胺的化学结构式与结晶度

类别	结构式	结晶度/%
PA46	$NH_2—(CH_2)_4—NH—CO—(CH_2)_4—CO—$	60～70
PA6	$NH—(CH_2)_5—CO—$	16.9～48.9
PA66	$NH—(CH_2)_6—NH—CO—(CH_2)_4—CO—$	22.1～49.9
PA610	$NH—(CH_2)_6—NH—CO—(CH_2)_8—CO—$	17.0～41.3
PA11	$NH—(CH_2)_{10}—CO—$	19.8～38.8

续表

类别	结构式	结晶度/%
PA12	NH—$(CH_2)_{11}$—CO—	18.3～44.5
PATMDT	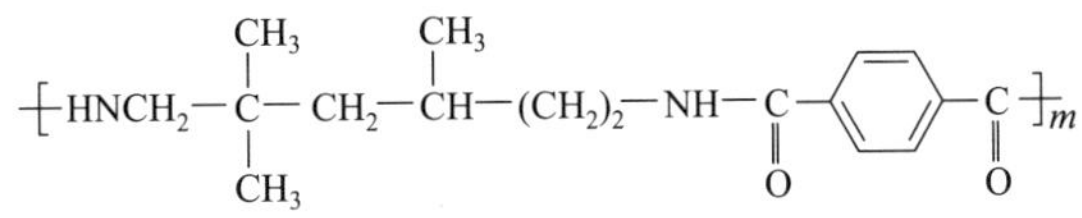	无定形

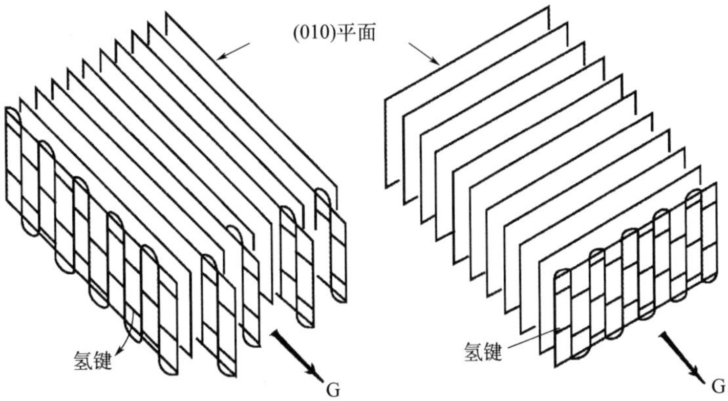

图 3-3　偶-偶聚酰胺晶体生长时链的折叠示意

由于氢键的作用，聚酰胺的聚集态结构呈现出多样性和变异性。对 PA66 聚集态结构的研究可揭示聚酰胺片晶的典型特征。在结晶过程中，受表面自由能最小化及分子链间范德瓦耳斯力的共同驱动，分子链发生规则折叠，其中链间氢键是主导这一规则折叠的主要因素。对 PA66、PA610 和 PA612 的 X 射线衍射研究表明，其折叠链片晶表面与晶面平行，c 轴和折叠面呈 46°的倾角，a 轴与片晶生长方向（即晶体最优生长方向）一致，氢键也沿着此方向形成。溶液结晶和熔体结晶所得 PA66 有相似的折叠链结构。随着聚酰胺结构单元中亚甲基数量的减少，其链折叠机制会发生变化，更易形成类似蛋白质的螺旋状构象。

在不同的结晶条件下，聚酰胺可以采取不同的分子链折叠方式，以使分子链形成尽可能多的氢键，从而使体系能量最低。许多学者通过不同的表征手段对聚酰胺类高聚物的结晶结构及晶型转变进行了研究，发现聚酰胺类高聚物常见的结晶结构主要有 α 晶型、β 晶型和 γ 晶型。主要聚酰胺的结晶结构参数见表 3-2。

表 3-2　主要聚酰胺的结晶结构参数

名称	晶系	晶胞参数					链构象	结晶密度/(g/cm³)
		a/Å	b/Å	c/Å	交角	N		
PA3	三斜	9.3	8.7	4.8	$\alpha=\beta=90°$ $\gamma=60°$	4	PZ	1.40
PA4	单斜	9.29	12.24	7.97	$\beta=114.5°$	4	PZ	1.37
PA5	三斜	9.5	5.6	7.5	$\alpha=48°$ $\beta=90°$ $\gamma=67°$	2	PZ	1.30

续表

名称	晶系	晶胞参数					链构象	结晶密度/(g/cm³)
		a/Å	b/Å	c/Å	交角	N		
PA6	单斜	9.56	17.2	8.01	$\beta=67.5°$	4	PZ	1.23
PA7	三斜	9.8	10.0	9.8	$\alpha=56°$ $\beta=90°$ $\gamma=69°$	4	PZ	1.19
PA8	单斜	9.8	22.4	8.3	$\beta=65°$	4	PZ	1.14
PA9	三斜	9.7	9.7	12.6	$\alpha=64°$ $\beta=90°$ $\gamma=67°$	4	PZ	1.07
PA10	单斜	4.9	4.9	26.5	$\beta=60°$	2	PZ	1.02
PA11	三斜	9.5	10.0	15.0	$\alpha=60°$ $\beta=90°$ $\gamma=67°$	4	PZ	1.09
PA12	单斜	9.38	32.2	4.87	$\beta=121.5°$	4	PZ	
PA66	三斜	4.9	5.4	17.2	$\alpha=48.5°$ $\beta=77°$ $\gamma=63.5°$	1	PZ	1.24
PA69		7.8	40.15	5.3	$\beta=87°$			
PA610	三斜	4.95	5.4	22.4	$\alpha=49°$ $\beta=76.5°$ $\gamma=63.5°$	1	PZ	1.16
PA77	单斜	4.82	18.95	4.82	$\beta=60°$	1	PZ	1.105
PA99				24.0		1	PZ	
PA106				20.0				
PA1010	三斜	4.9	5.4	25.6	$\alpha=49°$ $\beta=77°$ $\gamma=63.5°$	1		1.135

下面对几种常见聚酰胺的结晶结构进行介绍。

（1）α 晶型　α 晶型是聚酰胺的一种较稳定结晶结构，分子链完全按平面锯齿形排列，形成氢键的平面层相互重叠。其晶型通常属于三斜晶系，每一个晶胞含一个化学重复单元。大部分偶-偶聚酰胺倾向于形成 α 晶型，分子链没有定向性，平行链和反向平行链比例相当，对称轴是晶体结构中二元胺和二元酸组分的对称中心。但随着聚酰胺重复单元中亚甲基长度的变化，将影响其 c 轴尺寸。

PA66 的晶胞结晶单元平面结构如图 3-4 所示。尽管晶胞沿 c 轴有 4 条链，但每一个晶胞只有一个重复的化学单元，在 4 条边上的 4 条分子链被 4 个晶胞均分。分子间氢键在晶胞的 a-c 面上形成［图 3-4（a）］。受氢键作用的影响，一条分子链上的酰胺基的碳原子和相邻链上酰胺基的氮原子处于同一水平面，所以在氢键平面上的每一个大分子链沿 c 轴方向被相互隔开 1 个原子的距离。每一个连续晶面在 c 轴方向均匀地被相互隔开 3 个原子的距离，该空间可以容纳酰胺基。实际上，同一氢键平面内的分子间距大于相邻氢键平面间的最短分子距离。两个氢键平面之间的垂直间距为 0.37nm，而同一氢键平面内两条分子链之间的垂直距离为 0.47nm。

在偶-偶和奇数碳聚酰胺中，酰胺基团沿分子链以连续上升或上下交替方式排列，相应的氢键平面也按连续或交替方式堆叠，从而分别形成 α 晶型和 β 晶型。

在脂肪族奇-奇聚酰胺的溶液结晶样品或熔融结晶样品中，因分子链对称性差异，短链奇-奇聚酰胺（如 PA311、PA511）几乎完全形成 γ 晶型，而长链奇-奇聚酰胺（如 PA1111、PA911、PA711）除形成 γ 晶型外，还会少量出现亚稳态 α 晶型。

脂肪族偶-奇聚酰胺的溶液结晶样品或熔融结晶样品中，长链偶-奇聚酰胺（如 PA1211、PA1011）倾向形成稳定的 α 晶型，短链偶-奇聚酰胺（如 PA611、PA411）更容

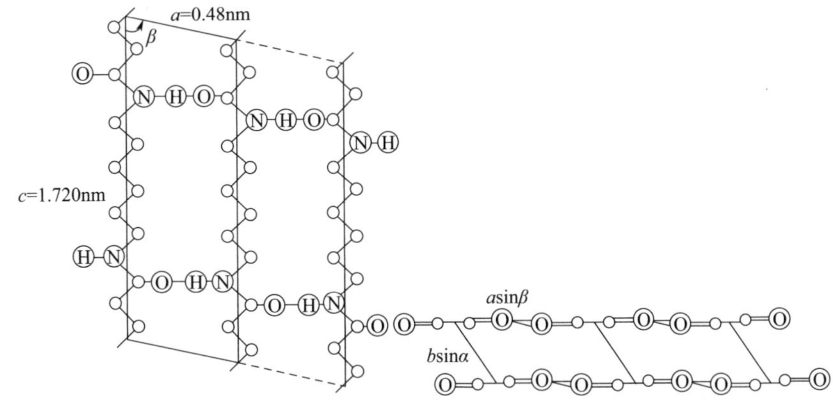

(a) 沿b轴显示a-c面　　(b) 沿c轴显示a-b面

图 3-4　PA66 的三斜晶胞结构

易形成 γ 晶型（假六方晶系），中间链长偶-奇聚酰胺（如 PA811）则可能形成 α/γ 混合晶型。

偶数聚酰胺，如应用最广泛的 PA6，通常以 α 晶型存在。α 晶型 PA6 的结晶单元结构如图 3-5 所示，和偶-偶聚酰胺相似，α 晶型结构中的分子呈锯齿形构象，氢键平面在同一个方向非常有规律地排列，最终的结果是四个重复单元构成一个单元晶格，因而 PA6 形成单斜晶系而不是三斜晶系。溶液结晶的 PA8、PA10 和 PA12 的 α 晶型均属三斜晶系，不同于 PA6 的单斜晶系，称为 α^* 晶型。

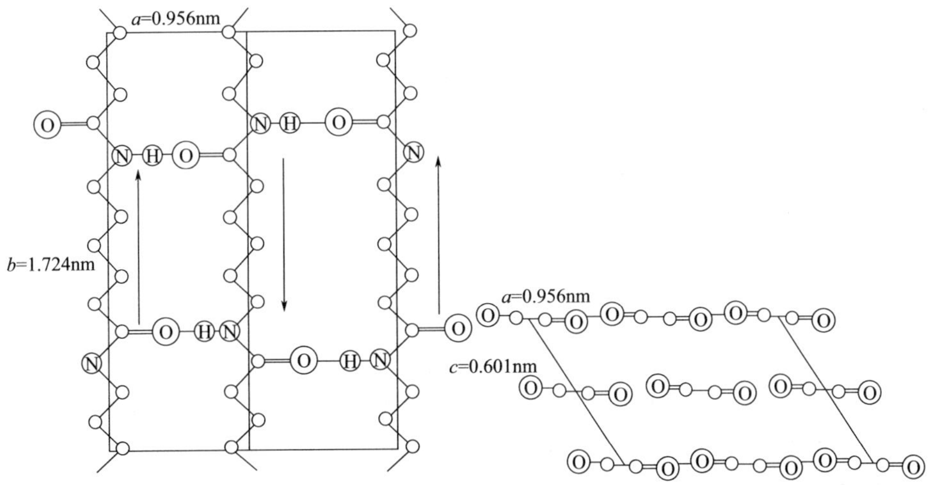

(a) 沿c轴显示a-b面　　(b) 沿b轴显示a-c面

图 3-5　α 晶型 PA6 的单斜晶胞结构

（2）β 晶型　β 晶型是一种亚稳态晶型，其分子构象与 α 晶型相同，均为完全伸展的锯齿形。但由于其氢键网络结构不如 α 晶型稳定，因此在通常情况下，β 晶型大多以少量形式与 α 晶型共存，而难以被单独观测到。

（3）γ 晶型　聚酰胺另一种常见晶体结构是 γ 晶型，这种结构是由 Kinoshita 最早提出的。多数碳原子数大于 7 的偶数聚酰胺（PA12）、奇-偶、偶-奇和奇-奇聚酰胺均倾向形

成 γ 晶型。PA6 的 γ 晶型结构如图 3-6 所示，与 α 晶型相比，γ 晶型中酰胺键与主链轴形成 30°倾角，使得氢键稳定形成而不变形。同时，酰胺键因扭矩产生的高位能可通过氢键的形成获得补偿，且亚甲基呈平面锯齿形结构，因此 γ 晶型具有较高的稳定性。

（4）晶型的转变　聚酰胺的结晶结构在不同的处理条件下可以相互转变。对于偶数聚酰胺，通过用碘-碘化钾溶液处理，其 α 晶型可转化成 γ 晶型。其转化机理是碘和羰基氧的相互作用导致氢键断裂，具体为：两层棒状碘离子嵌入 PA6 的两个氢键平面层之间，减弱了 α 晶型中的氢键作用，使酰胺基团能够旋转而按平行链方式形成氢键，即形成 γ 晶型。相反，若以苯酚处理 PA6 时则可实现从 γ 晶型到 α 晶型转变。例如，低温制得的 γ 晶型在较高温度下处理或结晶时，会重新转变为 α 晶型；而熔融样品经淬火可得到不规则的假六面体 γ* 晶型。由于不同晶体的密度存在差异，通过密度测定可有效区分 PA6 的这三种晶体结构。

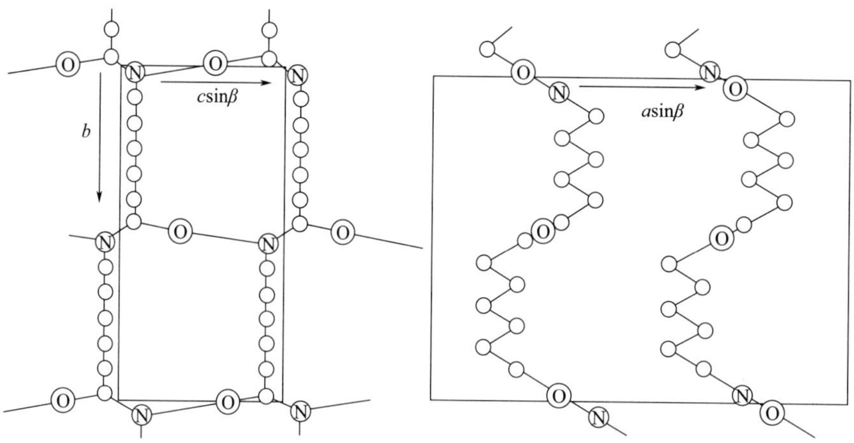

图 3-6　γ 晶型 PA6 的单斜晶胞结构

3.1.2.3　分子链结构对结晶的影响

若高聚物分子链结构简单、对称性高且链柔顺性好，则其结晶速率快、结晶度高。脂肪族聚酰胺在结构上相当于在聚乙烯的主链上引入了酰胺基，降低了链的对称性，加上极性酰胺基团的相互作用牵制了链的运动，使得聚酰胺的结晶速率低于聚乙烯；而芳香族聚酰胺由于在脂肪族分子链上增加了芳香基，分子链刚性增大，结晶速率较慢。

一般来说，重复单元越多、分子量越大，聚合物的结晶速率就越慢；但随着分子量的增大，结晶度会单调下降，达到高分子量时结晶度趋于某一极限值。对同一种聚酰胺而言，分子量越大、分子链越长，分子链间的相互作用越强，分子链的运动越困难，其在相同温度下的结晶速率越小。

对于脂肪族聚酰胺，随着分子链中酰胺基含量的降低，分子链结构与聚乙烯更加接近，分子链的柔顺性增加，结晶速率加快。然而聚酰胺的结晶速率也受重复单元链节长度的影响，且该因素与酰胺基含量的影响相反。例如，PA46 的分子结构与 PA66 的相似，但重复单元链节更短，且分子链中每个酰胺基两侧都有 4 个亚甲基对称排列，链结构更对称，因而结晶速率更快，且结晶度更高（可达 70%）；PA6 和 PA66 虽然酰胺基含量相等，但 PA66 具有更高的对称性和更短的重复链节，故结晶速度也更快。

3.1.2.4　温度对结晶的影响

温度是影响聚合物结晶速率的一个重要因素，对所有的半结晶聚合物而言，在一定的温度下，其晶粒生长速率是一定的。大量研究结果表明，高聚物的本体结晶速率-温度曲线均呈单峰形态，其结晶温度介于玻璃化转变温度与熔点之间；在某一特定温度下，结晶速率将出现最大值。根据各种高聚物的实验数据，得出最大结晶速率时的温度（T_{max}）和熔点（T_m）及玻璃化转变温度（T_g）之间存在如下经验关系式：

$$T_{max}=0.63T_m+0.37T_g-18.5$$

式中，温度单位为 K。

聚合物在熔点（T_m）及玻璃化转变温度（T_g）之间的结晶过程，根据其结晶动力学特点，可大致划分为图 3-7 所示的几个温度区域。

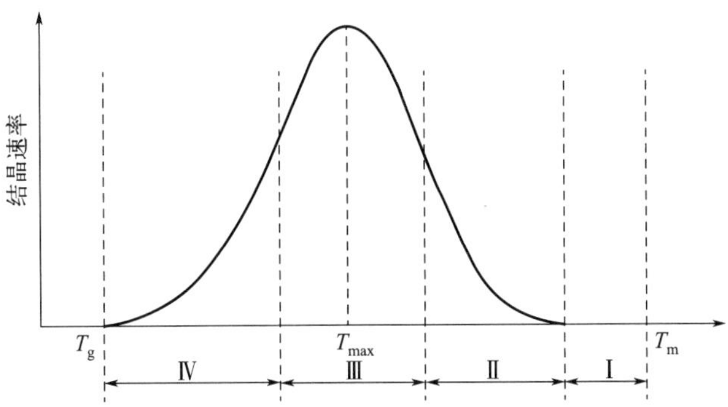

图 3-7　聚合物结晶速率与温度的关系

Ⅰ区：此区域位于 T_m 以下 10～30℃范围内，是熔体由高温冷却时的过冷温度区。在此区域内成核速率极小，结晶速率实际上等于零。

Ⅱ区：从Ⅰ区下限开始，向下延伸 30～60℃范围内。随着温度降低，结晶速率迅速增大，在这个区域内，成核过程控制结晶速率。

Ⅲ区：最大结晶速率出现在这个区域，是熔体结晶生成的主要区域。

Ⅳ区：在此区域内，结晶速率随温度降低迅速下降，结晶速率主要由晶粒生长过程控制。

随着熔体温度逐渐降低，初始阶段由于晶核生成的速率极小，聚合物结晶速率很慢；随后，由于晶核形成速率增加，并且晶体生长速率又很快，结晶速率迅速增大；到某一适当温度时，晶核形成和晶体生长速率达到最佳平衡，结晶速率出现最大值；此后，虽然晶核形成的速率仍然较快，但是由于晶体生长速率逐渐下降，结晶速率也随之下降。在熔点以上晶体将被熔融，而在玻璃化转变温度以下，链段运动被冻结，因此只有在熔点与玻璃化转变温度之间，聚合物才能发生结晶。聚酰胺一般在冷却到其熔点以下 20～30℃时开始结晶，在接近熔点的温度区域，结晶速率很慢，可以得到较大尺寸的晶体；随着温度继续降低，结晶速率加快，晶粒尺寸变小，结晶速率在某一温度下达到最大值。

3.2 聚酰胺结构对性能的影响

聚酰胺的性能受其分子链上极性酰胺基的数量及分子间氢键的影响，同时也与主链上亚甲基、酰胺基和芳香基的比例有关。各品种聚酰胺具有共同的结构，有相似的性能，但具体结构区别会使其最终性能有一定差异，且呈现一定的规律性。例如，随着聚酰胺中酰胺基含量的变化，聚酰胺的很多性能都发生相应的变化；即便是同一种聚酰胺，其性能也会因其结晶结构和分子量的差异而有所不同；聚酰胺分子中含有吸水的酰胺基团，湿度对其性能影响较大；聚酰胺多为半结晶聚合物，加工、应用环境的温湿度也会影响其最终性能；聚酰胺分子链端存在具有反应活性的氨基和羧基，易于进行化学改性，但各种改性剂对聚酰胺性能的影响不同。

3.2.1 聚酰胺结构对密度的影响

3.2.1.1 酰胺基

随着酰胺基含量的增加，重复单元链长减小，聚酰胺的密度随之增加，见图3-8。PA12的亚甲基/酰胺基比为11∶1，其密度为1.01g/cm^3，而PA66的比值为5∶1，密度为1.14g/cm^3。此外，酰胺基团之间碳原子的奇偶数也会影响聚酰胺的密度，碳原子为奇数的聚酰胺的密度要略低于碳原子数为偶数的聚酰胺。例如，PA69的重复结构单元比PA610短，其密度应比PA610大，但因为其碳原子数为奇数，所以其密度与PA610接近，为1.08g/cm^3。在碳原子数相同情况下，芳香族聚酰胺的密度要高于脂肪族聚酰胺。表3-3列出了各种聚酰胺在23℃时的密度。

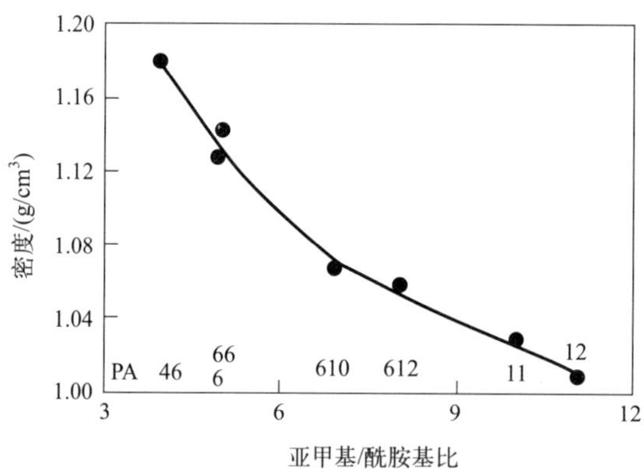

图3-8 酰胺基含量对聚酰胺密度的影响

表3-3 各种聚酰胺在23℃时的密度

品种	PA46	PA6	PA66	PA69	PA610	PA612	PA11	PA12	PA6I	PAMXD6
密度/(g/cm^3)	1.18	1.13	1.14	1.08	1.08	1.06	1.04	1.01	1.19	1.22

3.2.1.2　结晶度

聚酰胺是结晶型高聚物，其密度随着结晶度的增加而增大，如图 3-9 所示。结晶度高于 60%的数据是采用外推法得到的，这是因为聚合物不可能 100%完全结晶。

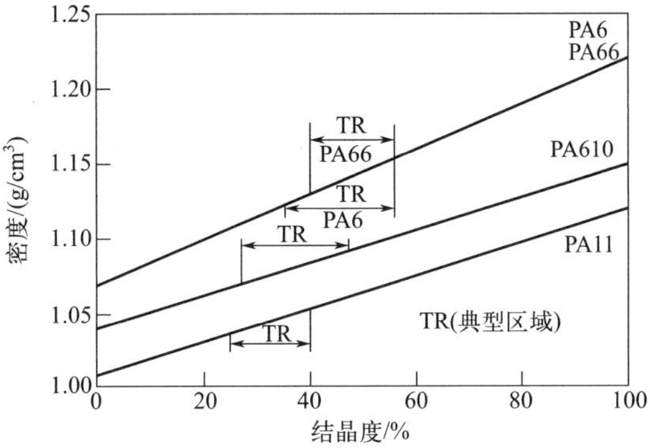

图 3-9　聚酰胺结晶度与密度的关系

由于聚酰胺的结晶相和非晶相两部分密度不同，因此，若已知聚酰胺结晶相密度（d_c）和非晶相密度（d_a），则可通过式（3-1）求出聚酰胺的结晶度。几种常见聚酰胺的 d_c 和 d_a 见表 3-4 所列。

$$X=d_c(d-d_a)/d(d_c-d_a) \tag{3-1}$$

式中，X 为聚酰胺的结晶度；d 为聚酰胺的密度。

表 3-4　部分聚酰胺的 d_c 和 d_a　　单位：g/cm³

PA 品种	d_c	d_a	d
PA6	1.23	1.10	1.13～1.15
PA8	1.18	1.04	1.09
PA10	1.17	1.04	1.06～1.09
PA11	1.12	1.01	1.03～1.05
PA12	1.11	0.99	1.01～1.04
PA66	1.24	1.09	1.12～1.15
PA610	1.17	1.04	1.07～1.09

3.2.2　聚酰胺结构对吸湿性的影响

聚酰胺分子中存在亲水的酰胺基，因此吸湿性较大。其吸水率与酰胺基含量、结晶度和环境湿度有关。从机理上看，吸湿源于非晶相中的酰胺基与水分子形成的氢键，使水分子渗入聚酰胺分子间，削弱了分子间的氢键作用。随着吸水量的增加，水分会起到显著的增塑效应，导致其 T_g 明显降低，从而影响材料的宏观性能。例如，干燥级别 PA6 的 T_g 为 78℃，当水分含量为 3%和 8%时，其 T_g 迅速降到 28℃和 8℃。通常，随着聚酰胺结晶度的增加，无定形区域减少，吸湿性下降。由于环境温度、湿度对聚酰胺吸湿性影响较大，在评价聚酰胺性能时，要明确其状态条件，即干燥状态（DAM）、标准湿度（23℃，50%相对湿度）和饱和湿度（23℃，100%相对湿度）。不同环境湿度下聚酰胺的吸水率见表 3-5。

表 3-5　不同环境湿度下聚酰胺的吸水率　　单位：%

品种	干燥状态	标准湿度	饱和湿度
PA6	0.2	3.0	8.0
PA46	0.2	3.5	9.7
PA66	0.2	2.7	7.2
PA610	0.2	1.5	3.2
PA11		1.1	1.8
PA12		0.7	1.5

随着聚酰胺主链中亚甲基数量的增加，或引入芳基，或引入侧链基团，使得酰胺基含量降低、芳香基空间位阻增大，聚酰胺的吸湿性也会下降，如图 3-10 所示。

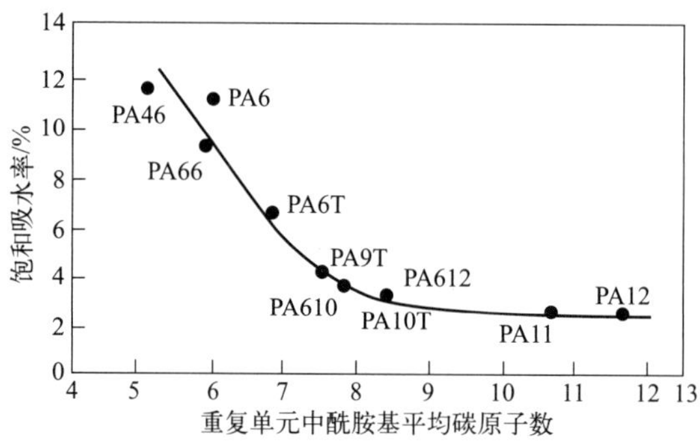

图 3-10　各种聚酰胺的饱和吸水率

3.2.3　聚酰胺结构对热性能的影响

聚合物的热性能一般用玻璃化转变温度（T_g）、熔融温度（T_m）和热变形温度来评价。根据高分子材料的耐热性理论，通过增加分子链中极性基团比例、提高分子链的规整性能有效地增大分子链间的相互作用力，即增大聚合物分子链的刚性、降低柔韧性，从而达到提高耐热性的目的。此外，通过交联、共混等手段也可提高聚合物的耐热性。聚酰胺分子链中含有极性酰胺基团，具备很好的结晶能力，有明显的熔点、玻璃化转变温度和较高的热变形温度，因而具有较好的耐热性。通常，芳香族聚酰胺的耐热性优于脂肪族聚酰胺。部分聚酰胺的热性能见表 3-6。

表 3-6　部分聚酰胺的热性能

项目	T_g/℃	T_m/℃	热变形温度/℃	
			0.46MPa	1.82MPa
PA46	78	295	285	220
PA6	50	228	155	70

续表

项目	T_g/℃	T_m/℃	热变形温度/℃	
			0.46MPa	1.82MPa
PA66	57	265	190	75
PA610	50	228	170	70
PA612	50	210	160	65
PA11	46	194	150	55
PA10	43	192	160	60
PAMXD6	85	237	170	90
PMIA	275	400	280	260

聚酰胺的熔点与分子链上酰胺基团形成氢键的密度和结构单元中的碳原子数的奇偶数有关。氢键密度越大则熔点越高；对于同一种聚酰胺，分子量越大，其熔点相应更高。对于具有规律重复单元结构的线型脂肪族聚酰胺，其熔点随着酰胺基含量的增加而升高。

由 ω-氨基酸或内酰胺合成的聚酰胺，其熔点与链节中的碳原子数有关，如图 3-11 所示。从图中可以看出，聚酰胺的熔点随其链节碳原子数的增多而呈锯齿形降低，且偶数碳原子聚酰胺的熔点低于相邻的奇数碳原子聚酰胺的熔点，这是奇数聚酰胺可以全部形成氢键的缘故。

由二元酸和二元胺合成的聚酰胺，其熔点同样随分子链节碳原子数的增多而降低，如图 3-12 所示；且二元酸、二元胺中的碳原子数全为偶数的聚酰胺的熔点高于相邻二元酸或二元胺为奇数的聚酰胺（如 PA1212 的熔点高于 PA1213），其原因是偶-偶聚酰胺可以全部形成氢键。

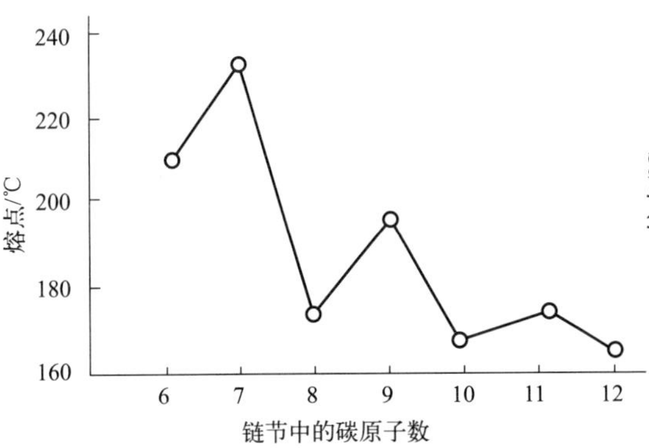

图 3-11　氨基酸合成的聚酰胺中碳原子数和熔点的关系

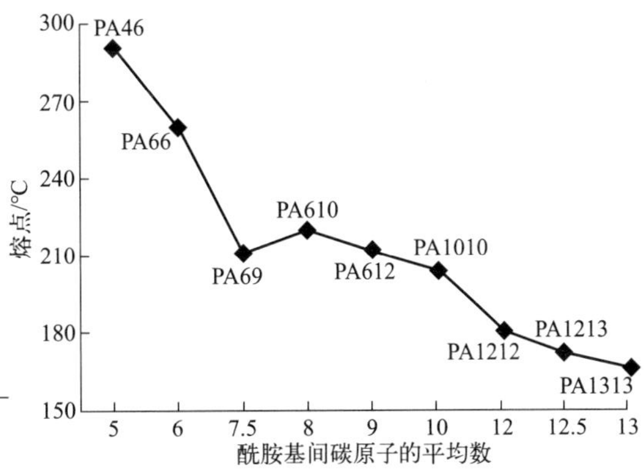

图 3-12　极性基间亚甲基含量对聚酰胺熔点的影响

脂肪族聚酰胺主链上碳原子数量的增加会导致酰胺基团含量相对减少，分子链柔顺性相应提高，其 T_m 呈下降趋势，耐热性也随之降低。

在聚酰胺分子链中引入芳香基，能显著提高分子链的刚性和耐热性。由于芳香基同亚甲基相比具有较高的内聚能，因此芳香族聚酰胺的熔点和耐热性优于相应的脂肪族聚酰胺，且全芳香族聚酰胺性能通常高于半芳香族聚酰胺。从芳香基与酰胺基的相对取代位置来看，T_m（对位）＞T_m（间位）＞T_m（邻位）。例如，在PMIA（聚间苯二甲酰间苯二胺）中，酰胺键和苯环间位连接，使得共价键的内旋转位能较低，可旋转角度大，导致大分子呈现柔性特征，弹性模量和其他柔性大分子相当，因此其熔点相对较低。在PPTA与PBA（聚对苯甲酰胺）中，酰胺键与苯环对位连接，二者形成共轭体系，使内旋转位能极高，形成刚性棒状大分子链结构。因此，PPTA、PBA的热稳定性显著优于PMIA，表3-7列出了部分聚酰胺的分子链结构与热性能。

表3-7 部分聚酰胺的分子链结构及热性能

名称	分子结构	T_g/℃	T_m/℃	热分解温度/℃	最高使用温度/℃
PA6	$NH—(CH_2)_5—CO$	50	215	＞300	70～90
PA66	$NH—(CH_2)_6—NH—CO—(CH_2)_4—CO$	50	265	＞320	80～100
PMIA	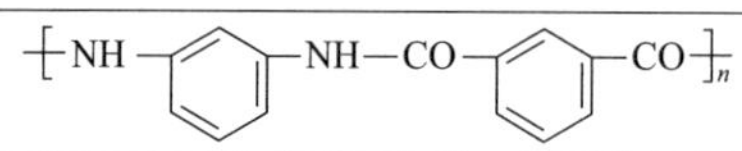	272	400	435	200～250
PBA	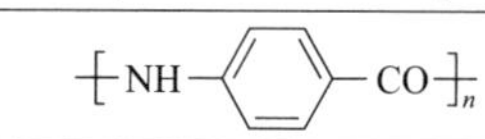	＞300		503	＜300
PPTA		345		550	250～280

3.2.4 聚酰胺结构对力学性能的影响

聚合物的分子结构和结晶形态直接决定材料性能，同时加工成型条件、外部环境也会影响材料的化学与物理结构，进而影响材料的力学性能。聚酰胺分子链中的极性酰胺基团可形成氢键，赋予材料结晶能力。随着结晶度的增加，分子链排列趋于规整，分子间作用力增强，从而显著提升了聚酰胺的强度、硬度、耐热性、耐溶剂性、气密性和耐化学腐蚀性等；然而，结晶结构也同时限制了分子链的运动能力，因此弹性、断裂伸长率、冲击强度都有所下降。

脂肪族聚酰胺的力学性能还与分子链中亚甲基含量及其与酰胺基之比有关，随着酰胺基含量的增加弯曲模量也随之增加，如图3-13所示。

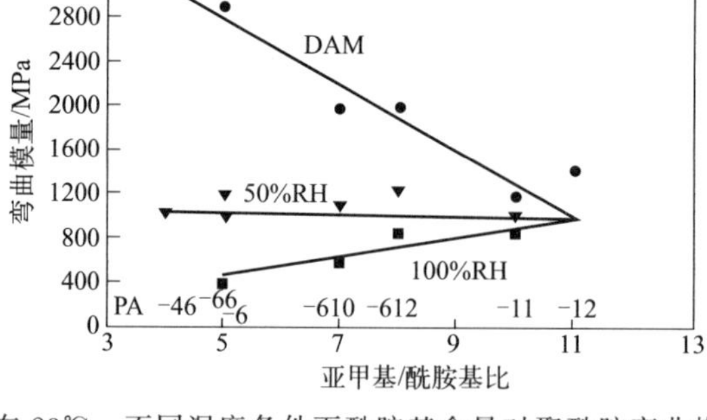

图3-13 在23℃，不同湿度条件下酰胺基含量对聚酰胺弯曲模量的影响

碳链长度对聚酰胺的性能有较大影响。碳链长度增加，亚甲基含量相对增加，分子链柔顺性提高、材料的断裂伸长率增加，但拉伸强度及拉伸屈服强度随之下降。此外，温度对力学性能也有显著影响。随着温度升高，分子链热运动加剧，活动能力增强，材料的拉

伸强度与拉伸屈服强度下降，而断裂伸长率则增加，见表 3-8 和图 3-14。

表 3-8　干态下聚酰胺的拉伸性能

项目		PA46	PA66	PA6	PA610	PA612	PA11	PA12
拉伸强度/MPa	−40℃		108	120	83	94	68	
	23℃	99	83	81	59	61	59	55
	77℃		62	68	37	41	42	
拉伸屈服强度/MPa	−40℃		108	120	83	94	—	79
	23℃	79	83	81	59	61	36	52
	77℃		62	30	29	30	—	24
断裂伸长率/%	−40℃		20	8	20	15	37	
	23℃	30	60	150	100	150	330	250
	77℃		340	310	300	>300	400	
屈服伸长率/%	−40℃		4	—	10	8	—	
	23℃		5	9	10	7	22	10
	77℃		30	—	30	30	—	

注：按 ASTM D 638 测试；含水率小于 0.2%。

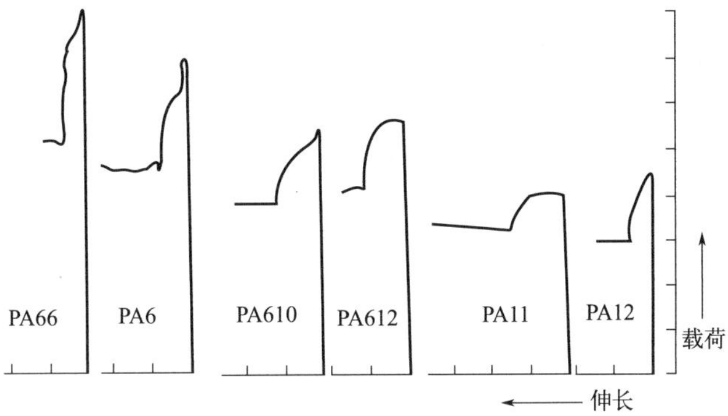

图 3-14　几种聚酰胺在 23℃、应变速率为 50mm/min 时的载荷与伸长曲线

随着碳链长度增加，酰胺基含量下降，聚酰胺的吸水性降低，温湿度对聚酰胺力学性能的影响也随之减小。随着温湿度的增加，PA66 弯曲模量下降幅度显著大于 PA612，如图 3-15 所示。聚酰胺吸水后，其拉伸强度、弯曲模量会大幅下降，而冲击强度则明显上升。此外，吸水还会影响制品的尺寸稳定性。

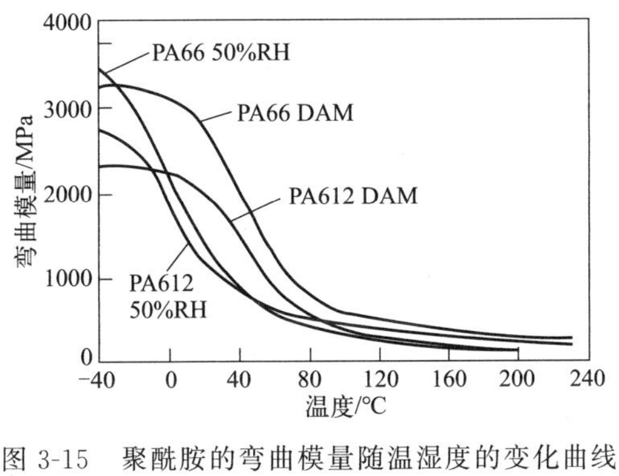

图 3-15　聚酰胺的弯曲模量随温湿度的变化曲线

3.2.5 聚酰胺结构对电性能的影响

高聚物的电性能主要指介电性能和导电性能。介电性能与高分子极性密切相关。极性越强的高聚物，其介电常数和介电损耗角正切越大。作为绝缘材料，一般要求具有较低的介电常数和介电损耗角正切，因此含有极性酰胺基团的聚酰胺绝缘性能水平一般。水分对高聚物的介电强度影响显著，会使高聚物的电导率、介电损耗增大，介电强度降低，因酰胺基团的吸水性影响聚酰胺的电性能，所以聚酰胺不适合作为高频和湿态环境下的绝缘材料。然而，在低温和低湿环境中，聚酰胺仍表现出良好的绝缘性能，并且具有良好的热性能、电性能、力学性能与化学性能。通过注塑，聚酰胺可用作各类连接器、线圈管、端子、墙板、电气配线等，应用于低频率、中压电器上。

不同品种聚酰胺在不同环境湿度下的电性能见表3-9。芳香族聚酰胺由于吸水性较低，环境湿度对其电性能影响也较小；而脂肪族聚酰胺因吸水性较高，受环境湿度影响很大。值得注意的是，聚酰胺的耐电弧性能不受含水量和温度的影响，在有效工作温度范围内，即使温度升到100℃仍能保持稳定。

表3-9 聚酰胺的电性能

品种	条件	体积电阻率①/Ω·cm	介电常数ε②			介电损耗角正切		
			50～100Hz	1kHz	1MHz	50～100Hz	1kHz	1MHz
PA46	干燥	10^{15}	3.9	3.8	3.6	0.01	0.01	0.03
	50%RH	10^{9}	22	11	4.5	0.87	0.35	0.12
PA66	干燥	10^{15}	3.9	3.8	3.5	0.02	0.02	0.03
	50%RH	10^{13}	7.0	6.5	4.1	0.11	0.10	0.08
	100%RH	10^{9}	31	29	18	0.50	0.23	0.28
PA6	干燥	10^{15}	3.8	3.7	3.4	0.01	0.02	0.03
	50%RH	10^{12}	13	8.3	4.6	0.18	0.20	0.12
	100%RH	10^{9}	—	—	25	—	—	—
PA69	干燥	10^{15}	3.6	3.5	3.2	0.02	0.02	0.02
	50%RH	10^{13}	5.4	4.8	3.4	0.09	0.09	0.02
PA610	干燥	10^{15}	3.9	3.6	3.3	0.04	0.04	0.03
PA612	干燥	10^{15}	4.0	4.0	3.5	0.02	0.02	0.02
	50%RH	10^{13}	6.0	5.3	4.0	0.08	—	—
	100%RH	10^{11}	12	—	—	0.25	—	—
PA11	干燥	10^{14}	3.9	3.5	3.1	0.04	0.05	0.04
	50%RH	10^{14}	—	3.7	—	—	—	—
	100%RH	10^{12}	—	7.6	—	0.03	—	0.06
PA12	干燥	10^{15}	4.2	3.6	3.1	0.04	0.05	0.03
	50%RH	10^{14}	—	4.0	—	—	0.09	—
	100%RH	10^{13}	—	6.5	—	—	0.17	—
PA66+33%玻璃纤维	干燥	10^{13}	4.2	4.0	3.7	0.01	0.02	0.02
	50%RH	10^{11}	—	—	5.0	—	—	—
	100%RH	10^{9}	—	25	11	—	—	—

续表

品种	条件	体积电阻率①/Ω·cm	介电常数 ε②			介电损耗角正切		
			50～100Hz	1kHz	1MHz	50～100Hz	1kHz	1MHz
PATMDT	干燥	10^{14}	—	3.5	3.1	—	0.03	0.02
	50%RH	10^{14}	—	3.9	3.4	—	0.03	0.03
	100%RH	—	—	4.8	3.6	—	0.03	0.04
PA6I	干燥	10^{15}	4.3	—	3.8	—	—	0.03
	50%RH	10^{16}	4.8	—	4.1	—	—	0.05
PA6I/6T/CMI/CMT	干燥	10^{15}	—	4.1	3.7	—	0.02	0.02
	50%RH	10^{15}	—	4.3	3.8	—	0.02	0.02

① ASTM D257。

② ASTM D150。

3.3 聚酰胺的性能特点

聚酰胺为半透明或乳白色结晶型树脂，作为工程塑料时，其具有机械强度高、摩擦系数低，自润滑性、吸震性和消音性好，耐热、耐磨损、耐化学药品性好，无毒、无臭等优点；缺点是吸水性大，对温湿度敏感，并影响尺寸稳定性和电性能。

聚酰胺含有活性的氨基和羧基，很容易通过改性来改善产品性能，如聚酰胺与玻璃纤维亲和性好，可通过玻璃纤维增强来降低树脂吸水率。凭借优异的综合性能，聚酰胺材料广泛应用于机械、交通运输、电子电气、薄膜以及工业零部件等领域。在替代金属、节约能源、劳动保护和提高工效等方面，聚酰胺工程塑料的优越性日益凸显。

聚酰胺虽然刚性尚逊于金属，但其比强度高于多数金属材料。与金属材料不同的是，作为高分子材料，聚酰胺的拉伸强度在使用温度范围内随温度和吸水率的上升而明显下降。聚酰胺的疲劳强度为拉伸强度的 20%～30%，比镍钢、碳钢等要低，但与铸铁和铝合金等金属材料相近。

聚酰胺密度（在 1.02～1.15g/m^3）低于其他通用工程塑料，如 PC（1.2g/m^3）、PBT（1.31g/m^3）、POM（1.41g/m^3），且热软化温度范围较窄，具有明显的熔点。部分聚酰胺产品和其他工程塑料的性能比较见表 3-10。

表 3-10　部分聚酰胺产品和其他工程塑料的性能比较

产品	PA6	PA66	PA46	PA610	PA11	PBT	POM	PC
T_m/℃	223	262	295	213	185	224	180	
T_g/℃	50	57	78	50	46	32	−56	150
密度/(g/cm^3)	1.14	1.14	1.18	1.09	1.04	1.31	1.41	1.20
吸水性(23℃,24h)/%	1.5	1.3	4	0.5	0.3	0.08	0.22	0.24
拉伸强度/MPa	74	80	102	60	58	56	61	63
断裂伸长率/%	200	60	50	200	330	300	60	100
弯曲强度/MPa	125	130	146	90	70	87	91	95
弯曲弹性模量/MPa	2600	3000	3200	2200	1000	2500	2640	2300

续表

产品	PA6	PA66	PA46	PA610	PA11	PBT	POM	PC
洛氏硬度(23℃)	114	118	121	116	108	118	80	80
热变形温度(1.82MPa)/℃	63	70	220	82	55	58	123	135
线膨胀系数/($\times10^{-5}$/℃)	8.5	8.5	8	9.0	9	9.4	10.0	7.0
表面电阻/Ω	10^{12}	10^{12}	10^{15}			10^{15}	10^{13}	10^{15}
体积电阻率/Ω·cm	$>10^{14}$	$>10^{14}$	10^{16}	$>10^{15}$	$>10^{14}$	$>10^{16}$	$>10^{15}$	$>10^{17}$
耐电弧性/s	121	128	121			190	240	120
阻燃性(UL94)	V-2	V-2	V-2	自熄	自熄	HB	HB	V-2

3.3.1 耐化学药品性

聚酰胺对脂肪族和芳香族类溶剂、机械油类、润滑油、动植物油及大多数无机类化学溶液有较好的耐溶性，尤其对汽油和润滑油具有优异的耐溶性，且对芳香族化合物呈惰性，因此广泛用于汽车发动机工业。例如，采用PA66制成的汽车部件长期暴露于汽油、油脂中仍能保持极好的性能稳定性。此外，结晶度对聚酰胺的耐溶剂性也有影响，结晶度高、耐溶剂性强。

聚酰胺的耐酸性较差，因为水和酸能被各种聚酰胺吸收，产生溶胀或增塑作用。聚酰胺可溶于多种溶剂，例如甲酸、水合氯醛、无机酸、氟化醇类（如六氟异丙醇）、酚类（如苯酚、2-甲基苯酚、4-甲基苯酚或间二苯酚）等。不同浓度的无机酸、碱或盐均可导致聚酰胺的溶胀、溶解或水解，见表3-11。例如，5%苏打水溶液和氯化锌水溶液可引起聚酰胺制品龟裂；PA6和PA66在20℃、20～50g/L浓度的盐酸中浸泡数月后就出现裂纹。此外，PA6和PA66对氯化钙较为敏感，易受其腐蚀，而PA12、PA9T等耐氯化钙性能良好，这是在聚酰胺实际应用中需要特别注意的。

表3-11 聚酰胺的耐化学药品性

化学品	PA66		PA6		PA610		PA12
	低结晶度	高结晶度	低结晶度	高结晶度	低结晶度	高结晶度	低结晶度
氢氧化钠(50%水溶液)	+	+	+	+	+	+	+
氨水(10%)	+11/3	+8/2	+11/3	+	+5/2	+4	+
盐酸(2%)	—	—	—	—	—	—	△
硫酸(2%)		—	—	—	—	—	0
硝酸(2%)	—	—	—	—	—	—	—
铬酸(10%水溶液)	▽9	▽8	—	▽	▽4	▽3	▽
碳酸钠(10%水溶液)	+9	+7	+10	+8	+3	+3	+
氯化钠(10%水溶液)	+	+	+	+	+	+	+
氯化钙(10%水溶液)	+10	+9	+	+	+3	+	+
(2%乙醇)	0	0	0	0	—	—	—
臭氧	▽	▽～△	▽	▽～△	▽	▽～△	▽

续表

化学品	PA66		PA6		PA610		PA12
	低结晶度	高结晶度	低结晶度	高结晶度	低结晶度	高结晶度	低结晶度
高锰酸钾(1%水溶液)	—	—	—	—	—	—	—
甲酸(85%水溶液)	0	0	0	0	—	—	—
乙酸(10%溶液)	−14	−10	−17	−6	−8	−6	△
己烷	+	+	+	+	+	+	+
环己烷	+1	+1	+1	+1	+	+	+1
苯	+1	+1	+1	+	+4	+4	+7.5
甲苯	+2	+1	+2	+0	+3	+3	+6
二甲苯	+1	+1	+2	+1	+2	+1	+s
萘	+	+	+	+	+	+	+
甲醇	+14/4	+9/2	△19/5	+3/1	△16/4	+9/2	+10.5
乙醇(96%)	+～△12/4	+3/1	△17/5	+3/2	△13/5	+8/2	+12.5
异丙醇	+5/1	+	△15/4	+2/1	△13/3	+3/1	+s
丁醇	+9/3	+2/0	△16/5	+4/1	△17/5	+4/1	+s
乙二醇	+10/3	+2	△13/4	+6/2	+4/1	+2	+
丙三醇	+2	+1	+3	+3	+2	+1	+
丙酮	+2	+1	+4/2	+	+5/1	+1/0	+4.5
甲醛水(30%)	△16	+	△18	+	△8	+	△
甲乙酮	+2	+1	+2	+2	+6	+2	+
四氯化碳	+2	+1	+4	+2	+2	+1	▽4.5
三氯乙烯	△4	△2	△5	△4	△20	▽6	△
氟里昂 12	+	+	+	+	+	+	+
硝基甲烷	△6	+2	△7	+4	△6	+3	+
二噁烷	+	+	+	+	+	+	+
四氢呋喃	+4/1	+2	+8/3	+3/1	+12/4	+2	+
二甲基甲酰胺	+8	+	+	+	+6	+	△
乙酸乙酯	+1	+1	+2	+	+2	+1	+
苯酚	—	—	—	—	—	—	—
间苯二酚	0	0	0	0	0	0	0
丙烯腈	+3	+	+	+	+5	+	+
苯乙烯	+	+	+	+	+	+	+
邻苯二甲酸二辛酯	+0	+0	+0	+0	+0	+0	+
奶油	+	+	+	+	+	+	+
亚麻仁油	+	+	+	+	+	+	+
汽油	+2	+2	+2	+2	+1	+1	+

续表

化学品	PA66		PA6		PA610		PA12
	低结晶度	高结晶度	低结晶度	高结晶度	低结晶度	高结晶度	低结晶度
润滑油	+0	+0	+0	+0	+0	+0	+
柴油	+	+	+	+	+	+	+
焦油	△	△	△	△	△	△	△

注：+表示无变化：重量和尺寸不变化或变化极微小，无损伤；△表示在所附条件下稳定：在短时间内重量、尺寸有变化，根据不同的情况发生变色，强度下降和老化等；▽表示有变化：在一定的条件下可使用；－表示有变化：在短时间内强度受到损伤；例如，△17/5，表示在所附条件下稳定，最高重量增加 17%，长度增加 5%。

3.3.2 耐磨性

聚酰胺具备优良的耐磨性能，具有摩擦系数小、磨损量低、摩擦噪声低等优点。PV 值是衡量工程塑料散热能力的关键参数，直接决定制品的使用极限。PV 值用产生发热的因素——单位面积的负载（P）和表面线速度（V）的乘积表示，该值越高，散热性越好。聚酰胺不仅拥有较高的极限 PV 值，而且自润滑性好，即使不添加润滑剂也有良好的耐磨性，可显著延长制品使用寿命；如果添加润滑油、氟树脂、二硫化钼、石墨等则可进一步改善其摩擦磨耗性。聚酰胺无油润滑的摩擦系数通常为 0.1～0.3，约为酚醛的 1/4、巴氏合金的 1/3。不同品种聚酰胺的摩擦系数没有太大的差别。在各类聚酰胺中，PA1010 的耐磨耗性最佳，其密度约为铜的 1/7，但耐磨耗性却是铜的 8 倍。需注意的是，玻璃纤维的加入通常会降低聚酰胺的耐磨性。表 3-12 为部分聚酰胺对钢的摩擦系数和极限 PV 值。

表 3-12　部分聚酰胺对钢的摩擦系数和极限 PV 值

聚酰胺	摩擦系数		极限 PV 值 (0.5m/s)
	静态	动态	
PA6	0.22	0.26	70
PA66	0.20	0.28	85
PA610	0.23	0.31	70
PA612	0.24	0.31	70
PA6+30%玻璃纤维	0.26	0.32	300
PA66+30%玻璃纤维	0.25	0.31	350
PA610+30%玻璃纤维	0.26	0.34	300
PA612+30%玻璃纤维	0.27	0.33	280

3.3.3 阻燃性

聚酰胺分子链上的酰胺基含有碳、氢、氧和氮，其燃烧速度比烯烃类塑料更缓慢。聚酰胺一旦着火通常不会连续燃烧，表现出一定的自熄性，因而具备阻燃特性。PA66 的氧指数（LOI）为 28%，而聚乙烯氧指数仅为 17.4%。

多数未改性脂肪族聚酰胺阻燃等级为 UL94 V-2。随着聚酰胺中亚甲基含量的增加，阻燃性呈下降趋势；而芳香族聚酰胺因分子结构中引入了芳香环，其整体阻燃性更优异。表 3-13 为各种聚酰胺及其他工程塑料的阻燃等级。

表 3-13　各种聚酰胺与其他工程塑料的阻燃等级

产品	PA6	PA66	PA46	PA612	PA11	PMIA	PBT	POM	PC
阻燃性(UL94)	V-2	V-2	V-2	V-2	HB	V-0	HB	HB	V-2

3.3.4　耐候性与抗辐射性

聚酰胺和大多数塑料类似，在紫外光作用不会发生降解。气候条件的变化会导致材料脆化、强度下降及表面性状改变。温度的升高，会加剧聚酰胺的氧化降解，导致力学性能显著下降。同时，随着在大气中暴露时间的延长，材料逐渐老化，力学性能逐渐下降，因此聚酰胺的耐候性一般。不过，通过加入稳定剂可有效地增强聚酰胺的耐候性能，如含有炭黑的聚酰胺树脂耐候性能较好（典型含量为 2%），且拉伸强度变化较小。此外，添加玻璃纤维也能显著改善聚酰胺的耐候性能，如图 3-16 所示。

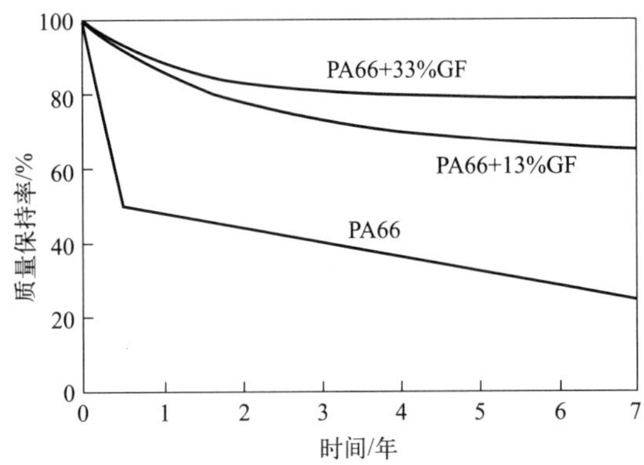

图 3-16　玻璃纤维增强聚酰胺的耐候性能

聚酰胺抗辐射性能在塑料材料中属中等。在 γ 射线辐射量相同的条件下，聚酰胺的抗辐射性能优于聚乙烯、聚丙烯、聚甲醛、聚丙烯腈、聚偏氟乙烯和部分聚酯；但低于聚苯乙烯、聚醚醚酮、聚砜、聚醚砜等。半芳香族聚酰胺比脂肪族聚酰胺有更优异的抗辐射性能。

3.3.5　尺寸稳定性

聚酰胺具有吸水性，制品尺寸稳定性较差。随着亚甲基含量的增加或芳基的引入，其吸湿性降低，相应的尺寸变化量也随之减小。此外，应力松弛、热膨胀等因素也可能导致聚酰胺发生尺寸变化，其尺寸变化量取决于聚酰胺品种、温度和湿度。一般通过添加无机填料、玻璃纤维、增韧剂或一些憎水的材料，可降低聚酰胺的吸水性，进而减小尺寸变化幅度。

随着聚酰胺分子中酰胺基含量的降低、碳链长度的增加，聚酰胺的线膨胀系数随之增加。芳香族聚酰胺的线膨胀系数低于脂肪族聚酰胺。此外，添加玻璃纤维能显著降低聚酰胺的线膨胀系数，提高其尺寸稳定性。不同聚酰胺及其玻璃纤维增强品种的线膨胀系数见

表 3-14。

表 3-14　聚酰胺的线膨胀系数

聚酰胺品种	线膨胀系数/$\times10^{-5}K^{-1}$	
	干态未增强	30%玻璃纤维增强
PA46	8.4	3.4
PA6	8.5	2.3
PA66	8.5	2.4
PA612	9.0	2.3
PA11	9.0	3.0
PA12	11.0	3.0
PAMXD6	5.1	

注：按 ASTM D696 测试。

温度变化会引起聚酰胺的尺寸变化，进而影响其膨胀系数，且温度越高，膨胀系数越大，见表 3-15。此外，酰胺基含量越低线膨胀系数变化越小，如 PA11 在−40～50℃其线膨胀系数几乎不变，显示低温下优异的尺寸稳定性。

表 3-15　温度对聚酰胺线膨胀系数的影响

温度/℃	线膨胀系数/$\times10^{-5}K^{-1}$		
	PA66	PA612	PA11
−40	6.3	7.2	9
0	7.2	8.1	9
23	8.1	9.0	9
50			9
77	9.0	18	21
150			21

注：按 ASTM D696 测试。

随着聚酰胺分子中酰胺基含量的降低、碳链长度的增加，湿度对聚酰胺尺寸的影响逐渐减小。不同聚酰胺的尺寸变化情况如图 3-17 所示。

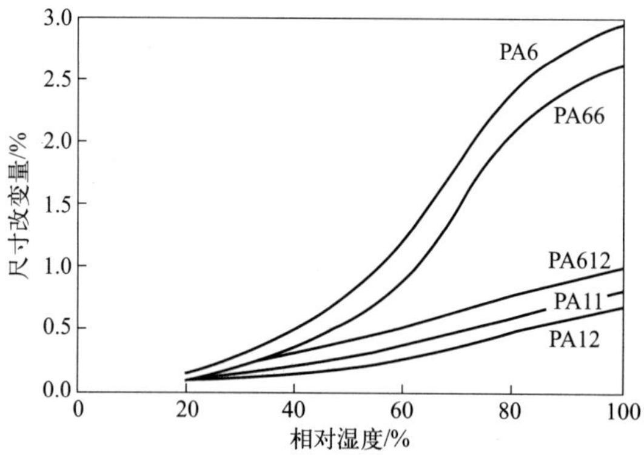

图 3-17　20℃时相对湿度对聚酰胺尺寸变化的影响

3.3.6 影响聚酰胺性能的因素

聚酰胺分子中含有吸水的酰胺基团，湿度和温度是影响聚酰胺性能的两个主要因素，加工条件、添加剂等对聚酰胺的性能也有影响。

3.3.6.1 温度、湿度对聚酰胺性能的影响

不同测试方法获得的不同湿度状态下聚酰胺的玻璃化转变温度见表 3-16，A 方法由熔点估算，$T_g=2/3\ T_m$；B 方法由基团贡献计算所得；C 方法采用动态力学分析法（DMA）；D 方法为差示扫描量热法（DSC）。

从表 3-16 可以看出：湿度越高，聚酰胺的 T_g 越低，如 PA66 在绝干状态下 T_g 为 82℃，在水中则降到－37℃；聚酰胺的吸水性同亚甲基与酰胺基（CH_2/CONH）比值有关，比值越大吸水性越小，环境湿度对 T_g 的影响也越小，如 PA12 通过 DMA 法测得其 T_g 在绝干状态为 54℃，在水中为 42℃，而 CH_2/CONH 比值较小的 PA6 在绝干状态下为 56℃，在水中则为－22℃。

表 3-16　相对湿度对聚酰胺 T_g 的影响

聚酰胺品种	CH_2/CONH	T_g/℃							
		DAM				50%RH		100%RH	
		A	B	C	D	C	D	C	D
PA46	4	102	78	78	80		10		
PA66	5	82	65,67	66,78,80	46,48	35	15	－15	－37
PA6	5	56	46,67	59,65,75	41,60	20	3	－22	－32
PA610	7	56	46,50	65,67,70	42,51	40		10	
PA612	8	52	40,44	50,60	37,45,50	40	20	20	
PA11	10	36	29,35	53,60	42,43,47				
PA12	11	29	25,32	54,62	42			42	
PA6/6T					113				
PA6I/6T/CMI/CMT					125				
PA6I					142				
PATMDT				150					
PAMXD6		71		102	85		52		15
PA6T/6I/66(PPA)				125		82		34	

温度对聚酰胺的力学性能影响较大，温度增加可提高聚酰胺的冲击强度，如当温度从－40℃升至 23℃时，PA46 的悬臂梁缺口冲击强度翻了一倍，PA66 的也增加了 20%以上。但温度对冲击强度的影响没有湿度明显，如在 23℃时，当湿度增加到 50%时，PA46 的冲击强度增加 4 倍，PA6 增加近 5 倍，PA66 也增加了 2 倍以上。各种聚酰胺在不同温湿度条件下的悬臂梁缺口冲击强度见表 3-17。可以看出随聚酰胺碳链长度的增加其悬臂梁缺口冲击强度减小。

另外，温湿度对长碳链聚酰胺的冲击强度影响较小，如PA12的冲击强度在低温、高湿度与常温下变化不大，而PA46则呈现倍数变化。

表3-17 部分聚酰胺的悬臂梁缺口冲击强度

聚酰胺品种	玻璃纤维质量分数/%	悬臂梁缺口冲击强度/(J/m)		
		DAM		50%RH
		−40℃	23℃	23℃
PA46	0	48	96	400
PA46	30	100	107	187
PA6	0	48	53	267
PA6	15	53	69	123
PA6	30	107	150	256
PA66	0	43	53	107
PA66	15	53	59	91
PA66	30	91	112	203
PA69	0	—	37	106
PA610	0	43	53	85
PA612	0	48	53	75
PA612	33	—	128	—
PA11	0	27	40	—
PA12	0	55	60	64
PA6/6T	0	—	35	40
PA6I/6T/CMI/CMT	0	—	81	96
PA6I	0	—	80	80
PATMDT	0	—	69	
PAMXD6	0	—	20	
PA6T/6I/66	33	—	110	100

3.3.6.2 加工条件的影响

聚酰胺制品因温度和吸水引起的尺寸变化是可逆的，而由残余应力和后结晶造成的尺寸变化是不可逆的。在熔融成型过程中，聚合物从熔融状态冷却时会发生体积收缩。对于聚酰胺这类结晶型聚合物，其熔融态与固态（固化及结晶后）之间的比容积差异显著，这一差值直接表现为体积收缩。若收缩是各向同性的，则其立方根就是所谓成型收缩率。实际上收缩是各向异性的，使得成型收缩率的精确计算较为复杂。此外，聚酰胺在高温下会发生应力松弛和热收缩，这也将引起尺寸的变化。尺寸变化量与制品厚度和模具温度有关，如图3-18所示，随着制品厚度的增加，聚酰胺的成型收缩率有增大的倾向。

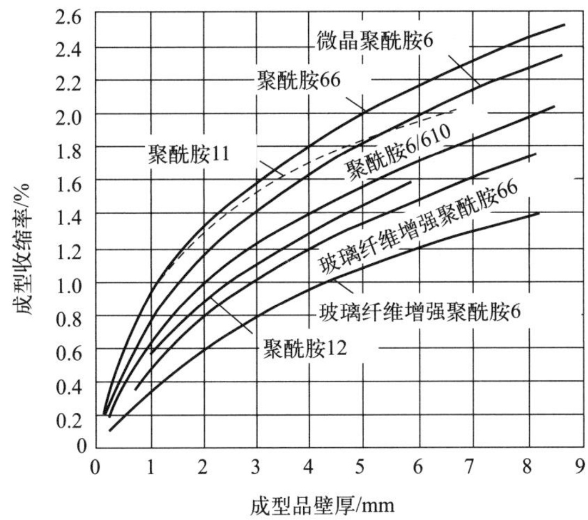

图 3-18　聚酰胺的成型收缩率与厚度的关系

3.3.6.3　各种添加剂对聚酰胺性能的影响

在聚酰胺中加入各种助剂，如热稳定剂、增塑剂、阻燃剂、润滑剂、着色剂、发泡剂、交联剂等可对聚酰胺的性能有不同程度的改善，不同添加剂对聚酰胺产品性能的影响见表 3-18。

表 3-18　添加剂对聚酰胺性能的影响

添加剂	润滑剂	成核剂	增塑剂	增韧剂	着色剂	玻璃纤维
力学性能						
拉伸强度	—	↑	↓	↓	↑	↑
伸长率	↑①—	↓	↑	—	↓	↓
弯曲模量	—	↑	↓	↓	↑	↑
冲击强度	—	↓	↑	↑	↓	↑
剪切强度	—	↑	↓	↓	—	↑
蠕变-形变	—	↓	↑	↑	—	↓
热变形温度	—	↑	↓	↓	↑	↑
硬度	—	↑	↓	↓	—	↑
熔体流动速率	↑①②	↓	↑	↓	↑—	↓
使用次数	↓①	↓	↑	↓—	↓—	↑

① 依赖于润滑剂的类型。

② 润滑剂涂覆在树脂切片的表层。

注：↑：升高；↓：下降；—：影响很小或没有影响。

3.4 脂肪族聚酰胺的性能

以亚甲基为主链结构的聚酰胺称为脂肪族聚酰胺，其主要品种包括PA6、PA66、PA46、PA610、PA1010、PA11和PA12等，这些产品结构具有相似性，但又各具特点。聚酰胺常采用化学或物理改性赋予产品特殊功能，并改善其吸水性、尺寸稳定性等，如通过共聚、共混、填充等方法使其具有增强、增韧、耐高温、阻燃、抗静电等特殊性能，丰富了聚酰胺的品种和功能，扩大了聚酰胺的应用领域。

PA6和PA66是两种最重要的聚酰胺产品，综合性能优良，性价比高，占聚酰胺总消费量的95%以上。在特种聚酰胺中，PA46是耐高温脂肪族聚酰胺，PA11、PA12则是应用广泛的长碳链产品。

3.4.1 聚酰胺6

PA6也称聚己内酰胺，是乳白色或微黄色透明至不透明角质状结晶聚合物。

3.4.1.1 聚酰胺6的基本性能

（1）结晶性能　PA6成型过程中生成直径5～50μm的球晶，其晶态结构与成型条件有关，熔融的PA6经骤冷在130℃下热处理时主要生成γ型结晶，而在210℃以上结晶时仅形成α型结晶，PA6熔融加工后的成品结晶度约为20%。结晶度对聚酰胺6的力学、热学性能有明显影响，结晶度大，刚性好、耐热性好，但冲击强度下降，其余性能均有所提高。

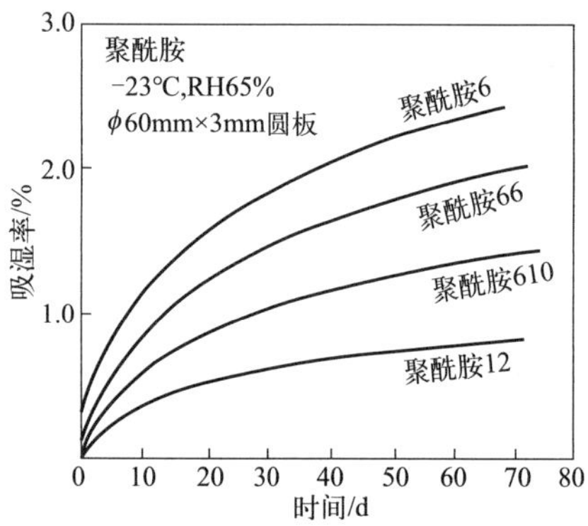

图3-19　不同聚酰胺的吸湿性

（2）吸水性　PA6的吸水率在聚酰胺中是较高的（图3-19），其多项性能受吸湿性影响显著，如PA6的拉伸屈服强度随吸水率增加而降低，在干燥状态时为70MPa，但吸水3.5%后降至30MPa；压缩强度、弯曲弹性模量也随吸湿量增加呈下降趋势；与之相反，冲击强度则随吸水率增加而上升，见表3-19。

表3-19　PA6吸水率对冲击强度的影响

吸水率/%	0	1.0	1.5	2.0
缺口冲击强度/(J/m)	7	25	35	40

（3）热性能　PA6的熔点为220℃，玻璃化转变温度为48℃，维卡软化温度为200～210℃，长期耐热温度105℃，连续使用温度65℃，氧指数27%～28%，具有自熄性，在空气中不会延续燃烧。用无机物填充PA6能提高其热变形温度，如用15%～50%玻璃纤维增强，变形温度可提高至199℃（1.82MPa）。

（4）摩擦、磨损性　PA6摩擦系数小，耐磨性优异，自润滑性强，从图3-20可以看出PA6耐磨性明显优于青铜，且耐冲击性好。

（5）耐溶剂、耐化学药品性　PA6 对烃类有机溶剂如汽油、润滑油等有很强的耐受性，可广泛用于发动机进气歧管；PA6 可溶于酸、酚类。此外需注意，PA6 与氯化钙、氯化锌等水溶液接触易发生应力开裂。

（6）加工特性　PA6 的加工流动性好，可通过注塑、吹塑、喷涂、机加工、焊接、粘接等多种方法成型，成型加工性优异、综合物性好、性价比高，可广泛用于纺织、汽车、电子电气、包装薄膜等领域。

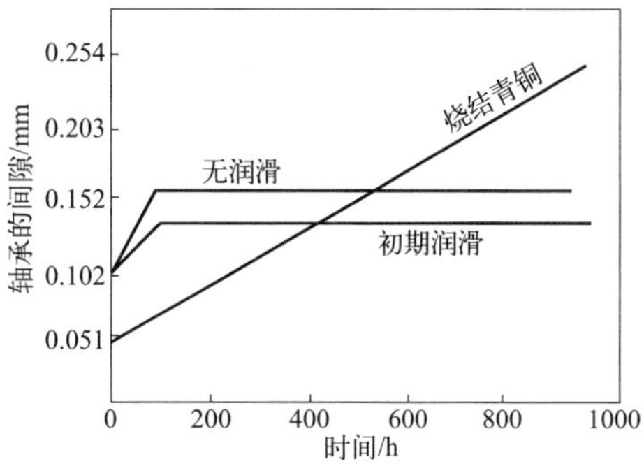

图 3-20　聚酰胺与烧结青铜轴承磨损情况

3.4.1.2　聚酰胺 6 改性产品性能

PA6 是聚酰胺工程塑料中产量最大、牌号最多和应用最广的产品。得益于其优异的综合性能与高性价比，PA6 容易通过改性来提高产品性能，如改善吸水性、提高尺寸稳定性和力学性能。PA6 的主要改性品种及用途如下。

（1）增强 PA6　通常采用玻璃纤维、无机晶须、碳纤维、芳纶等增强材料对 PA6 进行改性，以提升其强度和刚性，降低吸水性并稳定其力学性能，从而扩展其在汽车发动机部件、机械部件以及航空设备部件等领域的应用。如在 PA6 中加入质量分数 30％的玻璃纤维，其力学性能、尺寸稳定性、耐热性、耐老化性能明显提高，耐疲劳强度是未增强时的 2.5 倍，使用温度可达 180℃，收缩率降至 0.3％，但与流程相垂直方向的收缩率略高一些，这是因为玻璃纤维在注塑过程中会沿流动方向取向，引起力学性能和收缩率在取向方向上增强。玻璃纤维含量对 PA6 热变形温度的影响见表 3-20。

表 3-20　玻璃纤维含量对改性 PA6 热变形温度的影响

改性 PA6	玻璃纤维质量分数/％				
	0	5	10	20	30
热变形温度/℃	76	86	136	167	225

（2）PA6 合金　合金化是制造聚酰胺专用料、提升聚酰胺性能的重要手段。将 PA6 与多种高聚物共混或共聚，可以充分利用各自优点，制造出综合性能更好的共聚物合金，如掺混 PE、PP、ABS 等来改善 PA6 的吸水性、尺寸稳定性、低温脆性、耐热性和耐磨性等，引入 EPDM 和 SBR 等来提高其抗冲击强度。

（3）PA6 纳米复合材料　仅需添加少量的纳米材料（如蒙脱土、SiO_2、云母和 PPTA 等）就可显著改善 PA6 的热性能、力学性能、阻燃性、阻隔性等，因此市场应用潜力巨大。随着纳米技术的发展与应用，PA6 纳米复合材料得到了迅速发展。

（4）其他改性 PA6　PA6 产品广泛应用于汽车、电子电气、机械工业等领域。近年来，随着欧盟 RoHS 指令的推行以及低碳经济及产品安全要求的不断提高，绿色阻燃、抗静电、导电等功能性产品开发越来越多，应用也将越来越广，第 4 章将对各种聚酰胺改性产品进行介绍。表 3-21 为 PA6 及其改性产品性能。

表 3-21 PA6 及其改性产品性能

项目	PA6 纳米复合材料	40%填料增强 PA6	15%玻璃纤维增强 PA6	PA6
密度/(g/cm^3)	1.26	1.51	1.25	1.14
拉伸强度/MPa	97	95	117	77
断裂伸长率/%	5	4	5	200
弯曲强度/MPa	132	155	166	105
弯曲弹性模量/MPa	6.3	6.3	5.3	2.8
悬臂梁冲击强度/(J/m)	53	40	74	40
热变形温度/℃				
1.82MPa	201	197	210	58
0.45MPa	150	150	175	77
成型收缩率/%				
流动方向	0.5	0.8	0.5	1.6
垂直方向	0.6	1.0	0.9	1.5
吸水尺寸变化①/%				
流动方向	0.2	0.8		0.7
垂直方向	0.6	1.2		1.0

① 吸水 4%时的尺寸变化。

3.4.2 聚酰胺 66

PA66 为半透明或不透明的乳白色结晶聚合物，在紫外光照射下会发出紫白色或蓝白色光，其晶型有 α 型和 β 型两种形态，在常温下为三斜晶型（其晶胞结构如图 3-4 所示），当温度升高至 165℃以上则转变为六方晶型。

3.4.2.1 聚酰胺 66 的基本性能

（1）热性能 PA66 的 T_g 为 65℃，熔点为 260～265℃，是脂肪族聚酰胺中熔点较高的品种，可以在较宽的使用温度范围内保持良好的性能；热变形温度为 70℃，但若加入 30%玻璃纤维后可跃升到 250℃。

（2）电性能 PA66 具有良好的绝缘性能，体积电阻率和表面电阻均较大，在输电系统中广泛用作绝缘器件（如铁路绝缘件）。但 PA66 的各种电气性能随温度上升和吸水率增大而明显下降，因此实际应用中多使用改性后的产品。

（3）化学性能 PA66 对润滑剂、机油、液压轴、冷却剂、制冷剂、清洁剂、洗涤剂、脂肪族和芳香族溶剂（即使在高温下）有较好的耐受性，但易受到无机酸、强氧化剂、氯化溶剂及重金属盐的腐蚀，在使用时需要注意。

（4）力学性能 PA66 具有高强度、高硬度、高刚度和优良的抗蠕变性能，且耐疲劳性突出，因此常被用于制造齿轮、鬃丝等部件，以减少在周期应力或振动应力下的断裂或力学性能的损失。需要注意的是，PA66 具有较强吸湿性，其长期使用强度随含水率的增加而明显降低。

PA66 在聚酰胺中具有较高的压缩应力和压缩模量，见表 3-22。PA66 的韧性非常好，但对缺口敏感，可通过增大缺口半径来改善其冲击强度；因此为确保制件获得最佳韧性，缺口最小半径应不低于 0.8mm，且无尖角，如图 3-21 所示。将缺口半径从 0.01mm 增加到 0.25mm，在 50%RH 条件下 PA66 的冲击强度增加 150%以上。

表 3-22　聚酰胺的压缩应力和压缩模量　　单位：MPa

聚酰胺品种	1%形变时压缩应力	压缩模量
PA66	34	2830
PA6	20	2410
PA610	21	2070
PA612	17	
PA12	13	
PATMDT	23	

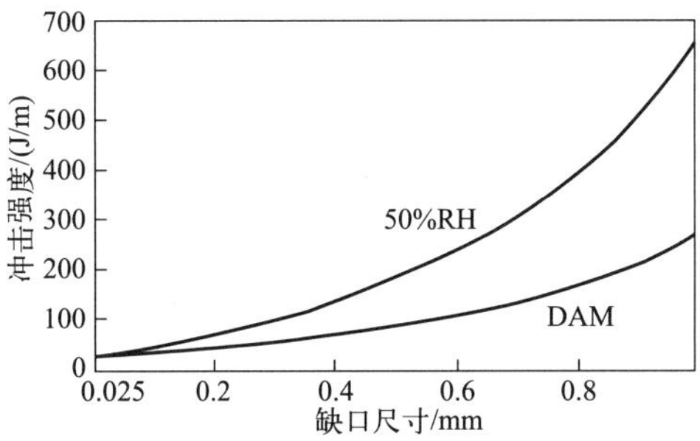

图 3-21　PA66 在 23℃时冲击强度与缺口半径的关系

(5) 蠕变性能　蠕变是指材料在一定的温度下，受到恒定的外力作用后，形变随时间推移而逐渐增大的现象。当高分子材料受到外力作用时，首先发生的是分子链内键角与键长的瞬时变化，这种形变称为高弹形变，其形变量有限且当外力除去后，立即恢复原状，与外力作用的时间无关。随后进入蠕变阶段，卷曲的高分子链逐步伸展，产生比普弹形变大得多的高弹形变，该形变在外力去除以后，可逐渐恢复。蠕变过程中还伴随着分子链之间的相对滑移，这一部分形变多为不可逆的塑性形变。聚合物的蠕变行为与其分子量及交联程度有关，柔性链聚合物的蠕变较明显，而刚性链聚合物的蠕变较小。随着分子量或交联程度的增大，蠕变将减弱。蠕变还与温度的高低和外力的大小有关，提高温度和增大外力均会使蠕变增大。对于工程塑料而言，要求蠕变越小越好。与其他聚酰胺材料相比，聚酰胺 66 的蠕变较小，如图 3-22 所示。

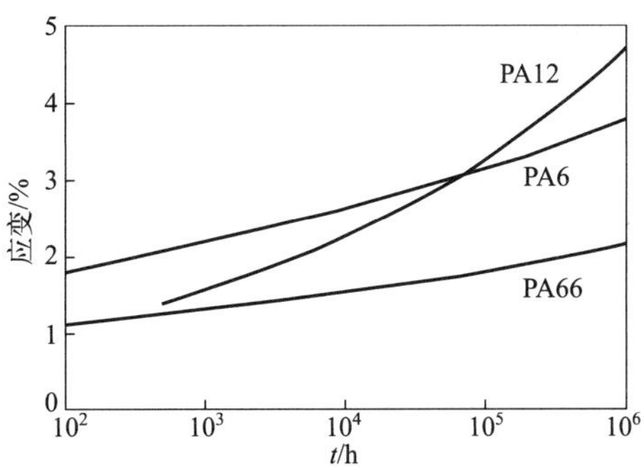

图 3-22　在 23℃、50%RH、10MPa 条件下不同聚酰胺的拉伸蠕变

3.4.2.2 聚酰胺66改性产品性能

PA66的物理化学特性和PA6很相似，因此改性方法也接近，如添加玻璃纤维改性PA66可以增强其硬度、强度、抗蠕变性和耐疲劳性，并降低吸水性从而提高尺寸稳定性；添加炭黑则可以提高PA66的耐候性。表3-23列出PA66及其改性产品的性能。

表3-23 PA66及其改性产品性能

性能	ASTM方法	PA66	增韧PA66	33%玻璃纤维增强PA66	矿物增强PA66
熔点/℃	D789	255	255	255	255
密度/(g/cm^3)	D792	1.14	1.08	1.38	1.45
吸水率(24h)/% 50%RH 饱和	D570	1.2 2.5 8.5	1.2 2.0 6.7	0.7 1.7 5.4	0.7 1.6 4.7
模塑收缩率/%	3.2mm	1.5	1.8	0.7	0.7
拉伸强度/MPa	D638	87(77)	52(4)	186(124)	89(63)
断裂伸长率/%	D638	60(>300)	60(210)	3(4)	17(40)
弯曲模量/MPa	D790	2800(1200)	1700(860)	9000(6200)	5200(1900)
悬臂梁冲击强度/(J/m)	D256	53(112)	900(1070)	117(133)	37(70)
热变形温度/℃ 0.46MPa 1.82MPa	D648	235 90	216 71	260 249	230 185
线膨胀系数/($\times10^{-5}$/℃)	D648	7	12	2.3	3.6
体积电阻率/Ω·cm	D257	10^{15}(10^{13})	10^{14}(10^{13})	10^{15}	10^{14}(10^{8})
介电强度/(kV/mm)	D49	−5	−5	2.9	8
阻燃级别	UL94	V-2	B	B	B
氧指数/%	D2683	28.3	8.9		3

注：测试条件为绝对干燥，括号中数值为在RH50%下测定。

PA66及其改性产品凭借其优异的耐磨性、机械强度和耐疲劳特性，被广泛应用于齿轮传动装置、凸轮、机车摩擦盘、轮胎等机械部件。此外PA66在纺织机械、汽车零部件、电子电气外壳及特种包装薄膜等领域也发挥着重要作用。

3.4.3 聚酰胺46

PA46是丁二胺和己二酸缩聚而成的脂肪族聚酰胺，其分子链结构具有高度的对称性与规整性，使其在高温下仍能保持优异的刚性和抗蠕变性能。

3.4.3.1 聚酰胺46结构特点

PA46分子具有对称链结构，每两个相邻的酰胺基团由4个亚甲基间隔呈对称排列，整个分子对称性很高。尽管PA46与PA66在分子结构上很相似（图3-23），但分子链长度相同时，PA46 的酰胺基含量越高，链结构更加规整对称，分子链间形成更加密集的氢键网络，使其具有更高的结晶度、更快的结晶速率，PA46 的最高结晶度可达 70%，远大于 PA66 的最高结晶度（50%），而且更易结晶。

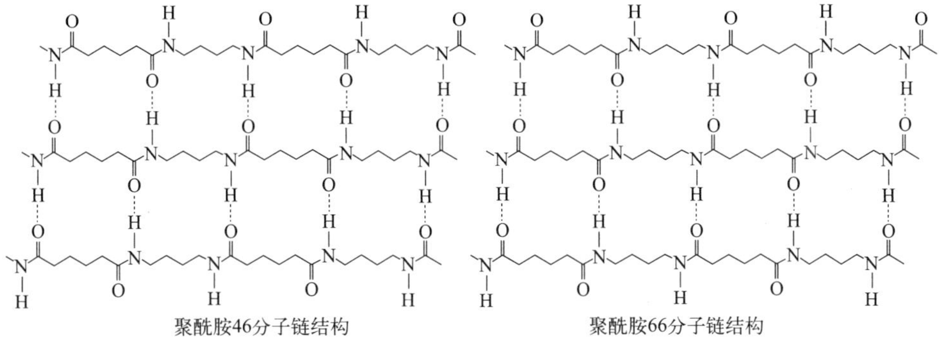

图 3-23　PA46 与 PA66 的结构比较

3.4.3.2　聚酰胺 46 基本性能

（1）热性能　PA46 的高结晶度和对称的链结构使其具有较高熔点和热容，是一种耐热性较好的聚酰胺，PA6、PA66 和 PA46 这 3 种聚酰胺的热性能指标见表 3-24。可以看出，PA46 的熔点（295℃）比 PA66、PA6 分别高出 33℃ 和 72℃，其玻璃化转变温度和熔融焓（ΔH_f）也显著高于后两者。在高温耐受性方面，未增强的 PA46 可长期用于 160～180℃环境，而经 30%玻纤增强后其耐热温度提升至 290℃。

表 3-24　3 种聚酰胺的结晶特征及热性能

聚酰胺品种	密度 /(g/cm³)	结晶度 /%	最大结晶速率 /s⁻¹	双折射率	晶粒尺寸 /nm	链长周期 /nm	无定形尺寸 /nm	T_g /℃	T_m /℃	热变形温度(1.82MPa) /℃	ΔH_f /(J/g)
PA46	1.18	45	8	0.06～0.08	6.3	8.4	2.1	80～90	295	160～180	98
PA66	1.14	37	1.64	0.003～0.01	6.7	9.8	3.1	60～70	262	70	77
PA6	1.14	23	0.14	0.01～0.03	6.0	10.0	4.0	50～60	223	63	63

（2）力学性能　PA46 的全脂肪族结构使其具有优良的柔软性、韧性和滑动性，而其较高的结晶度，使其具有良好的耐热性和高温下较好的硬度和抗蠕变性能，且耐摩擦和耐磨耗性也较好，见表 3-25。PA46 抗拉性能好、抗冲击性能高，在低温条件下仍能保持较高的冲击强度。非增强型 PA46 较其他工程塑料的冲击强度高，玻璃纤维增强的悬臂梁冲击强度更高。PA46 比其他工程塑料使用周期长、耐疲劳性能好、耐磨耗、表面光滑坚固、相对密度低。

（3）吸水性　由于 PA46 酰胺基浓度高，吸湿性明显高于其他聚酰胺，饱和吸水率高达 12%。但凭借其自身的高结晶性能和高结晶度，水分对 PA46 制品尺寸变化的影响相对较小。

（4）其他性能　PA46 电气性能优良，具有较高的表面电阻、体积电阻率和绝缘强度，加之其优异的耐热性和高韧性，适于用作电子电气材料。PA46 的耐油、耐化学药品性较PA66好，耐腐蚀和抗氧化性好。在较高的温度下，耐油和油脂性极佳，使用安全，是汽车工业中制造齿轮和轴承的极好材料，但与其他聚酰胺材料一样，易被强酸腐蚀。

（5）加工特性　PA46结晶速度快、结晶温度低、流动性好、加工性能好，与其他工程塑料相比，可以显著地缩短成型周期，提高生产效率。如DSM公司生产的PA46的成型周期比PPA缩短30%～45%、比PPS缩短30%～50%、比聚酯缩短30%～45%，并且其刚度高，可节省原材料，制备薄壁制品。玻璃纤维增强PA46可生产薄壁制品，比其他工程塑料制品薄10%～15%，特别适用于汽车和机械工业。

3.4.3.3　聚酰胺46改性及应用

PA46也可以采用与PA6类似的改性方法进行改性，表3-25为PA46及改性产品在不同湿度下的性能。

表3-25　PA46及改性产品在不同湿度下的性能

项目	非增强PA46		30%玻璃纤维增强PA46	
	干燥	湿润	干燥	湿润
密度/(g/cm^3)	1.18		1.44	
拉伸强度/MPa	100	60	190	140
断裂伸长率/%	60	300	5	5
形变5%时的弯曲强度/MPa	144	67	360	180
弯曲弹性模量/MPa	3200	1100	9000	5000
形变5%时的压缩强度/MPa	92	55	180	135
悬臂梁冲击强度(缺口)/(J/m)	90	180	100	180
洛氏硬度(R)	118	91	120	108
线膨胀系数/($\times 10^{-5}$/℃)	8.3		3.0	
热变形温度/℃ 1.86MPa 0.46MPa	 220 >285		 >285 >285	
阻燃性	V-2		HB	
体积电阻率/Ω·cm	10^{16}	10^{14}	10^{16}	10^{14}
介电强度/(kV/mm)	20	18	35	31
介电常数(1MHz)	3.5	3.5	3.3	
介电损耗角正切(1MHz)	0.018	0.085	0.020	0.110
耐电弧性/s	190	185	165	140

PA46及其改性产品具有优异的耐热性、力学性能、电性能以及橡胶黏着性，使其在工业上具有广泛的应用前景。如在电气及电子领域用于制造表面贴装器（SMD）元件、接插件、断路器、绕线元件、电动机部件和电器元件等；在机械加工领域用于制造齿轮、轴承和轴承罩；在汽车工业用于制造传感器和连接器、电动机控制系统、进气设备、电缆紧固件、交流发电机和启动机部件，以及排气控制和辅助供气系统的泵壳。

3.4.4 聚酰胺 56

3.4.4.1 聚酰胺 56 结构特点

PA56 的结构与 PA66 和 PA6 相似，分子链上都含有大量的酰胺基团（CO-NH），酰胺基团之间能够形成氢键，但 PA56 的碳原子排列是奇-偶型，而 PA66 和 PA6 是偶-偶型。PA56 通过界面聚合、纤维应力退火或者从甲酸-乙醇（1∶4）的混合溶液中结晶形成类 α 晶型（α′晶型）或从其熔体中直接退火形成 γ 晶型。PA56 的 α′及 γ 晶型的晶胞结构见图 3-24。在 α′晶型中，PA56 分子链上的氨基沿相反方向轻微偏离亚甲基碳原子定义的平面并与相邻的平行分子链上的 C ═O 沿两个方向形成氢键。在此氢键作用下，分子链上的亚甲基采用全反式构象，其中 CH_2—NH 键的内旋转角为＋150°，CH_2—CO 键的内旋转角为±137°，堆砌成带中心的单斜晶胞。在 γ 晶型中，分子链上的酰胺平面偏离亚甲基碳原子定义的平面 30°并与相邻的平行分子链上的酰胺基团沿单一方向形成氢键。在此氢键作用下，分子链上的部分亚甲基采用旁式构象，CH_2—NH 键和 CH_2—CO 键的内旋转角均为±120°，堆砌成单斜晶胞。

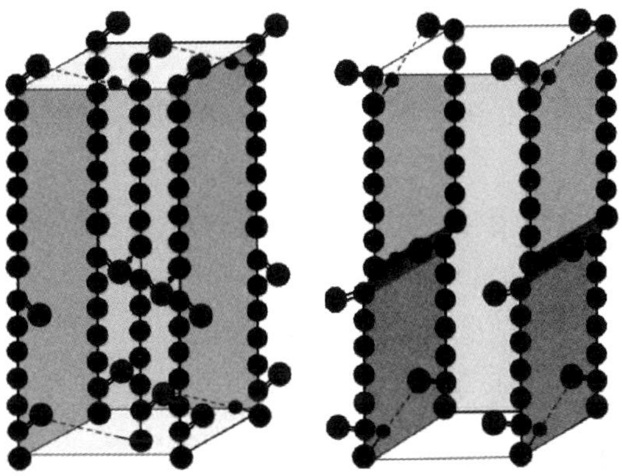

(a) α′晶型　　(b) γ 晶型

图 3-24　PA56 的 γ 晶型及 α′晶型晶胞结构

3.4.4.2 聚酰胺 56 基本性能

PA56 的密度为 1.12～1.14g/cm^3，与 PA66、PA6 相近；熔点为 254℃，可以在 140℃以下长期使用；饱和吸水率为 14%，高于 PA66（8%）及 PA6（10%）；标准回潮率为 5.1%，高于 PA66 及 PA6 的回潮率（4.0%～4.5%）；LOI 值为 25.2%，高于 PA66 的 22.6%；在相同染色条件下，PA56 具有比 PA66 更快的染色速率及较高的平衡上染百分率（使用弱酸性染料在染色温度为 60℃下的半染时间分别为 4.8min 及 29.9min；平衡上染率分别为 88%及 70%）；同等分子量的 PA56 及 PA66 的熔体流动速率分别为 15.7g/min 及 12.8g/min。PA56 相对弱的氢键作用赋予了其比 PA66 相对更好的吸湿、染色、熔融流动性能及高极限氧指数，使其在工程塑料、薄膜及纤维领域，具有广阔的应用前景。PA56 在燃烧过程中产生的有焰熔滴具有较高的热量从而引燃脱脂棉，其在 UL94 垂直燃烧测试中仅能通过 V-2 级，还远远不能满足许多应用领域对阻燃的需求。PA56及玻璃纤维增强PA56的力学性能见表3-26。

表3-26　PA56及玻璃纤维增强PA56的力学性能

项目	PA56	30%玻璃纤维增强PA56
密度/(g/cm^3)	1.14	1.36
热变形温度(1.8MPa)/℃	85	223
拉伸强度/MPa	73.4	192
弯曲强度/MPa	90.7	273
弯曲模量/MPa	2850	8540
缺口冲击强度/(kJ/m^2)	3.0	10.6

3.4.5　长碳链聚酰胺

长碳链聚酰胺如PA11、PA12、PA1010、PA1012、PA1212等，由于分子链中亚甲基链较长、酰胺基密度低，其氢键密度也较低，因此具有熔点低、柔软、耐低温性好、吸水率低等特点。与PA6和PA66相比，长碳链聚酰胺具有如下优点：

① 主链上具有长的脂肪族亚甲基链，吸水率低、尺寸稳定性好，制品精度优；

② 熔点较低，成型加工容易，玻璃化转变温度低、使用温度范围广，低温性能优良；

③ 耐油和耐化学药品性好，能在100℃油中长期使用，在惰性气体中长期使用温度为110℃，而且使用安全；

④ 耐冲击、耐摩擦、自润滑性好；

⑤ 相对密度较低，产品质轻；

⑥ 柔软、化学稳定性好，适于制造柔性制品；

⑦ 与金属黏合性强，具有能与金属相黏合的特殊用途，常用于涂料和热熔胶领域。

3.4.5.1　聚酰胺610和聚酰胺612

PA610和PA612结构相近，性能相似，其性能介于PA6、PA66和长碳链聚酰胺之间，吸水率低，尺寸稳定性好。PA612的一个显著特点是吸湿性较低，其湿态刚度为干态刚度的75%，而PA610仅有60%。这是由于水分与无定形部分的酰胺基结合形成氢键，从而取代了原聚酰胺链中酰胺-酰胺间的氢键，导致其某些性能下降，且酰胺基含量越高越明显。PA612的分子链较长，相对来讲，酰胺基含量低，吸湿性略好于PA610。表3-27为PA610和PA612及其改性产品性能。

表3-27　PA610和PA612及其改性产品性能

项目	PA610	30%玻璃纤维增强PA610	15%碳纤维增强PA610	PA612	33%玻璃纤维增强PA612
密度/(g/cm^3)	1.08	1.31	1.15	1.06	1.32
熔点/℃	220	220	220	218	218
吸水率(23℃水中,饱和)/%	3.6	2.7	2.7	3.0	1.8
拉伸模量/MPa	2.4	8.5	11.6	2.4	9.5

续表

项目	PA610	30%玻璃纤维增强PA610	15%碳纤维增强PA610	PA612	33%玻璃纤维增强PA612
拉伸强度/MPa	65	150	180	62	170
断裂伸长率/%	4.5	4.0	3.5	4.5	3.2
弯曲模量/GPa	2.1	7.7	9.4	2.1	8.5
弯曲强度/MPa	85	210	240	84	260
简支梁缺口冲击强度/(kJ/m^2)	5	13		3.5	13
简支梁无缺口冲击强度/(kJ/m^2)		86	50		80
热变形温度(0.45MPa)/℃	140	220		135	216
热变形温度(1.82MPa)/℃	65	200		62	200
体积电阻率/Ω·cm	10^{14}	2×10^{14}	10^{2}	10^{15}	10^{15}
介电强度/(kV/mm)	44	19.5		30	33
漏电起痕指数/V	600	550		600	600

注:PA610为巴斯夫公司Ultramid® S3K Balance牌号;30%玻璃纤维增强PA610为巴斯夫公司Ultramid® S3WG6 Balance BK564牌号;15%碳纤维增强PA610为兰蒂奇公司RADILON® D CF150W 333 BK牌号;PA612为杜邦公司Zytel® 151 NC010牌号;33%玻纤增强PA612为杜邦公司Zytel® 77G33L NC010牌号。

(1) 聚酰胺610　PA610为半透明、乳白色结晶型热塑性聚合物，机械强度介于PA6和PA66之间，吸水率、密度低于PA6和PA66，尺寸稳定性好；耐强碱，比PA6和PA66更耐弱酸，耐有机溶剂，易溶于酚类和甲酸。

PA610是一种半生物基聚酰胺，其原料癸二酸可以源自蓖麻油，符合绿色低碳与可持续发展理念。近年来，各大聚酰胺生产企业（DSM、杜邦、BASF、日本东丽等）纷纷推出PA610相关产品，如罗地亚于2010年推出的采用蓖麻油为原料的生物基聚酰胺610TechnyleXten，与传统聚酰胺产品相比，每吨产品可减少20%的不可再生资源的消耗并降低50%的温室气体排放。

PA610在高温（不低于150℃）、卤水、油类和强外力冲击下，其结构件会产生形变甚至断裂。采用玻璃纤维（GF）和辐照来改性PA610，能提高PA610的力学性能、耐温等级、耐油和耐水性能，见表3-27。PA610熔点低（220℃），易于加工成型，可采用注射、挤出、喷涂的加工方式，用途与PA6和PA66类似。但因具备优异的尺寸稳定性，尤其适于制造齿轮、轴承、衬垫、耐磨的纺织机械精密部件，也可用于输油管道、绳索、传送带、降落伞等领域。

(2) 聚酰胺612　PA612为半透明、乳白色结晶型热塑性聚合物，性能与PA610接近，相对密度较小，具有较好的机械强度和韧性。PA612能抗咬蚀且能抵御昆虫、霉菌等的侵蚀，因此，可以长期存放而不易损坏；PA612的熔点、热变形温度接近PA6，但冲击强度更高，吸水率低于PA6和PA66，其熔点和热变形温度高于PA11与PA12，低温性能和冲击强度优于PA1010。此外，PA12还有优良的耐低温性、尺寸稳定性，耐强碱、弱酸和有机溶剂。

PA612可采用常规的注射、挤出工艺加工，熔融温度为246～271℃，适于制造薄壁制品。其典型应用包括线圈骨架、循环连接管、工具架套、弹药箱、汽车部件、电线、电线电缆护套及枪托等。得益于其低吸湿性和高低温条件下的柔顺性，还可应用于气动管线、润滑油管线和毛刷等产品。

3.4.5.2 聚酰胺 11 和聚酰胺 12

（1）PA11 的性能　与其他聚酰胺相比，PA11 分子链中的奇数碳原子使酰胺基团位于同一侧面，因此无论分子平行或反向排列，均可完全形成分子间氢键，从而具备与其他聚酰胺不同的晶体结构（图 3-25）。由于结晶速率的变化而引起分子链构象和链堆砌方式的改变，PA11 可以生成几种不同的晶型。熔体拉伸或在苯酚、甲酸溶液中结晶可得到 α 晶型。α 晶型是一种稳定晶型，属三斜晶系，在晶胞的四条棱（c 轴方向）上各排布一个共用分子链，即每个单胞中包含一个分子链，分子链呈平面锯齿形结构。β 晶型（单斜晶系）可由含 5%甲酸的 PA11 水溶液在 160℃通过溶剂诱导结晶得到，其晶胞参数为：$a=0.975$nm，$b=1.50$nm（纤维轴），$c=0.802$nm，$\beta=65°$。γ 晶型可由三乙二醇水溶液和三氟乙酸溶液得到，其晶胞参数为：$a=0.948$nm，$b=2.94$nm，$c=0.451$nm，$\beta=118°$。在不同条件下 PA11 晶型可以相互转变，将 α 晶型加热到 95℃以上可得 γ 晶型；三斜晶系的 α 晶型在 95℃时转变为准六方晶系的 δ 晶型，这种晶型是不稳定的，随温度降低很快会转变为 α 晶型。δ 晶型的链间距虽大于 α 晶型，但层状的氢键结构保留下来，因此在温度低于 95℃时可快速恢复到 α 晶型。由熔体淬火得到的是 δ′晶型，其晶体结构与 δ 晶型基本一致，所不同的是 δ′晶型在 $d=0.416$nm 处的衍射峰较宽，其氢键的方向不是横向指向，而是沿着链骨架和相邻链方向上随机指向。因此，δ′晶型是一种动力学产物，淬火过程使其没有足够的时间排列成热力学稳态。在 PA11 中，仅准六方晶系 δ′晶型表现出压电性。在 95℃以下对 α 晶型进行拉伸诱导，其可部分转变为 δ′晶型，得到具有压电性能的 PA11。PA11 具有优异的介电、热电、压电和铁电性能，是仅次于聚偏氟乙烯（PVDF）的压电高聚物。纯 PVDF 成纤性较差，不利于成型，采用共混熔融纺丝制备的 PA11/PVDF 是理想的压电材料。

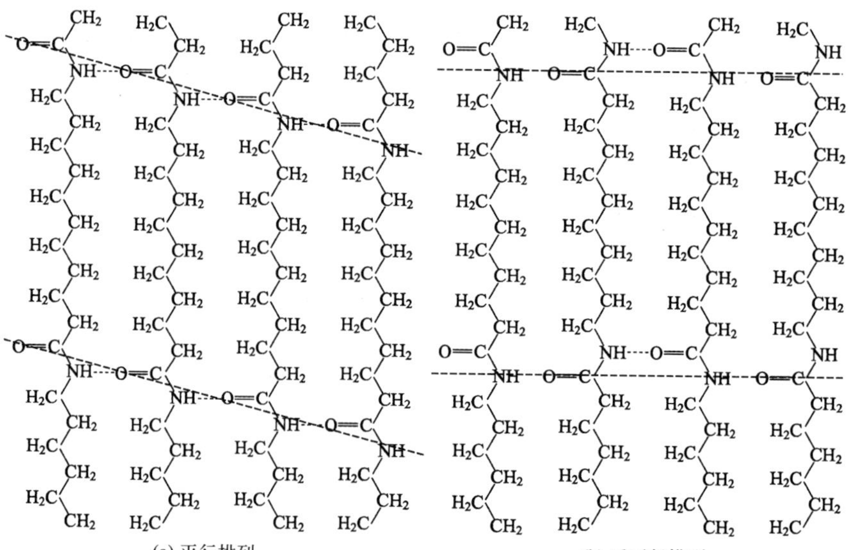

图 3-25　PA11 分子链排列方式

PA11 的酰胺基因完全形成分子间氢键，且相邻酰胺基团之间有较长的亚甲基柔性链，酰胺基密度低，从而具有较低的吸水性、良好的尺寸稳定性；PA11 熔点为 190℃，玻璃化转变温度为 43℃，脆化温度为 −70℃，即使在 −40℃时仍能保持良好的性能，有着突出的耐低温性；PA11 对碱、盐溶液、海水、油、石油产品有很好的抗腐蚀性，对酸的抗蚀性则根据酸的种类、浓度及温度而定；酚类及甲酸是 PA11 的强溶剂，使用时应注意；PA11 耐应力开裂性好，可以嵌入金属部件而不易开裂；具有弹性记忆效应，当除去外力时，PA11 可恢复至原来的形状；对真菌有抵抗作用；粉末化后可提高材料的熔融性、附着性和涂膜的均一性。目前，PA11 及其共聚物粉末在欧洲、美国、日本等已广泛用于服装业，作为衬料和衣领时具有耐洗涤、不易变形等优点。

不同 PA11 的性能见表 3-28，PA11 能满足多种熔融黏度范围的注射及挤出，是聚酰胺材料中物理和化学性质最稳定的。此外，PA11 作为一种生物基聚酰胺，其原料来源于农作物蓖麻，契合可持续发展的要求。

表 3-28　不同牌号 PA11 的性能

性能	测试条件	增塑 PA11（BMNO）①	准软质 PA11（BMNOP20）	柔软 PA11（BMNOP40）
拉伸屈服强度/MPa	−40℃（绝干）	60	61.1	63.6
	20℃，RH65%（水分 1.1%）	34	27	18.6
	80℃（绝干）	13.6	110	9.6
拉伸断裂强度/MPa	−40℃（绝干）	70	67	64
	20℃，RH65%（水分 1.1%）	57	56	50
	80℃（绝干）	43	42	33
拉伸断裂伸长率/%	−40℃（绝干）	37	40	50
	20℃，RH65%（水分 1.1%）	329	330	330
	80℃（绝干）	405	386	340
弯曲模量/MPa	−40℃（绝干）	1350	1500	1900
	20℃，RH65%（水分 1.1%）	1000	500	350
	80℃（绝干）	190	190	170
洛氏硬度（R）	20℃，RH65%（水分 1.1%）	108	85	75
相对密度		1.04	1.05	1.06
吸水率/%	20℃，RH65%（平衡）	1.1	1.0	1.0
	20℃水中	1.9	1.8	1.6
体积电阻率/Ω·cm		3×10^{14}	1.4×10^{11}	7×10^{14}
表面电阻/Ω		2.4×10^{14}	2.2×10^{12}	6.5×10^{14}
介电损耗角正切（1kHz）		0.05	0.18	0.20
介电常数（1kHz）		3.70	5.90	9.70
介电强度/（kV/mm）				
1mm		32	27	27
3mm		17	16	16

① 为东丽“リルサソ”牌号。

（2）聚酰胺 12 的性能　PA12 的相对密度为 1.02g/cm^3，是聚酰胺产品中最低的；因其酰胺基团含量低，吸水率仅为 0.25%，也是聚酰胺中最低的。PA12 的热分解温度大于 350℃，长期使用温度为 80～90℃。PA12 膜的气密性好，水蒸气透过率为 9g/m^2·24h（20℃，85%RH），气体透过率也较低，如 N_2 透过率为 0.7cm^3/（dm^3·24h·0.1MPa），O_2 为 35cm^3/（dm^3·24h·0.1MPa），CO_2 为 13cm^3/（cm^3·24h·0.1MPa）。此外，PA12 对碱、油、醇类及无机稀释酸、芳烃等介质具有良好的耐受性。因此 PA12 被广泛应用于汽车管路系统中，如多层燃油管路系统、真空制动助力器管、液压离合器管、中心润滑系统管路等，还可用于工业管路修复的内层管，以及接触腐蚀性化学品的工业管路系统。PA12 防噪声效果好，是理想的光导纤维护套用料，并且防白蚁和老鼠，也是电缆护套的首选材料。表 3-29 列出了填充和增强 PA12 的性能。

表 3-29　填充和增强 PA12 的性能

性能	测试方法	纤维增强			30%玻璃纤维微珠填充	填充炭黑永久抗静电
		15%玻璃纤维	30%玻璃纤维	30%碳纤维		
密度/(g/cm^3)	ISO 1183	1.12	1.24	1.15	1.25	1.08
热变形温度/℃	ISO 75A	160	165	170	55	50
	ISO 75B	175	175	175	150	130
吸水率(室温浸入)/%	DIN 53495	1.3	1.1	1.1	1.1	1.5
拉伸屈服强度/MPa	ISO 527	95	120	—	47	36
拉伸屈服伸长率/%	ISO 527	5	3	—	10	8
拉伸断裂伸长率/%	ISO 527	6	4	4	45	>50
拉伸断裂强度/MPa	ISO 527	—	110	145	—	—
弹性模量/MPa	ISO 527	3900	5400	12000	1900	1400
Izod 冲击强度/(kJ/m^2)	ISO 180/1C					
－23℃		55	65	60	130	NB
－40℃		65	75	60	130	NB
Izod 缺口冲击强度/(kJ/m^2)	ISO 180/1A					
－23℃		7	16～19	20～23	18	22
－40℃		5.5		13	6	10
漏电起痕指数(CTI)/V	IEC 60112	>600	>600	—	>600	175
体积电阻率/Ω·cm	IEC 62631	>10^{15}	>10^{13}	100	>10^{15}	10^7
表面电阻/Ω	IEC 62631	>10^{13}	>10^{13}	—	>10^{12}	10^7
介电强度/(kV/mm)	IEC 60243	44	45	—	40	—

PA12 的高韧性及高强度使其具备优异的耐爆破压力，可用作中等压力天然气输送管，现已在美国、西欧等获得实际应用。从图 3-26 可以看出，PA12 天然气管比聚乙烯（PE）管能承受更高工作压力和温度。PA12 天然气输送管在 80℃下可承受的压力为 0.875～1.7MPa，比聚烯烃材料更具竞争力。

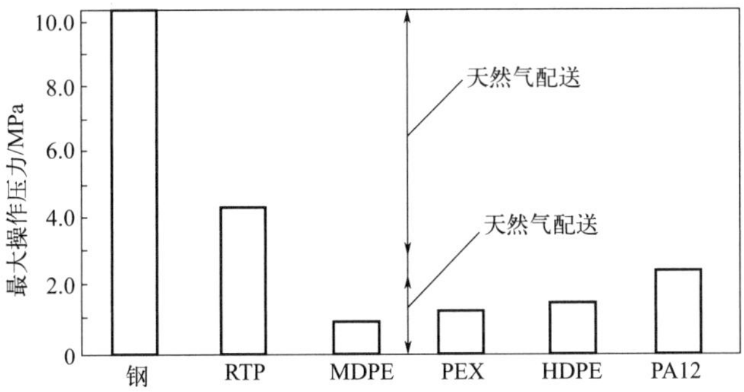

图 3-26　PA12 管与其他管最大操作压力比较

(3) 聚酰胺 11 和聚酰胺 12 性能比较　PA11 和 PA12 最大的区别在于生产原料的不同，PA11 属于生物基材料，而 PA12 则来源于化石燃料。PA11 和 PA12 都属于单一原料来源的聚酰胺，且所含亚甲基数量较多、比例接近，结构相近，因此性能也较接近。然而，由于分子结构上的差异（PA12 不具有对称中心），PA11 在低温性能方面表现更优，能在极低温度下保持良好韧性。同时，PA11 熔点比 PA12 高出近 10℃，并具备更高的抗冲击强度和更优异的柔韧性。此外，PA11 管制品具有硬度较低、环向应力和最小弯曲半径更小等优点。表 3-30 比较了 PA11、PA12 和 PA6 软管在不同温度下的耐冲击性能。

表 3-30　不同聚酰胺软管的冲击性能

名称	试验温度/℃								
	20	10	0	−10	−20	−30	−40	−50	−60
PA11	○	○	○	○	○	○	◔	◑	◕
PA12	○	○	○	○	○	◔	◔	●	
PA6	○	◔	◔	●					

注：黑色部分表示破碎率，落锤法测定(5.53kg·m)冲击性能。

PA12 与 PA11 都具有较好的耐磨性，可用来涂覆金属，与金属粘接性好，是优良的涂料，如表 3-31 所示，与其他材料相比，PA11 和 PA12 涂膜的磨耗量最低。此外，PA11 和 PA12 耐洗涤，不伤纤维，是服装行业的高级热熔胶，也广泛应用于弹簧涂层、车顶篷、车门等汽车部件的热熔粘接剂及密封材料等。

表 3-31　各种涂膜材料的耐磨性能

项目	PA11	PA12	PA6	PA66	PA610	LDPE	PVC
磨耗量/mg	8.2	9.9	35.0	27.2	20.9	49.4	47.0

3.4.5.3　聚酰胺 1010 和聚酰胺 1212 系列

(1) 聚酰胺 1010　PA1010 是一种半透明结晶型聚酰胺，密度为 1.04g/cm^3，吸水率低于 PA6、PA66，尺寸稳定性好，脆化温度为−60℃，热分解温度大于 350℃。PA1010 具有优良的强度和韧性，良好的自润滑、耐磨、耐蚀性，同时具有无毒、电绝缘性能优异等特点，可在－10～100℃下长期使用，且成本低，操作安全，被广泛地应用于机械、电气仪表和汽车等行业。PA1010延伸性高、润滑性和消音性突出，适于制作机械部件、电子电气部件、纺织器材部件及电磁线。在汽车领域，PA1010可用于制造方向盘、保险杠、操纵杆、内扳手、轴承保持架、加油软管总成、车门内饰板夹头、散热器、制动油箱、外装件、加速踏板限位器及经粉末涂覆的汽车花键轴等。例如，采用30%～45%的玻璃纤维增强PA1010制成的汽车横拉杆球座，能适应复杂路况，拥有广泛的市场空间。表3-32为山东东辰工程塑料有限公司生产的PA1010性能指标。

表3-32　PA1010的性能

项目	数值
相对密度/(g/cm^3)	1.04～1.06
熔点/℃	200～210
吸水率/%	0.39
拉伸强度/MPa	52～55
冲击强度/(kJ/m^2) 缺口 无缺口	 4～5 不断
弯曲强度/MPa	89
体积电阻率/Ω·cm	$>10^{14}$
介电强度/(kV/mm)	>20
介电常数(60Hz)	2.5～3.6
介电损耗角正切(60Hz)	$(2.0\sim2.6)\times10^{-2}$

(2) 聚酰胺1212系列　随着生物发酵法生产长碳链二元酸工艺不断突破，一系列长碳链聚酰胺产品相继实现产业化，如山东东辰工程塑料有限公司以石蜡油中提取的C_{12}和C_{13}正构烷烃为原料开发了PA1212、PA1213和PA1313等型号，具体性能见表3-33。

表3-33　PA1212、PA1313和PA1213的性能

性能	PA1212	PA1213	PA1313
外观	透明粒状	透明粒状	透明粒状
密度/(g/cm^3)	1.01～1.02	1.01～1.02	1.00～1.02
熔点/℃	180.3	170～175	165.7
吸水率/%	0.34	0.30～0.33	0.28
热变形温度(0.46MPa)/℃	139.1	130～136	128.1
拉伸屈服强度/MPa	38.6	36～38	35.3
拉伸断裂强度/MPa	45.8		44.1
断裂伸长率/%	352	421	463

续表

性能	PA1212	PA1213	PA1313
简支梁冲击强度/(kJ/m^2)			
20℃,无缺口	不断	不断	不断
20℃,缺口	16.0	17～19	19.9
−40℃,无缺口	56		不断
−40℃,缺口	16		12
体积电阻率/Ω·m	2.8×10^{12}		1.9×10^{12}
介电常数(10^6Hz)	4.5		5.5
介电损耗角正切(10^6Hz)	0.017		0.017
介电强度/(kV/mm)	27.3		23.6

从表3-33可以看出，PA1212、PA1213和PA1313的相对密度在聚酰胺各品种中是较小的；它们的熔点都低于PA11，其中PA1313因亚甲基链最长，故熔点比PA11约低20℃。因含有较长的疏水性亚甲基链，3种聚酰胺吸水率都很低；拉伸强度和热变形温度比短链聚酰胺有明显下降，但断裂伸长率显著提高，是PA66的数倍；同样得益于长亚甲基链结构，它们的冲击强度特别是低温冲击性能较好，如未改性PA1313，即使在−40℃的低温下也不发生脆性断裂；在电性能方面，由于吸水率极低，PA1212、PA1213与PA1313的各项电性能均优于短碳链聚酰胺。

目前国内PA1212已经实现工业化生产，综合性能与PA11接近，以PA1212为基体树脂研制的汽车输油管已达到PA11管的技术指标，有望在不远的将来在汽车工业实现规模化应用。此外，服装用高档聚酰胺热熔胶也是PA1212的主要应用领域之一，采用无规共聚制备的无定形PA1212热熔胶熔点低、柔性大、性能优；同时，PA1212还具有吸水率低、尺寸稳定性高、耐酸碱和化学溶剂等优势，可广泛用于汽车工业、电子电气、机械制造、纺织行业、粉末涂料以及军工等领域。

3.5 芳香族聚酰胺

芳香族聚酰胺分子链中含有刚性芳香环，具有吸水率低、制品尺寸稳定性好、耐热性高等特点，显著拓展了聚酰胺的应用领域。

3.5.1 半芳香族聚酰胺

半芳香族聚酰胺是由脂肪族二胺或二酸与带芳香环的二酸或二胺经缩聚制得的一类高性能聚酰胺。由于分子主链引入了刚性芳环结构，半芳香族产品的耐热性能和力学性能得到了提高；同时吸水率也有不同程度的降低，并且有较好的性价比，是介于通用工程塑料和特种工程塑料之间的高耐热性树脂，主要用于汽车和电子电气领域。由于半芳香族聚酰胺兼具脂肪族和芳香族的结构特征，与脂肪族聚酰胺相比有如下特点。

① 具有良好的耐热性能，T_m 和 T_g 较高。

② 力学性能好，对温度的依赖性小，并且在高温下及较宽的温度范围内能保持较稳

定的性能，耐疲劳强度大，收缩性、变形性、蠕变性小，强度及制品尺寸稳定性好。

③ 耐溶剂及化学药品性好，耐脂肪烃、芳香氯代烃、酯类、酮类、醇类等有机溶剂以及常用的各种燃料、油类、防冻液等。

④ 电绝缘性能优良，表现出出色的耐电弧性及漏电起痕性。

⑤ 吸湿率小，吸湿后的制品尺寸和力学性能变化小。

半芳香族聚酰胺的主要品种有聚己二酰间苯二甲胺（PAMXD6）、聚对苯二甲酰己二胺（PA6T）、聚间苯二甲酰己二胺（PA6I）、聚对苯二甲酰壬二胺（PA9T）、聚对苯二甲酰癸二胺（PA10T）和聚对苯二甲酰三甲基己二胺（PATMDT）等。表3-34列出了部分半芳香族聚酰胺与其他材料的性能对比。

表3-34 PA6T、PA9T和PA10T与其他工程塑料的基本物性

项目	试验方法	PA9T	PA6T	PA10T	PA46	PPS
玻璃纤维含量/%		33	33	30	30	40
T_m/℃	DSC	308	310	316	290	285
T_g/℃	DSC	126	123	125	78	88
吸水率(水中,24h,23℃)/%	ASTM D750	0.09	0.22	0.08	0.8	0.02
弯曲强度/MPa	ASTM D790	216	197	230	182	260
弯曲模量/GPa	ASTM D790	10.0	12.4	9.5	8.1	11.5
缺口冲击强度(23℃,65%RH)/(J/m)	ASTM D256	88	59	100	118	78
耐漏电起痕指数/V	ASTM D3638	550	550	550	225	125
体积电阻率/Ω·m	ASTM D257	10^{16}	10^{15}	10^{15}	10^{12}	10^{15}
介电常数(10^5Hz)	ASTM D150	3.7	4.2	4.0	3.7	3.8
介电损耗角正切(10^3Hz)	ASTM D150	14	15	15	20	1.4
成型收缩率(MD/TD)/%		0.4/0.9	0.8/1.4	0.4/0.9	0.6/1.4	0.4/0.8

3.5.1.1 聚酰胺6T系列

PA6T是以己二胺和对苯二甲酰氯为原料聚合而成，结构式如下：

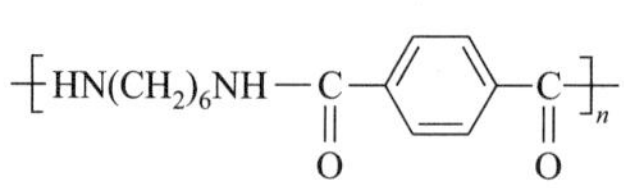

PA6T分子链中含有脂肪族亚甲基和芳香族苯环，具有非常好的热性能和刚性，但PA6T的熔点高于其热分解温度，若不进行改性处理在工业上很难获得实际应用。通常以PA6T为主体结构，引入其他聚酰胺单体进行共聚改性。常见PA6T改性品种有PA6T/6I/66、PA6T/6、PA6T/66，PA6T/6I等，这些产品的结构与耐热性能见表3-35。改性PA6T主要用于制造汽车部件，如汽缸顶盖、油泵盖、空气滤清器等；耐热电器部件，如电线束接线板、保险丝连接器；传动部件，如活塞、止推垫片；电子装配件，如线圈骨架、开关、连接器等。

表 3-35　PA6T 系列产品的结构与耐热性

公司	商品名	产品	化学结构	T_m /℃	T_g /℃
三井化学	Arlen	PA6T/66	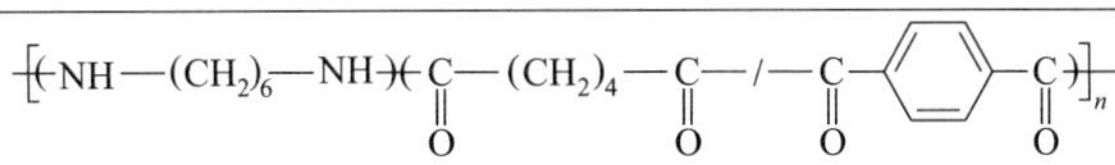	290～300	90～110
	Arlen	PA6T/6I (Mcx-A)	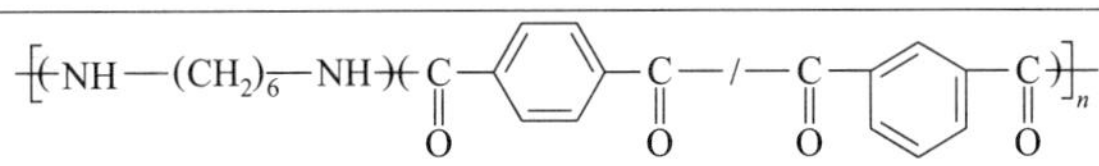	320	125
东丽	HT Nylon	PA6T/66	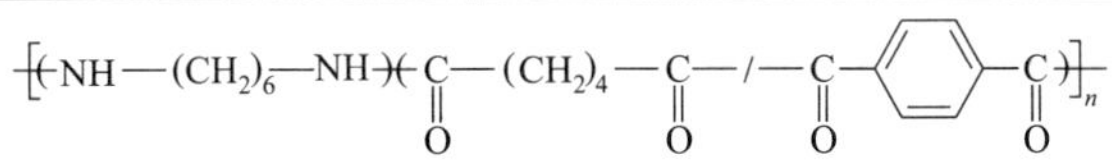	290～300	90～110
阿莫科	Amodel	PA6T/6I/66	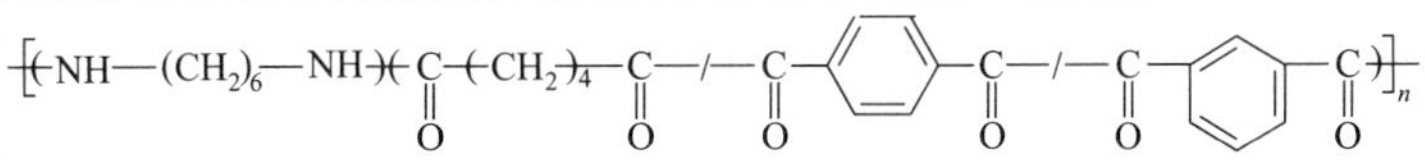	315	120
杜邦	Zytel HNT	PA6T/M-ST	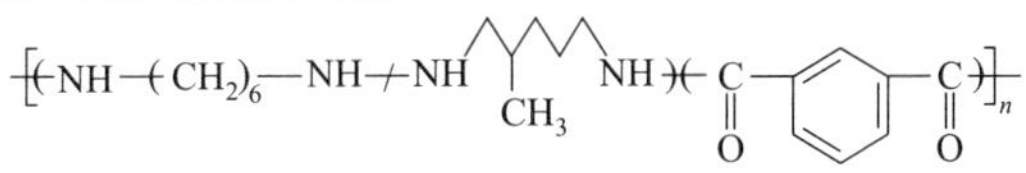	305	135
巴斯夫	Ultramid® T	PA6T/6	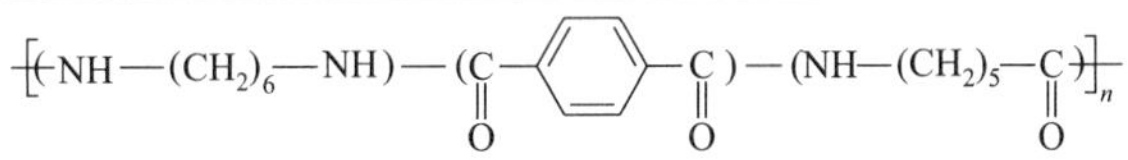	295	

3.5.1.2　聚酰胺 9T 系列

PA9T 的密度为 1.14g/cm³，结构式如下：

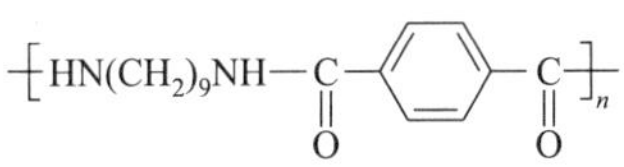

PA9T 具有与 PA6T 和长碳链脂肪族聚酰胺相似的化学结构特征。

(1) 结晶性能　PA9T 为均聚物，其分子链中柔性的长链脂肪族二胺赋予芳香环适度的活动性，使得材料具备高结晶速率，同 PA46 接近（如图 3-27），能快速成型，表现出优异的加工性能。

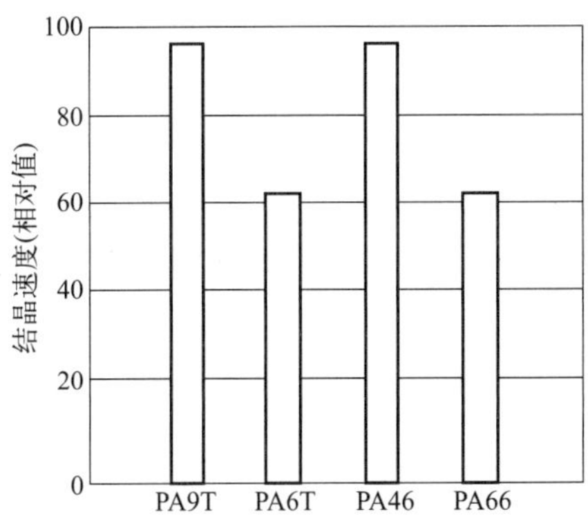

图 3-27　不同聚酰胺结晶特性比较

(2) 热性能　PA9T 兼具 PA46、PA6T 的耐热特点，耐焊接温度可达 290℃。随着电子电气产品向小型化、轻量化、薄壁化、高性能化、集成高密度化和低成本化方向发展，对材料的耐高温性提出了更高的要求。例如在双面贴装技术中，材料需能够在 270～280℃ 维持 45～75s，而传统用的 PPS 加工性能差，液晶高分子聚合物（LCP）价格昂贵，PA46 吸湿率高，且 PPS 和 LCP 的耐热性也达不到无铅锡焊要求，均限制了其在此类场景的应用。从表 3-36 可以看出，在干态下，PA9T 和 PA6T 的耐热性都达到 290℃，而 PA46 只有 280℃；在湿态下，PA9T 的耐热性仍保持在 290℃，而 PA6T 降到 260℃，PA46 则降到250℃以下，这充分说明了PA9T具有优良的耐热性和优良的高温焊接性。

表3-36　PA9T与其他材料焊接耐热性的比较

温度/℃		250		260		270		280		290		300	
时间/s		10	60	10	60	10	60	10	60	10	60	10	60
绝干状态	PA9T	○	○	○	○	○	○	○	○	○	○	☆	×
	PA6T	○	○	○	○	○	○	○	○	○	○	☆	×
	PA46	○	○	○	○	○	○	○	○	☆	×	×	
	PPS	○	○	○	☆	☆	×	×					
吸湿状态①	PA9T	○	○	○	○	○	○	○	○	○	☆	×	
	PA6T	○	○	○	○	☆	×	×					
	PA46	×	×										

① 为23℃，50%RH。

注：将注塑成型片（100mm×40mm×1mm）在铅锡浴中浸渍一定时间，确认有无变形。○为无变形，☆为稍变形，×为变形。

（3）吸水性　PA9T是聚酰胺中吸水率较低的品种，仅为0.17%，约为PA46（1.8%）的1/10，PA6T（0.55%）的1/3，并且其吸水后，不会像PA46那样因吸水而软化，同PBT的吸水率接近，如图3-28所示。

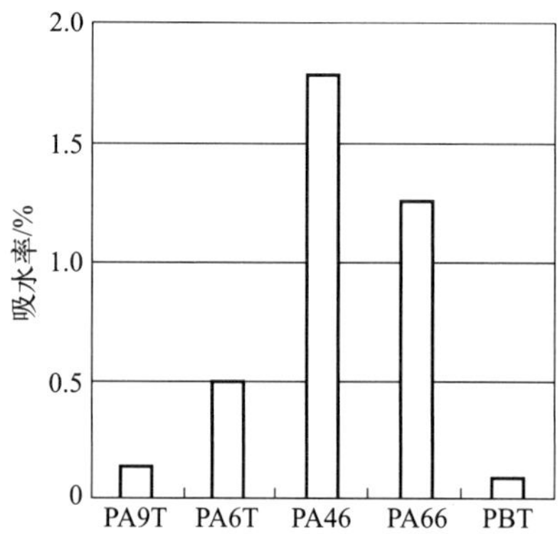

图3-28　不同聚酰胺吸水性比较

（4）力学性能　PA9T的韧性可以和全脂肪族聚酰胺相媲美，其断裂伸长率、弯曲变形和缺口冲击强度与PA46相当。韧性与耐冲击性能优于PA6T。

（5）应用　PA9T兼具脂肪族和芳香族聚酰胺特点，具有较高的结晶速率、良好的尺寸稳定性和高刚性等优异性能，适于制造汽车和机械工业的轴承支架、传动齿轮等结构部件。PA9T吸水率低，尺寸稳定性优于PA46，加热时的尺寸稳定性显著优于改性PA6T。这一特性使其成为电气电子领域的理想材料，也在计算机、移动电话等信息设备中得到广泛应用。

3.5.1.3　聚酰胺10T

PA10T是国内由金发科技股份有限公司率先实现商业化生产的半芳香族聚酰胺树脂（商品牌号Vicnyl），由癸二胺与对苯二甲酸经缩聚制得。其中单体癸二胺来自蓖麻油，约占聚合用单体的50%，因此PA10T也是一种生物基塑料。PA10T与PA9T分子结构相似，都有长碳链结构，结构式如下：

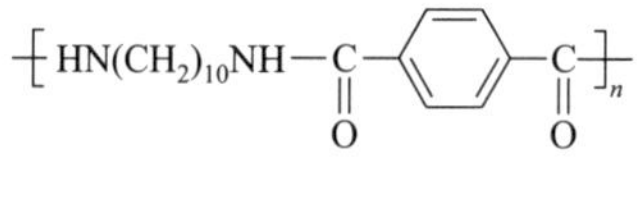

（1）低吸水性、高尺寸稳定性　PA10T与PA610吸水率接近，显著低于PA46、PA6、PA66、PA6T、PA9T（图3-10），略高于PA11和PA12，是商品化高温聚酰胺材料中吸水率最低的品种。此外，长碳链的脂肪结构使PA10T具有较好的结晶性，所以其

制品在吸水、受热或潮湿环境下的力学性能和尺寸稳定性基本不下降。

（2）高耐热性 PA10T 作为一种均聚物，具有结晶度高、玻璃化转变温度高的特点，在超过玻璃化转变温度后仍能保持较好的稳定性，同时在高温时有优异的力学性能。PA10T 的高熔点使其具有良好的耐回流焊性，在 280℃高温下不起泡，非常适合于表面焊接工艺。

（3）高耐化学性 PA10T 对汽车机油、燃料甲醇、有机溶剂、热水等介质均表现出良好的耐受性，尤其对长效防冻液（LLC，DEX-COOL，Premixed 50%）具有优异的抵抗能力，相关性能如图 3-29 所示。

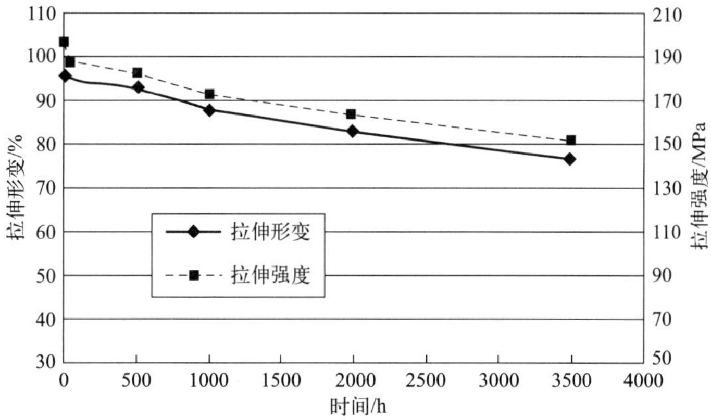

图 3-29 Vicnyl PA10T 的长期抗冷冻液性能（测试标准 GMW 3038，125℃）

（4）优良的成型加工性 PA10T 流动性好，结晶速度快，适合于快速薄壁成型。

（5）应用 PA10T 具有优异的抗蠕变性能、机械强度、刚性，以及出色的高温抗疲劳性、耐化学腐蚀性能及良好的加工性能。适于制造对耐热和耐腐蚀要求较高的制件，如汽车领域的引擎箱、燃油系统配件、动力换向装置、滚动轴承架、中间冷却器罐、发动机支架、低摩擦系数的滑动配件以及汽车连接器等；电子电气领域的连接器与电机部件，还可用于耐腐蚀、耐油、耐高温等场合，如航空、航天、军工、化工等领域。

（6）原料来源 PA10T 最显著的优势在于其原料癸二胺来源于非食用农作物蓖麻油，是一种兼具绿色环保和可再生循环的聚酰胺新材料。

3.5.1.4 聚酰胺 MXD6

PAMXD6，是由间苯二胺（MXDA）与己二酸反应得到的一种结晶型半芳香族聚酰胺，结构式如下：

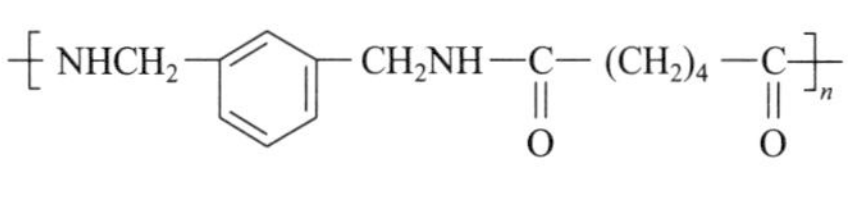

PAMXD6 最早由日本东洋纺公司开发，起初主要用于纤维，20 世纪 80 年代日本三菱化学公司开发了其在阻隔性包装材料及工程结构领域的应用，其主要特征如下。

① 熔点 237℃，相对密度 1.22g/cm^3，玻璃化转变温度 85℃，热膨胀系数小，仅为 5.1×10^{-5}℃$^{-1}$，与金属相近；可在很宽的温度范围内，保持高强度、高刚性。

② 涂装性优异，特别是高温烧结涂层。

③ 优良的耐药品性、阻隔性、消震性，可作为贵重设备和精密仪器的包装材料。PAMXD6阻隔性随着温度和湿度的变化小，即使在高湿度下仍能保持高阻隔性。PAMXD6耐氯化钙应力开裂以及耐汽油、甲醇等化学品性良好，用于制作汽车底盘、挡泥板等零部件时，性能优于PA6和PA66。

④ 吸水率低且吸水后尺寸变化小，机械强度变化小，尺寸稳定性好，成型收缩率很小，适宜精密成型加工。

⑤ PAMXD6具有优异的力学性能和热性能，兼具高强度、高模量、高耐热、高阻隔性及优良的耐蒸煮性，在汽车工业中可用于制作汽车外壳、车体、大梁和底盘等部件；还可用于精密仪器仪表、医药化工包装以及防潮、消震的软垫及发泡板材等。PAMXD6采用玻璃纤维增强以后，其机械强度和热性能显著提高，与其他玻璃纤维增强工程塑料性能比较见表3-37。

表3-37 玻璃纤维增强工程塑料的性能比较

性能	PAMXD6①	PA6	PA66	PET	PBT
玻璃纤维质量分数/%	30	30	30	30	30
处理状态	干燥（65%RH）	干燥（65%RH）	干燥（65%RH）	干燥	干燥
密度/(g/cm^3)	1.46	1.36	1.38	1.61	1.52
吸水率(水中,24h,23℃)/%	0.2	0.8～1.1	0.03	0.01	
吸水率(65%RH,平衡)/%	2.0	2.5	2.2		
热变形温度(0.46MPa)/℃	232	205	260	240	214
线膨胀系数/$\times10^{-6}$℃$^{-1}$	1.5	2.2	2.6	1.8	2.9
热导率/[kJ/(m·h·℃)]	0.13	0.23	0.28	0.19	0.15
成型收缩率/%	0.51	0.4～0.8	0.2～1.0	0.2～1.0	0.4～1.1
拉伸强度/MPa	206	166	175	124	129
伸长率/%	2.0	3.3	2.0	1.5	2.3
拉伸弹性模量/MPa	12100	9300	10500	9300	8800
弯曲强度/MPa	261	242	239	164	199
弯曲弹性模量/MPa	11800	8200	8300	9000	8900
压缩强度/MPa	245	128	171	122	129
Izod冲击强度/(kJ/m^2)					
缺口	0.84	0.87	0.82	0.42	0.67
无缺口	6.1	10.9	9.1	1.4	6.5
拉伸冲击强度/MPa	14.3	12.2	13.3	6.5	14.1
洛式硬度(M)	112	93	98	91	94
锥度磨耗(CS-17)/[mg/(1000次)]	23	28	30	33	58

① 三菱瓦斯化学公司。

注：1kJ/(m·h·℃)=1.16W/(m·K)。

3.5.2 全芳香族聚酰胺

全芳香族聚酰胺分子链中酰胺键的两端直接与芳香环相连，主要品种有聚对苯二甲酰对苯二胺（PPTA）、聚间苯二甲酰间苯二胺（PMIA）和聚对苯甲酰胺（PBA）。由于其主链有大量芳环结构，因此分子链呈刚性，具有高耐热、高熔融温度、高强度和高耐化学药品性。全芳香族聚酰胺种类繁多，具有实用价值并已开发成功的主要有 PPTA（我国称为“芳纶Ⅱ”或芳纶 1414）和 PMIA（我国称为芳纶 1313）。与其他聚酰胺的命名规则不同，全芳香族聚酰胺的数字部分表示高分子链节中酰胺键与苯环上的碳原子相连接的位置，而不再是合成单体的碳原子数。

3.5.2.1 聚对苯二甲酰对苯二胺

PPTA 是典型的全芳香族聚酰胺，以对苯二胺和对苯二甲酰氯为原料聚合而成，结构式如下：

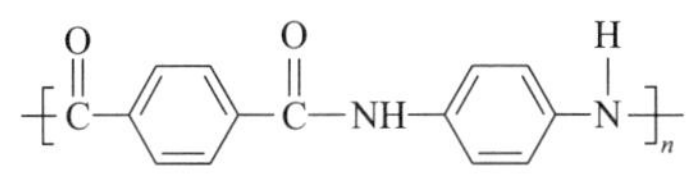

PPTA 分子结构具有高度的对称性和规整性，其分子链由苯环和酰胺基团按规律有序排列组成，分子之间有很强的氢键，且分子结构上的酰胺基团与苯环形成共轭效应，其内旋转位能相当高，分子链节呈平面刚性伸直状态，这种结构特点赋予 PPTA 优异的热稳定性、耐化学药品性，独特的溶致液晶性和出色的力学性能；然而 PPTA 分子链的高刚性、高结晶度，使其压缩强度和压缩模量较低，表面结合性能差，且在有机溶剂中的溶解性较低，加之熔点过高，限制了其生产和应用，因此目前多用作改性增强材料。PPTA 的主要性能特点如下。

（1）高耐温性　PPTA 的玻璃化转变温度在 345℃左右，热变形温度为 275℃，热收缩小，尺寸稳定性高；在 200℃以下性能几乎保持不变，随着温度上升，PPTA 逐步发生热分解或碳化，其分解温度大约 560℃；极限氧指数（LOI）为 28%～30%，阻燃级别为 V-0，为自熄性材料。

（2）优异的力学性能　PPTA 的拉伸强度为 221MPa，弯曲强度为 310MPa，弯曲弹性模量为 12GPa，优于其他热塑性工程塑料。PPTA 在很宽的温度范围内具有优良的力学性能，如强度、韧性、抗蠕变性、耐疲劳性，且质量轻。在－45℃下仍具有与室温相当的韧性，其比强度为钢丝的 5 倍，因此可替代金属用于多种结构部件；在 50%相对湿度、310MPa 下，其挠曲强度和模量仍大于 13800MPa。

（3）耐化学药品性　PPTA 能耐大多数酸、碱、盐、液体燃料、润滑油、液压油、化学药品等。但浓度为 98%的硫酸可将其溶解，因此，纺丝时采用浓硫酸为溶剂。

（4）高尺寸稳定性　PPTA 树脂吸湿 6%后，尺寸增加 1%，但其玻璃化转变温度不受影响；相比之下，PA66 在 23℃吸湿 8.9%后，其玻璃化转变温度从 65℃降至－20℃，尺寸则增加 2.3%。与其他工程塑料相比，PPTA 树脂的热膨胀系数小，其收缩率更为均匀，也很少发生翘曲和凹陷，具有优良的尺寸稳定性和低翘曲性。

（5）产品特性及应用　PPTA主要用于制造超高强度耐高温纤维、防护服装 、工业滤布、蜂窝制件、层压板、高温管线及电动机零部件等；也可作塑料，制成薄膜和层压材料。PPTA可作为增强材料来提高材料的强度、耐磨性、耐高温性和可加工性，如用PPTA增强的PA66的强度比聚苯硫醚高57%，耐磨性可与普通聚酰胺媲美，耐疲劳性更优；制成薄膜的强度高于聚酰亚胺薄膜，并呈现出优良的韧性。此外，PPTA增强材料还能有效降低噪声和振动，减轻制品的重量，尤其适合做高性能的摩擦与密封材料。另外，由于PPTA的高强度和高阻燃性，特别适合做防护材料，采用PPTA单层织物和多层席纹织物重叠可以达到良好的防弹效果，用作防弹背心、头盔及装甲车内部装饰用织物。表3-38列出了Kevlar、Twaron和Technora等三种PPTA的性能。

表3-38　PPTA的性能

种类	密度/(g/cm^3)	拉伸强度/GPa	拉伸模量/GPa	伸长率/%	LOI/%	耐热性/%	耐碱性/%	耐酸性/%	吸湿率/%
Kevlar29	1.44	2.9	71.8	3.6	29	75③		10	7.0④
Kevlar49	1.45	2.8	199	2.4	29	75③		10	4.5④
Kevlar119	1.44	3.1	54.7	4.4	29				7.8
Kevlar129	1.44	3.4	96.6	3.3	29				6.5
Kevlar149	1.47	2.3	144	1.5	29				1.5
Twaron标准型	1.44	2.8	80	3.3	29	90①			7.0
Twaron高模量型	1.45	2.8	125	2.0	29	90①			3.5
Technora	1.39	3.4	72	4.6	29	75②	84	9	3

① 200℃,48h。

② 200℃,1000h。

③ 200℃,100h。

④ 55%相对湿度(RH),23℃。

3.5.2.2　聚间苯二甲酰间苯二胺

PMIA是酰胺基团与间位苯基相互连接所构成的聚酰胺大分子，与PPTA相比，间位连接的共价键没有共轭效应，内旋转位能相对较低，大分子呈现柔性结构，其弹性模量的数量级和其他柔性大分子处于相同水平。PMIA的结晶结构属于三斜晶系，结晶结构如图3-30所示，其晶胞参数为：$a=0.527$nm，$b=0.525$nm，$c=1.13$nm，$\alpha=111.5°$，$\beta=111.4°$，$\gamma=88.0°$，$Z=1$，由结晶结构计算的结晶密度ρ为$1.47g/cm^3$；在PMIA的结晶结构中，氢键存在于晶体的两个平面上，呈格子状排列。因PMIA大分子具有高取向度与结晶度，且玻璃化转变温度高达270℃以上，导致织物染色困难；同时，其熔点高于分解温度，也难以通过熔融纺丝加工；与其他聚酰胺类似，PMIA的耐光性也较差，因此需通过改性后与其他材料一起使用。PMIA具有如下特点。

（1）耐热性　PMIA的玻璃化转变温度为270℃，可在100～200℃长期使用，热分解温度为400～430℃。在氮气或空气中，400℃时PMIA的失重小于10%，在427℃以上开始快速分解；200℃以下使用20000h，强度仍能保持初始值的90%，在260℃的热空气中可以连续工作1000h，强度保持率可达66%～70%，耐热性明显优于脂肪族聚

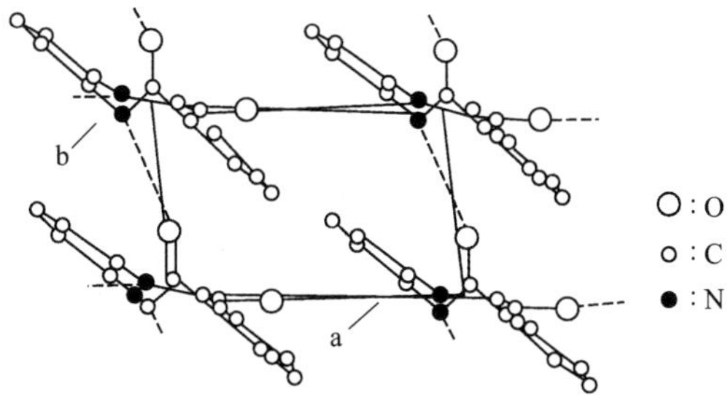

图 3-30　PMIA 的结晶结构

酰胺。

（2）尺寸稳定性　PMIA 尺寸稳定性优异，在 250℃下的热收缩率小于 1%；即使长时间处于 300℃以下，热收缩率也仅为 5%～6%；此外，PMIA 耐湿热性特别突出，在 120℃湿热条件下处理 1000h 以上仍能保持初期物性值的 60%以上。

（3）阻燃性　PMIA 在火灾发生时不会助燃，移开火焰它便会自熄，极限氧指数约为 30%，闪点 630℃，着火点 800℃以上；当温度超过 400℃时，PMIA 纤维会逐渐碳化形成隔热层，能阻挡外部的热量传入内部，起到有效的保护作用；并且燃烧时烟及其他有毒气体的产生量比其他有机纤维少得多，是阻燃性最好的纤维；在 900～1500℃高温下，能产生特殊的隔热及防护效果。用其制成的衣服表现出优良的防火效果，遇到火灾时不会自燃或熔化而附着于皮肤上，因此在防护领域应用广泛。

（4）耐化学药品性　PMIA 化学结构稳定，对化学品腐蚀、蒸汽或水解均有良好耐受性，可用于高温过滤集尘和工业洗衣机领域。

（5）耐低温性能　即使温度降低到－35℃，性能没有任何下降。表 3-39 为 PMIA 与 PA66 的性能比较。

表 3-39　PMIA 与 PA66 的性能

项目	试验方法	PA66(30%GF)	PMIA(非增强)
T_m/℃		260	400
T_g/℃		50	275
密度/(g/cm^3)		1.37	1.33
吸水率(24h)/%	ASTM D570	1.0	2.0
拉伸强度/MPa	ASTM D638	170	100
断裂伸长率/%	ASTM D638	5	
弯曲强度/MPa	ASTM D790	240	150
弯曲模量/MPa	ASTM D790	8000	4000
缺口冲击强度/(J/m)	ASTM D256	80	28
洛氏硬度	ASTM D785	K121	M125
热变形温度(1.82MPa)/℃	ASTM D648	240	260
线膨胀系数/(×10^{-5}/℃)	ASTM D696	3.0	3.6
长期耐热温度(带冲击)/℃		125	220

续表

项目	试验方法	PA66(30%GF)	PMIA(非增强)
阻燃性(UL94)		HB	V-0
体积电阻率/Ω·m	ASTM D257	10^{15}	10^{15}
介电强度/(kV/mm)		60	25
介电常数(10^6Hz)	ASTM D150		4.5
耐电弧性/s		114	

（6）应用　PMIA纤维是目前世界上产量最大、应用最广的耐高温芳纶。它的用途主要集中在热防护服、滤材、阻燃装饰布及航空航天等尖端领域。以PMIA纤维为原料的防护服包括产业用、军用、消防用。作为滤材，连续最高使用温度可达204℃。PMIA可以作为H级的耐高温电器绝缘纸和制造蜂窝结构材料，还广泛应用于民用产品，如阻燃的纺织装饰材料、床上用品等。目前，国际上PMIA纤维产业化生产主要以美国杜邦Nomex、日本帝人Conex、俄罗斯Fenelen为主。随着我国社会经济的发展，对PMIA纤维的需求不断增长，因此，研究其聚合、纺丝新工艺，全面深入探讨PMIA及其共聚体聚合纺丝成型的基本规律和纤维的结构及性能，对我国芳纶1313的产业化有极其重要的意义。

3.6 其他聚酰胺

3.6.1 透明聚酰胺

透明聚酰胺是一种几乎不结晶或者结晶速度非常慢的特种聚酰胺，具有透光率高（透光率在90%以上）、抗冲击强度和热稳定性好、耐化学药品腐蚀、吸水率低等优点。1960年，德国Dynamit Nobel公司率先实现了透明聚酰胺的生产，商品名为Trogamid® T，不仅具有较好的透光率，还具有良好的尺寸稳定性和耐腐蚀性。1978年，荷兰Philips开发了商品名为PACP-9/6的透明聚酰胺，这款透明聚酰胺的透光率与光学玻璃不相上下；1999年，瑞士EMS公司开发了商品名为Grilamid® TR55的透明聚酰胺，相比于其他透明聚酰胺，其综合性能得到较大提升，应用领域包括镜框、汽车配件及设备观察口等。近年来，随着电子电气、光学器件、医疗器械和高端包装等领域对高性能透明材料需求的快速增长，透明聚酰胺的研究与开发受到越来越广泛的关注，成为高性能工程塑料的重要研究方向之一。

根据分子链结构的不同，透明聚酰胺可分为脂肪族透明聚酰胺和芳香族透明聚酰胺。

脂肪族透明聚酰胺一般通过在主链中引入长碳链、脂肪环或大体积侧基等结构，以增加分子链的空间位阻和不对称性，从而显著降低其结晶能力和结晶度，并形成微晶结构。常采用的含脂环结构或大体积侧基的单体有4,4′-异丙基二环己胺（PACP）、3,3′-二甲基-4,4′-二氨基二环己基甲烷（MACM）、4,4′-二氨基二环己基甲烷（PACM）、1,3-环己二甲胺（1,3-BAC）、三甲基-1,6-己二胺（TMD）等。芳香族透明聚酰胺主要指半芳香族透明聚酰胺，全芳香族透明聚酰胺因生产难度较大，价格较为昂贵，并未实现工业化生产。半芳香族透明聚酰胺一般由芳香族二元酸（如对苯二甲酸、间苯二甲酸等）与脂肪族二元胺缩聚制得。常见透明聚酰胺的生产企业及单体见表 3-40。

表 3-40　常见透明聚酰胺的生产企业及单体

商品名	生产厂家	化学名称	单体	用途
Grilamid TR90	EMS	PAMACM12	十二碳二酸、MACM	家居用品
Grilon CF 7	EMS	PA6/12	己内酰胺、氨基十二酸	食品包装、热熔胶
Trogamid T	Degussa	PATMDT	对苯二甲酸、TMD	光学仪器、精密仪表、包装薄膜
Trogamid CX	Degussa	PAPACM12	十二碳二酸、PACM	太阳镜镜片、可接触食品包装材料
Selar PA3426	DuPont	PA6I/6T	对(间)苯二甲酸、1,6-己二胺	刚性复合包装材料
Zytel 330 NC010	DuPont	PA6T/PACMT	对苯二甲酸、1,6-己二胺、PACM	透明管材
Rilsan Clear G830	Arkema	PA11/MACM10	癸二酸、氨基十一酸、MACM	眼镜架
Durethan T40	LANXESS	PA6I/6	间苯二甲酸、己二酸、1,6-己二胺	透明管材
UBE NYLON 5034	UBE	PA6/66	己内酰胺、己二胺、己二酸	食品包装
PACP-9/6	Philips	PAPACP/9/6	己二酸、壬二酸、PACP	耐高温包装材料

3.6.1.1　脂肪族透明聚酰胺

脂肪族透明聚酰胺的合成原料是含有脂环结构的脂肪族单体，这类单体可以是简单的脂环结构，也可以是带有侧基的脂环结构。脂环的引入大大降低了聚酰胺链段的规整性，从而削弱其结晶能力，在保证其力学性能和热性能的前提下，使材料形成微晶或者呈无定形态，从而在宏观上表现出透明性。

PAPACM12 是一种常见的含脂环结构的脂肪族透明聚酰胺产品，如 Degussa 公司推出的 Trogamid CX 系列产品，其合成单体是 PACM 与十二碳二酸，以永久透明性和极佳耐化学性能著称，其化学结构式如下：

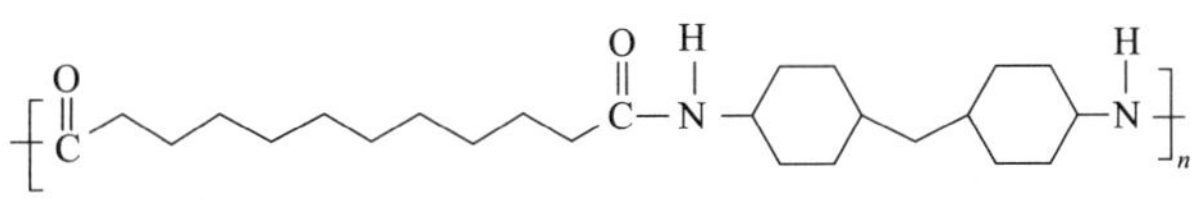

Trogamid CX 系列产品是一种耐久、透明、可结晶的聚酰胺，其熔体流动速率可达 $204cm^3/10min$，T_g 和 T_m 分别为 140℃和 250℃，常温下屈服强度为 60MPa，拉伸强度一般大于 50MPa，拉伸模量为 1400MPa，屈服伸长率和断裂伸长率分别在 8%和 50%以上，冲击强度可以达到 $16kJ/m^2$，兼具优异的强度与韧性。更为重要的是，该材料具有

卓越持久的透明性及优异的光学性能，其在可见光范围内（400～750nm）的透光率可达91%（1mm厚样品），折射率达1.516，平均色散值为45，完全可以应用于太阳镜、光学仪器等对光学性能要求较高的领域。

美国Philips公司研发的PAPACP/9/6是最具有代表性的含侧基的脂环结构的脂肪族透明聚酰胺产品，由PACP和壬二酸与己二酸共缩聚制得，其结构式如下：

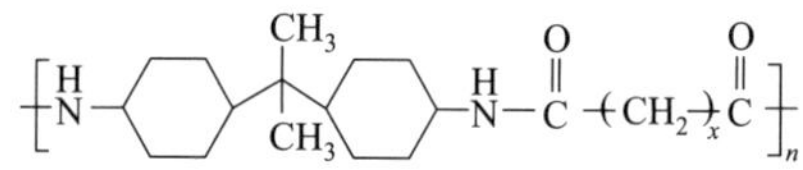

x=7或4

PAPACP/9/6的T_g为185℃，透光率达92%，与光学玻璃相当，同时还具有较高的拉伸强度（83.2MPa）、冲击强度（15kJ/m^2）及典型的工程塑料的刚性（弯曲模量2185MPa）等。此外，PAPACM/9/6对湿度并不敏感，其吸水率（1%，水中）甚至比公认低吸水率的PA12（1.5%，水中）还要低。虽然PAPACP/9/6具有比较高的T_g，但其可采用普通注塑机加工，还可以在一般设备上进行挤出和吹塑成型。

3.6.1.2 芳香族透明聚酰胺

芳香族透明聚酰胺主要由对苯二甲酸或间苯二甲酸与脂肪族直链二元胺或者含脂环二元胺单体共缩聚而成。

DuPont公司的Selar PA3426是典型的不含脂环结构的芳香族透明聚酰胺，由己二胺与间苯二甲酸和对苯二甲酸混合物共聚而成，其结构式如下：

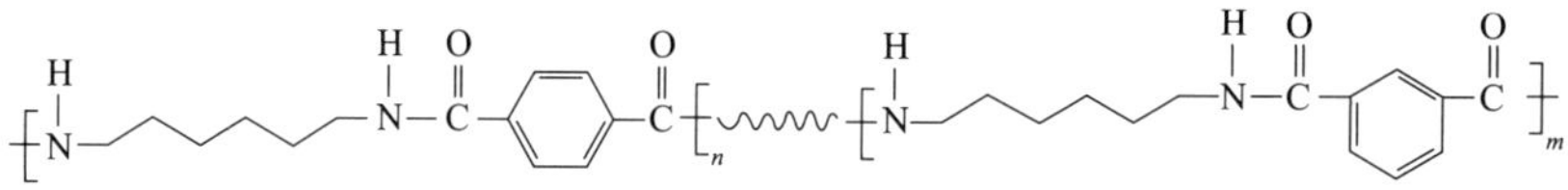

Selar PA3426具有较高的透明性，对气体、水溶剂、油类产品都有良好的阻隔性能，其T_g为125℃，可使用一般的挤出设备、注射设备或吹塑设备加工，多适用于包装应用领域。

Degussa公司推出的Trogamid T与BX系列产品是典型的含脂环结构的芳香族透明聚酰胺，由TMD与对苯二甲酸缩聚制得，其化学结构如下：

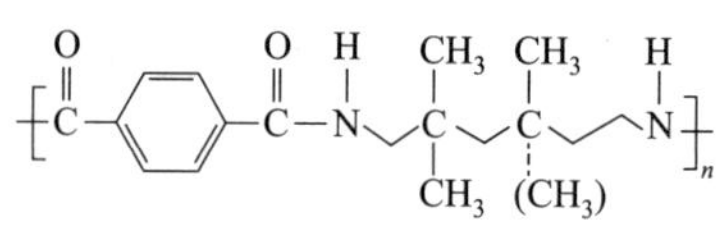

Trogamid T系列产品是一种无定形的、具有永久透明性和优异综合性能的聚酰胺产品，其屈服强度和拉伸模量分别高达90MPa和2800MPa，远高于Trogamid CX系列产品，冲击强度与之相当，为12kJ/m^2，T_g为150℃。在光学性能方面，在可见光波长范围内，其透光率在90%左右，折射率为1.566。与Trogamid CX系列产品相比，其以更好的机械稳定性、热稳定性、高黏度及优良的电学性能，广泛应用于电子工程领域（如高压开关外壳、电池密封、继电器外壳）和机械工程领域（如流量计、液位指示剂及剂量和流量设备）的阀组和常用控制块等。常见透明聚酰胺与其他材料性能对比见表3-41。

表 3-41　常见透明聚酰胺与其他材料性能对比

项目	Trogamid T	PAPACP/9/6	Grilamid TR55	Isonamid PA7030	PA66	PA612	PC	聚砜
密度/(g/cm^3)	1.12	1.06	1.06	1.17	1.14	1.07	1.20	1.24
T_g/℃	148	185	160	125	66		150	150
线膨胀系数/($\times10^{-5}$℃$^{-1}$)	6.0		7.8	7.0	8.5		7.0	
热变形温度(1.82MPa)/℃	124	160	124	120	75	90	135	174
拉伸强度/MPa	69	84.5	75～80	73	75.5	53.9	60.8	77.2
拉伸断裂伸长率/%	130	50～100	50～150	80～120	68	232	112	113
弯曲弹性模量/GPa	2700	2200	1750	2110	2700	1800	2500	2600
悬臂梁冲击强度/(J/m)								
缺口	100～150	54	60	54～130	49	33	87	54
无缺口	不断	不断	不断	不断	不断		不断	不断
体积电阻率/Ω·cm	$>10^{14}$	1.1×10^{11}	3×10^{13}	1.7×10^{15}	5.6×10^{9}	3.8×10^{12}	2.1×10^{16}	5×10^{16}
介电常数(10^3Hz)	3.5	3.9	3.0	4.29	8.1	3.4	3.0	3.1
介电损耗角正切(10^3Hz)	0.028	0.027	0.012	0.025	0.29	0.023	0.002	0.001

3.6.2 铸型聚酰胺

铸型聚酰胺，简称 MC 尼龙，是 20 世纪 60 年代初开发成功的一种工程塑料。与常规 PA6 相比，其在制备工艺、结构与性能方面具有以下显著区别：采用己内酰胺阴离子聚合，流程短、能耗低、设备利用率高，而常规 PA6 采用水解聚合；采用反应成型（如浇铸、RIM、反应挤出），可制造大型、厚壁制品，无尺寸限制，而常规 PA6 采用熔融加工（注塑、挤出）成型；分子量达 7×10^4～10×10^4，机械强度、韧性更高，而常规 PA6 分子量一般小于 3×10^4；结晶程度很高，一般超过 50%，因此刚度、硬度、耐磨性、耐热性更优，而常规 PA6 结晶度一般小于 40%；聚合与成型同时进行，产品均匀性、尺寸稳定性较好，而常规 PA6 加工经历二次熔融，可能存在取向和内应力；吸水性较小，受环境湿度影响小，尺寸稳定性优于常规 PA6。

此外，MC 尼龙还具有以下综合性能特点。

(1) 低密度　密度为 1.15～1.16g/cm^3，约为钢的 1/7，铜的 1/8，合金铝的 2/5。质轻，有助于减轻运动部件惯量，降低动力消耗，简化维护。

(2) 力学性能优异　具有良好的回弹性，能够弯曲而不变形，同时能保持韧性，抵抗反复冲击；强度高，能承受长期负荷，并具有优良的机械加工性能。

(3) 耐磨自润滑　摩擦系数为 0.1～0.4（单位面积压力 6.87～0.98MPa)，初期轻微磨损后即进入稳定阶段，自润滑性能优于青铜、铸铁、碳钢及酚醛层压板，适用于无油或脱油润滑工况，且不易损伤对磨件，常用于辊筒、轴承、轴套等部件。

(4) 吸声减震　弹性模量远低于金属，对振动衰减能力强。与钢齿轮相比，铸型尼龙齿轮噪声可降低 10～15dB。

（5）化学稳定性好　耐碱、醇、醚、碳氢化合物、弱酸、润滑油、洗涤剂及水（包括海水），无毒无味，不锈蚀，适用于制造食品、纺织、环保等领域的机械零部件。

MC 尼龙与常规 PA6 的性能对比见表 3-42 。

表 3-42　MC 尼龙与常规 PA6 的性能对比

项目	常规 PA6	NYLACAST 公司 MC 尼龙	DuPont 公司 MC 尼龙	DSM 公司 MC 尼龙	国产 MC 尼龙	备注
密度/(g/cm³)	1.14	1.16	1.32	1.15	1.18	
拉伸强度/ MPa	60～75	71～89	82.7～110.3	78.6～88.2	80.3～98.6	23℃,50%HR
弹性模量/GPa	1.2～1.3	4.8～5.2	1.3～2.6	2.7～4.1	3.8～4.6	23℃,50%HR
压缩强度/ MPa	82	123～158	162～228	110～126	124～168	
弯曲强度/ MPa	88	128～178	145～168	130～166	128～175	
冲击强度/(kJ/m²)	>3.1	>7.6	>7.9	>12	>17	23℃,50%HR
伸长率/%	15～20	4	4～5	12～14	4～6	
硬度(HB)	8～12	M82～M103	M90～M103	M70～M86	14～24	
磨损/mg	6～8	4.6～5.2	3.4～3.6	4.1～5.2	3.6～4.1	
摩擦系数	0.3～0.4	0.09～0.3	0.15～0.32	0.1～0.2	0.04～0.25	油润滑状态 0.002～0.1
体积电阻率/Ω·m	10^{14}	>10^{12}	10^{15}	10^{14}	10^{14}	
介电强度/(kV/mm)	>18	>20	>18	>15	>16.5	
热变形温度/℃	55	155～165	196～210	148～160	188～200	1.8MPa

目前，MC 尼龙在许多领域中正逐步替代铜、铝、钢铁等金属材料，广泛用于机械、石油化工、纺织、交通、建筑、冶金等行业。

3.6.3　聚酰胺弹性体

聚酰胺弹性体（TPAE）是一种含有聚酰胺硬段和脂肪族聚酯或聚醚软段的嵌段共聚物，具有拉伸强度高、弹性恢复性好、抗冲击强度高、耐低温性优异、易于加工等特性，可用作气体分离膜、结构泡沫、纤维增韧剂、抗静电剂，应用于运动鞋材、消费电子、汽车、医疗器械、眼镜等领域，应用前景较好。

根据硬段组分的不同，TPAE 可分为短碳链 TPAE，包括 PA6 型、PA66 型等，以及长碳链 TPAE，包括 PA12 型、PA11 型等，其中 PA12 型 TPAE 最为常见。PA12 型 TPAE 属于高端产品，具有优异的耐腐蚀性和良好的加工性，常被用来代替硅橡胶和氟橡胶。根据软段组分的不同，TPAE 可分为聚醚嵌段酰胺、聚酯嵌段酰胺、聚醚酯嵌段酰胺，其中市场中 TPAE 几乎全部为聚醚酯嵌段酰胺。

TPAE 兼具橡胶与塑料的基本性能，其密度为 1.00～1.12g/cm³，邵氏硬度为 65～72，拉伸强度为 15～55MPa，断裂伸长率为 390%～580%，具有拉伸强度高、弹性恢复性好、低温抗冲击强度高、耐低温性优异等特点。TPAE与苯乙烯类热塑性弹性体(TPEs)、聚氨酯类热塑性弹性体(TPEU)、热塑性动态硫化橡胶(TPEV)、热塑性聚酯弹性体(TPEE)等的性能对比见表3-43。

表3-43 常见弹性体性能对比

弹性体类型	密度/(g/cm^3)	硬度	拉伸强度/MPa	断裂伸长率/%	热稳定性	阻燃性	耐水解性	加工性
TPEs	0.90～1.10	0～95A	0.5～20	300～1000	o/+	—	+	+
TPEU	1.10～1.25	60A～74D	20～60	200～600	o/+	+	+	o
TPEV	0.92～1.10	64A～95A	5～25	120～500	+	o	+	—
TPEE	1.10～1.26	25D～75D	15～50	300～700	+	+	o	+
TPAE	1.00～1.12	65A～72D	15～55	390～580	o	+	+	+

注：+表示好，o表示一般，—表示差。

与TPEU、TPEE、TPEs等热塑性弹性体相比，TPAE有着更好的综合性能，其密度比TPEU、TPEE小，略大于TPEs、TPEV，用作鞋材时质量更轻；拉伸强度、断裂伸长率与TPEU接近，优于TPEs、TPEV，强度高、韧性好；加工性能优于TPEU、TPEV，可采用注射、挤出、吹塑及旋转模塑工艺成型加工，并可进行填充复合改性，以适应各种功能性用途。

此外，TPAE因含有亲水的聚醚软段，且软段可以与某些碱金属盐产生协同抗静电效果，抗静电性优异；作为添加剂，与PA66、PA6、聚乳酸(PLA)、聚对苯二甲酸乙二醇酯(PET)、聚甲醛(POM)等进行接枝、嵌段、互穿网络、共混可制备多相复合材料，大幅提高材料的抗冲击强度；对二氧化碳有很好的亲和性，用作气体分离膜时可以促进二氧化碳渗透，且力学性能好，可重复弯折；发泡性能优异，发泡密度仅为0.10g/cm^3，小于TPEE(0.12g/cm^3)、TPEU(0.15g/cm^3)，且生产绿色环保、发泡材料可回收利用，目前已应用于耐克Zoom X跑鞋、李宁飞电跑鞋中底。

3.6.4 支化聚酰胺

支化聚酰胺是指在传统线型聚酰胺分子链的基础上，通过引入具有三个或更多官能度的单体，形成三维支化结构的聚合物。根据支化度与结构，可分为具有单一支化点的星形支化、多个支化点的无规长链支化和超支化3种结构。若按照支化单体类型划分，则主要包括基于多官能酸(如均苯三甲酸、偏苯三甲酸等)、多官能胺(如二乙烯三胺、三乙烯四胺、聚乙烯亚胺等)、AB2型单体[如双(2-氨基乙基)氨基乙酸、赖氨酸等)]合成的支化聚酰胺。

与传统的线型聚酰胺相比，支化聚酰胺在分子结构和性能上展现出根本性差异。在流变行为方面，线型聚酰胺的熔体强度较低，在吹塑、发泡等加工中易发生垂伸现象，而支化结构则显著提高了熔体强度，有助于维持制品形状；同时，支化聚酰胺在低剪切速率下黏度更低，充模能力更强，并表现出明显的“剪切变稀”效应，从而在加工过程中具有更好的流动性和更低的能耗。在力学性能方面，支化结构能有效终止裂纹扩展，从而使材料拥有比线型聚酰胺更优异的韧性和抗冲击性，但其刚度和拉伸强度可能略有降低。此外，支化结构破坏了分子链的规整性，导致其结晶度和结晶速率下降，这一特点不仅有助于提高材料的透明性，也能减少因结晶不均引起的内应力，从而提升尺寸稳定性。

DOMO公司Technyl Star系列产品是目前市场上最具代表性的支化聚酰胺产品，包括以PA66为基体的Technyl Star A系列及以PA6为基体的Technyl Star C系列。与常规PA6或PA66相比，该系列产品在保持优异力学性能的同时，熔体流动速率提升20%～50%，能填充极其复杂的型腔；具有极高的力学性能保持率，其拉伸强度、弯曲模量和冲击强度几乎与常规产品持平，如Technyl Star A218 V30（30%玻璃纤维增强）的拉伸强度为190MPa左右；具备出色的耐热性能，能满足发动机舱内的高温环境要求，如基于PA66的Technyl Star A系列产品热变形温度（1.8MPa）高达255℃以上；特别适用于制造大型、薄壁、结构复杂的部件，如汽车发动机周边部件（集气箱、盖板）、电子电气连接器、智能家居设备外壳等。

国内在支化聚酰胺的研发方面也取得了显著进展，郑州大学以十二内酰胺为单体，均苯三甲酸为支化单体制备了支化PA12，其与常规线型PA12的性能对比见表3-44。与相应分子量的线型PA12相比，支化PA12的拉伸强度和弯曲强度基本持平，冲击强度保持率在80%以上，断裂伸长率降低了25%，相对黏度降低了17%，熔体流动速率提高了近13倍，平衡转矩减小了近92%，表现出较好的流动性。

表3-44　线型PA12与无规支化PA12的性能对比

项目	线型PA12	支化PA12
数均分子量	1.4×10^4	1.4×10^4
相对黏度	1.8	1.5
熔体流动速率/(g/10min)	1.2	17.1
拉伸强度/MPa	49	46
断裂伸长率/%	2.4	1.8
弯曲强度/MPa	34	33
缺口冲击强度/(kJ/m^2)	5.5	4.5
平衡转矩/(N·m)	4.7	0.4

聚酰胺的性能与其分子链中的酰胺键及链结构密切相关。酰胺键能形成强氢键网络，赋予材料高机械强度、刚性与耐热性；而链段本身的化学结构与排列方式则直接决定了材料的结晶行为与最终应用特性。通过精准调控分子链结构，可实现聚酰胺性能的优化：柔性脂肪链赋予韧性，但其规整排列易导致结晶度升高和吸水性增强；引入刚性芳香环可显著提升耐热性与尺寸稳定性，并利用间位结构破坏规整性来获得透明性；采用脂环族二胺（如PACM）可在保持高透明、高耐热的同时，进一步增强材料的耐水解性；构建支化结构则能在维持力学性能的同时大幅提升熔体流动性，有效解决大型复杂构件的成型难题。

参考文献

[1] 何曼君,陈维孝,董西侠．高子物理[M]. 上海:复旦大学出版社,1990.

[2] G. W. 艾伦斯坦．聚合物材料[M]. 北京:化学工业出版社,2007.

[3] 彭治汉,施祖陪．塑料工业手册聚酰胺[M]. 北京:化学工业出版社,2001.

[4] 朱福海．聚酰胺的结构性能和应用发展[J]. 合成材料老化与应用,1987(2):38-46.

[5] 梁恕湘．聚酰胺 6 单体对结构和性能的影响[J]. 电子显微学报,1986(3):213.

[6] 胡俊玲,宋恩兰．聚酰胺共混物的结构与性能[J]. 合成树脂及塑料,1994(4):57-60,66.

[7] 顾春香,屠天民,齐开宏,等．锦纶纤维结构与染色性能关系的研究[J]. 印染,2001(11):11-14.

[8] 尤秀兰,刘兆峰．聚对苯二甲酰对苯二胺及其共聚体纤维的成型新技术[J]. 高分子通报,2003(6):65-73.

[9] 张红荣,魏运方．高性能半芳香族尼龙工程塑料的性能及应用进展[J]. 精细化工中间体,2002(6):1-4,58.

[10] 朱志伟,杜文书,胡国胜．蓖麻油深加工产物——尼龙 11 的合成及应用[J]. 中国油脂,2007(3):57-59.

[11] 张桂芳,张华,任萍．压电高聚物尼龙 11 的研究进展[J]. 天津工业大学学报,2006(3):20-22,26.

[12] 刘民英,赵清香,王玉东,等．石油发酵尼龙 1212 的合成、性能及应用[J]. 工程塑料应用,2002(9):37-40.

[13] 傅群,胡祖明,于俊荣．PA46 的性能及其纤维的用途[J]. 产业用纺织品,2001(4):34-36.

[14] 李伟,吴中元．应用纳米材料开发功能性聚酰胺纤维产品[J]. 天津纺织科技,2007(2):27-28,33.

[15] 王新威,胡祖明,刘兆峰．芳香族耐高温纤维及主要品种性能[J]. 材料导报,2007(5):53-58.

[16] 王瑞,邵悦纳,花胜权,等．含磷超支化半芳型聚酰胺的制备及性能研究[J]. 化工新型材料,2025,53(1):89-93,99.

[17] 焦睿澍,姜锋,拖晓航,等．生物基聚酰胺 510 盐的制备及性能[J]. 高分子材料科学与工程,2024,40(7):27-34.

[18] 张景阳,孙成,付琳,等．尼龙 12 的结晶性能调控[J]. 弹性体,2024,34(4):52-57.

[19] 马海军,徐燕,邵小群,等．PA66、PA610 及 PA46 的可纺性研究[J]. 纺织报告,2024,43(5):1-4.

[20] 王莉娟,宫玉梅,李晓妍,等．生物基聚酰胺 56 分子质量及其 Mark-Houwink 方程参数的测定[J]. 纺织学报,2022,43(7):36-40.

[21] 陈美玉,来悦,孙润军,等．生物基聚酰胺 56 纤维的结晶行为[J]. 纺织学报,2017,38(12):7-13.

[22] 胡翱翔,史晓军．聚酰胺 56 POY 纤维的开发[J]. 纺织导报,2019(8):47-48.

[23] 黄浩．生物基聚酰胺研究进展[J]. 现代盐化工,2022,49(3):1-3.

[24] 赵育．新型耐热聚酰胺 PA9T[J]. 四川化工与腐蚀控制,1999(5):16-22.

[25] 王群,邵正中,于同隐．聚酰胺 46 的合成与结构研究 1. 合成条件对产物分子量的影响[J]. 功能高分子学报,1997,1(1):72-78.

[26] 吕云伟,黄锐．静高压下聚酰胺的结晶行为[J]. 功能高分子学报,1996,9(2):298-305.

[27] Dinari M,Haghighi A. Synthesis and characterization of new heat-resistant polyamides bearing an striazine ring under green conditions[J]. Journal of Polymer Research,2017,24(2):29.

[28] Yan G M,Zhang,et al. Synthesis and characterization of semi-aromatic polyamides with dicyclohexane units[J]. RSC Advances,2016,6(80):76490-76497.

[29] Lu P,Zhao Z Y,Xu B R,et al. A novel inherently flame-retardant thermoplastic polyamide elastomer[J]. Chemical Engineering Journal,2020,379:122278.

[30] Feng W T,Wang P L,Zou G L,et al. Synthesis and characterization of semiaromatic copolyamide 10T/1014 with high performance and flexibility[J]. Designed Monomers and Polymers,2018,21(1):33-42.

[31] Dennison J M,Xie X,Murphy C J,et al. Density,elastic constants,and thermal conductivity of interfacially polymerized polyamide films for reverse osmosis membranes[J]. ACS Applied Nano Materials,2018,1(9):5008-5018.

[32] Mulhearn William D,Stafford Christopher M,et al. Effects of polyamide chemistry on solution permeance in molecular layer-by-layer desalination membranes[J]. ACS Applied Polymer Materials,2022,4(11):7958-7965.

[33] Williams J C,Nguyen B N,McCorkle L,et al. Highly porous,rigid-rod polyamide aerogels with superior mechanical properties and unusually high thermal conductivity[J]. ACS Applied Materials & Interfaces,2017,9(2):1801-1809.

[34] Pooria K,Behnam K,Laleh S,et al. Nanodiamond-enabled thin-film nanocomposite polyamide membranes for high-

temperature water treatment[J]. ACS Applied Materials & Interfaces,2020,12(47):53274-53285.

[35] Zhang X K,Li N,Hu Z M,et al. Direct fabrication of poly(p-phenylene terephthalamide)aerogel and its composites with great thermal insulation and infrared stealth[J]. Chemical Engineering Journal,2020,388:124310.

[36] Cheng X Q,Qin Y,Ye Y Y,et al. Finely tailored pore structure of polyamide nanofiltration membranes for highly-efficient application in water treatment[J]. Chemical Engineering Journal,2021,417:127976.

第4章
聚酰胺树脂的改性

聚酰胺是一种强极性的、分子之间能形成氢键的、在一定条件下具有一定反应活性的结晶型聚合物。聚酰胺较易与极性化合物反应，通过添加各种助剂或其他高分子聚合物来改善或提高其某一性能后所制得的聚酰胺称为改性聚酰胺，通常称为改性尼龙。

聚酰胺改性的主要目的是在聚酰胺原有性能的基础上，提高其性能并改善其固有的缺点，以满足某些特定的使用要求。聚酰胺改性的应用范围很广泛，几乎所有聚酰胺树脂的性能都可通过改性方法得到改善，如外观、透明性、密度、加工性能、力学性能、化学性能、电磁性能、耐腐蚀性能、耐老化性、耐磨性、硬度、热性能、阻燃性、阻隔性及成本等方面。

4.1 聚酰胺的改性方法

聚酰胺改性分为物理改性和化学改性。化学改性主要是通过加入第二、第三单体形成共聚酰胺。物理改性主要通过增强、增韧、阻燃、填充、共混合金、纳米改性等方法来达到改性的目的，其中最主要的是纤维增强、合金和阻燃改性，特别是玻纤增强改性。

4.1.1 填充改性

聚酰胺填充改性是在聚酰胺树脂中加入纤维、天然或合成填料，通过共混挤出得到聚酰胺复合材料的方法。聚酰胺填充改性的主要目的是在保持复合材料主要性能的前提下降低材料的成本，并在一定程度上改善材料的力学性能、阻燃性能、导电性能等。聚酰胺树脂因填料而引起的补强效果取决于填料的粒径、形状、长径比和表面处理剂。常见的填料包括纤维、天然矿物和合成填料。其中，常用填充纤维有玻璃纤维、碳纤维、芳纶和晶须等；常用填充天然矿物有高岭土、碳酸钙、滑石粉、云母、玻璃微珠及硅灰石等；常用填充合成填料有二硫化钼、石墨、硅树脂粉等。

4.1.2 共混改性

共混改性是指聚酰胺与其他高分子聚合物或无机、有机粒子通过一定的加工方式以达到合金化、阻燃、抗静电、增韧等目的改性方法。共混改性是聚酰胺最常见的改性方法之一，如在PA6中加入聚烯烃可提高制品的尺寸稳定性，加入乙烯-乙酸乙烯酯共聚物(EVA)、苯乙烯-丁二烯-苯乙烯嵌段共聚物（SBS）等弹性体可改善材料的低温韧性，与高耐热聚合物如聚苯醚（PPO)、丙烯腈-丁二烯-苯乙烯三元共聚物（ABS）共混可制备耐高温的聚酰胺合金等。聚合物合金化是推动聚酰胺材料实现高性能化和功能化的重要发展方向，但由于不同聚合物存在界面相容性问题，因此选择或制备合适的相容剂成了解决这一问题的关键。在合金改性中，应注意的是只有形成不完全相容的多相体系，同时又能使两种聚合物达到相互均匀分散时，才能达到预期的改性效果。常用的相容剂按主链结构来分主要有三大类：第一类为橡胶（如乙丙橡胶）与极性单体（如马来酸酐）的接枝共聚物；第二类为聚烯烃或其他树脂与极性单体的接枝共聚物，包括聚烯烃与马来酸酐、衣糠酸或叠氮磺酰苯酸的接枝共聚物，聚烯烃与丙烯酸丁酯或马来酸二丁酯的接枝共聚物，聚烯烃与 *N*-羟甲基丙烯酰胺的接枝共聚物，乙烯-乙酸乙烯酯共聚物（EVA）与马来酸酐的接枝共聚物；第三类为苯乙烯-马来酸酐无规共聚物（R-SMA）。

4.1.3 共聚改性

共聚酰胺通常由两种或两种以上的聚酰胺单体或者缩聚体通过高温加压制得。与均聚聚酰胺相比，共聚酰胺可以通过调整单体含量来调节聚合物软化点、柔软性、溶解性等特性，获得热稳定性更好、加工窗口更宽、性能更优异、用途更广泛的材料。共聚改性体系以化学键连接各组分，不仅改性效果持久稳定，而且赋予聚合物全新功能。共聚改性工艺相对简单，能够制备出满足各行业需求的功能性新产品，在包装、光学器件、胶黏剂及汽车部件等领域得到广泛应用。根据所得共聚物结构的不同，可将改性工艺分为：无规共聚、嵌段共聚/短嵌段共聚、接枝共聚及交替共聚等。

4.1.4 其他改性方法

除上述改性方法外，聚酰胺还能通过表面处理、络合处理、生物改性及纳米改性等手段实现性能提升。其中，表面改性和络合改性主要应用于聚酰胺纤维；生物改性是运用生物技术，如基因工程和生物合成技术等对树脂进行改性；纳米改性是利用纳米级的材料所具有的表面效应、体积效应及宏观量子隧道效应进行改性。由于纳米材料具有优异的性能，较少添加量可以明显提高目标高分子性能，如力学性能、阻燃性能、导电性能、导热性能等，并且含量较低的纳米改性剂对材料的加工性能影响较低。目前常用于聚酰胺改性的材料有碳纤维、碳纳米管、石墨烯、蒙脱土、无机纳米粒子等，主要制备方法有插层法、溶胶-凝胶法、共混法和原位聚合法。

4.2 聚酰胺的改性品种

4.2.1 纤维增强聚酰胺

4.2.1.1 玻璃纤维增强聚酰胺

玻璃纤维（简称玻纤，GF）增强是一种常用的改性方法，可以有效增强聚酰胺的耐磨性、强度、硬度、尺寸稳定性。自 1956 年美国 Fiberfil 公司首先工业化生产玻璃纤维增强聚酰胺以来，玻璃纤维增强聚酰胺的生产与应用取得了长足的发展。

（1）玻璃纤维的特性

玻璃纤维是由石英砂、长石、石灰石、硼酸、$MgCO_3 \cdot Al_2O_3$ 等干混后，在 1260～1500℃的耐火炉内形成熔融的玻璃，然后经过耐火炉底部的喷丝孔以极高的速率牵拉而得到的连续长纤维，其直径一般为 5～13μm，具有拉伸强度高、耐化学药品性优异、不吸潮、热膨胀系数低、热导率高、热稳定性好、绝缘、防火等特点。

玻璃纤维按组成分为 E、S 和 C 级，其组成见表 4-1。

表 4-1　玻璃纤维的化学组成

种类	化学组成占比/%						
	SiO_2	Al_2O_3	FeO	CaO	MgO	Na_2O	B_2O_3
E(电绝缘级)	54.3	15.2	0.21	17.3	4.7	0.6	8.0
S(高强度级)	64.2	24.8		0.01	10.27	0.27	0.01
C(抗化学级)	65.0	4.0		14.2	3.0	8.0	6.0

E 型玻璃纤维即通常所说的无碱玻璃纤维，是不含碱成分的硼硅酸玻璃。玻璃中存在碱成分时容易破坏玻璃的硅酸构造，引起玻璃的风化，所以，玻璃中碱成分含量越高，越易引起玻璃纤维强度和电绝缘性降低。作为增强剂使用的玻璃纤维一般为无碱玻璃纤维。

按纤维直径大小，玻璃纤维可分为初级、中级、高级、超级几种，其直径分别为大于 20μm、10～20μm、3～9μm、小于 3μm，直径越小，玻纤增强复合材料的弯曲性能越好。

不同型号的玻璃纤维折射率不同，要得到透明玻纤增强复合材料，应使玻纤与树脂两者的折射率相近。

（2）玻璃纤维增强机理

决定纤维增强复合材料性能的三大要素为：纤维、基体及纤维-基体界面。三者都必须有适宜的特性。

基体的作用是将应力传递和分配到各根纤维上，并将孤立的纤维黏结在一起，使之按要求取向。此外，基体还可保护纤维免于磨损，并避免与湿空气和其他环境介质直接接触；同时，基体使纤维作为一个整体来抵抗负荷下的破坏和变形。

纤维-基体界面是决定纤维增强复合材料在使用过程中能以何种程度发挥并维持其潜在性能的关键因素。界面及其附近通常是应力集中最显著的部位，这一区域可能成为纤维增强复合材料过早失效的薄弱环节。因此，纤维-基体界面必须有适当的化学和物理特性以有效促进负荷从基体转移到增强剂。为改善纤维界面状况，纤维表面一般用由偶联剂、黏结剂和润滑剂组成的浸润剂进行处理。浸润剂在纤维表面形成涂覆层，介于纤维表面与树脂表面之间，起着中间黏结层及传递应力的作用，并将应力从低模量的树脂传递到高模量的纤维材料；当玻纤增强复合材料中玻璃纤维的质量分数达到 15%以上时，复合材料的强度主要取决于玻璃纤维的作用。Bikeman 等学者认为，在玻璃纤维与基体树脂具有良好结合的复合材料中，界面黏结破坏不大可能发生，因为界面处分子间作用力大于基体树脂的内聚强度；此外，介于高模量玻璃纤维和低模量树脂之间的具有中间模量的边界层也可起到应力松弛和缓冲的作用，如图 4-1 所示。

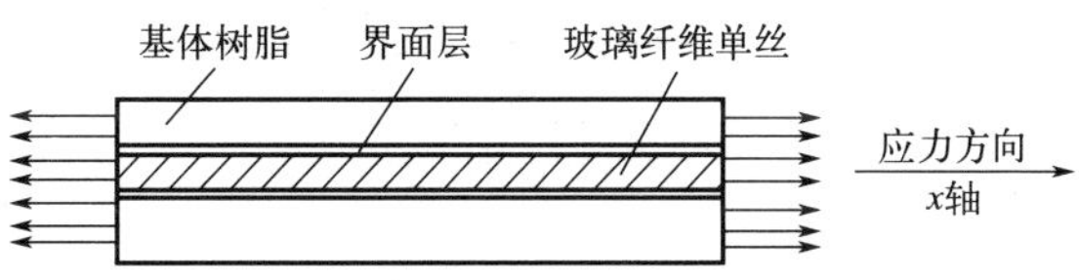

图 4-1　玻璃纤维增强材料中应力传递示意

当纤维增强复合材料在 x 轴方向受力时，纤维增强材料的强度受纤维与基体树脂相互黏结作用的影响，如果界面黏结力较小，则只能是基体树脂受力，此时基体树脂迅速变形拉长，纤维与基体树脂因产生相对位移而无法传递应力，起不到增强作用。反之，当界面黏结力达到或超过破坏强度时，纤维增强复合材料的强度和模量达到最高值。显然，要获得理想的纤维增强复合材料，关键是要解决两相物质之间的界面形成与结合。

（3）偶联剂种类及作用

偶联剂是一种表面处理剂，一般含有两种性质不同的基团：一种能很好地与玻璃纤维表面结合，另一种能很好地与树脂结合，既保护玻璃纤维表面，又增强玻璃纤维与树脂界面的黏结，防止水分或其他有害介质的侵入，减少或消除界面的弱点，改善界面状态，有效传递应力，使多种材料间能形成一个牢固的整体。另外，经偶联剂处理的玻纤增强复合材料具有更好的耐候性、耐水性、耐化学腐蚀性，机械强度成倍提高，耐热性和电性能也有很大改观。

① 偶联剂种类　偶联剂按化学组成分为有机硅、有机铬以及钛酸酯三大类。

a. 有机硅烷偶联剂　是一类品种最多、作用效果明显的玻纤表面处理剂，结构通式为 R_nSiX_{4-n}（n 为小于 4 的自然数）。根据结构式中 R 基团的不同，可以分为乙烯基硅烷、烯丙基硅烷、氨基硅烷、改性氨基硅烷、氯基硅烷、环氧基硅烷、甲基丙烯酰氧基硅烷、甲基硅烷、苯基硅烷以及 α-官能团硅烷等几大类。表 4-2 为适用于聚酰胺的硅烷偶联剂的主要品种。

表 4-2　硅烷偶联剂的主要品种

国外型号	国内型号	化学名称
A-143		γ-氯丙基三甲氧基硅烷
A-187、Z6040、KBM403	KH-560	3-(2,3-环氧丙氧)丙基三甲氧基硅烷
A-1100	KH-550	γ-氨基丙基三乙氧基硅烷
A-1120、Z6020、KBM603	KH-792	N-(β-氨基乙基)-γ-氨丙基三甲氧基硅烷
A-174、Z-6030	KH-570	γ-(甲基丙烯酰氧基丙基)三甲氧基硅烷
A-5162、B201		γ-二亚乙基三氨基丙基三乙氧基硅烷

b. 有机铬络合物偶联剂　是一类由有机酸和氯化铬反应制得的络合物，最常用的是甲基丙烯酸氯化铬盐，商品名为沃兰（Volan）。

c. 有机钛酸酯偶联剂　主要特点是在无机填料表面形成一层有机单分子层，可改变填料外部表面能，使之具有亲有机物的性质，能改善复合材料的力学性能。

此外，还有多种不同类型的偶联剂，如铝酸酯型、锆铝酸酯型、铝钛复合型等。

② 偶联剂对玻纤表面的处理方法　处理方法主要有前处理、后处理和迁移法三种。

a. 前处理法　生产玻璃纤维时，以偶联剂代替石蜡型浸润剂直接用于玻璃纤维拉丝集束。该方法生产的玻璃纤维用于复合材料增强时不需进行脱蜡处理，仍能保留其强度，但柔性较差。大批量生产玻璃纤维时，可采用此法。

b. 后处理法　首先对玻璃纤维进行脱蜡处理，然后采用偶联剂的稀释溶液（浓度一般为 1%～2%）浸润（水溶解性差的偶联剂可采用 0.1%的乙酸溶液或水-乙醇溶液稀释），最后进行干燥处理。

c. 迁移法　将偶联剂直接加入树脂配方中，使其在浸胶和成型过程中迁移到玻璃纤维表面发生偶联作用。

（4）玻纤增强聚酰胺的生产过程及影响因素

① 玻纤增强聚酰胺的生产　玻纤增强聚酰胺生产时要求：玻璃纤维应均匀地分散到聚酰胺树脂中；聚酰胺树脂与玻璃纤维应尽可能包覆或黏结牢固，避免包装运输、烘料、成型过程中玻璃纤维飞扬；生产过程中应尽可能减少对玻璃纤维的机械损伤，尽可能减少聚酰胺树脂的降解。按照玻璃纤维的长短，玻纤增强聚酰胺分为短玻纤增强聚酰胺和长玻纤增强聚酰胺。

短玻纤增强聚酰胺是以聚酰胺树脂为基体，与经表面处理剂处理过的无碱无捻或中碱无捻玻纤在特定工艺条件下，通过组合排气式双螺杆挤出机挤出制得。短玻纤增强聚酰胺通常采用如图 4-2 所示的排气式双螺杆挤出机生产。

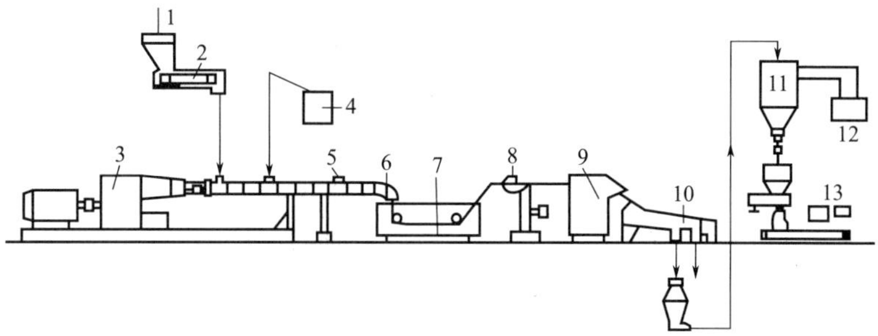

图 4-2　双螺杆挤出机生产玻纤增强聚酰胺的流程

1—聚合物＋添加剂；2—加料斗；3—ZSK 双螺杆挤出机；4—玻纤；5—排气口；6—造粒口模；7—水槽；8—牵引；9—切粒机；10—分选器；11—干料定位器；12—干燥机；13—装袋工位

该双螺杆挤出机的机筒和螺杆采用积木式结构，通过改变螺杆组合方式及改变玻璃纤维送入后的第一段螺杆长度，可以在一定范围内改变玻璃纤维平均长度。

长玻纤增强聚酰胺是指将连续玻纤用熔融聚酰胺树脂充分浸渍后，通过定型模头拉成棒状或带状，并切割成特定长度（一般为 10～25mm）的纤维增强复合材料。与短玻纤增强聚酰胺的生产方法不同，长玻纤增强聚酰胺制备过程中，由于玻璃纤维未经挤出机的混炼过程，不会因螺杆的剪切作用而被切短，其长度与所切粒子的长度一致，可达注射成型前的最大长度，即通过注射成型，制品中的玻璃纤维长度仍然可以保持在 3～5mm（短玻纤仅为 0.2～0.7mm）。因此，长玻纤增强聚酰胺比短玻纤增强聚酰胺具有更高的冲击强度，更好的刚性，弹性模量对温度的依赖性更小；同时成型收缩率更小，制品的变形较小，且制造的复合材料玻璃纤维含量很高（60%～80%）。

长玻纤增强聚酰胺的生产方法包括熔融浸渍法、粉末浸渍法、混编法等，其中熔融浸渍法是最主要的生产方法，其制备过程为：使连续玻璃纤维无捻粗纱通过特殊模头，同时向模头供入由螺杆挤出的熔融聚酰胺树脂，在模头中无捻粗纱与熔融的聚酰胺树脂接触后被强制散开，使每根纤维被树脂包覆，然后经冷却，再切成较长的粒料（11～25mm）。熔融浸渍法工艺流程如图 4-3 所示。

② 生产影响因素　要得到高性能的玻纤增强聚酰胺产品，需要严格控制生产过程中

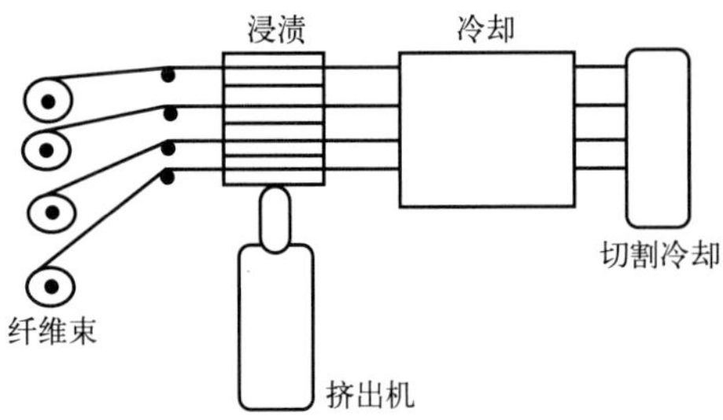

图 4-3　熔融浸渍法示意

的各个影响因素。玻璃纤维的分散、尺寸及其分布、玻璃纤维与基体的界面作用、螺杆转速、挤出温度、螺杆组合等都会影响产品性能。

a. 玻璃纤维的分散　挤出过程中，玻璃纤维的分散主要通过双螺杆的剪切混合作用实现，所以，双螺杆挤出机剪切元件的尺寸、组合形式至关重要。

b. 玻璃纤维长度　一般而言，短玻纤增强聚酰胺制品中，纤维受剪切严重，其长度较短。从理论上讲，纤维长度越长，增强效果越好，但成型难度增加，制品表面粗糙。

c. 玻璃纤维直径　用于聚酰胺增强的玻璃纤维直径一般在 10～20μm。若玻璃纤维过细，则纤维易被螺杆剪切成粉末或长度过小的纤维，导致长径比不足而失去增强作用；若玻璃纤维过粗，则与聚酰胺基体黏结性差，难以得到力学性能优良的增强聚酰胺产品。

d. 玻璃纤维表面状况　玻璃纤维生产过程中，一般需进行表面浸润处理，浸润处理既能保护玻纤不受磨损，同时也为玻璃纤维与聚合物基体间的黏结提供了良好界面。

玻璃纤维与聚酰胺共混挤出时，应适当添加一定量的偶联剂。适合玻璃纤维表面处理的偶联剂主要是硅烷类化合物，常用的硅烷偶联剂有 KH-550、KH-560、KH-570 和 A-1120 等。对于不同熔点的聚酰胺，应选择不同的偶联剂，PA6、PA1010、PA11、PA12、PA610 等可用 KH-550。对高熔点的 PA66、PA46 等，应选择分解温度高的偶联剂，如 KH-560 或 KH-570。

e. 玻璃纤维用量　玻纤增强复合材料吸收能量的方式有三种：纤维断裂、纤维拔出、树脂断裂。随着玻璃纤维用量的增加，长度超过临界值的纤维数量增多，同时基体和纤维界面的接触面积相应增加，从而使纤维拔出需要消耗更多的能量，因此复合材料的拉伸强度和缺口冲击强度也随着玻璃纤维用量的增加而增大。

f. 挤出工艺　若挤出温度过低，则玻璃纤维的包裹效果差，玻璃纤维外露，制品表面粗糙，脆性大；若挤出温度过高，则易造成基体氧化分解，产品外层变黄，使产品力学性能降低。玻璃纤维含量较低时，挤出温度略高于基体熔点即可，而玻璃纤维含量较高时，应选择更高的挤出温度。

4.2.1.2　碳纤维增强聚酰胺

（1）碳纤维的特性

碳纤维（CF）由有机纤维在 300℃以下空气中预氧化，然后在惰性气体保护下高温碳化、烧制而成。碳纤维具有强度高、密度小、耐高温、耐水、耐腐蚀等特性，是一种优异的增强材料。碳纤维按结构可分为石墨纤维和无定形碳纤维两种。

（2）影响碳纤维增强聚酰胺性能的主要因素

碳纤维增强聚酰胺的性能受碳纤维表面处理状况、长度、含量、螺杆转速、加工温度等多种因素影响。

① 碳纤维表面处理状况　碳纤维经表面处理后，纤维表面石墨微晶变细，不饱和

碳原子数增加，—OH、—NH_2 等极性基团易与聚酰胺基体发生反应形成化学键，有利于复合材料性能的改善。表面氧化、表面涂层和表面沉淀是碳纤维常用的表面处理方法。

② 碳纤维长度和含量　碳纤维长度和含量影响碳纤维增强聚酰胺的力学性能和吸水率。从图 4-4 可以看出：碳纤维长度一定时，随着碳纤维含量的增加，碳纤维增强 PA6 的拉伸强度、弯曲强度明显提高，冲击强度、吸水率降低；当碳纤维含量相同时，长碳纤维增强 PA6 的拉伸强度、弯曲强度、冲击强度比短碳纤维增强 PA6 的大，吸水率比短碳纤维增强 PA6 的小。

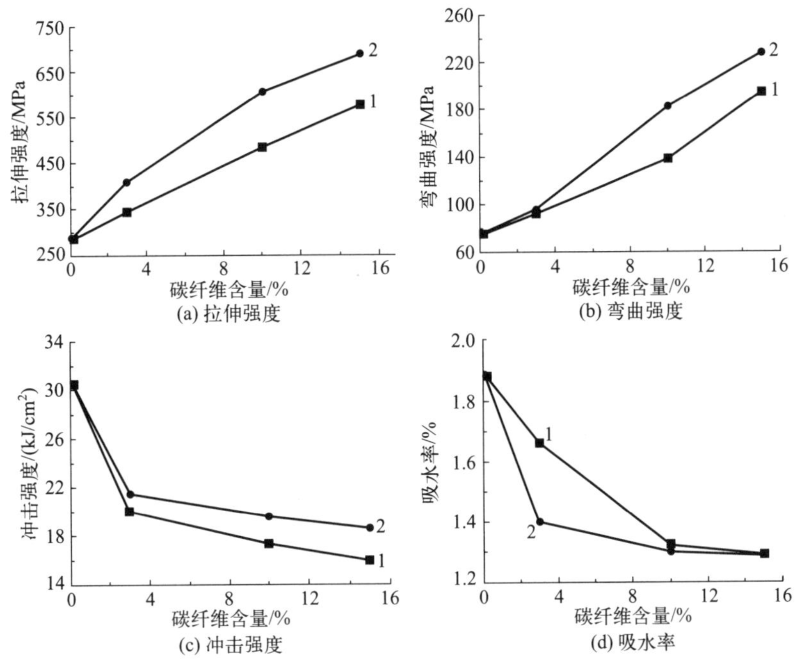

图 4-4　碳纤维含量及长度对碳纤维增强 PA6 力学性能及吸水率的影响

1—短碳纤维（2～4mm）增强 PA6；2—长碳纤维（8～10mm）增强 PA6

③ 加工工艺　螺杆转速影响碳纤维在聚酰胺基体中的分散性。挤出温度为 230℃时，不同螺杆转速下制备的碳纤维增强 PA6 的光学显微镜照片见图 4-5。

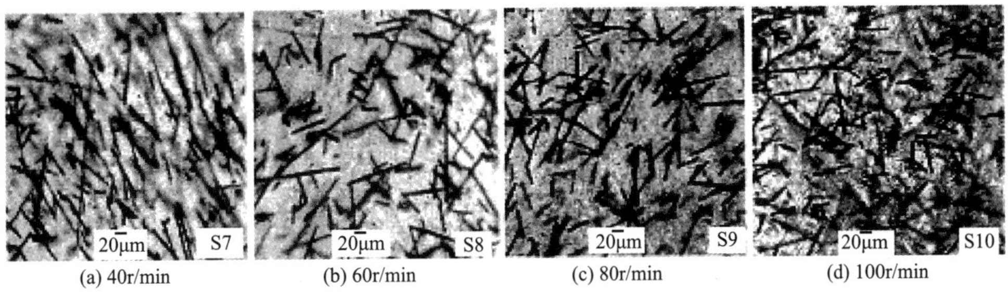

图 4-5　不同螺杆转速下制备的碳纤维增强 PA6 的光学显微镜照片

从图4-5可以看出：碳纤维在4种螺杆转速下均保持了良好的分散性和一定的长径比分布；随螺杆转速的增加，碳纤维的长度有所减小，碳纤维的分散变得越来越均匀。

螺杆转速也会对碳纤维增强聚酰胺的力学性能产生影响。从表4-3可以看出，随着螺杆转速的提高，碳纤维增强PA6的力学性能呈现先增大后减小的趋势，其原因是低转速时，螺杆的剪切力虽弱，但物料在料筒内的停留时间较长，纤维受到的破坏时间更长，使得碳纤维残留长度较短，因而力学性能较差；而随着螺杆转速的升高，碳纤维一方面面临螺杆剪切变强产生残留长度变短的负效应，另一方面面临物料停留时间变短产生残留长度变长的正效应。当正效应占主导时，碳纤维残留长度变长，强度提高，而当转速增加到一定程度，负效应占主导，则强度降低。

表4-3　不同螺杆转速下制备的碳纤维增强PA6的力学性能

螺杆转速/(r/min)	硬度	屈服伸长率/%	弹性模量/MPa	冲击强度/(kJ/m^2)	屈服强度/MPa
40	82	7.35	1998	14.6	75.0
60	82	5.62	2037	15.1	75.9
80	82	8.11	1944	14.8	74.8
100	83	5.24	2105	16.2	78.1

加工温度同样影响碳纤维增强聚酰胺的力学性能。从表4-4可以看出，当挤出温度为230～240℃时，制备的碳纤维增强PA6的熔体流动速率和各项力学性能基本接近。

表4-4　不同挤出温度下制备的碳纤维增强PA6的力学性能

温度/℃	熔体流动速率/(g/10min)	硬度	屈服伸长率/%	弹性模量/MPa	冲击强度/(kJ/m^2)	屈服强度/MPa
230	5.13	83	5.9	2287	16.6	88.7
240	5.15	83	6.59	2037	16.7	87.8

（3）碳纤维增强聚酰胺的性能

碳纤维增强聚酰胺材料最显著的特点是机械强度高、线膨胀系数小，具有良好的耐磨性、一定的导电性能和电磁屏蔽效果，耐紫外性较纯聚酰胺有所提高，但由于碳纤维制造技术相对较难，碳纤维增强聚酰胺制造成本高，因此，一般仅用于航空航天等高精尖领域。表4-5～表4-7列出了碳纤维增强PA6、PA66、PA610的性能。

表4-5　碳纤维增强PA6的力学性能

产品	拉伸强度/MPa	拉伸模量/MPa	缺口冲击强度/(kJ/m^2)	断裂伸长率/%
纯PA6	66.2	1591	12.8	13.3
未处理碳纤维增强PA6	74.2	1944	14.8	8.11
已处理碳纤维增强PA6	78.4	2472	16.9	4.95

注：碳纤维质量分数为5%。

表 4-6 碳纤维增强 PA66 的性能

碳纤维质量分数/%	密度/(g/m³)	成型收缩率/%	拉伸强度/MPa	断裂伸长率/%	弯曲模量/MPa	缺口冲击强度/(J/m)	热变形温度(1.82MPa)/℃
10	1.17	0.6～0.9	130	3.0～4.0	4000	40	210
30	1.27	0.2～0.3	200	2.0～3.0	17000	70	260
40	1.32	0.2～0.3	220	2.0～3.0	22000	75	260
50	1.38	0.1～0.2	240	2.0～3.0	27000	80	260

表 4-7 碳纤维增强 PA610 的性能

产品	密度/(g/m³)	拉伸强度/MPa	拉伸模量/MPa	弯曲强度/MPa	缺口冲击强度/(kJ/m²)	成型收缩率/%
PA610	1.03	54.0	2000	64.0	3.5	1.32
碳纤维增强 PA610	1.22	106.3	7800	126.4	14.5	0.80

4.2.1.3 芳纶增强聚酰胺

芳纶是一种高强度、高模量、质轻、耐高温、耐磨损的有机高分子纤维，可以与玻璃纤维、碳纤维等混用增强聚酰胺。

(1) 影响芳纶增强聚酰胺性能的主要因素

与玻璃纤维、碳纤维比较，芳纶不易被剪断，因此，制备芳纶增强聚酰胺材料时应注意：要适当增加啮合元件，以提高剪切强度；提高共混温度，以增强芳纶与聚酰胺基体间的粘接；纤维长度方面，短纤维的增强效果好于长纤维。

(2) 芳纶增强聚酰胺的性能

芳纶增强聚酰胺的力学性能优良，其强度、模量是所有纤维增强聚酰胺中最好的。表 4-8 列出了三维编织 Kevlar-49 增强 PA6 的力学性能。从表 4-8 可以看出，芳纶增强 PA6 的弯曲强度、弯曲模量、冲击强度及剪切强度均随芳纶加入量的增加而增大。

表 4-8 芳纶增强 PA6 的力学性能

芳纶体积分数/%	弯曲强度/MPa	弯曲模量/GPa	缺口冲击强度/(kJ/m²)	剪切强度/MPa
30	204.6	15.1	126.7	160.3
35	226.1	16.8	144.6	178.4
40	243.3	18.7	154.5	208.2

4.2.1.4 晶须增强聚酰胺

(1) 晶须的特性及增强原理

晶须是以可结晶无机物和有机聚合物为原料，经处理以单晶形式生长的、尺寸远小于短纤维的须状单晶体，外观看是直径极小的丝，其直径为 0.05～10μm，长径比较大。

由于晶须近乎完全结晶，且不含晶格缺陷，故强度极高，接近原子间力，是一种性能极高的增强剂。晶须兼有玻璃纤维和硼纤维的突出性能，如具有玻璃纤维的伸长率(3%～4%)和硼纤维的高弹性模量。

为了获得较好的增强作用，晶须必须具有合适的长度、形状和适当的截面。若晶须在聚合物熔体中能很好地浸润和取向，聚合物的拉伸强度能够提高 10～20 倍。用于聚酰胺增强的晶须主要有钛酸钾、硼酸铝、硼酸镁、氧化锌、硫酸钙和碳化钙晶须等。

（2）影响晶须增强聚酰胺性能的主要因素

晶须增强聚酰胺的生产类似于短玻纤增强、无机填充共混聚酰胺。晶须的分散及与基体的黏结是制备过程中的主要技术环节。晶须剪切性类似于碳纤维，因此，在共混过程保持晶须的尺寸稳定是其制备的关键。针对晶须的加工特点，在控制上应注意以下问题：①选择合适的偶联剂及其用量；②适当提高共混熔融挤出温度，以增加基料熔体对晶须的包裹程度，减少螺杆元件对晶须的剪切作用来保持晶须的尺寸；③选择合理的螺杆组合，螺杆组合的构型应按混合型构型设计；④螺杆转速尽可能低。

（3）晶须增强聚酰胺的性能

与其他增强聚酰胺材料相比，晶须增强聚酰胺机械强度高，耐热性优良，加工流动性和耐磨性好，制品不易翘曲变形。

图 4-6 是镁盐晶须增强 PA6 与玻纤增强 PA6 的拉伸强度对比，在增强剂质量分数小于 15％时，玻璃纤维的增强效果比镁盐晶须好；但增强剂质量分数超过 15％时，镁盐晶须对聚酰胺的增强作用比玻璃纤维的增强作用更明显。

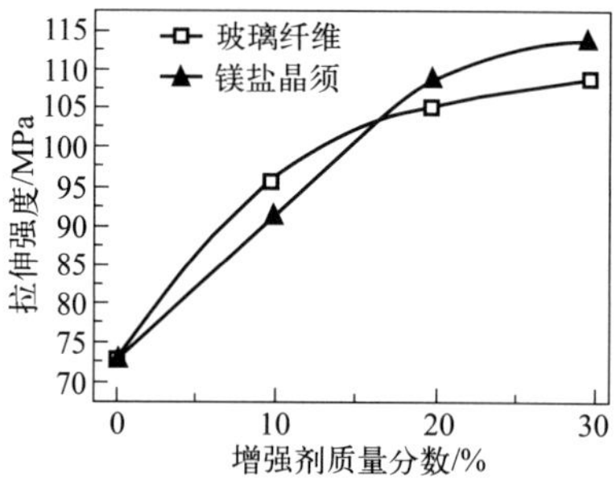

图 4-6 镁盐晶须增强 PA6 与玻纤增强 PA6 的拉伸强度对比

4.2.2 填充改性聚酰胺

聚酰胺的填充改性是指在聚酰胺基体中加入价格低廉的填料，经共混挤出得到填充聚酰胺复合材料的方法。聚酰胺填充改性主要采用无机矿物粉体作为填充剂，改性的主要目的是在保持聚酰胺主要性能的前提下降低材料的成本，同时改善聚酰胺的有关性能，如提高刚性、耐热性、尺寸稳定性和降低成型收缩率等。用于聚酰胺填充改性的无机矿物包括滑石粉、高岭土、碳酸钙、云母、玻璃微珠及硅灰石等。

通常而言，纤维状、柱状、片状等纵横面比值较大的填料，有利于提高聚酰胺的力学性能；球状、粒状填料可提高加工性能，但会降低材料的力学性能；粒径越小，材料的强度越高；表面具有表面活性基团有利于提高填料与聚合物的黏结性；表面硬度高，则有利于提高复合材料的表面硬度。常见填料的硬度见表 4-9。

表 4-9 常见填料的硬度

填料名称	莫氏硬度	维氏压痕硬度
滑石粉	1	
高岭土	2	
云母	2～2.5	
硅灰石	5～5.5	
金刚砂	10	2280～2800

4.2.2.1 高岭土填充改性聚酰胺

高岭土是一种以高岭石族矿物为主的黏土，具有良好的可塑性、耐火性和较高的黏结性。这些特性使其成为理想的填料，能够显著提升聚酰胺的力学性能、热稳定性和加工性能。但是高岭土的比表面积和表面能较高，填充改性聚酰胺时易发生团聚现象，不利于制品性能的提高，因此必须对高岭土进行表面改性，以降低其表面能。

高岭土常用的表面改性剂有硅烷偶联剂、有机硅（油）、硅树脂、表面活性剂、有机酸等。硅烷偶联剂是高岭土填料最常用和最有效的表面改性剂，一般是将高岭土粉和硅烷偶联剂一起加到改性剂中进行表面包覆处理。不同偶联剂对高岭土填充改性 PA6 力学性能的影响见表 4-10。

表 4-10　不同偶联剂对高岭土填充改性 PA6 力学性能的影响

偶联剂类型	缺口冲击强度/(kJ/m²)	拉伸强度/MPa	断裂伸长率/%	弯曲强度/MPa	弹性模量/MPa	洛氏硬度
钛酸酯偶联剂	6.88	40.33	26.19	26.64	876.93	90.5
硅烷偶联剂	8.73	48.10	23.29	38.43	1271.40	95.0

从表 4-10 可以看出，硅烷偶联剂对高岭土填充 PA6 的改性效果要优于钛酸酯偶联剂。

高岭土的填充量影响填充改性聚酰胺的力学性能、流动性能和吸水率。从图 4-7 可以看出，随高岭土填充量的增加，高岭土填充改性 PA6 的缺口冲击强度整体呈逐渐降低趋势。

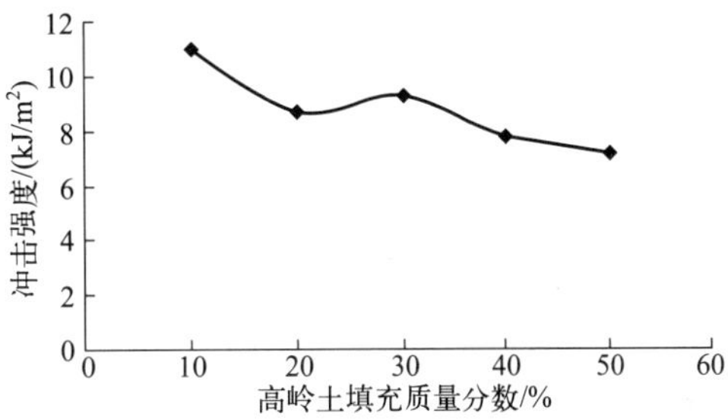

图 4-7　高岭土填充量对改性 PA6 冲击强度的影响

从图 4-8 可以看出，随高岭土填充量的增加，高岭土改性 PA6 的熔体流动速率呈逐渐降低趋势。

从图 4-9 可以看出，随着高岭土填充量的增加，高岭土改性 PA6 的吸水率呈下降趋势，说明高岭土的加入可以降低复合材料的吸水率。

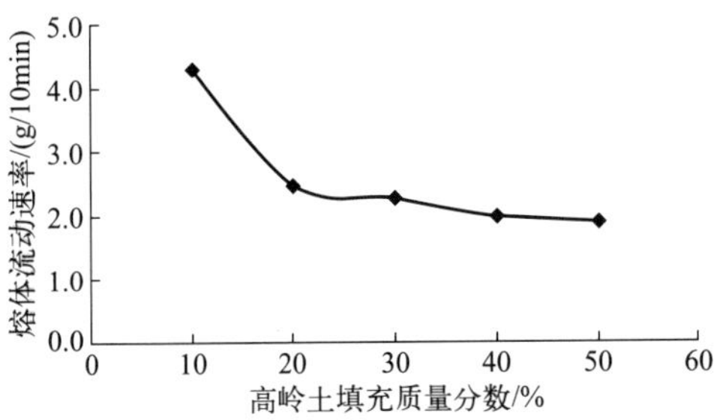

图 4-8　高岭土填充量对改性 PA6 熔体流动速率的影响

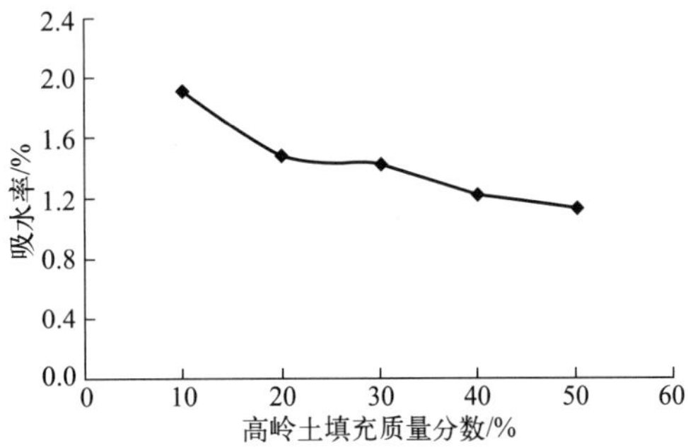

图 4-9　高岭土填充量对改性 PA6 吸水率的影响

4.2.2.2 云母填充改性聚酰胺

云母是一种性能独特的层状铝硅酸盐矿物，具有耐高温、耐酸碱、耐腐蚀、机械强度高等特点。采用云母填充改性聚酰胺可以增强聚酰胺的力学性能和耐热性能，同时还可以优化聚酰胺的熔体流动性，减少气泡和缩孔等缺陷。然而，云母的表面亲水特性使其与聚酰胺的相容性较差，难以在基质中均匀分散，直接大量添加还可能劣化材料的性能。因此，对云母进行改性处理显得尤为重要。

目前，云母的改性方法多种多样，包括偶联剂表面改性、表面活性剂改性、低聚物表面改性、共沉淀法表面改性、机械力表面改性和插层改性等，其中偶联剂表面改性是最常用的方法。表4-11为改性绢云母和绢云母原矿填充改性PA6的力学性能对比。从表4-11可以看出，改性绢云母填充改性PA6的力学性能和热性能优于绢云母原矿。

表4-11 绢云母原矿和改性绢云母填充改性PA6的性能

项目	密度/(g/cm^3)	拉伸强度/MPa	弯曲强度/MPa	冲击强度/(kJ/m^2)	断裂伸长率/%	热变形温度(1.82MPa)/℃
绢云母原矿/PA6	1.31	47.74	68.52	3.3	4.6	85
改性绢云母/PA6	1.33	88.63	139.30	9.3	3.1	95

注：绢云母与PA6填充质量比为20∶100。

偶联剂的种类也影响云母表面改性处理后的应用效果。表4-12为不同偶联剂处理云母填充改性PA6的力学性能。从表4-12可以看出，硅烷偶联剂KH-570、KH-550对云母填充PA6的改性效果要优于钛酸酯偶联剂101、102。

表4-12 不同偶联剂处理云母填充改性PA6的力学性能

偶联剂种类	拉伸强度/MPa	弯曲强度/MPa	缺口冲击强度/(kJ/m^2)	断裂伸长率/%
101	75.3	127.6	7.4	2.3
102	75.0	133.3	6.9	2.3
KH-550	78.6	140.4	7.1	2.3
KH-570	81.3	141.0	8.6	2.0

注：云母填充质量分数为20%。

偶联剂的填充量通常为云母的1%，用量过少会造成部分云母不能与聚酰胺基体很好结合；偶联剂用量过多，会造成偶联剂作为无效填料，使体系性能降低。表4-13比较了偶联剂填充量对云母填充改性PA6力学性能的影响。

表4-13 偶联剂填充量对云母填充改性PA6力学性能的影响

偶联剂质量分数/%	拉伸强度/MPa	弯曲强度/MPa	缺口冲击强度/(kJ/m^2)	断裂伸长率/%
0	78.8	134.0	5.9	1.6
0.5	82.5	141.5	5.4	1.3
1.0	82.3	146.1	5.8	1.1
1.5	83.7	145.3	5.4	1.7
2.0	84.7	143.2	5.5	1.4

注：云母填充质量分数为20%，偶联剂为KH-570。

适当的云母填充量有利于提高聚酰胺的力学性能。从表 4-14 可以看出，随着改性绢云母填充量的增加，改性 PA6 的拉伸强度、弯曲强度先增大后减小，热变形温度逐渐提高；当改性绢云母填充质量分数为 25%时，改性 PA6 的拉伸强度、弯曲强度达到最大，原因是云母填充量过多会导致其在聚酰胺基体中分散不均。

表 4-14　云母填充量对云母填充改性 PA6 性能的影响

改性绢云母质量分数/%	密度/(g/cm^3)	拉伸强度/MPa	弯曲强度/MPa	冲击强度/(kJ/m^2)	断裂伸长率/%	热变形温度(1.82MPa)/℃
0	1.14	68.83	84.25	5.3	—	58
10	1.22	79.32	125.0	12.1	7.4	75
15	1.28	84.42	134.8	10.9	5.3	84
20	1.33	88.63	139.3	9.3	3.1	95
25	1.36	94.23	145.2	8.4	2.1	158
30	1.40	87.35	133.6	7.5	1.6	166
35	1.43	71.58	118.1	6.4	1.4	173
40	1.47	50.14	70.5	5.8	0.7	185

云母的粒度对聚酰胺的增强效果有显著影响。粒度较小的云母能够更均匀地分散在聚酰胺基体中，从而提高聚酰胺的力学性能。从表 4-15 可以看出，随云母粒度的减小，改性 PA6 的综合性能得到改善，但熔体流动性能降低。

表 4-15　云母粒度对云母填充改性 PA6 性能的影响

云母粒度/目	拉伸强度/MPa	弯曲强度/MPa	缺口冲击强度/(kJ/m^2)	断裂伸长率/%	热变形温度(1.82MPa)/℃	熔体流动速率/(g/10min)
600	69.1	129.6	8.8	1.2	80.7	1.764
800	76.5	136.1	8.8	1.0	90.9	1.736
1000	76.0	138.2	9.8	0.7	119.2	1.702
1500	80.4	139.1	9.2	1.1	146.5	1.286

注：云母填充质量分数为 20%。

4.2.2.3　玻璃微珠填充改性聚酰胺

空心玻璃微珠是近年来发展起来的一种填料，由硼硅酸盐原料加工而成，具有质轻、低导热、强度高、化学稳定性好等优点。然而，玻璃微珠与树脂基体的相容性较差，直接影响其在复合材料中的分散性和界面结合力。

空心玻璃微珠的表面改性方法包括偶联剂处理、酸碱刻蚀、等离子体表面处理、表面包覆处理、表面接枝聚合改性等。改性与未改性空心玻璃微珠对改性 PA6 拉伸强度、冲击强度的影响分别见图 4-10 和图 4-11。

从图 4-10 可以看出，随着空心玻璃微珠填充量的增加，改性 PA6 的拉伸强度先增大后降低，当空心玻璃微珠的填充质量分数为 15%时，改性 PA6 的拉伸强度达到最大值；

与未改性空心玻璃微珠相比，改性空心玻璃微珠填充改性 PA6 的拉伸强度更优。

从图 4-11 可以看出，随着空心玻璃微珠填充量的增加，改性 PA6 的冲击强度同样先增大后降低，当空心玻璃微珠的填充质量分数为 30％时，改性 PA6 的冲击强度达到最大值；与未改性空心玻璃微珠相比，改性空心玻璃微珠填充改性 PA6 的冲击强度更优。

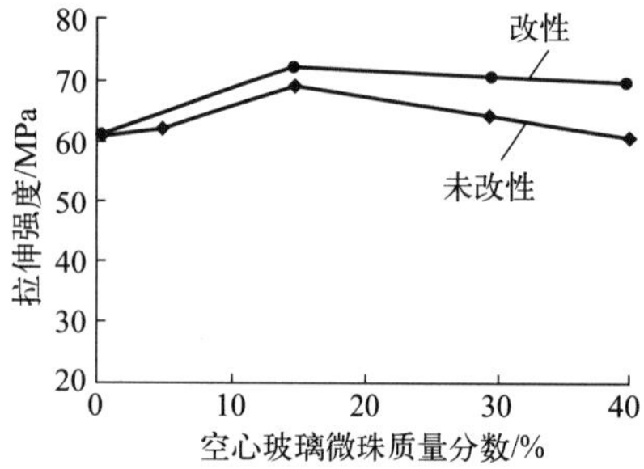

图 4-10　空心玻璃微珠含量对改性 PA6 拉伸性能的影响

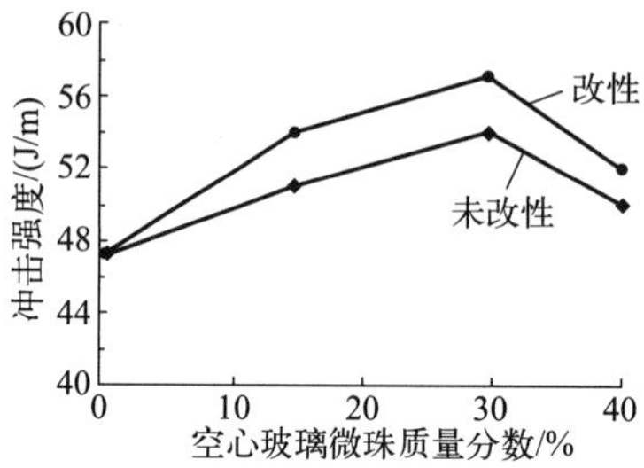

图 4-11　空心玻璃微珠含量对改性 PA6 冲击性能的影响

4.2.2.4　硅灰石填充改性聚酰胺

硅灰石作为一种可再生利用、不污染环境的填料，经表面改性可改善与高聚物的相容性，提高复合材料的刚性与韧性，降低成本并改善性能。硅灰石常用的改性剂包括硅烷偶联剂、表面活性剂等，不同改性剂及工艺可影响复合材料性能。

聚酰胺基体中填充适当的改性硅灰石有利于提高聚酰胺的力学性能。从表 4-16 可以看出，随硅灰石填充量的增加，改性 PA6 的压缩强度增大，缺口冲击强度下降；当硅灰石填充质量分数达到 30％时，改性 PA6 的拉伸强度最高，超过 30％后，拉伸强度随硅灰石填充量的增加而大幅降低。

表 4-16　硅灰石含量对硅灰石填充改性 PA6 性能的影响

硅灰石质量分数/％	缺口冲击强度/(kJ/m^2)	拉伸强度/MPa	压缩强度/MPa
0	10.5	73.7	96.4
20	9.6	85.1	114.9
30	7.9	93.8	125.8
40	4.9	81.0	137.5

4.2.3　聚酰胺合金

聚酰胺与其他高分子聚合物通过一定加工方式而制得的共混物称为聚酰胺合金。聚酰胺合金一直以来是工程塑料合金中重要的品种。目前已开发的聚酰胺合金大致分为三种：聚酰胺与聚烯烃的合金；聚酰胺与其他工程塑料的合金；不同聚酰胺之间的合金。

聚酰胺合金化的目的是改善聚酰胺的吸水性和尺寸稳定性，如在聚酰胺中加入聚烯烃，可有效降低聚酰胺的吸湿性，提高制品尺寸稳定性；提高聚酰胺的耐热性，如通过加入高耐热聚合物共混可得到耐热性高的聚酰胺合金；提高聚酰胺的耐化学药品性和耐磨耗性，如在聚酰胺中加入 PBT 提高聚酰胺的耐药品性；提高聚酰胺的低温抗冲击性，如通过加入 PE、POE、EVA、EPDM、SBS 等可改善聚酰胺的低温韧性；提高 PA 的刚性，通过与半芳香族聚酰胺、热致液晶高分子（TLCP）等共混可提高 PA 的刚性和强度。

合金化是促进聚酰胺树脂向高性能和高功能化方向发展的重要途径之一，预计随热塑性塑料合金化的核心技术——相容剂的制备与应用的逐步完善，聚酰胺的合金化进程也逐步加快。专用化、高性能化、功能化、纳米化是未来聚酰胺合金的发展方向。

4.2.3.1　聚酰胺合金的设计原则

聚酰胺合金的设计包括组分的选择、相容剂设计与性能预测。

（1）组分的选择

选择合适的组分是制造理想合金的基本条件。原则包括：具有针对性；符合相容性原则；共混组分黏度比原则；性能价格比原则。

（2）相容剂的设计

制备聚酰胺合金时，相容剂的设计与制造是关键所在。根据反应官能团的结构特征，相容剂大致分为马来酸酐型、羧酸型、甲基丙烯酸缩水甘油醚型等。相容剂的设计与选择应注意的问题是：

① 对于非极性聚合物与聚酰胺的共混合金，相容剂与聚酰胺大分子链中的端基发生反应的极性基团应同时与非极性聚合物有很好的互容性。

② 对于极性聚合物与聚酰胺的共混合金，宜选择单体共聚物作相容剂。

③ 相容剂的分子量应适当小于共混组分的分子量。

4.2.3.2　影响聚酰胺合金性能的因素

（1）相容剂用量

聚酰胺合金的拉伸强度和弯曲强度随相容剂用量的增大呈减小趋势，冲击强度则随相容剂用量的增大而增大。图 4-12 为 PA6/PP 质量比为 75∶25 的条件下，相容剂聚乙烯接枝马来酸酐（PE-*g*-MAH）的用量对合金力学性能的影响。

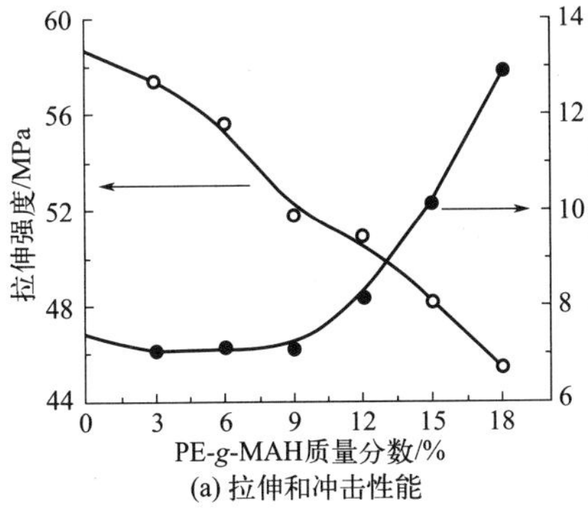

(a) 拉伸和冲击性能

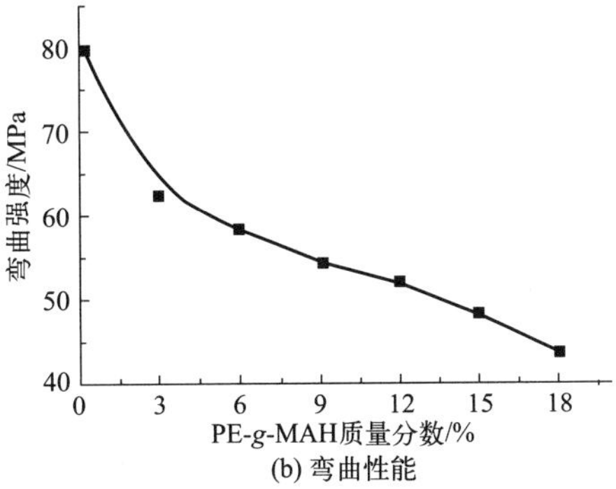

(b) 弯曲性能

图 4-12　PE-*g*-MAH 用量对 PA6/PP 合金力学性能的影响

（2）相容剂种类

不同种类的相容剂对聚酰胺合金性能的影响程度不同。图 4-13 为 PA6/PP 质量比为

70∶30时，聚丙烯接枝马来酸酐（PP-*g*-MAH）、硬脂酸（ST）两种相容剂对PA6/PP合金力学性能的影响。从图4-13可以看出，随着相容剂含量增加，合金拉伸强度和冲击强度均先增大后减小；当相容剂PP-*g*-MAH质量分数为4%时，拉伸强度和冲击强度均达到最大，分别为51.3MPa和8.4kJ/m^2；当相容剂ST质量分数为2%时，拉伸强度和冲击强度均达到最大，分别为52.1MPa和8.5kJ/m^2，说明两种相容剂均能起反应性增容作用，但ST的分子量更小，当相容剂用量相同时，ST能与更多的PA6基体发生反应，故在用量更小的条件下即可起到反应性增容作用。

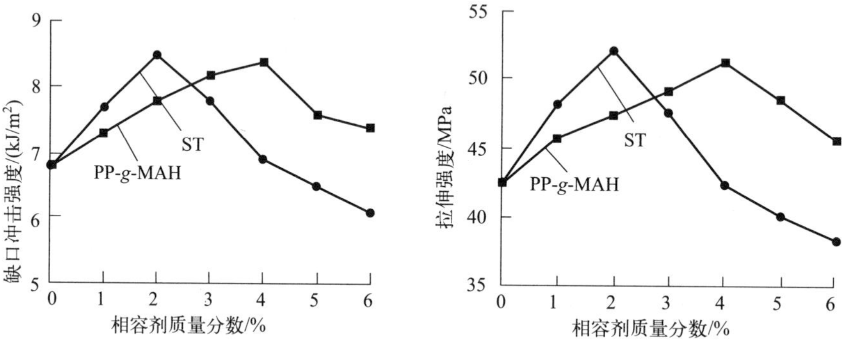

(a) 冲击性能　　(b) 拉伸性能

图4-13　不同相容剂对PA6/PP合金力学性能的影响

（3）共混比例

合金组成比例的变化对聚酰胺合金的性能影响较大。图4-14为相容剂PE-*g*-MAH质量分数为12%时，PP、PA6基体共混比例对PA6/PP合金力学性能的影响。从图4-14可以看出，随着PA6添加量的不断增加，材料的拉伸强度和弯曲强度不断提高，而冲击强度呈现出先增大后减小的趋势，当PA6的添加质量分数为50%时，冲击强度最大。

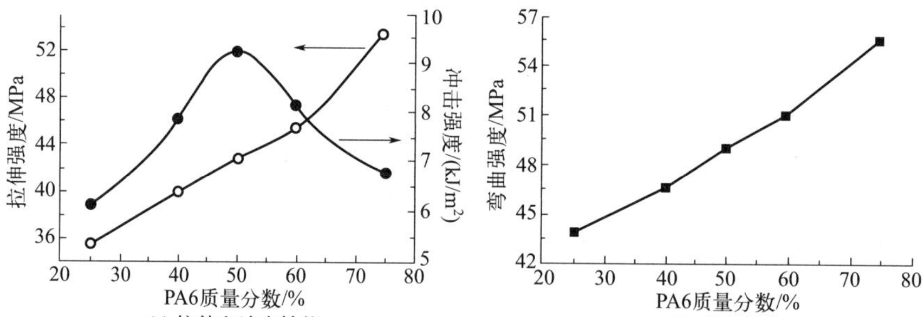

(a) 拉伸和冲击性能　　(b) 弯曲性能

图4-14　PA6/PP共混比例对PA6/PP合金力学性能的影响

4.2.3.3　聚酰胺合金的品种与性能

目前，聚酰胺合金的品种已发展到上百种，主要以含PA6或PA66组分的合金为主。

（1）PA/聚烯烃合金

PA与聚烯烃的合金可以提高PA在低温和干态下的冲击强度，降低PA吸湿性，特别是PA与含有烃基的聚烯烃弹性体或弹性体接枝共聚物等组成的合金，可大幅提高PA的韧性。1975年DuPont公司开发了超韧性的聚酰胺Zytel-ST系列产品。根据聚烯烃品种的不同，PA 与聚烯烃主要形成 PA/PE 和 PA/PP 合金。

在相容剂 PP-*g*-MAH 质量分数为 6%的条件下，PA6/PP 共混比对 PA6/PP 合金吸水率和力学性能的影响见图 4-15。从图 4-15 可以看出，随着 PP 用量的增加，PA6/PP 合金的吸水率呈下降的趋势，这是因为 PP 为非极性材料，有较好的阻水性，加入适量的相容剂后 PP 与 PA6 之间的相容性得到改善，同时 PP 在 PA6 基体中的分散性提高，从而抑制了水分子向基体内部迁移，降低了体系的吸水性；另外，随着 PP 用量的增加，合金的拉伸强度降低，这是因为 PA6 和 PP 均为半结晶聚合物，前者强度大，后者强度小，因此合金的拉伸强度随着 PP 用量的增加而降低，同时由于体系中存在一定的相界面，分散相和连续相之间仅靠分子间的作用力和相容剂的化学力结合到一起，因而其拉伸强度很难出现协同效应，相界面的存在同样导致拉伸应变下降。

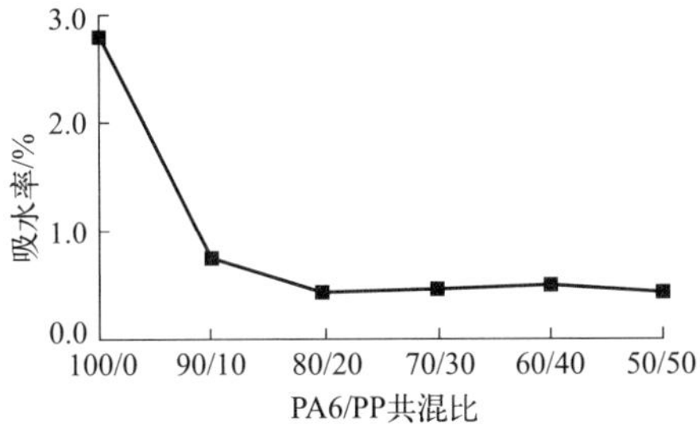

(a) 吸水率

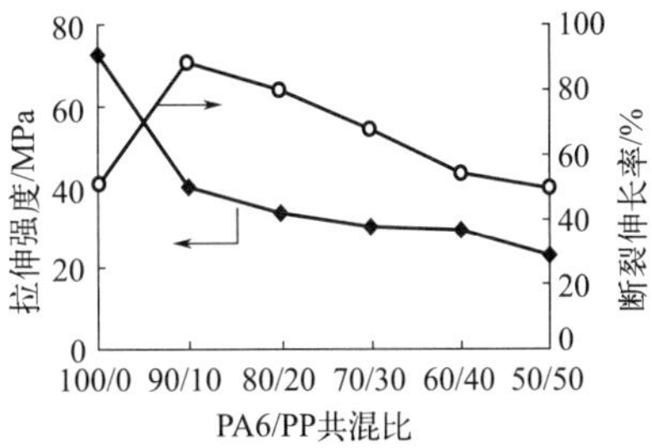

(b) 力学性能

图 4-15　PA6/PP 共混比对 PA6/PP 合金吸水率和力学性能的影响

在 PA6/PP 共混比为 80∶20，PP-*g*-MAH 质量分数为 4%的条件下制备的 PA6/PP 合金的性能见表 4-17。从表 4-17 可以看出，PA6/PP 合金的吸水率为 0.43%，约为 PA6 的 15%，缺口冲击强度分别比 PA6、PP 提高了 72%和 109%，热变形温度分别比 PA6、PP 提高了 12℃和 5.5℃。

表 4-17　PA6/PP 合金的性能

项目	PA6/PP 合金	PP	PA6
熔体流动速率/(g/10min)	18.60	2.00	26.50
吸水率/%	0.43	0.08	2.80
缺口冲击强度/(kJ/m^2)	21.65	10.36	12.60
拉伸强度/MPa	39.97	30.25	72.78
拉伸弹性模量/GPa	1.87	0.90	2.63
断裂伸长率/%	80.05	61.11	40.34
弯曲强度/MPa	42.86	51.42	91.90
弯曲弹性模量/GPa	1.72	2.02	2.52
热变形温度/℃	90.00	84.50	78.00

(2) PA/聚酯合金

将 PA 与适量的聚酯共混可制备性能优异的 PA/聚酯合金，兼具两者的优异性能，有效改善了 PA6 的应用缺陷。常见的聚酯包括聚对苯二甲酸丁二醇酯（PBT）、聚对苯二甲酸乙二醇酯（PET）。

虽然PA与聚酯在熔融共混时能发生酯-酰胺交换反应，但反应程度很小，且PA与聚酯的溶解度参数相差大，属于热力学不相容体系，因此需要通过加入相容剂改善相容性。马来酸酐接枝聚烯烃是PA/聚酯合金的有效相容剂，如在PA6/PET共混体系中加入质量分数为5%～15%的马来酸酐接枝聚烯烃，共混物的相容性可以得到改善。马来酸酐接枝聚烯烃包括聚丙烯接枝马来酸酐（GPP）、聚乙烯接枝马来酸酐（GPE）等。典型PA/聚酯合金组成与性能见表4-18。

表4-18　PA6/PET合金的组成与性能

合金组成	共混比	缺口冲击强度/(kJ/m^2)	弯曲强度/MPa	拉伸强度/MPa	断裂伸长率/%
PA6/PET	100/0	14.70	53.23	61.20	49.90
PA6/PET	80/20	12.39	50.00	29.37	34.25
PA6/PET	60/40	11.43	34.05	21.08	31.20
PA6/PET	40/60	8.10	39.80	14.95	21.50
PA6/PET	20/80	8.70	42.21	16.15	24.30
PA6/PET	0/100	8.98	47.00	27.70	20.40
PA6/PET/GPP	80/80/15	27.76	44.70	44.35	43.90
PA6/PET/GPP	60/80/15	24.91	45.20	38.00	40.80
PA6/PET/GPP	40/80/15	20.67	31.85	28.93	29.12
PA6/PET/GPP	20/80/15	23.68	44.41	38.54	31.20
PA6/PET/GPE	20/80/5	13.98	34.55	32.70	25.63
PA6/PET/GPE	20/80/10	14.75	26.37	33.75	26.00
PA6/PET/GPE	20/80/15	16.74	25.42	34.75	28.32
PA6/PET/GPE	20/80/20	12.25	19.65	21.83	27.95

（3）PA/ABS合金

PA/ABS合金是典型的结晶型塑料与非结晶型塑料的复合体系，加入有效的相容剂，能提高PA与ABS的相容性，从而得到高性能的合金。

常见的PA/ABS合金相容剂为改性ABS树脂，其分子中的极性端与PA有强的相互作用，非极性部分则与ABS结构相似，从而有良好的相容效果。目前，应用较多的PA/ABS合金相容剂有ABS接枝马来酸酐，另一种为苯乙烯-丙烯腈-马来酸酐三元共聚物。

日本孟山都公司（型号NX45、NX50）与清华大学均研制了PA6/ABS合金，相关性能指标见表4-19。

表4-19　PA6/ABS合金的性能

项目	NX45		NX50		PA6/ABS合金(清华大学)	
	0%RH	50%RH	0%RH	50%RH	0%RH	50%RH
拉伸强度/MPa	45.1	32.4	41.2	29.4	45.6	33.6
断裂伸长率/%	120.0	200.0	160.0	200.0	180.0	209.0
弯曲强度/MPa	65.7	45.1	59.8	38.3	50.0	—
弯曲模量/GPa	1.9	1.3	1.6	1.1	1.5	—
冲击强度/(J/m)	688.0	873.0	814.0	932.0	702.0	907.0
热变形温度/℃	126	115	120	111	117	—

（4）PA/聚苯醚合金

聚苯醚（PPO）具有优异的力学性能、耐热性（T_m 为 257℃，T_g 为 210℃，T_d 为 350℃）、化学稳定性、尺寸稳定性、电性能及低吸水性，可在－160～190℃的温度下长期工作，高温下热蠕变性是所有热塑性工程材料中最优异的。然而，PPO 树脂耐溶剂性差，制品容易发生应力开裂，缺口冲击强度低，熔体黏度高，加工成型性极差，不能采用注射方法成型；而聚酰胺具有良好的耐溶剂性，且易于加工，但耐热性和制品的尺寸稳定性欠佳。因此，将 PPO 与 PA 共混制成合金，可实现两种材料的优势互补。

PA/PPO 合金最早于 1966 年由 GE 公司开发成功，该合金是以 PA 为海，以 PPO 为岛组成的微观相分离结构，它综合了 PA 和 PPO 各自的优点。由 GE 公司研制的牌号为 Noryl GTX 的 PA/PPO 合金性能见表 4-20。

表 4-20　PA/PPO 合金性能

项目	Noryl GTX				PPO	PA6
	600	900	910	830		
密度/(g/cm^3)	1.10	1.10	1.10	1.31	1.06	1.14
吸水率(23℃水中饱和)/%	4.0	3.5	3.5	3.6	0.1	10.7
热变形温度(0.45MPa)/℃	185	—	—	—	179	151
维卡软化点/℃	190	195	195	240	—	—
拉伸屈服强度/MPa	55	61	61		—	—
拉伸断裂强度/MPa	50	58	58	163	80	75
拉伸屈服伸长率/%	5	5.7	5.7			
拉伸断裂伸长率/%	150	100	100	3	20～30	150
弯曲强度(23℃)/MPa	69	102	102	224	114	110
弯曲弹性模量(23℃)/MPa	1760	2140	2410	9180	2568	2400
缺口冲击强度(23℃)/(J/m)	390	240	250	90	84	70

（5）PA/聚碳酸酯合金

PA 与聚碳酸酯（PC）共混得到的合金既可保持原有 PA 和 PC 的优良性能，又可克服各自性能上的不足，因而引起人们的重视。PA/PC 共混体系是热力学不相容体系，两相间因界面张力大，界面黏结力弱，导致分散状况不好，共混物的力学性能差。

（6）聚酰胺之间的共混物合金

将不同种聚酰胺共混，如脂肪族聚酰胺与半芳香族聚酰胺共混、脂肪族聚酰胺之间共混，可以平衡聚酰胺各自之间的特性，拓展其应用领域。例如，在脂肪族聚酰胺中添加 T_g 高、可溶混的非结晶半芳香族聚酰胺，可降低其等温结晶速率；在 PA6 中加入 PA66 能使 PA6 的弯曲强度和韧性有一定提高；将 PA6 与 PA66 共混并用玻纤增强所制得的合金材料的弯曲强度比玻纤增强 PA6 高 30～40MPa，拉伸强度提高 15%。表 4-21 列出了 PA1010/PA12 合金的性能。

表 4-21 PA1010/PA12 合金的性能

项目	PA1010	PA1010/PA12		PA12
		共混比 4/6	共混比 2/8	
屈服拉伸强度/MPa	42	40	40	38
断裂拉伸强度/MPa	55	53	59	59
断裂伸长率/%	300	270	290	320
弯曲弹性模量/MPa	1390	1150	1250	1200
缺口冲击强度/(J/m)				
23℃	75	74	70	60
−40℃	88	94	88	60

4.2.4 阻燃聚酰胺

随着国内外一系列环保法规的颁布实施，安全、环保、高性能的材料日益受到人们的关注。脂肪族聚酰胺如 PA6、PA66 等由于极限氧指数不高，用于电子电气等领域时，还应进行阻燃改性。

我国阻燃聚酰胺的开发始于 20 世纪 80 年代，品种主要集中在 PA6、PA66 的阻燃，先后开发出阻燃 PA6、PA66 及其阻燃增强型。早期的阻燃聚酰胺产品均以卤素阻燃为主，近年来，随着人们对环境保护的呼声越来越高，无卤阻燃已引起人们的高度关注。

目前，市面上具有代表性的阻燃聚酰胺产品有罗地亚公司开发的不含卤素和红磷的 Technyl 阻燃 PA66 树脂、三菱公司开发的无溴阻燃聚酰胺树脂 Novamid 1010N5-GW，以及美国 GE 公司推出的以 PA6、PA66 和 PA6/66 共聚物为基础树脂与 20%～40%的短玻璃纤维和无卤、无磷阻燃剂共混制备的阻燃尼龙 Staflam XGen 等。

随着科技的不断进步和应用领域的不断拓展，阻燃聚酰胺的研发将更加注重环保、高效和可持续性，以满足社会对绿色、低碳和可持续发展的需求。

4.2.4.1 阻燃剂的品种及选择

阻燃剂的分类方法有多种。根据材料的加工方法，分为添加型阻燃剂和反应型阻燃剂。按化学物质类别，分为有机阻燃剂和无机阻燃剂两大类，其中有机阻燃剂主要包括磷系、卤系、氮系和新型的聚硅氧烷系；无机阻燃剂主要包括氢氧化物（如氢氧化铝、氢氧化镁、氢氧化锆）、氧化锑、红磷、钼酸铵、硼酸锌等，其中氢氧化铝和氢氧化镁应用最为广泛，它们不仅具有阻燃作用和填充增强作用，还有较好的热稳定性、抑烟和防滴作用，且填充安全和对环境无污染等。

一般来说，基材中加入阻燃剂，会影响材料的物理机械性能、电气性能和热稳定性及加工工艺。因此，需合理选择阻燃剂，以在材料的阻燃性和使用性能之间取得最佳平衡。

（1）主辅阻燃剂的选择　阻燃配方设计一般需要选择几种阻燃剂，这些阻燃剂可分为主阻燃剂和辅助阻燃剂。主阻燃剂一般阻燃效果好、添加量大，起主阻燃作用；辅助阻燃剂则起配合或协效作用，如消烟、防滴落等。聚酰胺达到自熄时所需阻燃元素含量见表 4-22。

表 4-22　聚酰胺达到自熄时所需阻燃元素含量

磷/%	氮/%	三氧化二锑/%	碳/%
3.5	3.5～7.0	10.0	6.0

辅助阻燃剂主要有 Sb_2O_3、硼酸锌等协效剂；ZnO、Mo_2O_3、富马酸、二茂铁等消烟剂。

(2) 协同阻燃剂的选择　在选择阻燃剂搭配时，必须了解哪些阻燃剂组合时有相互补充作用，哪些阻燃剂是相互抵消的。一般卤系-锑系、卤系-磷系、氮系-磷系、磷系-锑系组合可起到相互补充作用。

① 卤系-锑系　Sb_2O_3 单独使用时并没有阻燃效果，但与卤系阻燃剂配合使用有明显效果。这是因为在燃烧时阻燃剂分解的卤素与 Sb_2O_3 发生反应，生成了 SbX_3 及 $SbOX_3$，SbX_3 密度大，具有明显的隔氧效果；同时 SbX_3 具有捕捉自由基的作用，增加了卤系气相阻燃效果。卤系与锑系的配比一般为 3∶1。

② 卤系-磷系　在卤系-磷系中，卤系阻燃剂主要产生气相阻燃效果；磷系阻燃剂在燃烧时会形成偏磷酸，产生固相阻燃效果，两者形成完整的气-固相阻燃体系。同时，卤、磷之间反应还可生成 PX_3、PX_2、PX 气体，这类气体密度较 HX（卤化氢）大，不易扩散，包围在火焰表面，起到阻氧作用。卤系与磷系的配比一般为 3∶2。

③ 氮系-磷系　氮系阻燃剂可促进磷系化合物的碳化，碳层覆盖在燃烧物表面起到隔氧阻燃效果。一般磷/氮加入质量比为 3.5∶1.0、2.0∶2.5、1.4∶4.0、0.9∶5.0 时阻燃效果相同。

④ 磷系-锑系　其协同机理与卤系-锑系相似。Sb_2O_3/硼酸锌配合使用产生协同效应，硼酸锌可起防滴落作用，且减少 Sb_2O_3 用量可降低成本。红磷与金属氧化物、聚磷酸铵、炭黑之间配合使用有协同作用。

很多阻燃剂组合能产生协同效应，提高阻燃效果，但有些组合也会降低阻燃作用，如卤系-有机硅、溴系-硬脂酸、红磷-有机硅、溴系-$CaCO_3$ 或 $MgCO_3$ 等。

4.2.4.2 影响阻燃聚酰胺性能的因素

影响阻燃聚酰胺性能的主要因素有：阻燃剂用量、混合效果、树脂及助剂的含水量、挤出工艺、添加剂种类及用量等。

(1) 阻燃剂用量　与纯 PA 相比，随着阻燃剂用量的增加，阻燃 PA 的流动性改善，但冲击强度下降。这是因为大多数阻燃剂为小分子或低分子聚合物，它们可在 PA 大分子间起到增塑作用，特别是 MCA，既是阻燃剂，又是理想的润滑剂。

(2) 阻燃剂分散程度　阻燃剂的分散性对产品性能有两方面的影响：一是影响阻燃效果，阻燃剂分散不均，会造成产品阻燃性能不一致；二是影响力学性能，阻燃剂集中处易形成应力集中而引发冲击断裂，导致制品表面分层或脱落。

改善阻燃剂分散程度的措施有：加入适量的分散剂；采用合适的混合工艺，如加料斗安装搅拌器，保证各组分下料均匀；适当改进螺杆熔融段结构，保证阻燃剂与 PA 混合均匀。

(3) 树脂及助剂的水分　PA 易吸湿且在熔融状态下易水解而发生大分子的降解，引起强度下降。因此，制造阻燃PA时，应对易吸湿的原材料进行干燥处理。图4-16反映了基体树脂（PA6、PA66）含水量对阻燃PA6、PA66冲击强度的影响。

（4）挤出温度　在阻燃PA制造过程中，挤出温度对产品性能有较大影响，挤出温度太低，PA熔融塑化不好，阻燃剂分散不均匀，必然造成产品性能不均，而挤出温度太高会导致阻燃剂分解而影响产品阻燃性。

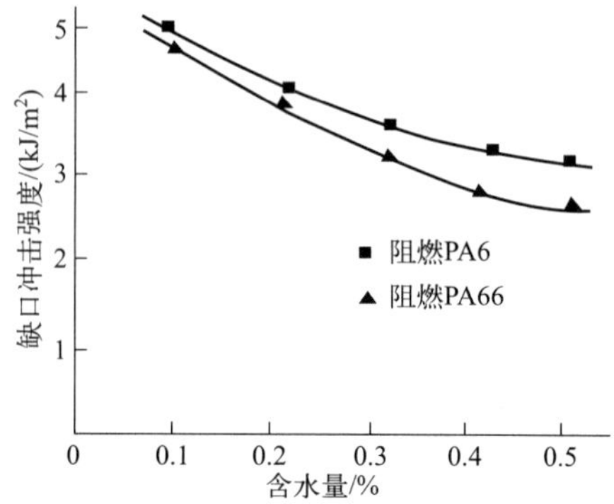

图4-16　阻燃PA6和PA66的含水量与冲击强度的关系

（加工温度：阻燃PA6 230℃；阻燃PA66 240℃）

4.2.4.3　聚酰胺阻燃体系及特点

（1）卤系阻燃体系

卤系阻燃剂（包括溴系阻燃剂和氯系阻燃剂）是聚酰胺最常采用的阻燃剂之一，具有阻燃效率高，耐候性和热稳定性好，对材料力学性能影响小等优点。然而，卤系阻燃剂在燃烧过程中会产生浓烟及腐蚀性气体等，给人类健康和环境带来严重的二次灾害，因此已在发达国家全面禁用，并面临全球范围淘汰。

卤系阻燃剂通过气相与凝聚相两种机制发挥阻燃作用。在气相中，其受热时分解释放出难燃的卤化氢（HX）气体，可以稀释空气中氧气和可燃性气体的浓度，并能消除或降低聚合物燃烧过程中产生的活性自由基，从而终止或减缓气相燃烧过程中的链式反应，起到阻燃的目的。在凝聚相中，卤系阻燃剂则通过脱水反应形成炭化层，覆盖在聚合物表面隔绝空气，从而在凝聚相起到阻燃作用。

用于聚酰胺阻燃的传统卤系阻燃剂主要是含溴阻燃剂，如十溴二苯醚（DBDPO）、十溴二苯乙烷（DBDPE）、五溴二苯醚（PBDO）、十四溴-1,4-二苯氧基苯、溴化聚苯乙烯（BPS）、1,2-双（五溴苯基）乙烷（BPBPE）、1,2-双（四溴邻苯二甲酰亚胺）乙烷、聚五溴苄基丙烯酸酯、十溴二苯乙烷、聚二溴苯醚（PO-64P）等，其中国外应用比较广泛的是溴化聚苯乙烯，其热稳定性好，但成本高，光稳定性差，国内应用较多的是DBDPO，其含溴量高，成本低，且具有优异的热稳定性。含氯阻燃剂主要是双（六氯环戊二烯）环辛烷（Dechlorane Plus）。

市面上典型的适用于聚酰胺阻燃的卤系阻燃剂牌号见表4-23。

表4-23　典型卤系阻燃剂牌号

生产企业	产品牌号	化学名称
美国Albemarle公司	Saytex® 8010	十溴二苯乙烷(溴含量82%)
	Saytex® HP-7010(P/G)	溴化聚苯乙烯(溴含量69%)
	Saytex® 120	十四溴-1,4-二苯氧基苯
	Pyro-chek® 68PB	溴化聚苯乙烯(溴含量66%)
德国Lanxess公司	PO-64P	聚二溴苯醚

卤系阻燃剂对增强和未增强聚酰胺都有很好的阻燃效果，可与金属氧化物如Sb_2O_3配合使用，也可与氮系阻燃剂、磷系阻燃剂和无机阻燃剂配合使用。溴系阻燃聚酰胺存在

两大缺陷：一是表面析出；二是漏电起痕指数（CTI）较低，一般不高于 300V。表 4-24～表 4-26 列出了几种卤系阻燃聚酰胺的性能。

表 4-24　Sb_2O_3 协同 BPS 阻燃 PA6 的性能

项目	性能指标
维卡软化点/℃	211.30
邵氏硬度(D)	79.10
平行注塑收缩率/%	1.18
垂直注塑收缩率/%	1.29
热变形温度(1.82MPa)/℃	118.10
断裂伸长率/%	23.50
拉伸强度/MPa	58.40
简支梁缺口冲击强度/(kJ/m^2)	7.55
悬臂梁缺口冲击强度/(kJ/m^2)	2.93
弯曲强度/MPa	70.98
弯曲模量/MPa	2499.50
UL94(3.00mm)	V-0
氧指数(LOI)/%	28.7

注：BPS 质量分数 25%，Sb_2O_3 质量分数 8%。

表 4-25　溴系阻燃 PA66 的性能

项目	PA66	DBDPO 阻燃 PA66	Saytex® 120 阻燃 PA66	Pyro-chek® 68PB 阻燃 PA66
拉伸屈服强度/MPa	68.2	66.2	48.3	83①
拉伸弹性模量/MPa	2620	3450	3170	—
屈服伸长率/%	24.7			
弯曲强度/MPa	106.9	102.8	107.9	110
弯曲弹性模量/MPa	2550	2900	2690	3690
缺口冲击强度(3.2mm)/(J/m)	79.9	26.7	42.6	32
热变形温度(1.82MPa)/℃	93	125	131	—
熔体流动速率(265℃,1200g)/(g/10min)	3.3	10.9	3.4	—
极限氧指数/%	26.5	30.5	30.5	34.0
UL94				
3.2mm	V-2	V-0	V-0	—
1.6mm	V-2	V-0	V-0	V-0
0.8mm	V-2	V-0	V-0	—
介电强度/(kV/mm)	0.3	0.3	0.3	—
介电常数	3.4	3.2	3.2	—

续表

项目	PA66	DBDPO 阻燃 PA66	Saytex® 120 阻燃 PA66	Pyro-chek® 68PB 阻燃 PA66
介电损耗角正切	0.4000	0.0129	0.0156	—
体积电阻率/Ω·cm	2.9×10^{14}	5.8×10^{16}	7.5×10^{16}	
表面电阻率/Ω·cm²	8.2×10^{8}	2.3×10^{14}	4.2×10^{14}	

注：DBDPO 阻燃 PA66 中 DBDPO 质量分数为 14.0%，Sb_2O_3 质量分数为 5.0%；Saytex® 120 阻燃 PA66 中 Saytex® 120 质量分数为 14.0%，Sb_2O_3 质量分数为 5.0%；Pyro-chek® 68PB 阻燃 PA66 中 Pyro-Chek® 68PB 质量分数为 21.0%，Sb_2O_3 质量分数为 7.0%。

① 断裂拉伸强度。

表 4-26　30%玻纤增强阻燃 PA66 的性能

项目	PO-64P 阻燃 PA66	Pyro-chek® 68PB 阻燃 PA66	Dechlorane Plus 阻燃 PA66
拉伸屈服强度/MPa	179.1	151.6	165.4
屈服伸长率/%	5.0	3.6	4.8
弯曲强度/MPa	282.5	213.6	248.0
弯曲弹性模量/MPa	10800	10800	10900
缺口冲击强度(3.2mm)/(J/m)	90.8	96.1	90.8
热变形温度(1.82MPa)/℃	240.5	240.5	240.5
极限氧指数/%	26.5	30.5	30.5
UL94(0.8mm)	V-0	V-0	V-0

注：增强阻燃 PA66 中添加的阻燃剂质量分数 16.0%，Sb_2O_3 质量分数 4.0%，玻纤质量分数 30%。

（2）无卤阻燃体系

① 磷系阻燃体系　磷系阻燃剂是一种高效、低毒、无烟、无污染的阻燃剂，其在燃烧过程中分解形成的高沸点含氧酸可以促进聚合物脱水和炭化，并形成炭化残渣保护层，使聚合物与空气隔绝，同时，脱出的水分吸收大量的热，也可降低聚合物表面温度，从而达到阻燃的效果。其优点是毒性和腐蚀性低、热稳定性好、效果持久。磷系阻燃剂主要有磷酸三苯酯（TPP）、磷酸三甲苯酯（TCP）、红磷和有机亚磷酸盐等。磷系阻燃剂既可单独使用，也可与卤系或氮系等阻燃剂配合使用。

a. 有机亚磷酸盐　典型产品为德国克莱恩公司生产的 Exolit OP 系列，化学结构式如下：

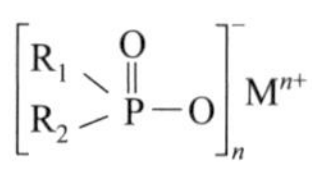

式中 R_1、R_2 为 $C_1\sim C_6$ 的烷基或芳基，如甲基、乙基、苯基等；M 为金属，如锌、钙等。

该类化合物的熔点与其分子上有机基团的种类和金属种类有关，特别是后者。Exolit OP 系列产品主要有 1311、1320 和 1312 三个牌号，外观均为白色结晶，磷质量分数为 14%。OP 1311 适用于 PA6 阻燃，OP 1312 M1 适用于 PA66 阻燃，OP 1320 适用于耐高温聚酰胺阻燃。Exolit OP 系列阻燃剂由于成本比较高，主要用于对环保要求严格的阻燃增强聚酰胺。

b. 红磷　红磷是一种较好的阻燃剂，具有添加量少、用途广泛等优点，但自燃问题并没有得到有效解决，粉尘污染严重，色调单一（暗红和黑色），无法赋予制品更多的颜色选择。红磷阻燃聚酰胺的 CTI 值高，一般在 350V 以上。表 4-27～表 4-28 分别列出了红磷阻燃 PA66、Exolit OP 阻燃 PA66 的性能。

表 4-27　红磷阻燃玻纤增强 PA66 的性能

红磷质量分数/%	UL94 (0.8mm)	UL94 (3.2mm)	氧指数/%	拉伸断裂强度/MPa	拉伸模量/MPa	断裂伸长率/	缺口冲击强度/(kJ/m^2)
0	NR	NR	25.0	91.84	3635	3.41	7.54
1.7	V-2	V-2	30.8	78.80	3274	2.94	5.04
3.4	V-2	V-1	29.1	79.15	3263	3.03	5.04
5.1	V-2	V-1	28.0	74.00	3147	2.62	4.98
6.8	V-1	V-0	—	72.30	3086	2.59	4.50
10.2	V-1	V-0	26.3	71.40	2984	2.61	4.34

注：阻燃增强 PA66 中玻纤质量分数为 30%。

表 4-28　Exolit OP 阻燃玻纤增强 PA66 的配方及性能

项目	GF/PA66	BPS 阻燃 GF/PA66	红磷阻燃 GF/PA66	Exolit OP 1312 M1 阻燃 GF/PA66
配方				
PA66	70	43.6	56	52
GF	30	30	30	30
BPS	—	20	—	—
Sb_2O_3 母粒	—	6.0	—	—
RP 母粒	—	—	14	—
Exolit OP 1312 M1	—	—	—	18
PTFE	—	0.4	—	—
性能				
熔体流动速率/(g/10min)	10	3	4	7
拉伸强度/MPa	177	164	174	132
拉伸弹性模量/GPa	9.6	12.3	11.0	9.9
断裂伸长率/%	3.7	2.7	3.2	2.8
冲击强度/(kJ/m)				
无缺口	79	64	78	64
缺口	19	13	16	14
漏电起痕指数(CTI)/V	600	275	600	600
UL94(0.8mm)	不通过	V-0	V-0	V-0

注：① PA66 为 Bayer 公司 Durethan A30，CTI 值为 600V；

② GF 为 Vetrotex 公司生产的 Vetrotex EL 104.5 MM4983；

③ BPS 为 Albemarle 公司生产的 Saytex HP-7010；

④ Sb_2O_3 母粒是 PA66 载体，Sb_2O_3 含量为 80%，由 Camprne 公司生产，牌号为 Antiox PA 2617；

⑤ 红磷母粒以 PA66 为载体，磷含量为 50%，由 Clariant 公司生产，牌号为 Exolit RP 695；

⑥ Exolit OP 1312 M1 由德国 Clariant 公司生产。

② 氮系阻燃体系　氮系阻燃剂是一种环保型无卤阻燃剂，具有挥发性小、低毒、无腐蚀性、对热和紫外线稳定、电性能好，可回收再利用、价格低等优点，近年来得到了广泛的研究和应用。其阻燃机理主要是依靠初期表面快速膨胀发泡炭化形成不燃的炭质层，隔绝氧气与里层材料的接触，以达到阻燃效果。氮系阻燃剂一般不单独阻燃聚酰胺，常与卤系衍生物、磷系化合物、金属氧化物等共同作用。适用于聚酰胺阻燃的氮系阻燃剂主要是三聚氰胺（MA）、三聚氰胺氰脲酸盐（MCA）、聚磷酸三聚氰胺（MPP）等。MCA只适用不含填料的聚酰胺阻燃，而用于阻燃玻纤增强聚酰胺时，其阻燃效果不理想（由于烛芯效应）、耐冲击性不佳。

氮系阻燃剂的阻燃效果不如卤系和磷系，用于阻燃纯聚酰胺时阻燃级别可以达到UL94 V-0级。表4-29列出了MCA阻燃聚酰胺的性能。

表4-29　MCA阻燃聚酰胺的性能

项目	阻燃PA66	阻燃PA6
密度/(g/cm^3)	1.10(1.16)	1.10(1.16)
拉伸强度/MPa	76.0(76.5)	74.0(72.6)
弯曲强度/MPa	88.4(127.4)	84.7(122.5)
弯曲模量/MPa	2700(2940)	2580(2380)
简支梁缺口冲击强度/(kJ/m^2)	6.7	8.2
热变形温度(1.82MPa)/℃	130(70)	135(63)
氧指数/%	38(24)	32(24)
UL94(3.2mm)	V-0(V-2)	V-0(V-2)

注：括号内数字为基材的相应指标。

③ 磷-氮阻燃体系　适用于聚酰胺阻燃的磷-氮系阻燃剂主要有聚磷酸铵（APP）、焦磷酸盐（MPYP）和聚磷酸盐等。APP含磷高，同时含有阻燃元素氮，用作阻燃剂时，制品燃烧无滴落，化学稳定性好。APP可与多种化合物并用，如膨胀石墨、滑石粉、MnO_2、Fe_2O_3等。采用APP阻燃聚酰胺时，最好经蜜胺类树脂包覆处理。不同含量APP阻燃PA6的氧指数列于表4-30。

表4-30　不同含量APP阻燃PA6的氧指数

PA6质量分数/%	APP质量分数/%	MnO_2质量分数/%	氧指数/%
80	20.0	0	25
80	17.8	2.2	41
80	17.5	2.5	42
80	17.1	2.9	43
80	16.0	4.0	35
80	0.0	20.0	24

④ 无机填料型阻燃体系　无机填料型阻燃剂具有热稳定性好、阻燃效果持久、毒性低、不挥发、不产生腐蚀性气体等特点。适用于聚酰胺的无机阻燃剂主要有氢氧化镁$Mg(OH)_2$、氢氧化铝$Al(OH)_3$、硼酸镁、硼酸锌、三氧化二锑（Sb_2O_3）、磷酸锌络合

物等。$Mg(OH)_2$ 具有阻燃、抑烟的双重作用，但 $Mg(OH)_2$ 表面极性大，与聚酰胺相容性较差，使用前必须进行超细处理、表面改性或微胶囊包覆等技术处理。$Al(OH)_3$ 不含卤素，无毒，而且兼具填充、阻燃、消烟等功能，是当前备受关注的新型阻燃剂。$Al(OH)_3$ 一般不单独使用，通常与红磷、Sb_2O_3、$Mg(OH)_2$ 等其他阻燃剂复配使用。由于 $Al(OH)_3$ 与聚酰胺的相容分散性较差，使用前需要经过表面改性处理，以扩大其应用范围。$Al(OH)_3$ 的粒度与性能有较大关系，粒径越小，比表面积越大，阻燃效果就越好。Sb_2O_3 和硼酸锌主要作为协效剂使用。表 4-31 列出了 $Mg(OH)_2$ 阻燃 PA6 的阻燃性能。

表 4-31　$Mg(OH)_2$ 阻燃 PA6 的阻燃性能

$Mg(OH)_2$ 粒径/μm	$Mg(OH)_2$ 质量分数/%	氧指数/%	UL94	阻燃总时间/s
7.7	59.2	51.8	V-0	24.5
0.7	60.3	71.8	V-0	23.0
1.5	59.0	70.0	V-0	21.0

⑤ 反应型阻燃体系　采用反应型阻燃剂可实现分子内协同阻燃效应，阻燃效能持久，不存在挥发及迁移的问题，故近年来发展很快。目前，比较有效的方法是在聚酰胺分子链上引入三芳基氧化磷，如双（4-羟苯基）苯基氧化磷（BCPPO）、双（4-羧苯基）苯基氧化磷等阻燃基团，形成自身具有永久阻燃性的共聚酰胺，如采用 BCPPO 作为 PA66 的共聚单体，通过缩聚反应将 BCPPO 引入 PA66 分子结构中，可达到对 PA66 永久性阻燃的效果。

4.2.5　增韧聚酰胺

聚酰胺的耐磨性、耐蠕变性非常突出，但在低温及干态下冲击强度差、吸水率大。针对这些不足，在聚酰胺基体中加入一定量的橡胶或弹性体，能使其冲击强度成倍增加，有效提高其抗冲击性能和低温性能。

聚酰胺的增韧改性主要采用弹性体官能化的反应相容技术，这种方法的本质是在加工过程中，通过组分间的化学反应生成接枝或嵌段聚合物来作为共混相容剂。通常用作接枝的聚合物有乙烯-辛烯共聚物（POE）、三元乙丙橡胶（EPDM）、苯乙烯-丁二烯-苯乙烯嵌段共聚物（SBS）、乙烯-丙烯橡胶（EPR）、乙烯-乙酸乙烯酯共聚物（EVA）等，其中 POE 作为一种热塑性弹性体，不但具有塑料的热塑性，而且具有橡胶的交联性，在聚酰胺增韧的研究中备受关注。

增韧聚酰胺作为增韧塑料的一大品种，从其组成看，应属于高分子共混合金的范畴，增韧改性同样遵循共混的一般原理，在组成与结构上也有多相体系，但橡胶增韧机理以及增韧聚酰胺的制造工艺与聚酰胺合金有一定的差异；同时，增韧聚酰胺也是非常重要的新型高分子材料，因此，本书将增韧聚酰胺单列一节。增韧理论参见有关专著。

4.2.5.1　聚酰胺增韧剂种类

聚酰胺增韧剂包括橡胶类、热塑性弹性体、刚性聚合物、纳米无机刚性粒子等。

(1) 橡胶

常用的橡胶增韧剂有三元乙丙橡胶、乙丙橡胶、丁腈橡胶、丁苯橡胶、顺丁橡胶等，其中最为常用的是三元乙丙橡胶。橡胶具有很高的弹性和很低的玻璃化转变温度（T_g），其增韧效果好，但会降低聚酰胺的弯曲强度；此外，由于橡胶与聚酰胺之间存在相容性问题，往往会导致增韧体系力学性能下降。橡胶使用前最好先进行适度硫化。

（2）热塑性弹性体

热塑性弹性体的主要品种有苯乙烯-丁二烯-苯乙烯共聚物（SBS）、氢化 SBS（SEBS）、乙烯-辛烯共聚物（POE）、乙烯-乙酸乙烯酯共聚物（EVA）、乙烯-丙烯酸共聚物（EAA）等。热塑性弹性体的增韧效果好，与橡胶弹性体增韧聚酰胺相比，其增韧聚酰胺的弯曲强度下降幅度较小。

（3）刚性聚合物

常用的刚性聚合物有聚丙烯（PP）、聚乙烯（PE）、聚苯醚（PPO）、丙烯腈-丁二烯-苯乙烯三元共聚物（ABS）、热致液晶聚合物（TLCP）等。从增韧理论上讲，这些玻璃化转变温度比聚酰胺低的聚合物都会对聚酰胺有一定的增韧作用，但增韧幅度有限。

（4）纳米无机刚性粒子

如果无机填料的粒径达到纳米尺度，会有一定的增韧效果。常用的无机填料有碳酸钙、滑石粉、蒙脱土、硅灰石等。

4.2.5.2 聚酰胺增韧体系

依据增韧剂不同，聚酰胺增韧体系主要包括橡胶弹性体增韧聚酰胺、核-壳型共聚物增韧聚酰胺、热塑性弹性体增韧聚酰胺、纳米无机填料增韧聚酰胺、刚性聚合物增韧聚酰胺等，其中橡胶类弹性体、热塑性弹性体增韧聚酰胺最为常见。

（1）橡胶弹性体增韧聚酰胺

将普通橡胶弹性体如三元乙丙橡胶、乙丙橡胶等与聚酰胺共混是改善聚酰胺冲击强度的一种有效手段。但由于聚酰胺带有极性很强的酰胺基团，与极性较弱橡胶弹性体共混时，二者之间相容性差、相分离现象很严重，严重影响体系的冲击强度。常采用的方法是将橡胶弹性体与马来酸酐进行熔融接枝，使橡胶弹性体带上酸酐官能团，与聚酰胺的末端氨基反应形成化学键，提高界面相容性，从而提高体系的韧性。

此外，橡胶用作聚酰胺的增韧剂时，使用前应先进行硫化，使橡胶适度交联，由线型结构变成网状结构。

（2）核-壳型共聚物增韧聚酰胺

核-壳型共聚物是以交联的弹性体为核，由具有较高玻璃化转变温度的聚合物为壳的共聚物。这种共聚物的粒径在聚合过程中可独立地控制，不受共混加工条件的影响，对聚酰胺有很强的增韧作用。

美国 Rohm&Haas 公司采用乳液复聚法开发了牌号为 Paraloid EXL 的系列壳-核型共聚物。该系列产品包括两种类型，一类为由聚甲基丙烯酸甲酯（PMMA）组成壳、聚丙烯酸丁酯组成核的丙烯酸酯类壳-核型共聚物，另一类为由 PMMA 组成壳、交联聚丁二烯组成核的 MBS 类壳-核型共聚物，它们的粒子直径基本控制在 0.2～0.3mm。但是，由于这两类壳-核型共聚物壳的成分都是 PMMA，与聚酰胺的界面相容性较差，单独使用时增韧效果很差。因此，如何提高壳-核型共聚物的壳与聚酰胺基体的相容性，是能否获得理想增韧效果的关键因素。其中，最有效的方法是通过引入带极性官能团（如羟基、羧基、环氧基等）的增容剂，如苯乙烯-马来酸酐共聚物、双酚 A 型环氧树脂，使之既能与壳-核型共聚物的壳 PMMA 产生物理相互作用，同时又能与聚酰胺基体发生反应，从而显著提高壳-核型共聚物与聚酰胺的界面黏结性，并获得非常高的冲击强度。

（3）热塑性弹性体增韧聚酰胺

热塑性弹性体是在常温下显示橡胶弹性，高温下能塑化成型的高分子材料，与橡胶不同之处在于不需硫化交联即可直接使用。经过接枝改性的热塑性弹性体不仅可以有效地增韧聚酰胺，还可以作为界面改性剂，同时改善聚酰胺的挤出加工性及成型性，降低成本，如将二溴甘露醇、乙酰乙酸甲酯和马来酸酐接枝到 SBS 上，作为 PA6/SBS 的相容剂，可大幅提高 PA6 的韧性；以马来酸酐接枝的 POE 为相容剂增韧改性 PA66/POE，PA66/POE 的形态结构得到明显改善，弹性体分散相粒径细化且分布均匀，冲击强度显著提高；将极性单体引入 SBS 分子链末端合成极性化 SBS，再利用极性化 SBS 增韧 PA6，极性化 SBS 对 PA6 具有较好的增韧作用，如表 4-32 所示。

表 4-32　PA6/极性化 SBS 共混物的力学性能

共混类型	共混质量比	缺口冲击强度/(kJ/m^2)		拉伸强度/MPa	弯曲强度/MPa
		25℃	−30℃		
PA6		12.3	5.0	76.9	100
PA6/SBS	90/10	11.4		56.9	74.7
PA6/极性化 SBS	90/10	25.1	10.4	58.4	77.0
PA6/GF	75/25	13.1		143.9	195.0
PA6/GF/极性化 SBS	70/20/5	24.3		135.7	181.4

（4）纳米无机填料增韧聚酰胺

纳米无机填料作为一种强韧化助剂，可以纳米尺度（小于 100nm）分散于聚酰胺基体中，改善材料的力学、热学性能。但是，无机刚性粒子增韧聚酰胺必须具备几个条件：无机粒子应与聚酰胺界面黏结性良好；超细无机粒子应分散良好；粒子浓度大小应合适，不能太低，也不能过高。蒙脱土（MMT）是常用的纳米无机填料，当 PA6 基体中加入质量分数为 4%的 MMT 时，复合材料的拉伸强度由纯 PA6 的 63.6MPa 提高到 77.8MPa，其他力学性能和热稳定性也有所提高。

（5）刚性聚合物增韧聚酰胺

PA/ABS 最早由美国的 Borg-Warner Chemicals 公司和 Monsanto 公司推出，商品名分别为 Elemid 和 Triax。PA/ABS 有卓越的抗冲、刚性和耐化学药品性能，在一般机械、日用杂品、汽车行业有广泛的应用。PA 与 ABS 不相容，可以用苯乙烯-甲基丙烯酸缩水甘油醇共聚物、ABS 与 MAH 的接枝物、线型环氧树脂等作相容剂来改善 PA 与 ABS 的相容性。

PPO 作为一种很重要的工程塑料，具有很优异的尺寸稳定性和热性能，缺点是耐溶剂性差且加工性能不好。利用 PPO 增韧 PA 的关键是解决 PA 和 PPO 的相容性问题。采用 PS-*g*-MAH 增容 PA/PPO 共混物，可大幅提高共混物的冲击强度。

TLCP 是一种新型高性能高分子材料，其特点是高模量、高强度，在液晶态下呈现特有的易流动性；并具备优良的热稳定性和尺寸稳定性、耐化学腐蚀性、耐候性、低热膨胀系数和低密度等综合性能。PA 与 TLCP 在一定条件下共混时，由于二者流动性的差异，TLCP 会产生原纤化作用，成为细长的纤维，从而得到 PA/TLCP 原位聚合物。此类聚合物具有极高的强度和模量，但由于二者相容性不好，会影响复合材料的韧性，加入合适的相容剂是一种有效的方法。相容剂 PP-*g*-MAH 能显著改善 PA、TLCP 的相容性，增强两相界面黏结力，提高复合材料的力学性能。

4.2.5.3 影响增韧聚酰胺性能的因素

（1）增韧剂种类　增韧剂本身的结构与性能是影响增韧聚酰胺性能的关键因素。表 4-33 列出了不同增韧剂增韧 PA66 的性能。

由表 4-33 可以看出，橡胶类弹性体（EPDM-*g*-MAH）增韧效果较好，原因是橡胶具有很高的韧性，但也存在流动性差的明显不足；热塑性弹性体 PE-*g*-MAH 无论是增韧效果还是加工流动性均较差；热塑性弹性体 POE-*g*-MAH 增韧效果虽略逊于橡胶类弹性体，但加工流动性好，而且不存在橡胶类弹性体的交联问题。橡胶类弹性体增韧剂一般都经过硫化交联处理，因此，在用量较大或与玻纤共同使用改性聚酰胺时，会出现交联杂质累积在螺杆挤出机机头的现象，从而导致加工困难、挤出量波动较大等问题。

表 4-33　不同增韧剂增韧 PA66 的性能

增韧剂	拉伸强度/MPa	弯曲强度/MPa	弯曲模量/MPa	悬臂梁缺口冲击强度/(J/m)	断裂伸长率/%	熔体流动速率/(g/10min)
EPDM-*g*-MAH	56.70	68.77	2125.6	138.10	89.60	4.96
POE-*g*-MAH	61.53	69.35	2078.1	155.06	49.19	15.33
PE-*g*-MAH	71.03	76.96	2237.3	53.05	31.27	2.16

注：添加的增韧剂质量分数为 10%。

（2）增韧剂用量

增韧剂用量对 PA 力学性能影响较大。从图 4-17 可以看出，以 POE-*g*-MAH 增韧改性 PA6，当增韧剂质量分数低于 10%时，增韧效果不明显，当增韧剂质量分数超过 10%时，随用量的增加，增韧共混体系的冲击强度大幅上升，但其拉伸强度下降明显。

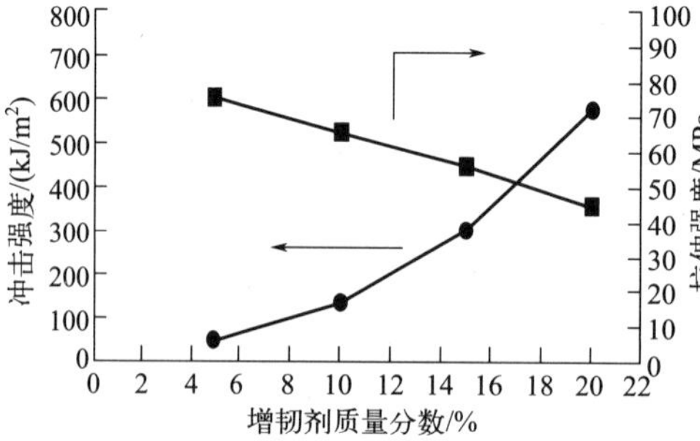

图 4-17　增韧剂含量对增韧改性 PA6 力学性能的影响

(3) 挤出温度

共混挤出温度会影响增韧剂在聚酰胺连续相中的扩散速度及分散程度，从而影响增韧聚酰胺复合材料的力学性能。图 4-18 为挤出温度对 POE-*g*-MAH 增韧改性 PA6 缺口冲击强度的影响。由图 4-18 可以看出，在略高于 PA6 熔点（220～235℃）的条件下，复合材料的冲击强度随挤出温度的升高而线性上升，再继续提高温度，冲击强度则会缓慢降低。

(4) 螺杆转速

螺杆转速对共混效果影响很大。提高螺杆转速，其剪切混炼的效果相应增强，有利于共混组分的混合与分散，在一定程度上改善复合材料的力学性能。但在高转速、高剪切力作用下，螺杆内会摩擦生热，造成物料受热老化。一般聚酰胺共混挤出时，螺杆转速控制在中高速（即 300～340r/min）较为合适，图 4-19 反映了螺杆转速与复合材料的缺口冲击强度之间的相互关系。

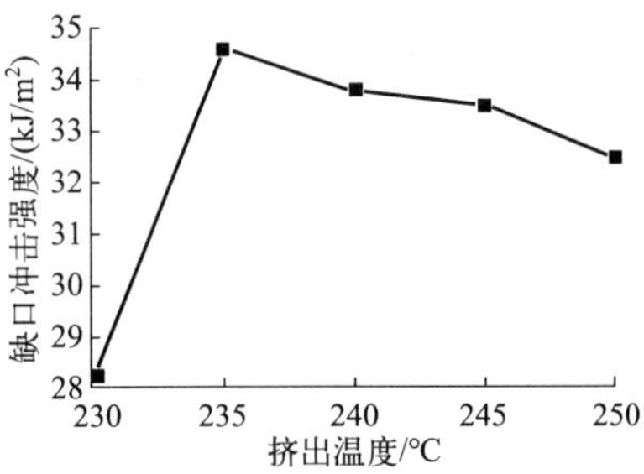

图 4-18　挤出温度对增韧 PA6 缺口冲击强度的影响

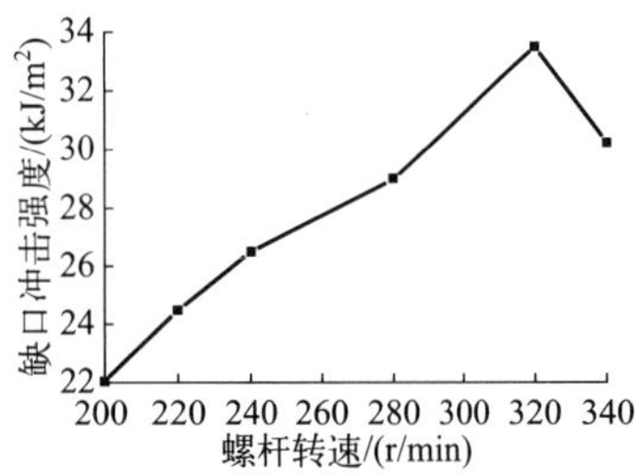

图 4-19　螺杆转速对增韧 PA6 冲击强度的影响

4.2.5.4　增韧聚酰胺的性能

增韧改性有利于提高聚酰胺的抗冲击强度、成型收缩率，降低刚性、吸水率、加工流动性和表面光洁度。不同增韧剂对 PA66、PA6 的增韧效果见表 4-34 和表 4-35。

表 4-34　不同增韧剂增韧改性 PA66 的性能

样品	拉伸强度/MPa	弯曲强度/MPa	弯曲模量/MPa	冲击强度/(J/m)	热变形温度/℃
PA66	78	104	2700	61	180
PA66/PP-*g*-MAH	52	87	2200	298	160
PA66/PE-*g*-MAH	45	73	2150	390	150
PA66/EPDM-*g*-MAH	39	69	1980	687	132
PA66/POE-*g*-MAH	40	70	2100	652	130

注:添加的增韧剂质量分数为 10%。

表 4-35　不同增韧剂增韧改性 PA6 的性能

样品	拉伸强度/MPa	弯曲强度/MPa	弯曲弹性模量/MPa	断裂伸长率/%	悬臂梁缺口冲击强度/(kJ/m²)
PA6	69.3	90.5	2210	322.3	10.1
PA6/POE-*g*-MAH	52.9	83.8	2040	232.9	18.4
PA6/EPDM-*g*-MAH	59.5	82.3	1950	210.0	17.0

注:添加的增韧剂质量分数为 10%。

4.2.6 聚酰胺纳米复合材料

纳米材料是指在三维尺度至少有一维处于纳米量级（1～100nm）的材料。由于聚合物基纳米复合材料在力学、热学、光学、电磁学、生物学等方面具有特殊性能，被誉为“21 世纪最有前途的材料”，正成为材料科学的研究热点并日益受到关注。

1987 年日本丰田中央研究所报道了 PA6/蒙脱土纳米复合材料，并最早实现商品化，所采用的工艺是单体插层原位聚合法。

4.2.6.1 纳米材料种类与特性

纳米材料大致分为无机和有机两大类。根据其结构还可分为零维纳米、一维纳米、二维纳米和三维纳米材料等四种。

（1）无机纳米材料

用于工程塑料的无机纳米材料有层状无机纳米材料和无机刚性纳米粒子两大类。天然层状无机物有滑石、云母、黏土；人工合成的层状物有沸石、锂蒙脱土、层状金属氧化物 V_2O_5、Mo_2O_3 及层状过渡金属二硫化物和金属磷酸盐、磷酸酯盐等。无机刚性粒子主要有纳米 Al_2O_3、$CaCO_3$、SiO_2、TiO_2、ZnO、纳米陶瓷粉末、纳米银粉等。

黏土：主要成分为蒙脱土，具有层状结构，聚合物可以通过一定方向插入蒙脱土的片层间。这种材料具有增强增韧、气体阻隔和阻热性能。

纳米碳酸钙：不同反应条件可制备出不同形态的纳米碳酸钙，如立方形、纺锤形、球状、链锁状、无定形。

纳米 SiO_2：按制备方法可分为气相法和沉淀法，以气相法为主。气相法 SiO_2 粒径小，尺寸均一，表面羟基含量低，吸附活性高，内部结构几乎完全是排列紧密的三维网络状结构，具有一定的物理化学稳定性；沉淀法纳米 SiO_2 尺寸大，粒径不易控制，羟基含量高，分子体系排列疏松，残存有较多的二维线型结构，这种结构极易吸湿而与水形成硬团聚，严重影响 SiO_2 微粒以纳米量级分散在复合体系中发挥作用，影响增强效果。

纳米 ZnO：具有很好的压电性、导电性、荧光性、非迁移性，能吸收和散射紫外光。

纳米 Al_2O_3：主要以 α-Al_2O_3 和 γ-Al_2O_3 为主，具有优异的光、电、热、力学等性能。

纳米银粉：纳米银粉具有永久性抗菌功能，是制造抗菌工程塑料理想的抗菌剂。

（2）有机高分子纳米材料

有机高分子纳米材料主要有液晶聚合物和纳米弹性体。

液晶聚合物：与其他聚合物共混时，液晶大分子链沿外力作用方向形成微纤，由于这种微纤的长径比大，模量高，对基体树脂具有显著的增强作用。

纳米弹性体：与工程塑料共混时，能实现高度分散，其增韧效果优于普通弹性体。

4.2.6.2 聚酰胺纳米复合材料的制备方法

制备聚酰胺纳米复合材料的方法主要有插层法、溶胶-凝胶法、共混法、原位聚合法等。

（1）插层法　插层法工艺简单、原料来源丰富、价廉，制备的纳米复合材料具有填充体系质量轻、成本低、热稳定性和尺寸稳定性好等优点，同时，其膨胀系数小、气体阻隔性强，在航空、汽车、家电等行业具有较广阔的应用前景。

插层法是先将单体嵌入蒙脱土片层中，然后在热、光、引发剂等作用下聚合制备纳米复合材料的一种重要方法。根据插层形式的不同，该法可分为原位插层聚合、溶液或乳液插层及熔体插层等几种，其中原位插层聚合法还可分为一步法和两步法。一步法是将蒙脱土的有机化和单体的聚合在一个体系中同时完成；两步法则是先将蒙脱土有机化，然后与聚合单体混合再进行聚合。

插层法所用的纳米材料主要成分为硅酸盐层状结构的蒙脱土。

下面以 PA6/蒙脱土纳米复合材料的原位插层聚合制备为例，介绍原位插层聚合法制备 PA6/蒙脱土纳米复合材料的原理及过程。

① 有机蒙脱土的制备

a. 制备原理　蒙脱土的结构单元见图 4-20，它是由一片铝氧八面体夹在两片硅氧四面体之间，靠共用氧原子而形成的层状结构，属于 2：1 型的硅酸盐，每一片层的厚度约 1nm，长和宽各约 100nm；由于天然蒙脱土片层形成过程中，一部分位于中心层的 Al^{3+} 被低价的金属离子（如 Fe^{2+}、Cu^{2+}）同晶置换，导致各片层呈现出弱的电负性，因此在片层的表面往往吸附着金属阳离子（如 Na^{+}、K^{+}、Ca^{2+}、Mg^{2+} 等)，以维持整个矿物结构的电中性。由于这些金属阳离子是被很弱的电场作用力吸附在片层表面，因此很容易被无机金属离子、有机阳离子型表面活性剂和阳离子染料交换出来，属于可交换性阳离子。在制备聚合物基/蒙脱土纳米复合材料的过程中，将这些离子交换剂统称为插层剂。

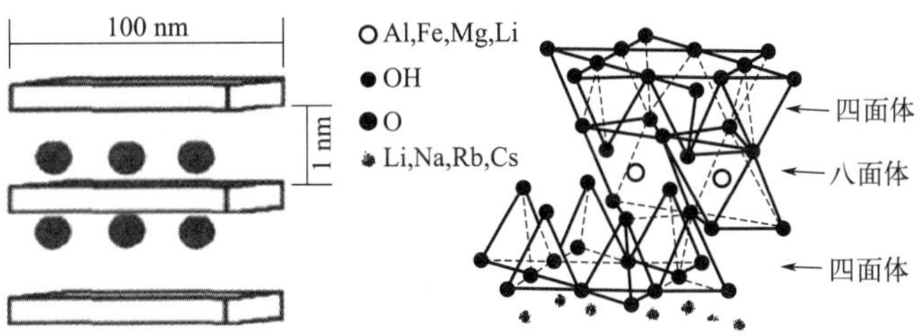

图 4-20　蒙脱土的结构示意

b. 制备过程　第一步，将蒙脱土配成固含量（以质量分数计）为 3%～5%的水分散液，用超声波处理或高速剪切机乳化，采用旋液分离器或蝶式高压均质机去除惰性杂质，得到精制的蒙脱土。第二步，通过离子交换反应，使插层剂分子中的阳离子与蒙脱土片层间可交换的金属阳离子进行交换，实现蒙脱土的有机化，增大蒙脱土片层间距，以利于聚合单体在蒙脱土片层间进行聚合。

② PA6/蒙脱土纳米复合材料的制备

a. 制备原理　原位插层聚合改性用的蒙脱土一般采用分子中同时含有氨基和羧基的长碳链氨基酸处理。将这种有机化改性蒙脱土加入己内酰胺中，在适量去离子水和聚合温度下进行开环聚合时，一方面，有机蒙脱土片层间距随温度的上升而增大；另一方面，有机蒙脱土片层间插入的长碳链氨基酸不断将片层外开环的己内酰胺拉入片层间聚合，由于分子链不断加长，蒙脱土片层间距逐渐被撑开，最后形成高度剥离的 PA6/蒙脱土纳米复合材料。其聚合示意图如图 4-21 所示。

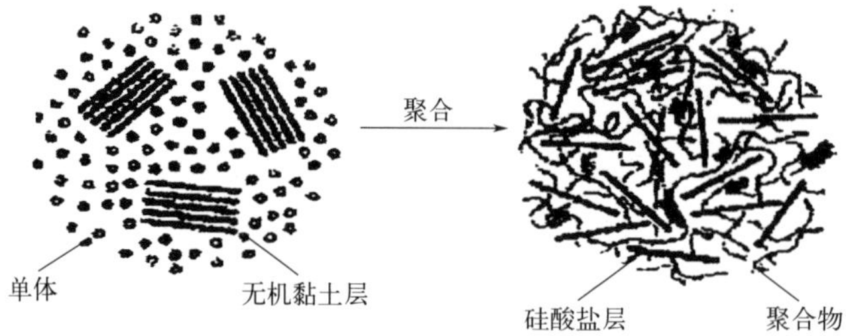

图 4-21 插层聚合法示意

b. 聚合过程 将有机化处理后的蒙脱土和适量的去离子水加入熔融的己内酰胺单体中，在己内酰胺熔融温度以上搅拌，使黏土均匀分散于己内酰胺中，然后升温到 260℃左右，在 N_2 保护下常压反应一定时间，再减压反应一定时间，达到所需黏度后终止反应，铸带、切粒、萃取、真空干燥，得成品 PA6/蒙脱土纳米复合材料。

c. 材料结构 PA6/蒙脱土纳米复合材料包括插层型和剥离型两种，其结构示意如图 4-22 所示。插层型纳米材料中层状硅酸盐在近程仍保留其层状有序结构（一般 10～20 层），而远程是无序的。剥离型纳米材料中层状硅酸盐有序结构皆被破坏，因此二者在性能上有很大差异。

插层型纳米材料可作为各向异性的功能材料；剥离型纳米材料具有很强的增强效应，是理想的强韧型材料。

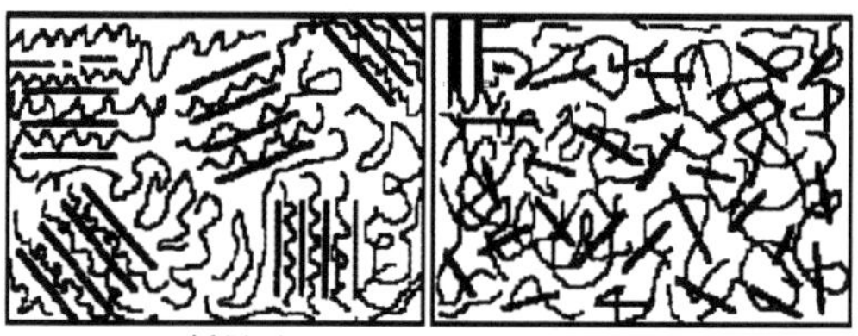

(a) 插层型　(b) 剥离型

图 4-22 PA6/蒙脱土纳米复合材料类型

另外，还可采用溶液或乳液插层和熔体插层法等制备 PA6/蒙脱土纳米复合材料。

溶液或乳液插层法是通过溶液或乳液将聚合物嵌入蒙脱土片层中，其制备关键是寻找合适的单体和相容的聚合物/黏土矿溶剂体系，并分析聚合物与黏土片层间的相互作用；熔体插层法不需溶剂，聚合物熔融嵌入蒙脱土片层，应用较广。目前，用熔体插层法已制备出 PA6/黏土、聚酰亚胺/黏土、PA66/蒙脱土、聚乙烯醇/高岭土、PA6/云母等纳米复合材料。

（2）原位聚合法 原位聚合法是制备聚合物/无机粒子纳米复合材料的一种有效方法。它先使纳米尺度的无机粉体在有机单体中均匀分散，然后用类似于本体聚合的方法进行聚合反应，从而得到纳米复合材料。如以水玻璃生成的硅酸为前驱体，采用原位聚合法制备的 PA6/SiO_2 纳米复合材料，其熔体黏度、拉伸强度、拉伸弹性模量、热分解温度及玻璃化转变温度等均得到显著提高。

（3）共混法 共混法是制备纳米复合材料最简单的方法，适合于各种形态的纳米粒子。为防止纳米粒子团聚，共混前要对纳米粒子进行表面处理。共混法又分为溶液共混、乳液共混、熔融共混、机械共混等。

（4）溶胶-凝胶法　溶胶-凝胶法是目前制备无机-有机纳米复合材料最常用、最成熟的方法，以纳米 SiO_2 与各种有机组分形成的复合材料居多。其基本原理是：将无机纳米粒子的前驱体与聚酰胺的前驱体或单体在共溶剂中水解和缩合，形成的凝胶与聚酰胺不发生相分离即可获得聚酰胺纳米杂化材料。该法的关键是选择具有良好溶解性能的共溶剂，以保证二者具有很好的相容性，凝胶后不发生相分离。

4.2.6.3 聚酰胺纳米复合材料的性能与应用

（1）聚酰胺纳米复合材料的性能

聚酰胺纳米复合材料具有质轻，强度高，耐热性、阻隔性、光泽性和透明度好，尺寸稳定性随温度变化小等特点。此外，聚酰胺纳米复合材料在低剪切速率下具有较高的非牛顿流体熔融黏度，成型制品不产生塌坑、溢边等缺陷；结晶速度快，成型周期较短，生产效率高；具有小尺寸效应，作为填料可以有效提高复合材料的摩擦性能；具有良好的阻燃抗滴落性，纳米级分散的层状硅酸盐可使材料在燃烧过程中形成均匀的炭化层，从而提高材料的阻燃性；具有良好的再生利用特性。

表 4-36 为 PA6/黏土纳米复合材料与通用 PA6 的性能对比。表 4-37 为聚酰胺膜与聚酰胺/蒙脱土纳米复合膜的性能对比。

表 4-36　PA6/黏土纳米复合材料的性能

黏土质量分数/%	拉伸强度/MPa	拉伸模量/MPa	断裂伸长率/%	弯曲强度/MPa	弯曲模量/MPa	缺口冲击强度/(kJ/m²)	热变形温度(1.82MPa)/℃	成型收缩率/%
0	65.6	1.87	170.0	93.5	2290	13.7	65	1.75
1.15	79.2	2.17	190.0	108.0	2790	11.5	134	1.36
3.20	95.7	2.51	74.6	128.4	3390	10.8	152	1.26

表 4-37　聚酰胺/蒙脱土纳米复合膜的性能

薄膜种类	拉伸强度/MPa	断裂伸长率/%	弯曲模量/MPa	雾度/%	光泽度/%	氧透过率(100%RH)/[cm³/(m²·24h)]	水蒸气透过率(40℃,90%RH)/[g·(m²·24h)]
PA6 膜	92	560	580	1.3	150	160	113
PA6/蒙脱土纳米复合膜	86	520	880	1.2	153	95	65
PA66 膜	120	740	310	0.6	151	165	130
PA66/蒙脱土纳米复合膜	101	650	580	1.8	151	98	72

（2）聚酰胺纳米复合材料的应用　聚酰胺纳米复合材料的应用主要有两个方面：一是基于其优异的力学性能，用于制造汽车发动机部件、车身结构部件和驱动控制部件等，典型的生产企业有日本的丰田汽车公司、宇部兴产公司和尤尼奇卡公司，美国的 Nanomer 公司和南方黏土产品公司等；二是基于其优异的阻隔性能，用于制造多层聚酯瓶和食品包装膜等包装材料中的阻隔层，典型的生产企业有三菱气体化学品公司、Honeywell 公司、Triton Systems 公司、Alcoa CSI Crawfordsville 公司等。

4.2.7 抗静电聚酰胺

聚酰胺是优良的电绝缘高分子材料，其表面电阻为 $10^{14}\sim10^{16}\Omega$，体积电阻率为 $10^{13}\sim10^{14}\Omega\cdot cm$。当聚酰胺的表面电阻为 $10^{8}\sim10^{10}\Omega$，体积电阻率为 $10^{11}\Omega\cdot cm$ 时，可达到抗静电要求。通过提高高聚物表面电导率或体积电导率使高聚物材料迅速放电可防止静电的积聚。添加导电填料或与其他导电分子是提高高分子材料表面电导率的有效方法。

抗静电聚酰胺是十分重要的功能高分子材料，其重点应用领域是矿山机械、矿山电气设备、电子设备部件、纺织机械部件等。

4.2.7.1 抗静电剂的作用机理

聚酰胺中加入抗静电剂可降低聚酰胺的表面电阻和体积电阻率。

（1）表面电阻

表面电阻是平行于材料表面、沿电流方向的电位梯度与表面单位宽度上通过的电流之比，其单位为欧姆（Ω）。

目前所用抗静电剂大多为表面活性剂，即具有亲水基团及亲油基团的一类物质。抗静电剂的亲水亲油基团的分类见表 4-38。

表 4-38 抗静电剂亲水亲油基团分类

基团分类	基团名称
亲油基团	长链烷基、烷基苯基、脂肪醇基、脂肪酸基、聚烯烃链段、硅氧烷链段、氟代烷基
非离子型亲水基团	羟基（—OH）、醚键（—O—）、酰胺基（—CONH—）、羧基（—COOH）、氨基（$-NH_2$）、硅氧烷基（—Si—O—）、酯基（—COO—）、聚氧乙烯链[$\leftarrow CH_2CH_2O\rightarrow_n$]
离子型亲水基团	羧酸盐基团（$-COO^-$）、磺酸盐基团（$-SO_3^-$）、硫酸盐基团（$-OSO_3^-$）、季铵盐基团（$-NR_3^+$）、磷酸盐基团（$-PO_3^{2-}$）、膦酸盐基团（$-OPO_3^{2-}$）、吡啶盐基团、咪唑啉盐基团、甜菜碱型两性基团

抗静电剂分子在塑料表面定向排列，其亲油基向着塑料内部取向排列，而亲水基向着外侧取向排列，空气中的水分子被亲水基吸附，形成一层很薄的连续水相；同时由于抗静电剂具有表面活性，故还可以降低水和塑料之间的临界接触角，使表面水分分布更均匀。借助离子导电机理，这层水可以大大降低塑料表面的电阻率。抗静电效果受湿度影响较大，空气中湿度越高，抗静电效果越好，湿度越低，效果相应变差。

此外，含有羟基或氨基的抗静电剂也可以通过氢键连成链状，在较低的湿度下起到抗静电作用。

在实际应用中，表面活性剂要具备一定的表面浓度才能满足抗静电的要求。研究表明，抗静电剂在塑料表面层的含量要达到 0.1～10 个分子层厚度。对于外部抗静电剂，由于受表面蒸发、向成型制品内迁移及表面的摩擦、洗涤等因素影响，抗静电效果会降低甚至完全消失；内部抗静电剂则存在于树脂内部，当表面的抗静电剂损失后，抗静电剂会从内部向表面慢慢迁移，从而达到恢复抗静电的效果。因此，抗静电剂与树脂的相容性要适中：相容性太差则迁移速度过快，损害制品表面性能；相容性太好则迁移速度过慢，影响抗静电效果的恢复。

某些抗静电剂如甘油的脂肪酸酯本身也是优良的润滑剂，它们能降低制品表面的摩擦系数，减少制品在生产及加工过程中静电现象的产生。

（2）体积电阻率

体积电阻率是平行材料中电流方向的电位梯度与电流密度之比，单位是欧姆·厘米（Ω·cm）。

通常情况下，无论是外部抗静电剂还是内部抗静电剂，均只能将塑料表面电阻从 $10^{14} \sim 10^{16}\Omega$ 降至 $10^{8} \sim 10^{10}\Omega$。如果要进一步降低表面电阻，只能采取降低体积电阻率的方法，让电子传导代替离子传导，以承担抗静电的作用。在工业生产中，一般通过添加炭黑、金属粉及某些特殊化合物来实现这一目标。

4.2.7.2　抗静电剂的种类及特性

按化学组成分，抗静电剂分为离子型、非离子型和亲水性高分子聚合物。

（1）离子型　离子型抗静电剂属离子型表面活性剂，分子中的亲水基团具有电离特性，依据亲水基离子的带电性质分为阳离子型抗静电剂、阴离子型抗静电剂和两性型抗静电剂。

阳离子型抗静电剂包括季铵盐类化合物、各种胺盐化合物、烷基咪唑啉类化合物、季鏻盐类和季锍盐类化合物等，其中季铵盐类化合物最为常见。阳离子型抗静电剂的抗静电效果优良，对高分子材料的附着力较强，但其热稳定性较差，且对皮肤有刺激性，一般以外部涂敷的形式使用。

阴离子型抗静电剂主要包括烷基磺酸盐、磷酸盐类化合物，市场用量较小，工业化品种以烷基磺酸盐居多。阴离子抗静电剂具有优良的抗静电效果及耐热性，但其与聚合物的相容性较差，且会影响制品的透明性。

两性型抗静电剂的分子内同时含有阳离子和阴离子，在一定条件下既可起到阳离子型作用，又可起阴离子型作用，在应用时可分别与阳离子型抗静电剂和阴离子型抗静电剂配伍使用。两性型抗静电剂与高分子材料的附着力较强，但热稳定性较差。两性型抗静电剂主要包括季铵内盐、两性烷基咪唑啉盐和烷基氨基酸等。

（2）非离子型　非离子型抗静电剂不具有电离性，故无法通过自身导电来泄漏电荷，其抗静电效果明显不及离子型抗静电剂。但其热稳定性优异，一般不对塑料产生有害影响，多数产品无毒或低毒，因此构成了混炼型塑料抗静电剂的主流。常见非离子型抗静电剂包括脂肪酸多元醇酯、脂肪酸、脂肪醇、烷醇胺、烷醇酰胺以及磷酸酯等，其中应用最广的是脂肪酸多元醇酯、烷醇胺和烷醇酰胺。

（3）亲水性高分子聚合物　亲水性高分子聚合物是指分子内含有聚环氧乙烷（PEO）、聚季铵盐结构等导电性单元的高分子聚合物，属永久性抗静电剂。优点如下：① 具有持久的抗静电效果；② 制品成型后即发挥抗静电作用；③ 受擦拭、洗涤等应用条件的影响小；④ 对空气的相对湿度依赖性小；⑤ 带电压低，且衰减速度快；⑥ 不影响制品的物理性能，表面性能和耐热性能等。聚醚类嵌段共聚物、聚（2,6-二甲基-1,4-亚甲基苯基）醚、聚二环氧甘油醚乙二醇酯、聚氧化乙烯二元酸酯等都是 PA 理想的高分子永久性抗静电剂。但受其成本、相容性及加工条件等因素限制，目前尚不可能取代表面活性剂类抗静电剂。

（4）无机导电填料　无机导电填料主要包括炭黑、金属粉、金属氧化物和碳纤维等。对于传统的炭黑类抗静电剂，其用量一般要在20%以上才能显著降低材料的电阻，且其应用存在明显局限：一是只能得到黑色产品，二是高添加量会导致材料的部分力学性能下降；膨胀石墨和碳纳米管制备的复合材料，其拉伸强度得到了提高，但断裂伸长率和冲击韧性却下降。金属粉末中，金、银等贵金属不易氧化，但成本较高；而铜、铝、铁等普通金属在加工过程中易氧化，且其密度远高于高聚物材料，难以均匀分散，导致材料导电性不稳定，性能重现性差；另外，金属粉末的用量较大（约占复合材料重量的40%），使材料的性能明显变差。金属氧化物由于其本身具有多种功能特性，可作为高分子复合材料的抗静电剂，如三维四针状氧化锌晶须不仅具有导电性，还兼具电磁屏蔽性，减震和增强作用，能有效克服传统填料填充量大、易氧化、颜色单一、力学性能差等缺点。碳纤维是一种高强度、导电性良好的材料，以其改性聚酰胺可用于制造静电复印机导电辊、音响器材、盒式磁带导辊等。常用的导电填料见表4-39。

表4-39　常用的导电填料

填料种类		填料名称
碳系	炭黑	槽法炭黑、热裂法炭黑、炉法炭黑、乙炔炭黑
	碳纤维（石墨纤维）	PAN系碳纤维、沥青系碳纤维
金属系	金属粉及金属碎屑	铜、银、镍、铁、铝、镍合金等
	金属氧化物	ZnO、PbO、TiO_2、Sb_2O、SnO_2、In_2O_3等
	金属片、金属纤维	铝、铜、镍、不锈钢等
	其他	镀金属玻璃纤维及玻璃微珠、镀金属云母、镀金属碳

4.2.7.3　影响抗静电聚酰胺性能的因素

（1）抗静电剂种类　理想的抗静电剂应具有持久而良好的抗静电效果、优异的耐热性（在聚酰胺挤出及成型加工过程中不分解）、与聚酰胺有适中的相容性、与增强剂及其他助剂无对抗效应，同时要求加工中无毒、无刺激气味。采用粒径小、比表面积大的导电填料作抗静电剂，有助于形成导电通道。聚酰胺常用的内加型抗静电剂的牌号及用量见表4-40。

表4-40　聚酰胺常用的内加型抗静电剂的牌号及用量

牌号	生产厂家	质量分数/%
Chemstat192	Chemax公司	0.10～0.22
Lonzaine16s,18s	Lonza公司	1.00～5.00
Electrosol SIX	Alframine公司	
MerixAnti-Static 79-OL	Merix公司	0.10～0.50
Addaroma IN	Merix公司	0.05～0.25
K-100 Series Flakes	Transmet公司	
Larostat HTS904,905	PPG公司	0.50～2.00
Madd wiz int 33PA	Axel PLastics公司	0.10～5.0
Antistat Concentrate	Hitech公司	

（2）抗静电剂用量　有机抗静电剂在低添加量时抗静电效果较好，添加质量分数超过4%时，增加添加量对抗静电作用不明显，而无机导电材料在低添加量时作用不大，添加质量分数超过 5%才有明显效果。不同抗静电剂的抗静电作用是不一样的，使用时最好采用多种复合体系。

抗静电剂的加入在一定程度上会影响聚酰胺的力学性能。随着抗静电剂添加量的增加，聚酰胺的力学性能会随之下降。因此，在实际使用中，通常需添加增强剂来提高抗静电聚酰胺的强度。为了使添加增强剂的聚酰胺复合体系的抗静电性能不至于被抵消或被削弱，国外还开发了既对增强剂起界面活化作用，又具有抗静电效果的新型功能化偶联剂，代表性的品种有美国道康宁公司 Z 和 Y 系列，具体见表 4-41。

表 4-41　具有抗静电功能的偶联剂

商品名	化学名称	商品名	化学名称
Z-6301	含甲基丙烯酰氧基的阳离子硅烷	Y-816	*N*-二甲基氨丙基三甲基硅烷乙酸盐
Z-6302	*N*-乙烯苄基氨乙基-*N*-氨丙基三甲氧基硅烷盐酸盐	Y-817	*N*-三甲基氨丙基三甲基硅烷乙酸盐

（3）抗静电剂的分散性　抗静电剂的分散性对其抗静电作用有较大影响。有机抗静电剂本质是表面活性剂，具有一定的分散性，在一定的剪切混合条件下，就能达到较均匀的分散，无需添加分散剂；而对于无机类导电材料，必须添加一定量的分散剂，才能保证其均匀分散。

4.2.7.4　抗静电聚酰胺的性能

抗静电聚酰胺的性能主要从两个方面考察：一方面是材料的抗静电效果，一般采用表面电阻来表征；另一方面是材料的力学性能。表 4-42 列出了几种抗静电 PA6 的主要性能。

表 4-42　抗静电 PA6 的性能

项目	日本东洋纺织 T450	荷兰 AKZO K224 G6	德国 Bayer BKV-140
密度/(g/cm^3)	1.46	1.36	1.46
成型收缩率/%	0.4～0.8	—	0.3～0.8
拉伸强度/MPa	75	100	120
弯曲强度/MPa	116	140	190
冲击强度/(kJ/m) 冲击强度/(kJ/m^2)	0.038 —	— 15	0.261 —
热变形温度/℃	170	—	200
表面电阻/Ω	—	—	1×10^{10}
体积电阻率/Ω·cm	6×10^8	5×10^9	—

4.2.8 共聚酰胺

作为聚酰胺化学改性的方法之一，共聚改性通过选择合适的单体，采用与常规聚酰胺（如PA6）基本相同的聚合方法，通过改变聚合物大分子的主链、支链及大分子链之间的结构来调控共聚物的熔点、玻璃化转变温度、溶解度、结晶性、透明性等性能。根据所得共聚物结构的不同，共聚分为无规共聚、嵌段共聚、交替共聚及接枝共聚等。

共聚酰胺是由多种二元酸与一种或多种二元胺、或者多种二元胺与一种或多种二元酸、或者内酰胺与氨基酸、或者二元酸和二元胺的混合物与内酰胺通过共聚反应制备的聚合物。共聚酰胺的熔点较低，柔软，根据共聚比的不同，可以呈现非结晶性，亦可呈现醇溶性。非结晶性共聚酰胺主要用于制造薄膜、管道和单丝；醇溶性共聚酰胺主要用作结构胶黏剂、漆包线用漆、涂层织物表面喷涂、热合涂料、感光性尼龙印刷版的基础树脂。共聚酰胺热熔胶黏剂（通常称热熔胶）主要用作纤维制品的衬里和面料的胶黏剂。此外，利用其耐磨耗、自润滑和低熔点等特性，共聚酰胺可用于制造轴承、齿轮等制品、电线包覆材料和黏结薄膜等。

目前，国内共聚酰胺品种以PA6与PA66的共聚物最为常见。

4.2.8.1 无规共聚酰胺

制备无规共聚酰胺通常有以下三条工艺路线：①先制得各链节所对应的酰胺盐，再进行溶液或熔融缩聚；②各初始单体——二元酸/羧酸酯、二元胺、内酰胺或氨基酸直接进行熔融缩聚；③各初始单体——二元胺和二元酰氯进行界面缩聚等。根据产品的应用，无规共聚酰胺主要分为同晶型置换共聚酰胺、透明共聚酰胺、热熔胶用共聚酰胺、水溶性和醇溶性共聚酰胺等。

（1）透明共聚酰胺　亦称为非晶性聚酰胺、透明聚酰胺，是一种几乎不发生结晶或结晶速度非常慢的特殊聚酰胺。透明共聚酰胺最早在20世纪60年代由诺贝尔炸药公司（Dynamit Nobel）开发成功，此后日本，美国和瑞士等也相继进行了研制和生产。在国内，郑州大学对透明共聚酰胺的合成与应用进行了深入研究，并与有关厂商推出了系列透明共聚酰胺产品投放市场。

透明共聚酰胺的聚合一般采用熔融聚合或溶液聚合。溶液聚合工艺利用惰性溶剂，在较低温度和压力下使单体快速发生缩聚反应，从而避免单体因热稳定性差在高温下发生分解、氧化。例如，道化学公司采用二苯砜等作为溶剂，采用己二酸、壬二酸和IPA的混合物与二苯基甲烷二异氰酸酯作为单体，在150～250℃下进行反应，得到了商品名为Isonamid的透明共聚酰胺产品。溶液聚合虽能有效控制透明共聚酰胺分子量并抑制副反应，但存在溶剂回收困难、能耗高、环境污染大等缺点，难以满足大规模绿色生产的需求。熔融聚合工艺又可分为一步法和二步法。一步法是将原料直接加入反应釜中一步合成透明共聚酰胺，优点是无需预先制成盐，生产效率高，缺点是副反应多，质量难以控制，对原料添加比例精度要求较高。二步法是先将二元胺和二元酸制成盐，再通过熔融缩聚或固相增黏合成透明共聚酰胺，缺点是流程复杂，生产周期长，优点是产品质量高。

透明共聚酰胺除透明性好外，一般还有较高的强度和硬度、尺寸稳定性好、热变形温度较高，吸水性低、易与其他非晶相或半结晶聚酰胺形成合金等特点。郑州大学以直链脂肪族二元胺与对苯二甲酸和间苯二甲酸等为单体制备的半芳香族透明共聚酰胺（SATPA）的性能见表 4-43。

表 4-43　SATPA 的性能

项目	性能
拉伸强度/MPa	90～95
断裂伸长率/%	140～200
弯曲模量/MPa	2200～2700
缺口冲击强度/(kJ/m^2)	3.5～5.4

（2）醇溶性共聚酰胺　醇溶性共聚酰胺是一种可溶于醇类溶剂的聚酰胺，其制备方法包括：不同链长低熔点聚酰胺无规共聚；引入脂肪环和/或杂环；在聚酰胺的氮原子上引入取代基；在主链中引入 O、S、P、Si 等杂原子。这四种工艺可单独使用，也可联合使用，其中第一种方法应用最为普遍。

共聚酰胺的醇溶解度主要由单体种类和配比决定，在低共熔点处具有最佳溶解性。常见的醇溶性共聚酰胺的基本组成见表 4-44。二元共聚 PA6/66 的配比为（50～75）∶（25～50）时呈醇溶性，减小己内酰胺的用量即可制得非醇溶性材料；三元共聚 PA6/66/1010 的配比为 30/30/40 时表现为醇溶性，配比为 10/20/70 和 70/20/10 时呈现非醇溶性；四元共聚酰胺大部分呈醇溶性。

表 4-44　常见的醇溶性共聚酰胺

醇溶性共聚酰胺	组分摩尔比/%	熔点或软化点/℃
PA6/66	75/25	171～172
PA6/66	70/30	170～171
PA6/66	60/40	180
PA6/66	50/50	180
PA6/66/1010	30/30/40	160～172
PA6/66/610	44/37/19	150～160
PA1010/66/6/10T	40/20/30/10	120～128

醇溶性共聚酰胺能溶于甲醇、乙醇、丙醇及其他的低级脂肪醇，其溶液可与环氧树脂、酚醛树脂、聚氨酯、松香、三聚氰胺树脂、脲醛树脂和硝化纤维素等掺混，用作胶黏剂、涂料、电线涂覆料等。所得制品具有良好的耐磨性、耐擦痕性、耐油性、耐化学药品性、耐碱性、耐臭氧性、强韧性、弹性回复性、柔软可挠性和耐热性。日本东丽公司醇溶性共聚酰胺的物性见表 4-45。

表 4-45　东丽公司醇溶性共聚酰胺的性能

项目	Amilan CM4000	Amilan CM8000	测试方法
密度/(g/cm^3)	1.13	1.12	ISO 1183
熔点/℃	155	137	DSC
拉伸强度/MPa	23	21	ISO 527-2
断裂伸长率/%	>25	>25	ISO 527-2
吸水率(20℃,24h)/%	3.5	3.5	ASTM D570
热导率/[W/(m·K)]	0.279		
比热容/[J/(kg·K)]	1674		
表面电阻率/Ω·cm	5×10^{13}		ASTM D257
介电常数(60Hz)	4.9		ASTM D150

（3）热熔胶用共聚酰胺　热熔胶是一种以热塑性高聚物为黏料，不含溶剂或水的固体黏合剂。热熔胶使用时经过加热熔融、涂布、润湿、压合、冷却固化实现粘接。热熔胶用共聚酰胺的熔点一般控制在140℃以下，结晶度小。

以PA1010为组分的热熔胶制备过程如下：向聚合釜中按质量比1∶1∶1.33分别加入己内酰胺、PA66盐和PA1010盐，再加入其他助剂，抽真空并用CO_2或N_2交替置换体系，然后在4～5h内升温至250～260℃，保压反应一定时间，再缓慢卸至常压反应一定时间，降温至190℃放料；料带经冷水冷却、牵引送入切粒机切粒、真空干燥、深冷粉碎即为成品。

针对不同的应用场合，可通过调节单体种类和配比来满足具体应用要求。对于使用温度较低的场合，如服装热熔衬等领域，可采用直链脂肪族单体进行二元、三元、四元或多元共聚，其优势是所得聚合物熔点低、柔性大，分子链运动能力强，黏结体系中两种分子易于相互靠近并产生吸附力，如PA66盐、PA69盐、PA612盐与十二氨基酸的共聚物。对于使用温度较高的场合，可通过引入含环结构的单体（如己内酰胺、癸二酸、己二酸、二甲基对苯二酸）来提高熔点。

聚酰胺类热熔胶具有强大的分子间作用力和界面静电引力，对各种材料有良好亲和性和强韧黏结力。此外，聚酰胺类热熔胶还具有固化速度快、无溶剂污染、对化学试剂稳定、不溶于水、运输和使用方便等优点，可广泛应用于织物、金属、塑料、皮革等多种材料的黏合。阿科玛公司牌号为Platamid®的共聚酰胺热熔胶的物性见表4-46。

表 4-46　Platamid®牌号共聚酰胺热熔胶的主要特性

项目	PA6/66/12(H105)	PA6/66/12(H005)	PA6/12(H104)	PA6/12(H103)
熔融温度/℃	115～125	115～125	125～135	80～90
特性黏数/(cm^3/g)	130	110	100	80
熔体流动速率/(g/10min)				
100℃	—	—	—	3
110℃	—	—	—	6
120℃	—	—	—	12
130℃	1	3	3	22

续表

项目	PA6/66/12(H105)	PA6/66/12(H005)	PA6/12(H104)	PA6/12(H103)
140℃	2	6	8	40
150℃	3	10	12	65
水萃取物质量分数/%	4.5	4.5	2.5	2.5
吸水率/%				
20℃,65%RH	3	3	1.5	2.5
浸泡	7	7	3.5	7
断裂强度/MPa	50	30	28	—
断裂伸长率/%	550	400	320	—

(4) 聚酯酰胺　聚酯酰胺（PEA）是一种大分子链上既含有酯键（—CO—O—），又含有酰胺键（—CO—NH—）共聚物，其结合了聚酯和聚酰胺的优点，同时具有较优的机械和热性能、生物相容性和生物降解性，应用潜力较大，特别是在药物输送系统、水凝胶、非病毒基因载体、智能材料、复合材料和黏合剂等医疗应用方面。

PEA 可以由多种单体及其衍生物，如二酸、二胺和二醇及生物基氨基酸，通过缩聚反应、开环聚合等多种方法合成。缩聚反应一般是将含酯类的二胺单体和二酸类单体或其衍生物进行缩聚，其主要缺点为反应不可控、所合成出的产品分散系数高、分子量较低，并且经常伴随副反应。开环聚合反应主要指的是环状氨基酸衍生物单体的开环聚合，代表性方法为：以吗啉-2,5-二酮为反应单体，金属或酶为反应催化剂，在高温下开环聚合制备 PEA。该方法的缺点为易导致反应失控和无法避免副反应。尽管可以通过添加大量的有机催化剂来抑制副反应的发生，但这限制了其在生物医学领域的应用。

除了该方法之外，内酰胺和内酯的开环聚合反应也可制备 PEA。但因单体之间的反应活性不同，反应所得的共聚物中的酯酰基含量并不突出，并且，反应过程中可能因酰基的转移而生成副产物。选用合适的原料和制备方法是 PEA 未来的研究重点。

4.2.8.2 嵌段共聚酰胺

聚酰胺类热塑性弹性体（TPAE）是最典型的嵌段共聚酰胺。TPAE 按构成硬段的聚酰胺类型可分为 PA6 系、PA66 系、PA12 系等。商品化的 TPAE 有陶氏化学公司的以半芳香族聚酰胺为硬段，分别以脂肪族聚酯、脂肪族聚醚、脂肪族聚碳酸酯为软段的聚酯酰胺（PEA）、聚醚酯酰胺（PEEA）、聚碳酸酯酰胺（PCEA）和 Atochem 公司的以酯族酰胺为硬段、聚醚为软段的聚醚-*b*-酰胺（PE-*b*-A）等，其中以 PA12 系最为常见。

根据 TPAE 合成所需原料的不同，其合成方法可以分为二元酸法和异氰酸酯法。

目前大多数 TPAE 生产厂家均采用二元酸法。该法是由端羧基脂肪族聚酰胺嵌段与端羟基聚醚二元醇通过酯化反应制备。双端羧基脂肪族聚酰胺可由环内酰胺，或者脂肪族二元酸和二元胺或者 α,ω-氨基酸来制备。用作 TPAE 硬段的聚酰胺包括 PA6、PA11、PA12，PA46、PA66、PA610、PA611 及 PA612。为保证其末端基团为羧基，需加入过量的二元酸。用作软段的聚醚二元醇常为聚环氧乙烷二元醇、聚环氧丙烷二元醇以及聚四氢呋喃二元醇等，相对分子量为 200～3000。在反应体系中加入四烷氧基金属化合物类催化剂可以提高酯化反应速率，提高聚合物分子量。

异氰酸酯法最早由美国陶氏化学公司开发。这种聚酰胺类热塑性弹性体是以半芳香族聚酰胺为硬段，脂肪族聚酯、聚醚或聚碳酸酯作为软段。其中，半芳香族聚酰胺硬段由芳香族二异氰酸酯与二元酸反应制得。

TPAE兼具优异的综合力学性能、耐磨性、吸音性、热稳定性和宽泛的吸水率，同时耐化学药品性和耐候性出色，易加工成型。影响TPAE性能的因素有很多，如硬段的比例、化学组成、分子量和分子量分布，高聚物的合成方法等。增加硬段的比例会使共聚物的硬度和初始模量上升，但断裂伸长率下降；增加软段的比例会使共聚物的弹性、最大拉伸比、断裂伸长率增加。在软、硬段比例相同时，改善相分离程度会使弹性相分子链运动更加自由（即降低了 T_g），宏观表现为共聚物的硬度和模量下降。TPAE的组成参数与性能的关系见表4-47。

表4-47 TPAE的组成参数与性能的关系

项目	硬段组成	软段组成	硬段含量
硬度	+		+
相分离程度	+	+	+
T_m	+		
拉伸性能	+		+
热氧稳定性		+	+
耐化学药品性	+	+	+
水解稳定性		+	+
低温性能		+	+

注：+表示该因素对性能有影响。

从表4-47可以看出，硬段作为物理交联点，其组成和含量决定了材料的硬度、耐热性和耐化学药品性等，硬段含量和结晶度越高，则材料硬度、拉伸强度、最高使用温度及耐化学药品性也越好，同时相分离程度也更完全；软段作为连续相，在TPAE中占比较高，主要决定材料的弹性、柔韧性、低温性能、耐水解性与耐老化性等，如以聚醚为软段的TPAE通常具有优异的耐水解性，但耐热氧化性较差，而以聚酯为软段的TPAE通常具有较好的耐热氧化性，但耐水解性较差。

TPAE可以采用注塑成型、吹塑成型和挤出成型等方法进行熔融加工，加工制品包括线材、薄膜等。TPAE的模塑收缩量因组成不同而异，一般在0.5%～1.0%。TPAE的典型加工条件见表4-48。

表4-48 TPAE的典型加工条件

注塑成型	参数	挤出成型	参数
后部温度/℃	230～240	进料区温度/℃	230～240
中部温度/℃	240～250	过渡区温度/℃	240～250
前部温度/℃	240～250	计量段温度/℃	245～255
注嘴温度/℃	250～260	口模温度/℃	245～255

续表

注塑成型	参数	挤出成型	参数
模具温度/℃	75～85	熔体温度/℃	250～255
熔体温度/℃	245～255		
螺杆转速/(r/min)	80～100	螺杆转速/(r/min)	50
注射压力/MPa	8.3		
保压压力/MPa	3.4		
返压/MPa	0.7		
注射时间/s	2		
保压时间/s	5～8		

TPAE 的加工温度取决于其硬段的熔点；与其他聚酰胺和聚酯类似，原料中的水分在高温下会导致聚合物链水解而断链，因此，加工前必须对原料进行干燥处理，将其水分含量降至 0.02%以下。

4.2.8.3　交替共聚酰胺

交替共聚物是指在大分子链中单体单元之间呈严格交替排列的聚合物。对于聚酰胺类交替共聚物，其可由 AA 型单体（二胺）和 BB 型单体（二酸及其衍生物），也可由 AB 型单体（氨基酸或内酰胺）组成。要实现 AA 和 BB 单元完美交替，两者的摩尔比必须为 1∶1，且在分子链中呈严格交替排列。与单体组成相同的无规共聚物相比，交替共聚物分子链排列更为规整，结晶度更高，熔点往往在各自均聚物的熔点平均值附近且高于无规共聚物时，力学性能也更为优异；与共混物相比，交替共聚物具有较低的吸湿性且在高温下有较高的刚性。然而，与制备无规共聚酰胺相比，制备交替共聚酰胺通常需要冗长、复杂的聚合过程，使得成本升高。

早期制备 PA66/610 交替共聚酰胺时采用了极为活泼的二羧酸对硝基苯酯及二酰氯基二胺，并使用 1,2,4-三氯苯作为溶剂以避免酰胺交换反应的发生。然而，在制备过程中需要使用对硝基苯酚、酰氯类化合物，对环境污染性较大。在制备 PA6/2，PA6/3 等交替共聚物时，也采用了硫氰类化合物，危险性较大，不适宜推广使用。帝斯曼公开了一种制备具有交替重复单元的共聚酰胺的方法，制备中间体二胺后与二酸成盐，聚合后得到具有严格的交替结构共聚酰胺（图 4-23），耐高温性能突出，且性能远优于相同组成的无规共聚物。

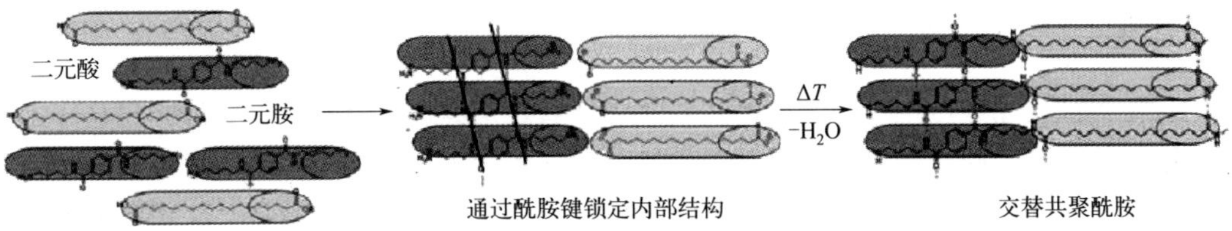

图 4-23　交替共聚酰胺的制备示意

为解决交替共聚酰胺制备时单体及溶剂毒性较大、污染环境，以及制备过程步骤冗长等问题，东华大学采用溶液-固相聚合的方法成功制备了具有规整交替结构的 PAnT-*alt*-n2 及 PAn2-*alt*-62 系列聚合物。PAnT-*alt*-n2 的制备过程为：首先利用对苯二甲酸二甲酯与不同的二胺（戊二胺、己二胺、癸二胺）反应，制备 nTn 二胺中间体，随后与草酸二丁酯经溶液预聚获得低聚物，最后通过固相增黏得到高分子量的 PAnT-*alt*-n2。PAn2-*alt*-62 也采用类似方法合成，先利用草酸二丁酯与己二胺得到 262 二酯，随后与不同的二胺（戊二胺、癸二胺、间苯二甲胺）经溶液-固相两步聚合得到目标产物。所得共聚物具有规整的交替结构，呈现高熔点（>270℃）、高结晶度（>32%）、高分解温度（>405℃）；同时，PAnT-*alt*-n2 和 PAn2-*alt*-62 中的强邻接双重氢键即使在无定形区域也非常稳定，水分子难以打开分子链间的氢键键合，而使得其有很低的饱和吸水率（<3.5%），具有很高的应用潜力。PAn2-*alt*-62 和无规共聚 PAn2-*ran*-62 的性能对比见表 4-49。

表 4-49　PAn2-*alt*-62 和无规共聚 PAn2-*ran*-62 的性能对比

样品	T_g/℃	拉伸强度/MPa	断裂伸长率/%
PA52-*alt*-62	113	91±2	3.7±0.1
PA102-*alt*-62	116	89±2	2.6±0.1
PAMXD2-*alt*-62	129	95±3	2.1±0.2
PA52-*ran*-62	99	68±3	5.5±0.1
PA102-*ran*-62	101	66±3	5.3±0.1
PAMXD2-*ran*-62	106	60±2	4.6±0.1

4.2.8.4　接枝共聚酰胺

接枝技术是通过化学反应将具有极性的小分子或大分子链段连接到聚酰胺主链上。这些极性基团可以是羧基、羟基、氨基等，它们能够与聚酰胺中的酰胺键发生反应，形成稳定的化学键合。接枝后的聚酰胺不仅保留了原有的优良性能，还获得了新的功能特性。制备接枝共聚酰胺的关键在于寻找合适的接枝点。

聚酰胺与丙烯酸及其酯类的接枝共聚反应近年来研究较为广泛。丙烯酸接枝的位置处在聚酰胺主链的酰胺基的 N 原子上，支链的存在会增大聚酰胺分子主链的位阻效应，降低共聚物的结晶度。加入引发剂会提高接枝反应速率，常用的引发剂有乙酰丙酮锰［$Mn(acac)_3$］、过氧化二苯甲酰（BPO）、高锰酸钾-硫脲体系等。接枝单体浓度、引发剂种类及浓度、反应时间、反应温度均会影响接枝率。

4.2.8.5　支化聚酰胺

在聚合过程中加入多官能团单体，或在改性过程中加入可以与聚酰胺分子链反应的多官能团单体，均可制备具有支化结构的聚酰胺。与线型聚酰胺相比，支化聚酰胺有明显不同的熔体流变性能及结晶性能。支化聚酰胺根据支化点类型，可分为单一支化点的星型支化、多个支化点的无规长链支化和超支化 3 种支化结构，其结构示意见图 4-24。其中多个支化点的无规长链支化可看作星型支化聚酰胺的某一条或多条支链上含有支化点的结构，超支化结构可认为是无规长链支化聚酰胺的支链上含有大量支化点的结构。

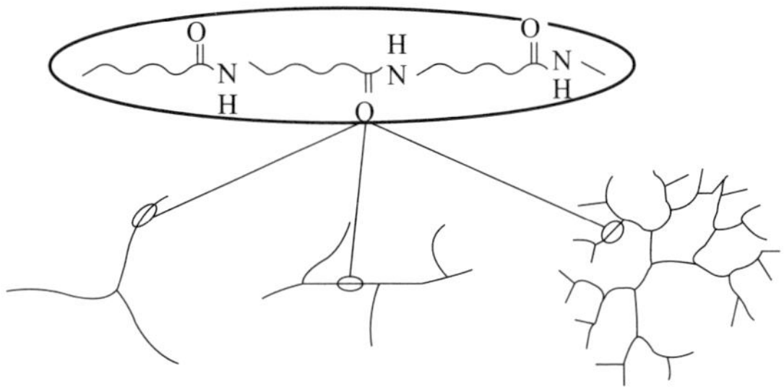

图 4-24　3 种结构的支化聚酰胺示意

（1）星型支化聚酰胺

在合成聚酰胺的缩聚反应中加入少量多官能度（官能度≥3）的多元酸/胺等共聚单体，可生成具有多臂结构的星型长链支化聚酰胺。例如，在己内酰胺水解开环反应中加入1,3,5-三苯甲酰氯，聚合得到三官能度活性单体 *N*,*N*,*N*-均苯三甲酸三己内酰胺，该单体进一步与己内酰胺聚合可制备出三臂星型支化聚酰胺 6，其合成路线见图 4-25。

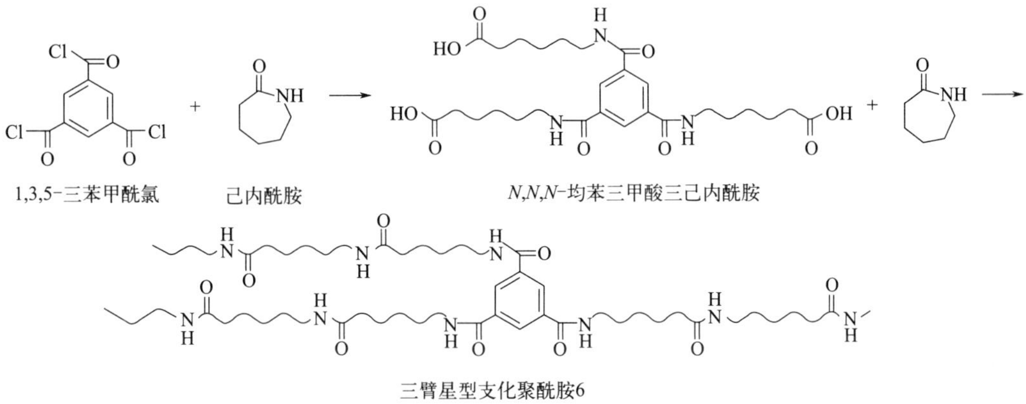

图 4-25　三臂星型支化聚酰胺 6 的合成路线

与具有相同分子量的线型聚酰胺相比，星型支化聚酰胺具有结晶度较低、熔融黏度较小、分子表面官能度较高、流体动力学体积小等独特性质，其最显著的特点是熔融黏度取决于每条臂的分子量，与总分子量关系不大。这主要是由于星型聚酰胺具有较小的分子空间排列尺寸、球形的对称结构、分子内外不发生缠结、分子间较小的相互作用等。由于星型支化聚酰胺熔体黏度小，具有非常优异的流动性能，可缩短加工周期、降低成本、提高生产效率，因此，其非常适合于高填充增强、阻燃及长玻璃纤维增强等热塑性复合材料的制备，适用于汽车及电子电气等领域。

（2）超支化聚酰胺

超支化聚合物通常由 AB_x 型单体一步反应所得，且不加“核”分子；如果添加 B_y 型分子做核，可以控制产物的分子量，产物的分散度也将大大降低。根据结构单元的类型，超支化聚酰胺可以分为全芳香族超支化聚酰胺、脂肪族超支化聚酰胺及超支化芳香族-脂肪族聚酰胺。

全芳香族超支化聚酰胺的合成路线包括：胺和酰氯的低温缩聚反应；胺和羧酸在缩合

剂存在下的直接缩聚反应。例如，AB_2 和 A_2B 型单体（见图 4-26）通过低温缩聚反应可合成全芳香族超支化聚酰胺。

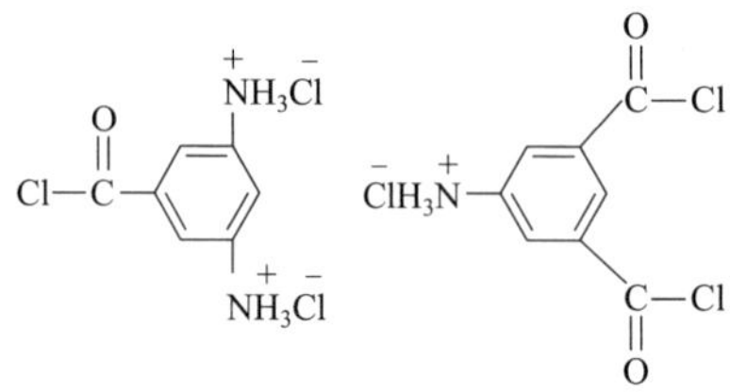

图 4-26 AB_2 和 A_2B 型单体结构示意

如图 4-27 所示，以亚磷酸三苯酯为缩合剂，LiCl 为活化剂，将二氨基二苯砜（DDS）和三乙酸胺（TAN）在 *N*-甲基苯-2-吡咯烷酮和吡啶的混合溶剂中进行缩聚反应可合成芳香族-脂肪族超支化共聚酰胺。

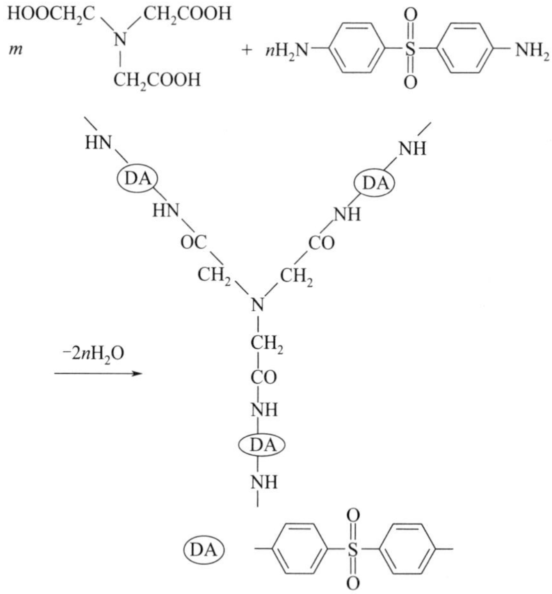

图 4-27 芳香族-脂肪族超支化共聚酰胺的合成路线

以己内酰胺、5-氨基间苯二甲酸和少量均苯三甲酸为原料，通过熔融聚合可制备含端羧基的超支化聚酰胺；以三氨基乙基胺、3,5-二氨基苯甲酸和己内酰胺为原料可制备含端氨基的超支化聚酰胺；以丙烯酸甲酯、乙二胺为原料，合成超支化结构的化合物，再加入己内酰胺可制备具有超支化结构的聚酰胺 6，该聚合物具有十分优异的加工流动性和加工窗口。

超支化聚酰胺不仅具有其相应线型聚酰胺的性质，同时超支化结构又能弥补线型聚酰胺溶解性不好这一缺点。目前，超支化聚酰胺已经广泛应用在药物缓释剂、固化剂、无溶剂涂料、功能膜材料和聚合物加工助剂等方面。

4.2.9 生物基聚酰胺

生物基聚酰胺是指利用可再生的生物质为原料，通过生物、化学及物理等技术转化为生物基单体，生物基单体再通过聚合反应生成聚酰胺。合成聚酰胺的单体包括生物基内酰胺、生物基二元酸、生物基二元胺，二元酸主要有癸二酸、丁二酸、已二酸和壬二酸等。与传统的石油基聚酰胺相比，生物基聚酰胺具有更低的碳排放量和更好的可再生性，因此被认为是一种更加环保和可持续的材料。

4.2.9.1 生物基聚酰胺的合成工艺及原料

生物基聚酰胺制备的关键难点是通过生物质原料如糖、氨基酸、植物油等制备聚酰胺的单体。根据生物质的来源不同，生物基聚酰胺的单体制备路线主要分为多糖路线和植物油脂路线。其中，多糖路线是利用微生物，对葡萄糖、纤维素、淀粉等原料进行发酵得到聚酰胺原料的路线；植物油脂路线是指以蓖麻油、油酸、亚油酸等可再生的天然油脂为原料，经过一系列化学转化得到聚酰胺原料的路线。生物基聚酰胺可按照合成方法大致分为 AB 型生物基聚酰胺及 AABB 型生物基聚酰胺。AB 型生物基聚酰胺主要指由氨基酸缩聚或内酰胺开环聚合得到的聚酰胺材料，其中最成熟的、产业化最早的代表性材料是 PA11。AABB 型生物基聚酰胺通常是由生物质原料所得的二元酸和非生物基二元胺缩聚而成，最早实现工业化生产的 AABB 型生物基聚酰胺就是以癸二酸为原料的 PA1010。

油脂是最初级和产量最大的生物基化学品之一，常见的油脂包括大豆油、蓖麻油、棕榈油等。目前，蓖麻油已成为植物油裂解制备生物基聚酰胺单体中用量最大、范围最广的天然可再生资源，蓖麻油产量丰富、用途广泛，被称作“绿色石油”。油脂经过一系列化学或生物变化制备的聚酰胺单体主要包括 ω-十一氨基酸、癸二酸、壬二酸等。以蓖麻油为原料制备癸二酸是先由蓖麻油催化水解或加碱皂化生成蓖麻油酸，在 260～280℃ 条件下以苯酚为稀释剂加碱裂解，最后经酸化等纯化处理后得到癸二酸。癸二酸再经过氰化、氨化等可合成癸二胺。生物基癸二酸与石油基二胺缩聚可得到 PA410、PA610；生物基癸二酸与生物基癸二胺缩聚可制得 PA1010。蓖麻油酸经热裂解、溴化、氨化等工艺可合成 ω-十一氨基酸，然后经聚合得到 PA11。与来源于石油的 PA6 和 PA66 相比，生物基聚酰胺（如 PA11 和 PA1010）具有更长的烷基链，熔点在 180～195℃，比 PA6 和 PA66 的熔点低 30～60℃。此外，以乌桕油为原料也可生产壬二酸，基于壬二酸开发的生物基聚酰胺有 PA59、PA69。

葡萄糖、纤维素、淀粉等可再生的糖类物质有立体结构和多官能团，具有价格低廉、供给量充足等优点，不仅能合成具有特殊性能的聚合物，也是生物基聚酰胺的合成原料之一，其中以葡萄糖为原料制备聚酰胺的单体是最为成熟的路线。葡萄糖通过生物发酵生成谷氨酸后，经酶转化并提纯得到单体 γ-氨基丁酸，再进一步聚合可合成 PA4；将葡萄糖、甘蔗等含糖有机废弃物发酵制取赖氨酸，然后加热脱水生成 α-氨基己内酰胺，再经脱氨反应可制备单体己内酰胺；玉米、秸秆等水解生成葡萄糖，葡萄糖再经发酵生成赖氨酸，赖氨酸在大肠杆菌脱羧酶的作用下发生脱羧反应可得到 1,5-戊二胺，以 1,5-戊二胺为原料可制备 PA56、PA510 等。此外，以 Pt/SiO_2 为催化剂，用氧气氧化葡萄糖制备葡萄糖二酸，然后对葡萄糖二酸进行加氢脱氧可得到己二酸。荷兰 DSM 公司以淀粉为原料，以基因改性修饰的鸟氨酸脱羧酶为催化剂制得丁二胺，并以此为原料合成了 PA410 和半芳香 PA4T。

4.2.9.2 生物基聚酰胺种类与特性

依据制备生物基聚酰胺所需单体部分或全部来源于天然可再生的生物资源，生物基聚酰胺分为部分生物基聚酰胺和完全生物基聚酰胺，部分商品化生物基聚酰胺品种见表4-50。

表4-50 部分商品化生物基聚酰胺

种类	合成所用单体	单体来源	状态	生物基含量/%	应用领域
PA11	ω-十一氨基酸	蓖麻油	商品化	100	纤维/复合材料
PA410	丁二胺/癸二酸	丙烯腈/蓖麻油	商品化	69.7	纤维/复合材料
PA610	己二胺/癸二酸	丁二烯/蓖麻油	商品化	63.5	单丝/鬃丝
PA1010	癸二胺/癸二酸	蓖麻油/蓖麻油	商品化	100	工程塑料
PA1012	癸二胺/十二碳二酸	蓖麻油/烷烃	商品化	42.9	工程塑料
PA10T	癸二胺/对苯二甲酸	蓖麻油/苯	商品化	51.8	塑料/复合材料
PA6	ε-己内酰胺	葡萄糖	研发中	100	纤维/工程塑料
PA66	己二胺/己二酸	丁二烯/葡萄糖	研发中	55.7	纤维/工程塑料
PA56	戊二胺/己二酸	植物油/环己烷	商品化	41.1	工程塑料
PA69	己二胺/壬二酸	植物油/丁二烯	研发中	61.8	纤维/包装材料

生物基PA11是研究最为成熟的AB型生物基聚酰胺，也是最早商品化的生物基聚酰胺，1961年由法国Atochem公司实现工业化生产。生物基PA11为完全生物基（100%）聚酰胺，以蓖麻油为原料，经过裂解、醇解、高温裂解、水解、溴化、氨解等步骤制成ω-十一氨基酸；ω-十一氨基酸和水制成一定比例的浆料，加入酸作为催化剂，加热至ω-十一氨基酸的熔点缩聚制得。此外，还可以通过斑鸠菊油合成生物基ω-十一氨基酸单体。PA11熔点185℃，吸水率0.1%～0.4%，拉伸强度47～58MPa，脆化温度约−70℃，具有吸水率低、耐油性好、耐低温、易加工等优点，目前在汽车、电子电气等行业均有应用。

生物基PA1010是我国自主研发的长碳链特种工程塑料，通过蓖麻油提取制得癸二酸、癸二胺，然后成盐、脱水缩聚制得，1958年由上海赛璐珞厂率先实现商品化生产。PA1010具有高度延展性，可牵伸至原长的3～4倍，而且拉伸强度高，冲击性和低温性优良，−60℃下不脆，同时具有极佳的耐磨性、超高的韧性和良好的耐油性，广泛应用于航天、电缆、光缆、金属或线缆的表面涂覆等。此外，以癸二胺或癸二酸为单体合成的生物基聚酰胺，如生物基聚癸二酰己二胺（PA610）、聚癸二酰丁二胺（PA410）、聚十二碳二酰癸二胺（PA1012）等也均已实现商品化生产。

PA10T是由生物基癸二胺与对苯二甲酸合成的目前唯一商品化的生物基半芳香族聚酰胺（生物基质量分数达40%～60%），PA10T不仅保留了传统聚酰胺优异的力学性能、耐摩擦性能和耐有机溶剂性能，而且随着苯环的引入，其耐热性能大大提高、吸水率明显降低，在航空航天、汽车、电子电气、LED和军工等领域具有广阔的应用前景。由于PA10T的合成工艺较难控制，目前掌握合成技术并能规模生产的企业并不多，国外的企业主要有瑞士EMS公司（产品牌号Givoray）、法国Arkema公司（产品牌号RilsanHT）、德国 Evonik 公司（产品牌号 Vestamid HT plus）和日本 Unitika 公司（产品牌号 XecoT）等。国内金发科技股份有限公司 2009 年率先实现 PA10T 的商业化生产，产品牌号为 Vicnyl。常见耐热生物基聚酰胺的性能见表 4-51。

表 4-51 常见耐热生物基聚酰胺的性能

样品	密度 /(g/m^3)	T_m/℃	T_g/℃	热变形温度 /℃	吸水率(23℃，24h)/%	拉伸强度 /MPa	断裂伸长率 /%	弯曲模量 /GPa
PA10T	1.11	316	125	143	0.17	100.8	—	2.7
PA9T	1.14	308	126	143	0.17	92.0	20.0	2.6
PA6T	1.21	370	180	—	0.55	—	—	—
PA46	1.18	295	78	220	1.80	102.0	50.0	3.2

PA4，化学名聚丁内酰胺，是 γ-氨基丁酸的线型聚合体，熔点高，并且具有良好的吸湿性、染色性和生物降解特性，可应用于纺织、食品及医疗等领域。常用合成工艺：生物质经糖化、发酵等工序得到谷氨酸，然后谷氨酸经水脱羧、酶催化、提纯等工序得到 PA4。

生物基 PA46 具有较高的机械强度和模量，尺寸稳定性、染色性和加工性能好。因分子链规整且对称性好，其结晶度高且耐热性能好。荷兰 DSM 公司以淀粉为原料，先合成生物基丁二酸，然后在丁二酸的基础上制得生物基己二酸，同时以淀粉为原料，在酶催化的作用下合成丁二胺，实现了聚酰胺 46 完全生物基化。

PA56 目前主要由生物基 1,5-戊二胺和石油基己二酸缩聚而来。生物基戊二胺单体可由葡萄糖经谷氨酸棒杆菌发酵制备；也可由谷氨酸棒杆菌或大肠杆菌发酵赖氨酸，再经赖氨酸脱羧酶作用发生脱羧降解得到戊二胺。PA56 属于部分生物基聚酰胺，具有良好耐热性，机械强度高，被视为 PA66 替代品。在国外，日本味之素公司和东丽公司合作，以赖氨酸为原料合成生物基 PA56；在国内，上海凯赛生物技术股份有限公司和山东瀚霖生物技术有限公司也已经开发出生物基 PA56。

随着石油资源的日益匮乏，尤其是伴随着石油资源带来的环境问题，生物基聚酰胺的研究得到研究者和生产商的青睐。但生物基聚酰胺的发展也面临着亟待解决的问题，如生物质的来源、生产过程的碳中和、生产过程中副产物和综合利用、生物基聚酰胺的性能等问题。

4.3 聚酰胺的改性加工助剂

加工助剂是指在塑料生产或加工过程中所添加的各种化学品，旨在改善材料的加工性能、力学性能、表面性能、稳定性能、光学性能或降低塑料配方的成本，又称塑料添加剂。

塑料的加工助剂一般分为工艺性助剂和功能性助剂。工艺性助剂有利于高分子材料的加工，若缺乏工艺性助剂则无法加工，如热稳定剂、润滑剂、抗氧剂、增塑剂等；功能性助剂则赋予高分子材料制品一定的性能，如成核剂、阻燃剂等。

聚酰胺的端羧基、端氨基、酰胺基官能团具有较高的反应活性，有可能与添加剂反应。助剂的加入会改变聚酰胺的许多特性，因此助剂的选择和纯化很重要，用量也必须严格控制。

一般来说，选择助剂和加入助剂时应考虑的问题包括：助剂与聚酰胺的相容性和在聚酰胺中的迁移性；助剂对加工条件的适应性；助剂间的协同效应和相抗作用；助剂在聚合物体系中的分散性；选用助剂必须考虑到其外观、气味、污染性、毒性、经济性等因素，不能影响加工人员和消费者的健康以及塑料制品的使用。

4.3.1 热稳定剂

热稳定剂是一种可以提高树脂热分解温度从而改变其热稳定性的一类助剂。适用于聚酰胺的热稳定剂与一般意义上的塑料热稳定剂不同，主要是指抗氧剂，亦称“防老剂”。受分子结构固有弱点以及外界环境因素的影响，塑料易发生老化并导致性能下降。因此，需要在制造过程中添加防老剂，以保证制品的性能稳定。

4.3.1.1 聚酰胺老化的机理

聚酰胺含有酰胺键（—NHCO—），在加工和使用过程中易受热、紫外线、氧及大气中湿气作用而老化。聚酰胺在加工时会发生一系列的热解反应，生成水、CO_2、CO、烃与少量环戊酮等。一般认为发生了如下反应：

（1）交联反应

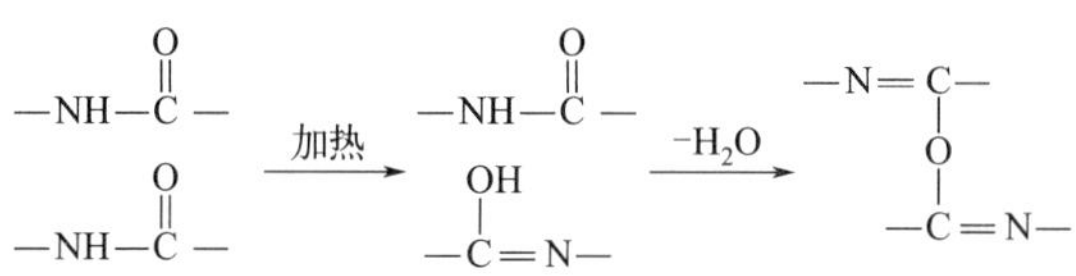

（2）降解反应

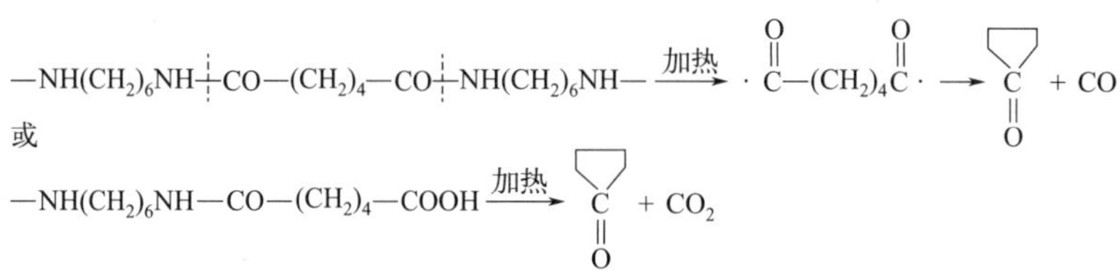

由于 C—N 键的键能低（仅为 275.88kJ/mol），聚酰胺受热时易发生酰胺键断裂，生成环戊酮、CO 和 CO_2 等，致使主链断裂，分子量降低，最终导致制品性能下降与老化。

水是加速聚酰胺老化的一个因素，它可以引起酰胺键水解，接着引发脱除 CO_2 反应：

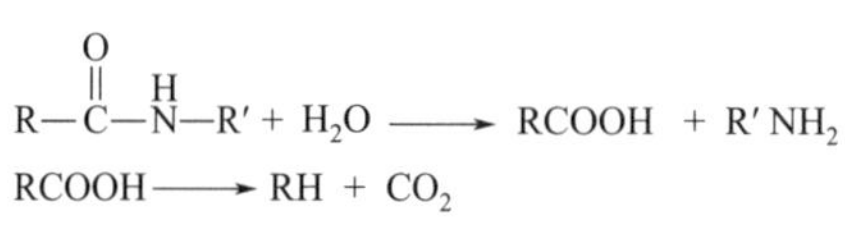

氧是加速聚酰胺老化的重要因素，聚酰胺在空气中加热，颜色逐渐变黄，其结构发生如下变化：

$$2\left[(CH_2)_6NHCO-(CH_2)_4\right] + \frac{1}{2}O_2 \xrightarrow{-H_2O} \begin{array}{l} -(CH_2)_6-NCO-(CH_2)_4- \\ \qquad\qquad\ \ | \\ -(CH_2)_6-NCO-(CH_2)_4- \end{array}$$

聚酰胺在光的作用下也会发生脆化、变黄。这是由于聚酰胺对小于 350mm 的短波紫外线敏感，350mm 紫外线对应的能量远比 C—N、C—C 键能大，易于将主链切断。在氧的存在下，PA66 光老化特别严重，会生成双酮或双醛之类的二羰基化合物。此外，在光作用下，聚酰胺发生断链的同时，也伴随交联反应。

4.3.1.2　抗氧剂的种类

按作用机理，抗氧剂一般分为三种：一是自由基捕捉剂，也叫链终止抗氧剂，是工业生产中的主抗氧剂，它能捕捉塑料在自动氧化过程中产生的自由基，使自由基失去活性，从而终止老化进程，酚类化合物即属于此类；二是过氧化物分解剂；三是金属离子钝化剂。后两种是工业生产中的辅助抗氧剂。

聚酰胺常用的抗氧剂主要有以下几类：

① 卤化铜，特点是效率高，在非常低的浓度下也能够有效地抑制氧化，其主要缺点是会使聚酰胺基体变色，而且容易被水溶解而抽出。

② 芳香胺类抗氧剂，同样存在变色问题，应用场合受到限制。

③ 酚类抗氧剂，有较好的颜色稳定性，满足食品加工要求，是首选的抗氧剂。

④ 亚磷酸酯类抗氧剂，单独使用时抗氧效果有限，主要作为辅助抗氧剂。

某些抗氧剂品种之间存在协同作用，最典型的是以酚类抗氧剂作为主抗氧剂，亚磷酸酯类作为辅助抗氧剂的复配体系，如在 PA6 中，双（3-（3,5-二叔丁基-4-羟基苯基）丙酰基）-己二胺（抗氧剂 1098）与亚磷酸三（2,4-二叔丁基苯基）酯（抗氧剂 168）配合使用具有很好的抗氧化效果。聚酰胺常用的抗氧剂见表 4-52。

表 4-52　聚酰胺常用的抗氧剂

种类	典型代表
铜盐与碘化钾化合物	乙酸铜＋碘化钾
受阻酚类化合物	抗氧剂 1010、抗氧剂 1098、抗氧剂 1035、抗氧剂 1093、抗氧剂 1222、抗氧剂 1076
亚磷酸酯	抗氧剂 168
受阻胺类化合物	抗氧剂 DNP、抗氧剂 H、抗氧剂 4010

美国 Clariant 公司开发了一种芳香族受阻胺光稳定剂 Nylostab S-EED，适用于所有聚酰胺，它以化学键与聚合物连接，称为反应性稳定剂。

4.3.1.3　抗氧剂对聚酰胺性能的影响

聚合物的化学结构和物理状态是决定其耐老化性能的关键。一般来说，聚合物的稳定性随分子量的增大而提高，但过高的分子量会导致其熔体黏度过大，加工成型困难。此外，分子量分布也不宜过宽，因为其中的低分子组分更易受外界因素侵蚀而成为老化的起始点。聚酰胺大分子的端基对其老化性能影响很大，其端氨基和羧基相互作用可诱发羧基脱羧，释放二氧化碳并加速老化进程。端基乙酰化可以提高耐热与耐光性。为了达到一剂多效的目的，选择的端基封闭剂应具有抗氧或紫外吸收的作用。

在热老化过程中抗氧剂对PA66拉伸强度的影响见图4-28。可以看出，随着抗氧剂的加入，在高温下热老化，PA66树脂的拉伸强度明显好转。

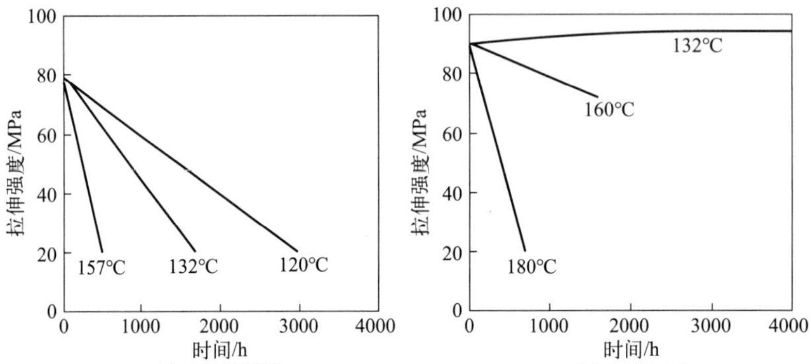

(a) 不含抗氧剂　(b) 含抗氧剂

图4-28　热老化对PA66拉伸强度的影响

抗氧剂的加入也有不利的一面，一方面会增加成本，另一方面有些抗氧剂在加工和使用过程中变色，同时还有可能带来毒性危害，如含铜稳定剂能使天然色树脂和制品着色，受阻胺类抗氧剂除了颜色因素外，还有较强的毒性，因此在添加抗氧剂时，要予以充分考虑。

4.3.2　润滑剂

润滑剂是为改善塑料在加工成型时流动性和脱模性而添加的一类助剂。

润滑剂主要是通过改变聚合物的流变行为，以及聚合物与加工设备的相互作用来改善聚合物的加工性能。润滑剂的作用可以分为内润滑作用和外润滑作用，内润滑剂与树脂间有一定的相容性，它能够减少树脂分子链间的内聚力，降低熔体黏度，减弱高分子间的内摩擦力，降低加工过程中的能耗，改善流动性及提高透明性。

聚酰胺中加入润滑剂主要有以下目的：降低固体聚酰胺颗粒的摩擦系数，改善自由流动性和输送效率；降低聚酰胺熔体和加工设备金属表面之间的摩擦系数，提高熔体的流动性，避免由于局部过热而引起物料分解，提高制品的外观质量。

优良的润滑剂应该满足以下要求：分散性好；与树脂的相容性好；热稳定性好；不引起制品颜色的漂移；不损害产品的最终物理性能。

聚酰胺常用润滑剂种类见表4-53。

表4-53　聚酰胺常用润滑剂种类

种类	典型代表
长碳链羧酸	硬脂酸、棕榈酸、褐煤酸
酰胺蜡	亚乙基双硬脂酰胺、芥酸酰胺
羧酸酯	硬脂酸季戊四醇酯、褐煤酸酯

续表

种类	典型代表
羧酸金属盐	硬脂酸锌、硬脂酸钙、褐煤酸钠盐、钙盐
多元醇	季戊四醇、双季戊四醇
烯烃蜡	聚乙烯蜡、氧化聚乙烯蜡

4.3.3　增塑剂

将增塑剂添加到聚合物中能够增加其塑性，从而使之易于加工并赋予制品柔韧性。增塑剂可以降低树脂的软化温度、熔融温度和玻璃化转变温度，降低熔体的黏度，增加其流动性，从而改善树脂加工性能。聚酰胺最常用的增塑剂是 *N*-乙基邻-甲苯磺酰胺和未取代的邻-对甲苯磺酰胺。表 4-54 列出了日本东丽 *N*-丁基苯磺酰胺增塑 PA12 的物性。

表 4-54　增塑 PA12 的物性

项目	未增塑 PA12	增塑 PA12
吸水率(20℃水中饱和)/%	1.5	1.0
拉伸断裂强度(80℃，绝干)/MPa	40～55	40
弯曲弹性模量(80℃，绝干)/MPa	400	250
悬臂梁缺口冲击强度(20℃，65%RH))/(J/m)	50～70	250～350
洛氏硬度(R)	105	80

4.3.4　成核剂

成核剂是一类促进聚合物结晶并使晶粒细微化的改性助剂。添加成核剂，有助于提高制品刚性、缩短成型周期、保证最终产品的尺寸稳定性并改善透明性和表面光泽度。成核剂的添加可使聚酰胺的加工性能和力学性能发生如下变化：

① 加快结晶速度，缩短注塑周期；

② 使聚酰胺的球晶颗粒更细微化；

③ 生成晶核，改变成型制品收缩率；

④ 增加拉伸强度和弯曲弹性模量；

⑤ 提高耐热性；

⑥ 降低断裂伸长率和冲击强度。

适用于聚酰胺的成核剂必须具备以下特征：不与聚酰胺产生化学反应；在聚酰胺的熔点以上不熔；与聚酰胺具有良好的共混性；在聚酰胺中能以微细颗粒形式分散；最好与聚酰胺具有相似的结晶结构；无毒或低毒；最好无色。

适用于聚酰胺的成核剂有无机、有机和高分子三类。无机类又分为无机质微粒和金属氧化物，前者包括滑石粉、二氧化硅和石墨等，后者包括氧化镁和氧化铝等，这类成核剂开发较早且价廉实用，但对制品透明性和表面光泽度有影响，限制了其在透明材料中的使用；有机类成核剂主要是低聚物，如己二酰胺二聚体、有机亚磷酸盐类和乙酸盐等，由于这类成核剂克服了无机成核剂透明性和光泽度差的不足，能够显著提高制品的加工性能；

高分子成核剂是指高熔点的聚酰胺，如PA6T、PA46等，也可以是一些结晶结构与聚酰胺相似的高熔点聚合物，这类成核剂不仅具有常规成核剂的通性，而且在分散性方面尤为突出，因此又可认为是均相成核剂。

一般聚酰胺中无机类和有机类成核剂的最佳添加质量分数为0.001%～0.05%，高分子类成核剂的最佳添加质量分数为0.005%～0.05%，低于此添加量时起不到成核效果，高于此添加量时其结晶促进作用并不明显，反而可能损害制品的性能。

4.3.5 着色剂

着色剂是一种可以改变聚合物固有颜色的助剂。塑料着色不但可以美化产品外观，且可赋予塑料多种功能，改善塑料的某些性能。

4.3.5.1 着色剂的选用原则

着色剂的选用应考虑：

① 着色剂的耐热、耐光性；

② 着色剂的化学稳定性，着色剂与树脂不发生化学反应，不促进树脂分解；

③ 着色剂的耐迁移性；

④ 着色剂的着色力大小决定了为达到目标颜色的着色剂的用量。一般来说，着色力随着色剂粒径的减小而增加，有机颜料的着色力比无机颜料高，当彩色颜料与白色颜料并用时，着色力可以得到显著提高；

⑤ 着色剂在聚合物中只有以微小的粒子状态均匀分散，才能有良好的着色效果。

4.3.5.2 适用于聚酰胺的着色剂种类

（1）无机颜料

无机颜料中炭黑是最好的黑色颜料，它不仅是一种发展最快的聚合物着色剂，还是良好的光稳定剂。常用的黑色颜料一般有槽法炭黑、油溶黑。

衡量炭黑性能的优劣有两个指标：着色力与遮盖力。着色力愈大则着色剂用量愈小。

（2）有机颜料

一般而言，与无机颜料相比，有机颜料展现出高着色强度及鲜艳度。聚酰胺加工温度较高，对颜料的耐热稳定性要求也较高，同时聚酰胺树脂熔融时具有极强的还原性，使得很多有机颜料不适合用于聚酰胺着色。

① 偶氮颜料　在聚酰胺熔融加工过程中，会发生褪色和变暗，不适于聚酰胺的着色。

② 苝系颜料　苝系颜料是塑料着色的理想着色剂之一，具有很好的耐热稳定性，可用于大多数塑料的着色，但其在聚酰胺熔体中会发生可逆的还原反应。

③ 稠环酮类（还原型）颜料　稠环酮类（还原型）有机颜料具有优良的耐光牢度、耐溶剂性、耐迁移性及耐热稳定性。其中，部分红、黄颜料品种及喹吖啶酮类颜料特别适用于聚酰胺着色。

④ 酞菁类颜料　酞菁分子结构具有高度的平面性、对称性，表现出卓越的稳定性并具备优异的耐热、耐光、耐迁移及耐酸碱性能。其中，蓝色与绿色品种尤其适用于聚酰胺着色。

⑤ 新型金属络合颜料　含有苯并咪唑基或异吲哚啉基的镍络合颜料具有优异的性能，适用于 PA、PE、PC 等几乎所有塑料的着色。

在适用于聚酰胺的浅色有机颜料品种中，有三个重要品种：颜料黄 150、颜料黄 192 和颜料橙 68，它们的热稳定性、耐晒牢度、耐溶剂性和化学稳定性均很好，完全能满足聚酰胺加工的要求。颜料黄 150 为绿光黄色（4G-5G），颜料黄 192 为红光黄色（1R-2R），颜料橙 68 为红光橙色。这三种颜料覆盖了浅色色谱，共同的缺点是不够鲜艳。

4.4　聚酰胺的改性加工设备

设备制造技术的进步是工程塑料业发展的重要基石。自 20 世纪 90 年代起，国内双螺杆挤出机的制造技术开始走向成熟，出现了一批专业装备公司，产品性能也基本达到国际水平，促进了改性工程塑料的发展。本节仅简略介绍聚酰胺加工与改性常用的设备种类，相关装置的详细结构与特性、运行条件及操作方法等参见有关专著。

（1）干燥混合设备

常用于聚酰胺的干燥设备有鼓风烘箱、立式鼓风干燥器、真空转鼓；混合设备有高速混合机、Z 型啮合机和螺杆式混合机。

（2）单螺杆挤出机

挤出机是制造管材、单丝、棒材、电缆覆层、中空制品、板材、薄膜造粒的主要设备。常见以下几类。

① 普通螺杆　整根螺杆只有螺纹结构，适用于 PP、PE、PA 纯树脂的挤出。

② 屏障型螺杆　该类螺杆具有较强的剪切混合作用。

③ 波形螺杆　螺杆的螺槽根部是偏心的，偏心部位沿轴向按螺旋形移动，这种螺杆的流体阻力小，产量高，塑化及混炼效率高，不仅适用于一般聚合物的挤出成型，也适用于共混改性。

④ 销钉型螺杆　该类螺杆在压缩段末端至计量段，设有一组或多组带有销钉的混炼段；这种结构可以促进固体的破碎和熔融、摩擦剪切、料流分割等。

⑤ 分布型（DIS）螺杆　这类螺杆具有很好的分散效果。

⑥ 往复式单螺杆混炼机　该类混炼机是在各种混炼型单螺杆挤出机基础上发展起来的新型混炼挤出设备，为积木式组合。该类设备吸取了双螺杆挤出机的部分特点，可用于各种聚合物的共混改性。

⑦ 配置静态混合器的单螺杆　这类螺杆是在挤出机至口模之间装有静态混合器，物料经混合器产生多次分流与合流，从而增强了混合效果。该类螺杆适用于板材挤出、薄膜成型。

（3）双螺杆挤出机

双螺杆挤出机制造技术近几年发展迅速。常见的双螺杆挤出机有以下几类。

① 按两根螺杆的相对位置，分为啮合型与非啮合型。

② 按螺杆的结构形状，分为平行双螺杆和锥形双螺杆。

③ 按两根螺杆啮合的旋转方向，分为同向旋转和异向（反向）旋转两大类。在实际使用中，同向双螺杆挤出机应用最多，一般用于共混挤出的螺杆均为同向啮合双螺杆挤

出机。

④ 按功能分为共混型和反应型螺杆。反应型螺杆与共混型螺杆的区别在于长径比大，设有多个脱挥口、螺杆转速相对较低。

参考文献

[1] 宋文龙，颜春，祝颖丹，等．无卤阻燃剂改性聚酰胺6的研究进展[J]. 化工新型材料，2024，52(7)：7-13，19.

[2] 俞晓，杨勉，张顺花，等．三聚氰胺氰尿酸阻燃改性聚酰胺6的流变性能[J]. 现代纺织技术，2024，32(9)：48-55.

[3] 张龙贵，李娟，计文希．支化聚酰胺6的研究进展[J]. 中国塑料，2017，31(8)：1-6.

[4] 孙静．超支化聚酰胺合成与研究进展[J]. 上海化工，2011，36(6)：19-24.

[5] 高远博．高耐热交替共聚酰胺的制备与性能研究[D]. 上海：东华大学，2022.

[6] 张子健，于春晓，姜锋，等．长碳链聚酰胺改性聚酰胺6的进展[J]. 塑料，2023，52(1)：146-150，179.

[7] 叶晓东，黄伟，贾凤，等．聚酰胺6合成、改性技术及应用研究进展[J]. 现代化工，2022，42(10)：71-75.

[8] 朱存彬，张叶，王倩，等．芳香族聚酰胺合成及改性研究进展[J]. 塑料科技，2022，50(6)：124-128.

[9] 何志勇，吴晓雨．聚酯酰胺的合成[J]. 能源化工，2024，45(2)：14-20.

[10] 郭斌，李军艳．聚酰胺改性的研究进展[J]. 煤炭与化工，2021，44(8)：123-126，138.

[11] 张顶顶，张福华，杨吉祥，等．聚酰胺胺改性碳纤维/尼龙复合材料制备及性能[J]. 复合材料学报，2021，38(2)：406-413.

[12] 李俊，张弘，张家晖，等．聚酰胺改性研究进展[J]. 化工新型材料，2019，47(11)：29-32.

[13] 梁惠霞，张东红，张云霄，等．汽车用增韧尼龙6的热氧老化研究[J]. 工程塑料应用，2009，37(9)：71-74.

[14] 钱春香，赵洪凯，李志刚，等．碳纤维增强尼龙复合材料渗透模型的研究[J]. 材料导报，2009，23(24)：63-68.

[15] 杨宝柱．中国塑料助剂业发展现状及趋势分析[J]. 国外塑料，2010，28(1)：34-41.

[16] 李敏，刘长维，李小宁，等．低温增韧尼龙6的制备与研究[J]. 塑料，2009，38(2)：59-61，111.

[17] 江海亮，应丽艳，雷大喜，等．马来酸酐(MAH)接枝SEBS及其对PPO/PA6合金性能的影响[J]. 高校化学工程学报，2009，23(6)：979-983.

[18] 陈现景，岳云龙，祝一民，等．浸润剂对短切玻纤增强尼龙66性能影响的研究[J]. 玻璃钢/复合材料，2010(1)：70-72.

[19] 张娜．碳纤维及其树脂基复合材料成型工艺与应用研究进展[J]. 纺织导报，2025(1)：61-67.

[20] 梁文聪，王冲，刘文志，等．玻璃微珠增强改性聚酰胺66的力学性能研究[J]. 合成材料老化与应用，2009，38(1)：9-12.

[21] 陶磊，李树材，吴超，等．POE-*g*-MAH反应性增容HDPE/PA66共混合金性能研究[J]. 塑料科技，2008(11)：50-54.

[22] 许冬梅，欧育湘．新一代阻燃剂次膦酸盐阻燃的玻纤增强尼龙66[J]. 塑料，2005(2)：70-73.

[23] 刘渊，王琪．三聚氰胺氰尿酸阻燃尼龙6的抗熔滴燃烧性研究[J]. 工程塑料应用，2005(11)：48-50.

[24] 邬智勇，夏金魁，熊远凡，等．聚酰胺6/黏土纳米复合材料的工业化制备与性能研究[J]. 塑料，2005(1)：73-76.

[25] 邓如生，魏运方，陈步宁．聚酰胺树脂及其应用[M]. 北京：化学工业出版社，2002.

[26] 梁全才，邱桂学．PA6增强增韧改性研究进展[J]. 塑料科技，2009，37(8)：80-83.

[27] R Gallego，D Garcfa-López. S López-Quintana，et a1. Toughening of PA6/mEPDM blends by two methods of compounding，extruder and internal mixer：rheological，morp hological and mechanical characterization[J]. Polymer Bulletin，2008，60(5)：665-675.

[28] 刘振宏，王静江，唐雄峰，等．POE-*g*-MAH增韧改性PA6的力学性能[J]. 天津大学学报，2009，42(2)：173-176.

[29] 潘燕子，邓如生，陈如意，等．增强增韧PA6复合材料共混工艺与结构性能的研究[J]. 工程塑料应用，2009，37(10)：23-26.

[30] 张燕，彭少贤．阻隔性尼龙6/有机蒙脱土纳米复合材料的制备[J]. 化学建材，2009，25(6)：28-30.

[31] Bhuvanesh Gupta. Polyamid6/Clay-Nanocomposites A Critical Review[J]. Polyamid&Polymer Composites，2006，14(1)：13-34.

[32] Chung Y C, Cho T K, Chun B C. Dependence of montmorillonite dispersion in nanocomposites on polymer matrix and compatibilizer content, and the impact onmechanical properties[J]. Fibers and Polymers, 2008, 19(1): 7-14.
[33] 欧育湘，李向梅，赵毅．聚合物/层状硅酸盐纳米复合材料阻燃性能的全面评价[J]. 塑料科技，2008(9)：90-94.
[34] 林一凡，潘太军．蒙脱土的有机化改性及插层剂的选择[J]. 化工科技，2010，18(1)：24-27.
[35] 曲良俊，牛明军，蒋爱云，等．SA 型透明尼龙的注射成型与力学性能[J]. 塑料工业，2004(1)：23-25.
[36] 许永昌，吴水珠，赵建青，等．尼龙用抗静电剂的制备与性能[J]. 塑料工业，2005(7)：52-54.
[37] 孙书适，李杰．抗氧剂、光稳定剂在色母料和功能色母料中的应用[J]. 塑料加工，2004，39(1)：30-32.
[38] 吕励耘，朱诚身，何素芹．成核剂对尼龙结构与性能影响的研究进展[J]. 工程塑料应用，2003(5)：69-72.
[39] 闫燕，黄海．尼龙用着色剂[J]. 染料与染色，2009，46(5)：32-36.
[40] 方鲲，张国荣，吴丝竹，等．长纤维增强热塑性复合材料在汽车零配件上的应用进展[J]. 中国塑料，2009，23(3)：13-18.

第5章
聚酰胺树脂的加工成型技术

在聚酰胺家族中，各品种的性能具有许多共同特征，因而其加工成型工艺也有相似之处，如所有的聚酰胺品种都具有吸水性，所以在熔融加工过程中水分含量必须保持平衡，以避免引起聚酰胺水解或进一步聚合；大多数聚酰胺是半结晶体，结晶速度快、收缩率高，其制品的形状控制较困难；聚酰胺熔体和模具（模具温度不需要很高）之间的温差大，固化速度快，注塑周期短；在干燥和熔融加工过程中，空气的存在会导致聚酰胺因氧化而发黄发脆，因此在聚酰胺切片干燥、熔融焊接及熔融挤出过程中，要重点考虑聚酰胺的氧化问题。

聚酰胺几乎适用于所有热塑性树脂的加工成型方法，如注射成型（注塑）、挤出成型（挤塑）、吹塑成型、浇注成型等。注射成型是聚酰胺工程塑料的主要成型方法，主要用于生产机械设备的零部件，如汽车齿轮、进气歧管、散热风扇、点火器、空气滤清器、低压电器开关外壳、轴承等。近年来，随着计算机及模具技术的发展，注射成型过程的控制更为精密，聚酰胺制品的结构也由简单向复杂、大型化迈进。挤出成型主要采用单螺杆或双螺杆挤出成型，其主要产品包括管材、单丝、薄膜等。浇注成型分为静态浇注和离心浇注，可采用直接浇注单体在模具中反应成型，适用于制造大型部件，如轴套、滑板、板材、管材、齿轮等。浇注成型产品的突出特点是耐磨、自滑性好。反应注射成型集浇注与注射成型于一体，采用单体直接挤出注射成型，在催化剂作用下，单体在螺杆挤出机中迅速反应，在模具中固化成型。

目前，聚酰胺的加工成型技术呈现五大发展趋势：

① 精密注射成型技术受到重视，随着机械装置小型化、高性能化，零部件精密度的要求也不断提高；

② 新的加工成型技术涌现，如气体辅助成型、熔芯注射成型、3D打印成型等；

③ 模具的设计与加工技术受到关注，模具是塑料加工成型的关键，模具的好坏直接影响制品的性能与生产效率；

④ 塑料与其他材料的连接技术不断完善，如金属与塑料的激光焊接技术等；

⑤ 制件表面处理技术应运而生，对于一些大型结构件，除了需要较高的强度外，还需提高其表面光洁度，减少流纹，实现表面喷漆、印刷等。

5.1 聚酰胺的加工特性

由于聚酰胺大分子链中存在酰胺基团，使得聚合物具有吸水性。吸水性对加工成型既有积极的作用，也有不利的影响，因此充分了解聚酰胺的各种加工特性，对于制造高品质的聚酰胺制品是十分重要的。

5.1.1 聚酰胺的吸水性对加工过程的影响

由于酰胺基团有较强的氢键结合能力，所以聚酰胺属于具有较强吸水性的一类高聚物。聚酰胺吸水率取决于其水分的扩散速率，而扩散速率由聚酰胺品种及其结晶度、形态结构、温度和相对湿度决定。

图 5-1 是不同相对湿度下，聚酰胺在空气中的暴露时间与吸水率的关系。PA6、PA66 在大气中的吸水率随空气湿度增加及放置时间的延长而增加。

聚酰胺产品的吸水率不同，其熔融加工时允许的最大含水量也不同，见表 5-1。在聚酰胺熔融加工过程中，含水量的控制是关键，当水分含量低于或高于其特有的水分平衡值时，在熔融加工过程中，将相应出现聚合或水解作用。

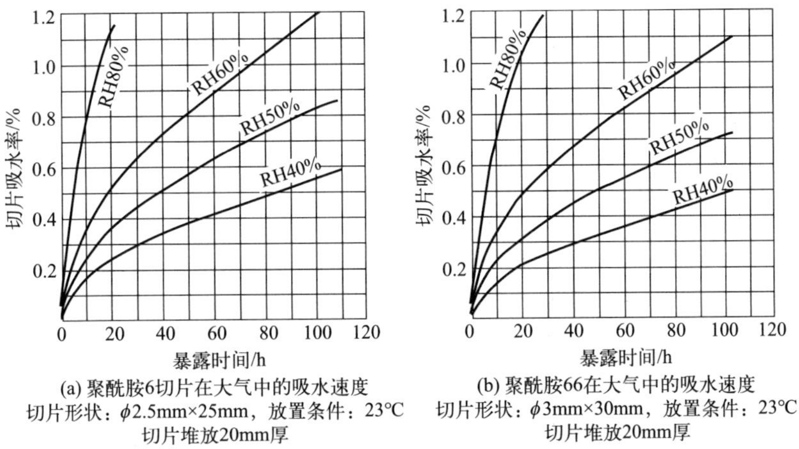

图 5-1　聚酰胺在空气中的暴露时间与吸水率的关系

表 5-1　各种聚酰胺的吸水率及熔融加工时的最大允许含水量

项目	推荐熔融加工时的最大允许含水量/%	在 23℃平衡时的吸水率/%	
		50%RH	100%RH
PA46		3.8	13.0
PA66(18000)	0.2	2.5	8.5
PA66(34000)	0.02	2.5	8.5
PA610	0.2	1.4	3.3
PA612	0.1	1.3	3.0
PA1212	0.2		
PA6	0.2	2.8	9.5
PA11	0.1	1.0	1.9
PA12	0.1	0.8	1.6
PAMXD6	0.2	1.9	5.8
PA6/6T		2.5	5.9
PA6/6I/66	0.15		6.0
PA6/66	0.2		9.4
PA6I/6T	0.1	1.5	5.0

在 230℃时，含水率对注塑级 PA6 熔体表观黏度的影响见图 5-2。从图 5-2 可以看出：含水率对 PA6 的表观黏度影响很大，含水率低到一定程度时，其表观黏度随加热时间的延长而增大，这可能是聚合作用使分子量增大的结果；而含水率高于一定值时，其表观黏度则随加热时间的延长而降低，这可能是水解或解聚作用的缘故。温度对 PA6（含水率 0.15％）熔体表观黏度的影响见图 5-3。从图 5-3 可以看出，温度对 PA6 熔体表观黏度的影响也很大，在含水率相同的条件下，PA6 熔体的表观黏度随温度的升高而快速下降。

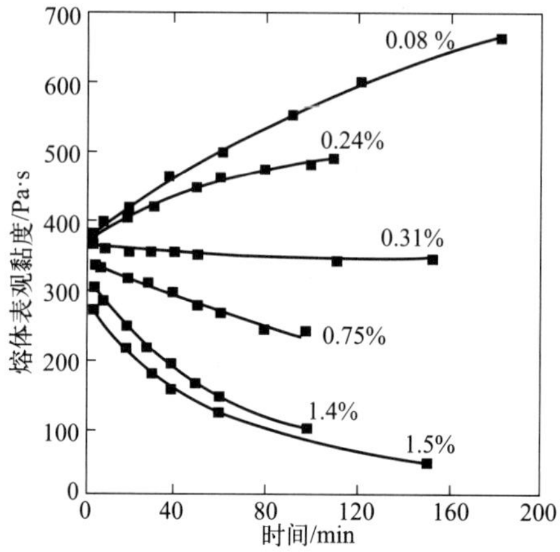

图 5-2　含水率对 PA6 熔体表观黏度的影响

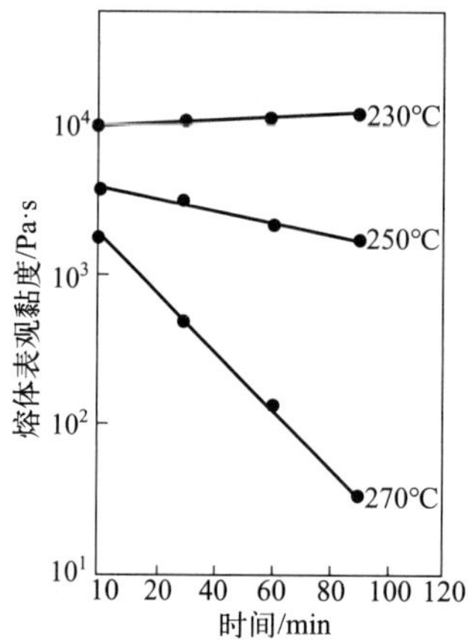

图 5-3　温度对 PA6 熔体表观黏度的影响

5.1.2　聚酰胺的熔融流动特性

聚酰胺的熔点较高、熔体流动性很好，且随剪切速率增大表观黏度下降不大，很容易充模成型，如图 5-4 所示；不同聚酰胺熔体表观黏度随温度的变化不同，如图 5-5 所示，PA66 的熔体表观黏度随温度的变化比 PA6 更为明显。

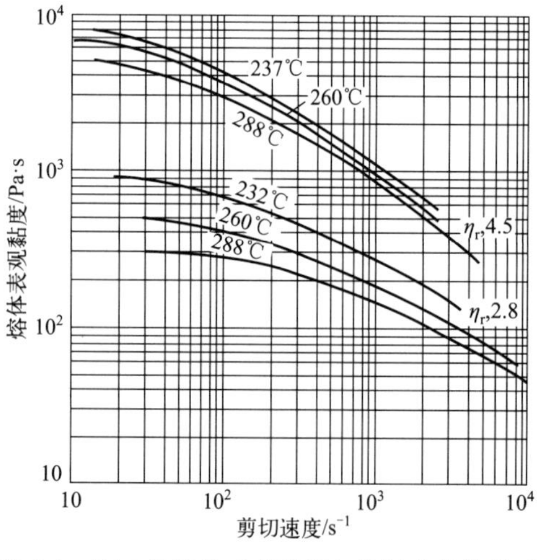

图 5-4　PA6 的熔体表观黏度与剪切速率的关系

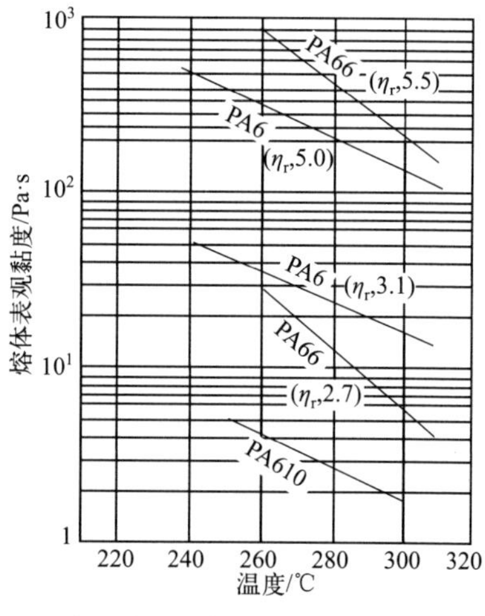

图 5-5　聚酰胺的熔体表观黏度与温度的关系

5.1.3　聚酰胺的熔点和加工温度

聚酰胺的加工温度一般在其熔点至分解温度之间。PA6 的加工温度范围较宽，PA610、PA1010、PA11、PA12 等品种次之；但 PA66、PA46 的加工温度范围较窄，大约在 3～10℃。表 5-2 列出了不同聚酰胺的熔点、加工温度及制品的成型收缩率。

表 5-2　聚酰胺的加工温度及制品的成型收缩率

聚酰胺品种	密度 /(g/cm^3)	熔点/℃	加工温度 /℃	模具温度 /℃	成型收缩率 /%	备注
PA46	1.18		280～310	80～120	0.7～2.0	
PA66	1.14	290	280～305	40～90	1.5	
PA69	1.08	255～257	255～270	21～93	1.1～1.3	
PA610	1.08	210	255～280	20～90	1.2	
PA612	1.07	215～227	232～288	38～71	1.1	
PA1212	1.02	219	250～260	38～49	1.2	
PA6	1.13	184	238～270	20～90	1.3	
PA11	1.04	220	210～280	40～60	1.9	
PA12	1.01	186	240～285	40～80	1.1～1.4	
PAMXD6	1.21	178	250～290	120～150	1.4	缓慢结晶
PATMDT	1.12	243	250～320	60～120	0.5	无定形
PA6/6T①	1.18					
PA6T/6I/66②	1.17	298 310	321～349	150～350	1.6～2.0	模具温度＞250℃时,结晶度最大
PA6/66	1.14		270～300	40～90	0.7	
PA6I/6T/CMI/CMT③	1.18	250	300～320	70～93	0.5	无定形
PA6I/6T④	1.18		280～290	80		无定形
PA12/MACMI⑤	1.06		270～300	＞80	0.4～0.7	无定形

① 牌号为 Ultramid。

② 牌号为 APPA。

③ 牌号为 Zytel。

④ 牌号为 Grivory。

⑤ 牌号为 Grilamide。

5.1.4　聚酰胺的成型收缩性

聚酰胺是结晶型聚合物，大部分聚酰胺的结晶度较高，其中，PA46 属于高结晶度聚合物。由于结晶的存在，聚合物从熔融状态冷却为固态时，会发生体积收缩。熔融状态的比容积与常温下的比容积之差就是体积收缩，这种体积收缩由两部分组成，一部分是由温度变化引起的体积变化，即熔体固化产生的体积收缩；另一部分是结晶化过程产生的体积收缩。聚合物处于熔融状态时，大分子链排列是无序的，结晶过程中，大分子链部分形成有序排列，链间的空隙减少，结晶化程度越高，这种空隙的减少就越大，即成型收缩率增大。

5.2 聚酰胺的注射成型

注射（注塑）成型是一种借助螺杆或柱塞推力，将螺杆中已塑化的熔融状态的塑料注射入已闭合的模腔内，经冷却定型后得到制品的一种工艺过程。注射成型是热塑性塑料的一种主要成型方法，具有生产周期短、适应性强、生产效率高、易于自动化等特点，除了长管、棒、板、型材等不能采用此法外，其他各种形状、尺寸的塑料制品都可用这种方法成型，广泛用于塑料制品的生产。目前注塑制品约占塑料制品总产量的20%～30%。但注射成型也存在初期设备投资大、注塑制品价格高、厚薄不匀的制品会产生表面缺陷等不足。

5.2.1 注射成型设备

注射机是注射成型的主要设备（图5-6），分为柱塞式和螺杆式两类。通常以“一次能注射出的聚苯乙烯最大质量（g）”为标准表示其类型和型号，最大注射量在60g以下的通常为柱塞式，60g以上的多为螺杆式。一般用最大注射量和锁模力（紧固模具的力量，用吨表示）表示注塑机的能力，有的只用锁模力表示。目前小型机的锁模力约为20t，主要生产小型精密零件；大型机的锁模力为3000～5000t，主要生产浴缸、托板和集装箱等大型制件。

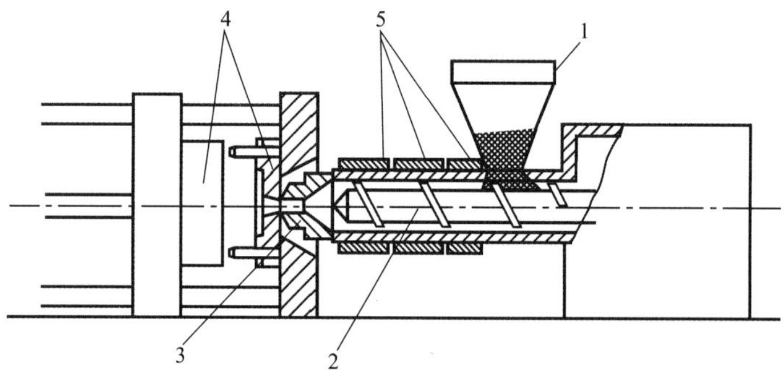

图5-6　注射机结构示意

1—加料料斗；2—螺杆或柱塞；3—喷嘴；4—模具；5—加热器

注射机螺杆一般分三段：加料（进料）段、压缩（过渡）段和均化（计量）段。在加料段，螺杆的螺槽较深，便于进料；在压缩段，螺槽逐渐变浅，将物料压缩，使物料易于熔化；在计量段，螺槽深度恒定。螺杆第一个螺槽的容积与最后一个螺槽的容积之比称为压实比或压缩比，螺杆长度（L）与直径（D）之比称为长径比，压缩比和L/D是螺杆的两个重要工艺参数。

聚酰胺一般选用专门设计的注射螺杆，使制品质量达到更高的要求。适用于聚酰胺注塑的常规计量型螺杆参数：计量段长度为螺杆长度的25%，过渡段长度也为螺杆长度的25%，加料段长度为螺杆长度的50%；进料段的螺槽深度是计量段槽深的3.5～5.0倍；L/D一般选取18～20；压缩比一般选取2.5～3.5，以防止物料过热分解；胶圈与机筒间隙应尽量小，一般控制在0.05～0.08mm，螺杆与机筒间隙控制在0.08～0.12mm；射嘴处可配弹簧自锁型射嘴。适用于聚酰胺注塑的螺杆的结构如图 5-7 所示。

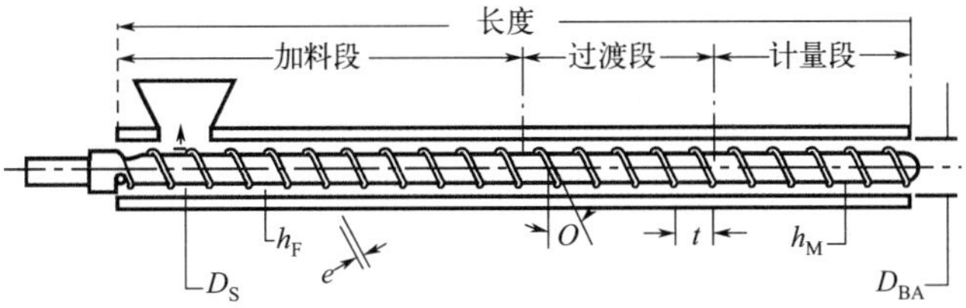

图 5-7　注射螺杆结构示意

D_S—螺杆直径；h_F—加料段螺槽深度；h_M—计量段螺槽深度；D_{BA}—机筒内径；e—螺棱宽度；O—螺旋升角；t—螺距

另一种特殊螺杆——排气式双级螺杆，能排出物料中的挥发分，如水、原料夹带的空气以及物料在熔化时产生的各种气体。

5.2.2 注射成型过程

聚酰胺注射成型过程包括原料干燥、注射和后处理等。注射成型制品质量与许多因素有关，如原料的种类、规格特性、制品的形状和结构、使用设备的特点，以及模具的结构、工艺条件的选择等。其中，工艺条件是最重要因素。工艺条件通常指注射温度、注射压力、注射时间、注射速度等。

5.2.2.1 原料干燥

聚酰胺易吸水，因此，在成型前必须进行干燥。一般应保证其含水量低于 0.1%。

干燥方法有常压鼓风加热干燥和真空加热干燥。

常压鼓风干燥适用于物料含水较少、要求不高的情况。鼓风干燥一般干燥温度为(100±5)℃，干燥时间为 6～8h。

真空干燥可采用低温干燥，干燥温度一般在 80～90℃，可避免树脂热氧化变色，干燥时间在 3～5h。

5.2.2.2 注射温度选择

注射温度包括螺杆温度、喷嘴温度和模具温度。

(1) 螺杆温度　注射过程中，注射螺杆的加料段、压缩段和均化段分别加热，随物料前进方向螺杆温度逐步升高，使物料在螺杆内逐步塑化。

普通注塑级 PA66 和 PA6，在没有施加螺杆背压（即塑化压力）时，加料段温度稍低，螺杆压缩段和均化段温度的选择取决于挤出量和物料在螺杆中的停留时间（HUT）。如果 HUT 大于 4min，则螺杆各段的设定温度可以基本相同，均化段温度约比压缩段温度高 5℃。如果 HUT 小于 4min，通常需要大幅度地提高均化段的设定温度，使物料迅速熔融以避免熔体温度不均匀出现不熔粒子的现象，通常选择螺杆的均化段比前段或压缩段的温度要高 30℃以上。

HUT 可以通过实验得到，将少量黑色树脂粒子加入螺杆的进料口，并开始计时至看到黑色注射物出来为止，所用的时间即为 HUT。HUT 也可以根据注射螺杆的能力估计。

（2）喷嘴温度　喷嘴温度需单独控制。一般喷嘴温度低于螺杆均化段温度，以避免物料的流延，并考虑到熔体在快速通过狭小的喷嘴时会产生少量的摩擦热使熔体温度上升。但喷嘴温度不能太低，否则物料在喷嘴中因冷凝而堵塞喷孔，或进入模腔造成冷料痕。

（3）模具温度　模具温度直接影响物料的流动性和制品的性能。模具温度的选定与许多因素有关，如原料品种，制品尺寸、结构、性能要求以及其他有关工艺条件（如温度、压力、速度、注射周期）等。物料在模具内冷却降温，固化后脱模，这一过程中物料由黏流态冷却至玻璃态，为了保证脱模后制件不变形，模具的温度必须低于物料的玻璃化转变温度。

聚酰胺加工时的模具温度见表5-2。

5.2.2.3　注射压力选择

注射压力对物料充模成型起着决定性的作用，且压力大小和保压时间的长短会影响制品的性能。注射压力应根据聚酰胺的品种、注塑机类型、模具结构、浇注模式、制件壁厚和注射温度等而定。

5.2.2.4　注射成型周期

注射成型周期是完成一次注塑过程所需要的时间，成型周期包括以下几个时间段。

- 成型周期
  - 注射加压时间
    - 注射时间（柱塞或螺杆前进时间）
    - 保压时间（柱塞或螺杆前进到某一位置后保持的时间）
  - 冷却时间
    - 充模时间（物料进入模腔的时间）
    - 模内冷却时间（制件在模具内冷却定型时间）
  - 其他时间
    - 开模闭模时间
    - 取产品时间
    - 涂擦模具或脱模剂及安放金属嵌件等的时间

聚酰胺的熔体黏度低，凝结速度快，其注射保压和制件冷却时间比许多常用非晶型树脂短。常用注塑级聚酰胺的充模时间一般不到2s。

注塑成型周期对注塑制件的收缩有很大的影响。当调节其他工艺条件不能减少收缩率时，调节注塑成型周期可有效地解决这一问题。

5.2.2.5　制品后处理

制品后处理包括制品的热处理和调湿处理，其目的是保证制品的尺寸稳定性，消除内应力。

（1）热处理　冷却过快或熔体流动不均会使聚酰胺制品脱模后产生内应力。消除内应力较简便的办法是对制品进行热处理。热处理有油浴和水浴两种方法。化学性稳定、无毒无危险性、不损害聚酰胺制品的任何液体都可作为热处理的介质，如水、液体石蜡、矿物油、聚乙二醇等。充分搅拌传热介质可使聚酰胺受热均匀，避免局部过热。一般热处理温度应高于制品的使用温度10～20℃，热处理时间随制品厚度而定，厚度小于3mm，时间为10～15min；厚度为3～6mm，时间为15～30min；更厚的制品，处理时间为6～24h。制品经热处理后应缓慢冷却至室温，以免再次产生应力。

注射制品经 150～180℃的高温热处理 2h 后，其力学性能得到提高，如强度、弹性模量、韧性及表面硬度等。

（2）调湿处理　将刚脱模的制品放入热水中进行处理，不仅可隔绝空气防止氧化，同时还可以加快吸湿平衡，此法称为调湿处理。

聚酰胺制品在使用或贮存过程中易吸收空气中的水分而膨胀，其尺寸需要很长时间才能稳定。为使制品的尺寸快速稳定，需进行调湿处理。过量的水分还能对聚酰胺起到类似的增塑作用，从而改善制件的韧性。

一般调湿处理的时间应随制品的形状、厚度及结晶度大小而定。调湿液一般用水或乙酸钾溶液，控制温度在 80～120℃。

5.2.3　各品种的注射成型工艺

聚酰胺系列品种中，可用于注射成型的主要有 PA6、PA66、PA1010、PA46、PA11 等。

5.2.3.1　PA6 的注射成型

（1）干燥工艺　干燥时间的长短应视 PA6 树脂含水量大小而定。鼓风干燥：温度 100～110℃，时间 6～8h；真空干燥：温度 80～90℃，时间 4～8h。

（2）常规 PA6 的注射成型工艺　应根据制品的厚度、结构、成型设备等条件而定。常规 PA6 的注射成型工艺列于表 5-3。

表 5-3　PA6 的注射成型工艺

<table>
<tr><th colspan="2">项目</th><th colspan="5">参数</th></tr>
<tr><td colspan="2">制品厚度/mm</td><td colspan="2"><3</td><td colspan="2">3～6</td><td>>6</td></tr>
<tr><td colspan="2">浇口直径/mm</td><td colspan="2">1.0</td><td colspan="2">1.0～3.0</td><td>3.0～4.5</td></tr>
<tr><td colspan="2">浇口长度/mm</td><td colspan="2">最大为 1.0</td><td colspan="2">最大为 1.5</td><td rowspan="2">浇口的 1/2</td></tr>
<tr><td colspan="2">注塑机类型</td><td>柱塞式</td><td>螺杆式</td><td>柱塞式</td><td>螺杆式</td></tr>
<tr><td rowspan="4">螺杆温度/℃</td><td>后部</td><td>240～260</td><td>210～220</td><td>240～260</td><td>210～220</td><td>230～260</td></tr>
<tr><td>中部</td><td>230～250</td><td>210～240</td><td>220～250</td><td>210～230</td><td>240～260</td></tr>
<tr><td>前部</td><td>230～250</td><td>210～240</td><td>220～250</td><td>210～230</td><td>240～260</td></tr>
<tr><td>喷嘴</td><td>230～250</td><td>210～230</td><td>210～230</td><td>210～225</td><td>210～230</td></tr>
<tr><td colspan="2">模具温度/℃
注射压力/MPa
成型周期/s
注射总周期/s
螺杆转速/(r/min)</td><td>20～80
90～200
5～20
20～50</td><td>20～80
60～120
5～20
20～50
50～120</td><td>20～80
80～200
10～40
25～70</td><td>20～80
60～120
10～40
25～70
50～120</td><td>25～85
85～160
20～60
40～120</td></tr>
</table>

（3）改性 PA6 的注射成型工艺　改性 PA6 包括玻璃纤维增强 PA6、阻燃 PA6、PA6 合金等，这些改性 PA6 因组分不同，其注射成型工艺各异。如玻璃纤维增强 PA6 的成型温度比纯 PA6 高 5～10℃，为提高其流动性，模具温度也应适当提高，以保证制品的光洁度。阻燃 PA6 因低分子阻燃剂的加入，其加工温度应尽可能低，保证阻燃剂在加工过程中不产生分解而降低阻燃效力。制备 PA6 共混合金时，随着 PA6 共混物中掺混组分含

量增加，其加工温度应相应降低，若加工温度太高，易引起共混组分的热降解，而加工温度太低，则难以保证基料熔化完全。改性PA6的注射成型工艺列于表5-4。

表5-4　改性PA6的注射成型工艺

项目		参数				
		玻璃纤维增强PA6	阻燃PA6	填充增强PA6	增韧PA6	PP、PE、ABS类PA6合金
螺杆温度/℃	后部	210～220	210～220	210～220	210～220	210～220
	中部	230～240	220～230	230～240	220～230	220～230
	前部	235～245	220～230	230～240	220～230	220～250
	喷嘴	235～240	225～230	230～235	230～235	230～235
模具温度/℃		60～80	40～60	60～80	40～60	40～60
注射压力/MPa		60～90	20～60	60～80	40～60	40～60
成型周期/s		7～12	5～10	7～12	5～10	5～10

5.2.3.2　PA66的注射成型

PA66加工温度范围窄，一般在10℃左右，若螺杆温度低，会堵塞喷嘴，而螺杆温度偏高，则PA66的熔体黏度会急剧下降。因此，选择合适的螺杆温度是保证PA66制品质量的重要条件。PA66熔体对水的敏感性强，微量的水分便引起PA66水解、分子量下降、制品的力学性能降低，因此，必须严格控制其含水量。

PA66较易受热氧化而变黄，宜采用真空加热干燥，一般控制干燥温度为80～90℃，干燥时间在5～8h。

因PA66熔点较高，其模具温度也应适当提高，若模温过低，熔体冷却速度过快，则制品会产生内应力。常规PA66的注射成型工艺参数列于表5-5。

表5-5　PA66的注射成型工艺参数

项目		参数				
制品厚度/mm		<3		3～6		>6
注塑机类型		柱塞式	螺杆式	柱塞式	螺杆式	
圆形浇口/mm	直径	0.75		0.75～3.0		3.0～4.5
	长度	0.75		0.75～3.0		3.0～4.5
料筒温度/℃	后部	270～280	240～280	270～280	240～280	270～290
	中部	260～270	240～270	260～280	240～280	270～280
	前部	255～270	240～270	260～280	240～280	260～280
	喷嘴	250～260	230～260	250～260	230～260	
模具温度/℃		20～90	20～90	20～90	20～90	82～94
注射压力/MPa		80～220	60～150	80～220	60～150	165～210
成型周期/s		10～20	10～20	15～40	14～40	46
注射周期/s		25～50	25～50	30～70	30～70	60
螺杆转速/(r/min)		—	50～120	—	50～120	—

改性PA66的注射成型工艺与PA6类似。表5-6列出了改性PA66的注射成型工艺。

表 5-6　改性 PA66 的注射成型工艺

项目		参数		
		增强 PA66	阻燃 PA66	增韧 PA66
螺杆温度/℃	后部	230～240	220～230	245～255
	中部	277～282	240～250	255～265
	前部	271～277	240～250	260～265
	喷嘴	260～277	230～240	270～275
模具温度/℃		99～121	50～80	80～100
注射压力/MPa		80～120	40～60	40～80
成型周期/s		约 50	30～60	50～60

5.2.3.3　PA1010 的注射成型

PA1010 的加工性能与 PA66 类似，但耐水解、抗热氧化性能优于 PA66。PA1010 的熔程很窄，为 3～4℃，熔体流动性较好，适合注射成型。

PA1010 注射成型前应进行干燥，一般干燥温度为 110℃，烘干时间约 20h，每千克 PA1010 树脂中加入 2mL 石蜡油，有助于 PA1010 注射成型。PA1010 的注射成型工艺列于表 5-7。

表 5-7　PA1010 系列产品的注射成型工艺

项目		参数		
		PA1010	玻璃纤维增强 PA1010	PE/PA1010
螺杆温度/℃	后部	190～210	200～210	200～220
	中部	200～220	220～230	210～220
	前部	220～230	230～235	220～230
	喷嘴	200～210	210～220	200～210
模具温度/℃		40～60	40～80	40～60
注射压力/MPa		60～80	60～120	60～80
成型周期/s		30～50	约 50	30～50

PA1010 注射过程中易产生两种形式的气泡，第一种是因材料中挥发性物质或模腔中气体被料流包裹在制件内而形成的；第二种是在高温制件冷却降温过程中因体积收缩而形成的。长方形注射件中，在制件边口部位及其他部位出现的大面积气泡属于第一种；浇口附近及拐角出现的属于第二种气泡。各种气泡的解决方法见表 5-8。

表 5-8　PA1010 长方形制件不同部位产生气泡的原因及解决方法

部位	原因	解决方法
边口部位	排气不良	降低小泵压力，增加排气槽尺寸
	注塑压力不足	逐步升高，直至消除
	注射充模紊流	降低注塑压力
	模具温差大	调整冷却水流量
	模具表面粗糙	抛光

续表

部位	原因	解决方法
浇口及拐角处	保压时间短	适当延长
	保压压力不足	适当升高
	料筒温度偏高	降低至熔点附近，调整背压至工艺范围
	注射返料	检查修理止退环
	注射速率过快	适当降低
	阳模温度过高	用纱布擦拭，用湿毛巾降温，喷涂微量脱模剂
	注塑压力过高	降至适宜
其他部位	原材料烘干不充分	充分烘干，可延长烘干时间，提高烘干温度
	天气潮湿	充分烘干，可延长烘干时间，提高烘干温度
	背压失控	调整至工艺范围

5.2.3.4 PA11的注射成型

PA11 吸水性小，在高温下对水分较敏感，故加工前必须对 PA11 粒料进行干燥。PA11 为半结晶型高聚物，其结晶条件会影响制品的结晶结构。在一定条件下，PA11 熔体黏度对加工温度及剪切速率的变化较为敏感。

（1）干燥工艺　采用真空干燥箱干燥，一般设置干燥温度为 80～110℃，干燥时间为 5～8h，料层厚度控制在 30mm 以下。采用转鼓真空干燥，则应控制装料系数为 0.4～0.6，干燥时间为 8～12h，真空度为 0.08～0.095MPa。干燥好的 PA11 水分含量应控制在 0.1%以下，密封存放或及时使用。

（2）成型设备　一般采用突变式螺杆注射机，长径比为 20∶1，压缩比为（3.5～4.0）∶1，控制螺杆转速为 20～50r/min，制品质量应为注射机最大注射量的 50%～70%。自动启闭式喷嘴适合纯 PA11 注塑，可避免“流延现象”，但玻璃纤维增强 PA11 应选用延伸式通用敞口喷嘴，以免被玻璃纤维堵塞。喷嘴的直径为 3～5mm，并设有单独的控温和保温装置。

（3）制品设计　制品设计合理与否直接影响制品的注射成型工艺及其使用寿命。设计的制品壁厚应尽量一致，避免产生内应力，防止制品断裂、凹陷。PA11 注射制品的壁厚一般为 0.4～3.5mm，若同一制品壁厚不一致（当厚度变化大于 40%）时，可视情况设置肋筋。为减小应力集中，制品设计时应避开锐角，尽可能设计成圆角。沿脱模方向要有斜度，脱模斜度因制品的形状、PA11 的牌号、模具的结构、表面粗糙度及加工方法等不同而异。选择模具斜度一般遵循下列原则：尺寸精度要求高、体积较大或材料含有润滑剂的制品，脱模斜度要小；制品形状复杂、不易脱模或制品较厚、成型收缩率大的制品，脱模斜度应大一些，一般脱模斜度选择 40′～1°30′。

（4）模具设计　PA11 制品的模具浇口可采用多种方式，浇口尺寸一般略大一些，以免压力损失大。浇口的位置最好设在制品的最大厚度部位；模具的排气孔一般应设在离浇口最远处或顶出杆周围，其深度为 0.05～0.08mm，排气不好会导致制品出现气孔、熔接不良、充模不足等缺陷。

（5）温度控制　不同牌号的 PA11 的流动温度和分解温度有差别。表 5-9 列出不同规格 PA11 注射成型时的螺杆温度、喷嘴温度。

表 5-9　不同规格 PA11 注射成型时的螺杆温度和喷嘴温度

PA11 品种	螺杆温度/℃			喷嘴温度/℃
	1 段	2 段	3 段	
低分子量	190～210	210～230	220～240	210～230
高分子量	220～240	240～260	250～270	240～250
增塑级	200～220	210～230	220～240	210～220
玻璃纤维增强级	230～250	240～270	260～280	250～270

模具温度直接影响制品的尺寸稳定性、力学性能。PA11 属半结晶型高聚物，有较大的结晶速率，故模具温度不宜太高，一般设置在 60～90℃，若模具温度过低，结晶不完全，影响其力学性能。厚壁制品可适当提高模具温度，玻璃纤维增强 PA11 的模具温度可控制在 100～120℃。PA11 注射成型中易出现的问题及解决办法见表 5-10。

表 5-10　PA11 注射成型中易出现的问题及其解决办法

问题	解决办法
溢料	修正和重新装配模具，降低注射压力，增大浇口尺寸，降低熔化温度
制品有气泡	充分干燥粒料，提高排气效率，增大注射量，增大保压压力，延长保压时间
熔接不良	提高料温和模具温度，增大注射速度，改进排气孔
充模不足	修改喷嘴，增大流道和浇口尺寸，提高熔化温度及注射压力和速度
顶出困难	延长冷却时间，降低口模温度，增大脱模斜度，修改排气孔的尺寸

5.2.3.5　PA46 的注射成型

PA46 的突出特点是结晶度高、结晶速度快、熔点高，因此成型周期较其他聚酰胺品种短，加工温度较高，但 PA46 的熔点与分解温度较接近，加工温度高往往会引起其热氧化分解，从而降低制品的力学性能。因此，应严格控制 PA46 的成型温度，这是制造高品质制品的关键所在。另外，PA46 在加工前也应进行干燥，除去其中的水分，其干燥工艺与其他聚酰胺相近。PA46 系列产品的注射成型工艺列于表 5-11。

表 5-11　PA46 系列产品的注射成型工艺

项目		参数			
		PA46	阻燃 PA46	玻璃纤维增强 PA46	PA46/PA66
螺杆温度/℃	后部	270～280	270～275	270～280	约 270
	中部	290～295	280～290	290～295	280～290
	前部	295～300	295～300	300～305	290～295
	喷嘴	300	295～300	约 300	290～295
模具温度/℃		80～120	80～120	80～120	60～100
注射压力/MPa		50～100	50～100	50～100	50～100
成型周期/s		30～40	30～40	30～60	30～50

5.2.3.6 其他聚酰胺的注射成型

PA610、PA12、PAMXD6、PA612也可注射成型，其注射成型工艺列于表5-12。

表5-12 其他聚酰胺的注射成型工艺

项目		参数			
		PA12	PA610	PA612	PAMXD6
螺杆温度/℃	后部	170～180	190～200	200～210	230～265
	中部	180～190	210～220	220～225	240～250
	前部	200～230	220～225	230～240	250～255
	喷嘴	200～210	210～215	225～230	约250
模具温度/℃		40～80	40～80	40～70	120～150
注射压力/MPa		40～60	60～80	60～100	30～50
成型周期/s		30～50	30～70	30～70	20～30

5.2.3.7 改性聚酰胺的注射成型

由于加入改性剂，改性聚酰胺的组成发生了变化，因而，其加工性能也随着改变。常用的改性方法对聚酰胺注射成型工艺的影响列于表5-13。从表5-13看出，增强、填充改性会使聚酰胺的流动性下降、成型周期延长，成核剂的加入会使聚酰胺的成型周期缩短，制件尺寸增大。因此，在改性聚酰胺注射成型时，必须考虑改性剂这一影响因素，以获得最佳产品质量。

表5-13 改性方法对聚酰胺注射成型工艺的影响

改性	影响	结果
共聚	熔点和结晶速率降低	成型周期延长
增强	黏度升高，趋于翘曲，设备磨损	压力加大，设备磨耗，影响制件和模具的设计
填充	黏度升高，设备磨损	压力加大，设备磨耗
增韧	黏度升高，结晶可能加快	压力加大，成型周期缩短
阻燃	对温度敏感	熔体温度下降，螺杆尺寸和停留时间最小
增塑	刚性减弱，熔点和结晶度降低	成型周期延长
成核剂	结晶加快，收缩减弱	成型周期缩短，制件尺寸增大，韧性减弱
着色剂	收缩可能加强，也可能减弱	制件尺寸改变
透明化	非晶型，没有凝固点，黏度升高	熔体温度升高，成型周期加长

5.2.4 注射成型新工艺

近年来，随着汽车工业的发展，对汽车零部件的性能和质量要求越来越高，各种注射成型新工艺也应运而生。

5.2.4.1　气体辅助注射成型

气体辅助注射成型是一种生产中空注塑制品的方法。其原理是：将一定量的熔体注入型腔后，将压缩空气注入熔体中心，使熔体在压缩空气的作用下充满型腔。气体辅助注射成型突破了传统注射成型的局限性，可以一次成型壁厚不匀的制件，这种技术充分利用气体能均匀、有效地传递压力的特点，使得充模压力低、制品内应力低、表面光洁度高、翘曲变形性小、成型周期短，是提高产品质量、降低成本的有效方法。

气体辅助注射成型技术在国外早已广泛使用，我国也逐渐发展成熟。气体辅助注射成型可使用普通的注塑机，只需配备空气压缩机和模具设备适配的注气口，就可实现这样的操作。该工艺还适用于表面光洁度高、结构复杂（或厚薄不匀）的大型制件的生产，如汽车保险杠、仪表板、离合器踏板等。

5.2.4.2　熔芯注射成型

熔芯注射成型技术是近年开发的新技术，主要用于结构复杂的空心制件的生产。其基本原理是：先用低熔点材料铸成型芯，将型芯嵌入模具中进行注射成型，制件冷却后，将包含有型芯的制件从型腔中取出，再加热制件，将型芯熔化流出，最后得到所需的制件。

熔芯注射成型技术的关键是塑料的型芯材料、模具及熔化型芯所用介质的设计与选择。

（1）型芯材料的选择　型芯材料的选择是该技术的核心，其原则是：型芯材料在注射成型温度下不发生熔融；不腐蚀制件；在成型过程中不发生形变；熔点低于加工原料。

铋合金可作为型芯材料，其熔点为 138℃。另外，近年来研究表明：PA6、PBT、PET、PPA 等也可用作型芯材料。如低分子量的 PA6 可用作玻璃纤维增强 PA66 型芯材料。

（2）型芯熔融介质　加热方式对熔化、制件的受热程度有很大影响。如因受热不均或产生局部过热可能使制品变形。因此，一般采用加热介质来保证受热均匀，加热介质的选择原则是：在加热条件下不易产生分解；不污染制件；熔点低于型芯材料熔点。

（3）成型温度　成型温度是一个重要的工艺参数，温度偏高会使型芯表面熔化或变形，从而影响制件空心内表形状与表面光洁度，温度偏低则物料的流动性变差，也将影响产品的性能。

熔芯注射成型特别适用于形状复杂、中空和不宜机械加工的制品。如汽车进气歧管、水泵推进轮、水泵等。汽车发动机进气歧管过去一直采用铝铸造而成，但玻璃纤维增强 PA66 进气歧管的质量远小于铝制歧管，内表面光洁、流动阻力小、抗腐蚀性能优异。

5.2.4.3　夹芯注射成型

夹芯注射成型（也称共注射成型）采用两个注射单元，由一个注射单元先向型腔注入一种熔体，而后再由另一个注射单元向型腔注入另一种熔体。根据模具结构以及所采用材料的不同，可以是第一种熔体包裹第二种熔体，也可以是第一种熔体为芯，第二种熔体为壳。

夹芯注射成型有单料道、双料道、三料道工艺。

5.2.4.4 多层注射成型

多层注射成型是一种兼有共挤出成型和注射成型特点的成型工艺，适合多层结构制件或多层树脂注射成型。这种工艺有两种方式，一种类似多层共挤出，即各种物料分别挤出塑化，最终进入注射腔叠加，在模具中保留挤出过程形成的层状形态。另一种是两种树脂分别挤出塑化后依次进入型腔。如饮水机热水阀体就是采用多层注射成型的，这种阀体需要耐高温、无毒，大多采用玻璃纤维增强聚酰胺。但玻璃纤维增强聚酰胺的外观粗糙、装饰性较差，因此，通常用玻璃纤维增强聚酰胺做阀体内层，外层用 ABS，这样同时满足耐热与装饰性要求。

5.2.4.5 高光无痕注射成型

高光无痕注射成型又称快速循环注射成型（RHCM），一般采用变模温注射成型，即在注射前通过模温机快速给模具加热，使模具温度达到塑料的热变形温度以上，以实现高模温注射，随后通过快速冷却缩短成型周期。这种技术的应用可以使制品表面无熔痕、流痕、流线、缩痕，达到镜面般的高光泽效果。同时，省去了后续污染环境的表面喷涂工序，减少了工艺流程，节省了能源和材料，直接降低了制品的成本，保护了环境和操作人员的健康。

5.3 聚酰胺的挤出成型

挤出（挤塑）成型是聚合物加工中出现较早的一门技术，是塑料的重要成型方法之一，是一种生产效率高、用途广泛、适应性强的成型方法，在塑料加工中占有重要的地位。经过 100 多年的发展，挤出成型制品已占塑料制品总量的 1/3 以上。

聚酰胺挤出成型主要产品有单丝、板、管材（包括软管与硬管）、棒材、薄膜、纤维、线缆包覆物等，其中产量最大的是纤维，纤维的成型除挤出拉丝外还涉及牵伸、加捻、络筒等多个工序。

5.3.1 挤出成型设备及影响因素

聚酰胺挤出成型过程包括熔融挤出、定型冷却、牵引、切割、卷绕等，其中最关键的是熔融挤出过程。

5.3.1.1 挤出设备

挤出设备分为单螺杆挤出机和双螺杆挤出机两类，大多数聚酰胺采用单螺杆挤出机，见图 5-8。双螺杆挤出机剪切速率高，一般不适合聚酰胺挤出成型。

一般螺杆挤出机长径比为 20～30。螺杆直径是挤出机的重要参数，它标志着挤出机产能的大小。我国挤出机螺杆已实现标准化，螺杆直径系列包括：30mm、45mm、65mm、90mm、120mm、150mm、200mm 等。螺杆直径与制品形状大小的关系见表 5-14。

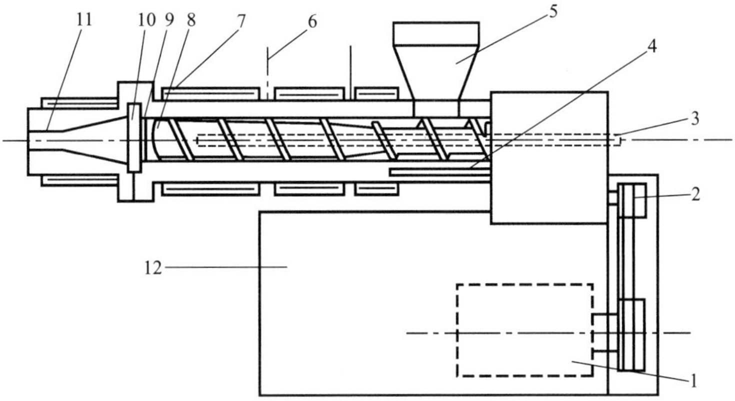

图 5-8　单螺杆挤出机结构示意

1—电动机；2—减速装置；3—冷却水入口；4—冷却水夹套；5—料斗；6—温度计；7—加热器；8—螺杆；9—滤网；10—粗滤器；11—机头和口模；12—机座

表 5-14　螺杆直径与制品形状大小的关系

项目	参数						
螺杆直径/mm	30	45	65	90	120	150	200
硬管外径/mm	3～30	10～45	20～65	20～120	50～180	80～300	120～400
吹膜折径/mm	50～300	100～500	400～900	700～1200	～2000	～3000	～4000
板材宽度/mm			400～800	700～1200	1000～1400	1200～2500	

选择挤出机时，实际产量一般选择在其最大产量的 50%～75%。表 5-15 列出了各种直径挤出机的挤出产量。

表 5-15　螺杆直径与产量的关系

挤出机螺杆直径/mm	产量/(kg/h)	需要功率/kW	挤出类型
30	7～15	约 15	棒材、共挤出、薄膜、电线涂覆
50	15～30	15～30	单丝、共挤出、平挤、棒材、电线涂覆
60	30～70	30～45	软管、薄膜、片材、电线涂覆
90	80～135	55～95	薄膜、挤出包覆、管材
120	145～225	110～190	薄膜、挤出包覆

注：螺杆长径比为 24∶1。

5.3.1.2　影响挤出成型的因素

聚酰胺挤出成型的主要影响因素有原料质量、螺杆温度、熔体压力、螺杆转速等。

（1）原料质量　与注射成型制品不同的是挤出成型对原料的要求较高，主要表现在以下几点。

① 分子量　不同制品对聚酰胺的分子量要求不相同。一般来说，高分子量的聚酰胺用作吹膜、挤出棒材、高强绳索、管材及型材；中分子量的聚酰胺用作管材、棒材、渔网丝；低分子量的聚酰胺则用作民用纺丝、电线包覆、单丝（渔网丝、牙刷用丝）等。

② 分子量分布　不同制品对聚酰胺分子量分布的要求也不同。注射制品、棒材、管材对分子量分布的要求不高，而高强丝、薄膜、薄壁管材则要求聚酰胺分子量分布尽可能窄，一般应小于2。

（2）螺杆温度　挤出成型过程中最重要的工艺参数是螺杆温度。螺杆温度的高低影响稳定挤出过程及制品尺寸稳定性。螺杆温度过高，往往引起出口膨胀，导致制品尺寸变化，边料过多及冷却困难；螺杆温度过低时，聚酰胺树脂熔融不完全，则可能出现“硬块”或“僵丝”现象。一般进料段的温度应比聚酰胺树脂熔点低10～15℃，熔融段（压缩段）的温度比聚酰胺树脂熔点高10～15℃，而均化段的温度应与熔融段相近或高5～10℃，模头温度应比聚酰胺树脂熔点高15～30℃。

通常，挤出黏度较低的聚酰胺树脂时，螺杆温度沿物料前进方向呈上升的分布，挤出性能较好；而挤出黏度较高的聚酰胺树脂则相反，螺杆温度呈下降的分布。

（3）螺杆转速　初始螺杆转速应较低，并连续监测熔体压力，以确定螺杆是否进料、熔体到达口模之前是否熔化均匀，若没有环结或凝结现象，即可提高螺杆的转速。

（4）熔体压力　熔体压力是指机头的压力，反映挤出过程的稳定程度，一般为恒定值或在很小的范围内波动，以保证制品尺寸的稳定。熔体压力受螺杆温度、螺杆转速、聚酰胺分子量的影响，在原料质量、螺杆温度稳定的条件下，熔体压力可通过螺杆转速来调节。

在生产过程中，通常用叠网控制熔体压力，即在模头与螺杆连接处安装过滤网，滤除熔体中的不熔物、机械杂质，并起到控制压力的作用。过滤网孔径与叠网层数依不同的挤出要求而定。

5.3.2　管材的挤出成型

挤出成型聚酰胺管材分为硬管和软管，硬管主要用于工业原料的输送、供水、排水等用途，软管主要用于汽车燃油输送、制冷管、空调系统、刹车液和液压系统以及农用水管等。

汽车管材主要采用PA11、PA12挤出成型，吸水性比PA6、PA66小，能保持良好的力学性能、尺寸稳定性、低温韧性、耐应力开裂和动态疲劳性等。

5.3.2.1　管材成型设备

工业软管用挤出机的螺杆直径一般在50～60mm，长径比为（20：1）～(24：1)，一般选用直通式模头（图5-9）或直角模头（图5-10）生产。生产护套（如电线、柔性芯材的护套）时，必须选用直角模头。

在同一个软管模头中，可以设计不同口模和芯模，以便生产各种规格的软管。聚酰胺挤出成型时所用的口模和芯模的设计尺寸比所生产的定型软管的尺寸大，挤出的软管再通过牵伸定型得到所需尺寸。一些软管生产厂家计算口模和芯模时，用软管的外径（D_t）乘以牵伸倍数（D_{DR}）得到口模的内径（D_d）。

适用于聚酰胺软管生产的挤出成型方法有很多，如自由挤出、真空定型、压差定型等。

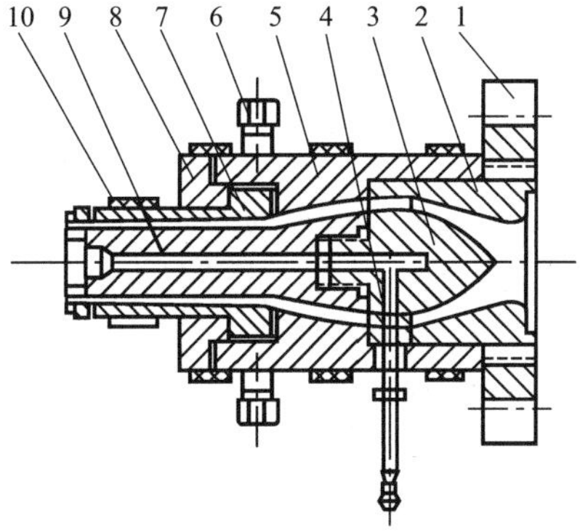

图 5-9　软管挤出用直通式模头

1—模头法兰；2—模头连接圈；3—分流器及其支架；4—压缩空气；5—模头体；6—调节螺栓；7—口模；8—口模压圈；9—芯模；10—电热圈

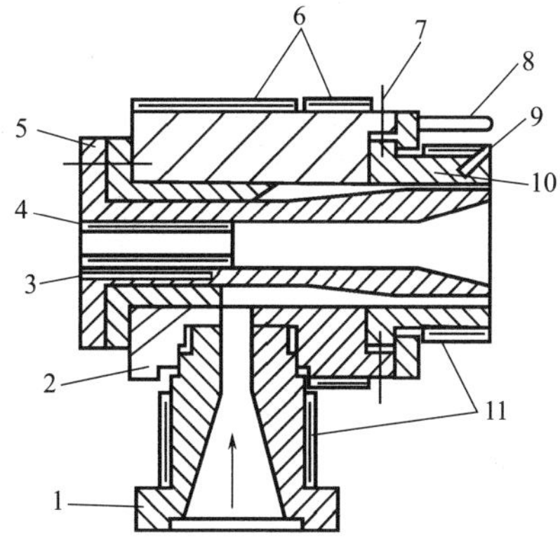

图 5-10　软管挤出用直角模头

1—接管；2—模头体；3，9—温度计插孔；4—芯模加热器；5—芯模；6，11—加热器；7—调节螺钉；8—导柱；10—口模

从设备角度来说，自由挤出是最简单、最常用的一种生产聚酰胺软管的方法，如图 5-11 所示。在冷却槽上，装一组简单的定型盘，通过调节螺杆转速、牵引速度、软管内空气压力，并进行简单的口模和芯模配合，就可以生产出各种规格的软管。成型的软管可以根据工艺要求在线切成一定的长度，也可以直接绕在卷盘上，间隔一定时间切断。自由挤出工艺能以 60m/min 以上的速率生产外径大于 6.5mm 的软管，且挤出过程中无变形现象。然而，挤出大管径的软管时，因其在冷却槽中受浮力的作用，使软管的圆度难以控制。在软管内通入压缩空气可以保持自由挤出软管的圆度，并能保证盘绕在卷绕盘上的软管不变形，但在挤出操作过程中不可切断。

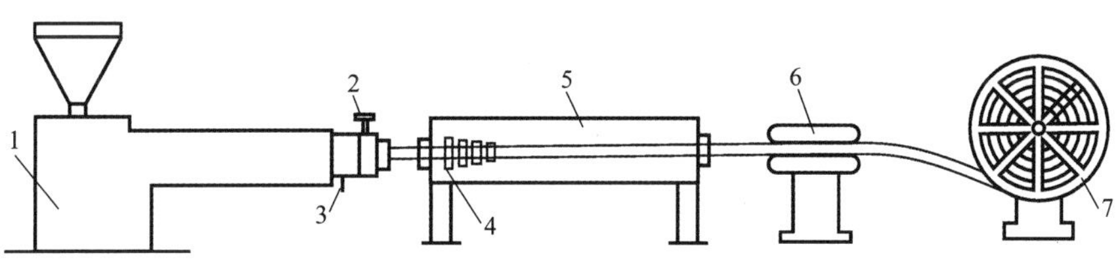

图 5-11　聚酰胺软管自由挤出生产工艺流程

1—挤出机；2—口模调节螺钉；3—压缩空气入口；4—定型环；5—冷却槽；6—牵引单元；7—软管卷绕

自由挤出过程中，冷却水温度应保持稳定，以保证管材结晶速率恒定，才能保证挤出软管的尺寸均匀性。冷却槽中的水温一般控制在 15～25℃，生产特殊性能的软管时也会采用 90℃的热水。

当软管的最终用途对圆度的要求较高，或挤出更大直径的软管时，宜采用压差定型法（即真空冷却）。该方法中冷却槽是封闭的，可抽真空。另外，在加工过程中，该方法可以任意长度切割软管而不引起软管变形。压差定型法生产聚酰胺软管的工艺流程如图 5-12 所示。

压差定型法生产软管时，口模的内径一般为定型盘内径的 1.5～3.0 倍，这样可以在

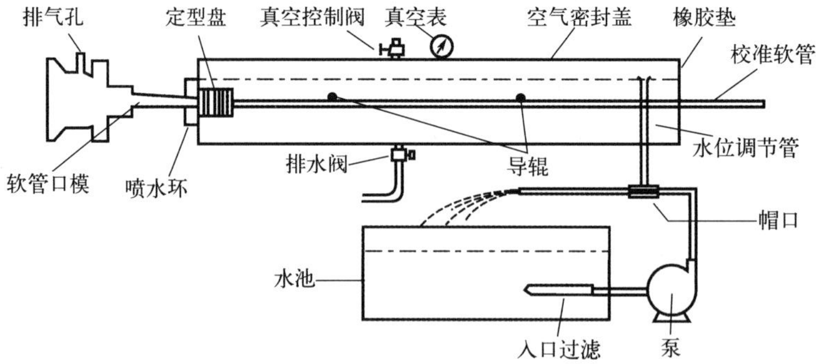

图 5-12　压差法生产聚酰胺软管的定型装置

定型盘处形成气封；定型盘的内径为所生产软管外径的 1.1 倍，以防止聚酰胺树脂固化时产生收缩。在定型盘前有一个喷水环，起润滑作用，可确保软管滑入定型盘内，保证软管的圆度，避免软管因温度高粘在定型盘上；真空槽内的冷却水位应调节在高于软管表面 5mm 左右，以防止过高的压差造成软管变形不圆。

5.3.2.2　管材成型工艺

以 PA11 为例介绍软管的生产工艺。PA11 加工前粒料要进行烘干处理，一般控制烘箱温度在 90～100℃，干燥时间为 3～4h，料层厚度为 25mm，PA11 水分含量可降至 0.2%左右。

PA11 的加工温度控制在 200～230℃为宜，温度过低或过高都会影响挤出管材的定径及表面质量；挤出时各段温度的控制与其他塑料相反，即从进料段、熔融段、均化段到机头和口模的温度逐渐递减。一般挤出机各段温度控制在如下范围较为合适：进料段 230℃、熔融段 220℃、均化段 210℃、机头 200℃、口模 200℃。

定径套的结构是产品规格和质量控制的关键，其结构见图 5-13。

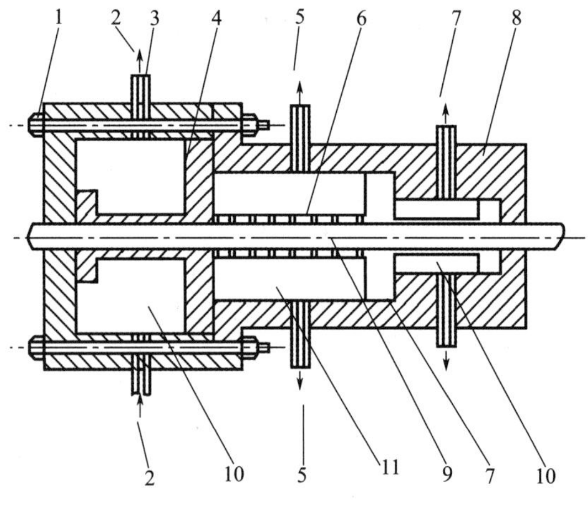

图 5-13　真空定径套结构示意

1—定径芯模帽；2，7—定径套进出水；3—连接螺丝；4—定径芯模；5—定径真空管；6—抽真空圆孔；8—定径芯模套；9—PA11 管；10—冷却区；11—真空区

PA11 管材宜采用真空外定径法加工成型，即利用抽真空使需要定径的 PA11 管外壁与定径套的内壁相贴，抽真空处开数个圆孔均匀分布在定径套真空区周围。定径套由两个冷却区和一个真空区组成（见图 5-13)，三个区的温度分布为阶梯式时能获得最佳效果。根据管材规格不同还应考虑以下参数的控制：真空区圆孔分布密度为 10 个/cm^2 左右、圆孔直径 1～2mm，真空区长度约占定径套总长的 1/2，定径套总长为 100～150mm，真空度为 0.08MPa。

法国 ATO 公司 BESNO 级 PA11 与国产 PA11 挤出管材的性能见表 5-16。

表 5-16　PA11 挤出管材的性能

项目	额定值	实测值	
		国产料	BESNO
外观	表面光滑，无缺陷	表面光滑，无缺陷	表面光滑，无缺陷
外径/mm	8±0.1	8.04	8.03
壁厚/mm	1±0.1	1.02	1.03
密度/(g/cm^3)	1.02～1.06	1.028	1.028
熔点/℃	186±5	182～185	183～187
可萃取成分/%	≤2.0	0.72	0.64
爆破压力/MPa	9.70	11.0	11.0
相对强度①/(N/mm^2)	34	38.5	38.2
冲击强度/(J/m) 23℃＋2℃ －40℃＋3℃	 ≥6.0 或不断不裂 ≥4.0 或不断不裂	 均未断裂 均未断裂	 均未断裂 均未断裂
热稳定性(在 150℃保持 72h，放置至室温后进行冲击测试)	应符合耐冲击性要求	均未断裂	均未断裂

注：① 按 DIN 73378 标准测试。

5.3.3　棒材的挤出成型

5.3.3.1　棒材挤出设备

聚酰胺棒材用料坯定型制作，主要用于机加工制作零件。大多数聚酰胺棒材料坯都采用无心磨削，以达到要求的精度和表面光洁度。

生产直径大于 12.5mm 的聚酰胺棒材的最简单的方法是将聚酰胺树脂经自由挤出后直接进入冷却水槽。生产聚酰胺棒材时，一般用环形口模，其直径为定型聚酰胺棒材直径的 1.7～2.0 倍。在接近平衡的冷却条件下，才能生产出圆形的、无空洞的聚酰胺棒材，因为棒材的表面比内部先固化，当棒材内部固化时，其表面就产生收缩。工艺上一般采用缩短冷却槽的长度、或用空气冷却、或放在热油中缓慢冷却等方法，消除这种收缩空洞。

生产直径大于 10mm 的聚酰胺棒材时要用定型箱定型，定型箱的结构如图 5-14 所示。挤出的熔融状聚酰胺经过圆形水冷却钢管冷却，并受挤出机产生的压力在定型箱中定型。

用定型箱生产的棒材和块材必须进行退火处理，以除去挤出时料坯成型所产生的内应力。利用棒材的热量，进行在线退火处理是最有效的退火方法，可以缩短退火处理时间。

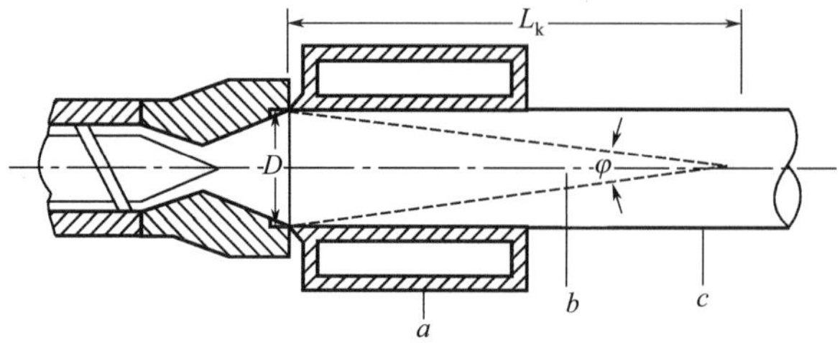

图 5-14 定型箱结构示意

φ—熔融锥体角；L_k—熔融锥体长度；a—冷却口模；b—熔融锥体；c—成型聚酰胺；D—棒材的直径

5.3.3.2 棒材成型工艺

以 PA1010 为例介绍棒材挤出成型工艺。PA1010 的最大特点是具有很好的延展性，在拉力作用下可牵伸至原长的 3～4 倍。PA1010 固态时十分坚硬，在熔融状态下流动性好，熔体黏度很低，很适合挤出成型。

（1）成型设备　PA1010 连续挤出棒材生产工艺流程如图 5-15 所示。

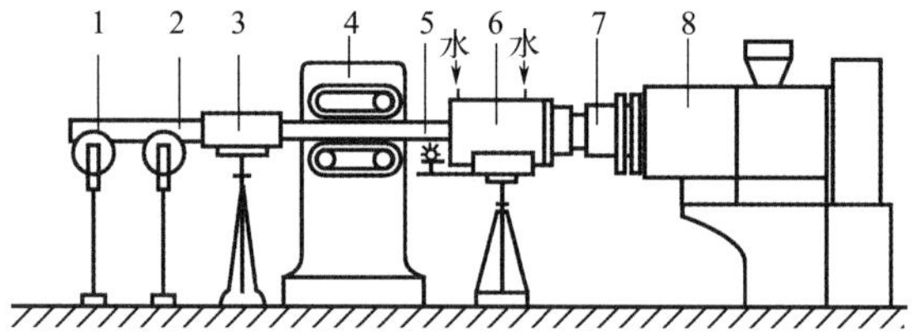

图 5-15 PA1010 棒材连续挤出过程示意

1—导轮；2—PA1010 棒；3—托架；4—牵引机；5—电珠；
6—水冷却定型模；7—机头；8—挤出机

PA1010 挤出设备的关键部件是螺杆与定型装置。由于 PA1010 熔体黏度小，挤出速度快，因而，要求螺杆结构与其他聚酰胺挤出螺杆有所不同。PA1010 连续挤出螺杆如图 5-16 所示，是一种单头全螺纹等距、突变压缩型螺杆，一般长径比为 18∶1，压缩比为 3∶1。

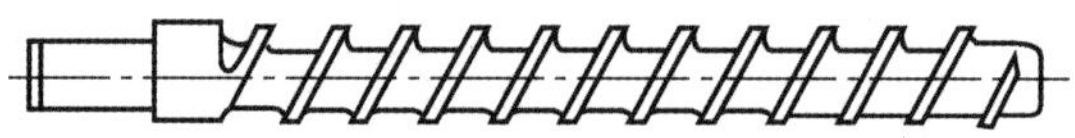

图 5-16 PA1010 连续挤出螺杆

图 5-17 为机头定型模内部结构与连接方式。在机头与螺杆连接处有一块过滤板，其作用是过滤杂质及微量未塑化的颗粒，另一个作用是使熔体分配均匀，起到使物料进一步均化及增压的作用。

定型模的内径应略大于棒材的直径，以补偿棒材冷却收缩，PA1010 棒材的收缩率为 2%～5%。定型模的长度与棒材的直径有关，棒材直径越大，定型模的长度则越短。

（2）工艺条件　根据 PA1010 加工特性，其棒材挤出成型工艺宜采取高温、快速挤出的原则。PA1010 棒材挤出成型工艺见表 5-17。

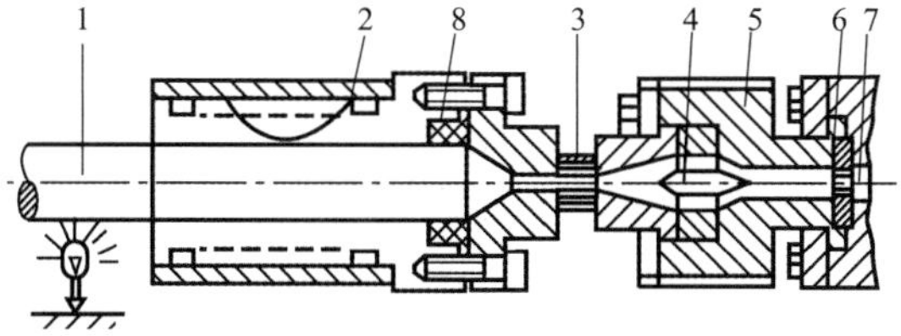

图 5-17　挤出机机头和水冷却定型模

1—PA1010 棒；2—水冷却定型模；3—机头与水冷却定型模连接处；4—分流梳；5—机头；6—粗滤板；7—螺杆；8—聚四氟乙烯绝热隔板

表 5-17　PA1010 棒材挤出成型工艺

项目	参数	项目	参数
螺杆转速/(r/min)	10～11	机头温度/℃ 后 前	 250～255 200～220
进料段温度/℃	265～275		
熔融段温度/℃	275～280	机头与定型模处温度/℃ 后 前	 210～220 200～210
均化段温度/℃	280～285		
机颈温度/℃	270～280	水冷却定型模温度/℃	70～80
		牵伸速度/(mm/min)	45～50

(3) 其他因素　①原料的含水率必须控制在 0.1%以下；②冷却方式可采用水冷、油浴、空气自然冷却等；③添加流动改性剂，能使熔体流动性增加，提高棒材的表面光洁度，改性剂主要成分是低分子量聚酰胺，添加质量分数在 1%左右。

5.3.4　型材的挤出成型

型材是指截面具有一定形状的材料，聚酰胺树脂可以挤出生产各种型材。截面壁厚均匀的聚酰胺型材比非均匀的型材容易加工。壁厚不均匀的挤出产品易产生弯曲或翘曲现象，这是由于熔体流经口模时流动分布不均匀、壁较厚的部位冷却较慢等原因造成的。生产型材常用两种方法：自由挤出和箱式定型。因自由挤出较为灵活，挤出速率快，一般多为首选。宽度大于 12mm、厚度大于 2.5mm 的型材可用熔体黏度在 2～4kPa·s 的聚酰胺树脂自由挤塑。要挤出更宽更大的型材，要求聚酰胺树脂的熔体黏度大于 5kPa·s，才能保证足够的熔体强度。

生产型材的挤出机的螺杆直径通常在 50～60mm。生产空心型材时，机头和口模内一般设有芯模或成孔梢和外口模。

为了防止挤出时型材熔垂、扭曲或变形，有时要进行牵伸，特别是空心型材。

真空定型常用于制作空心型材，特别是制作较大的空心型材。进料箱可用空气冷却，也可以用水冷却。因型材的厚薄截面之间的冷却速率不同，所以必须对型材进行退火处理，以防止其翘曲变形。由于空气是低传热介质，用加雾装置产生水蒸气和空气的混合介质，可加快热交换速度，提高产率。

5.3.5 单丝的挤出成型

聚酰胺单丝的直径一般为0.09～2.5mm，主要用于渔线、渔网丝、绳索、牙刷丝、各种毛刷的刷丝、医用滤网、化学工业用过滤网等。

适合生产单丝的聚酰胺主要有PA6、PA66、PA610、PA612等。PA6、PA66可生产高强绳索、渔网、渔线；PA610、PA612具有一定的刚性和柔性，适宜制牙刷丝。

5.3.5.1 单丝成型设备

单丝挤出机螺杆的直径为50～60mm。聚酰胺单丝的成型过程包括熔融挤出、喷丝板喷丝、冷却、加热牵伸、热处理、卷绕等工序。其工艺流程如图5-18所示。

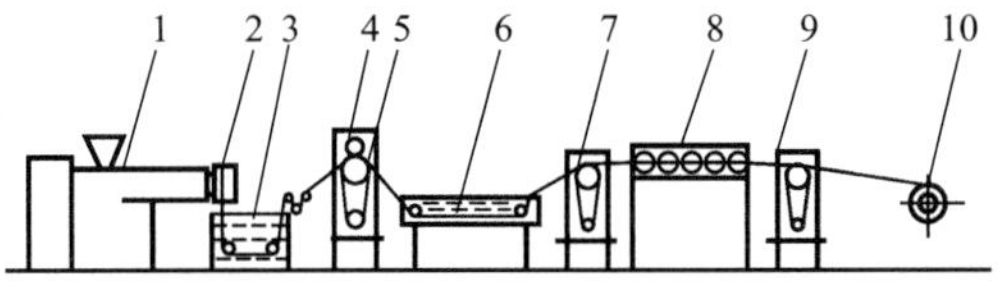

图5-18 聚酰胺单丝生产工艺流程

1—挤出机；2—机头；3—冷却水箱；4—橡胶压辊；5—第一拉伸辊；6—热拉伸水箱；7—第二拉伸辊；8—热处理烘箱；9—热处理导丝辊；10—卷取筒

单丝的成型类似纺丝，其差别主要是单丝的直径比一般纺丝单纤直径大，其次在于单丝采用水冷却，而纺丝成纤采用空气冷却。

5.3.5.2 单丝成型工艺

聚酰胺单丝的挤出成型工艺类似纺丝工艺，但螺杆温度略低于纺丝温度。PA6、PA66、PA610的单丝成型工艺列于表5-18。

表5-18 部分聚酰胺单丝成型工艺

项目	参数		
	PA6	PA66	PA610
螺杆温度/℃			
后部	180～210	210～230	180～200
中部	210～230	240～260	210～230
前部	230～240	260～270	230～240
机头温度/℃	240～250	270～280	230～240
喷丝板温度/℃	250～260	270～280	240～245
冷却水温度/℃	30～40	40～60	30～40
一次牵伸倍数	2.5～3.5	2.5～3.5	2.0～3.0
二次牵伸倍数	1.2～1.5	1.0～1.6	1.0～2.0
总牵伸倍数	4.5～5.5	3.5～5.5	3.0～5.0

注：喷丝板到冷却水面距离控制在15～40mm；拉伸在沸水中进行。

5.3.6 膜的挤出成型

聚酰胺膜具有耐热、耐油脂、耐蒸煮、韧性好、透明性好及氧气渗透性低等特性，在食品保鲜包装材料领域具有广阔的市场。

聚酰胺的成膜性较好，大多数聚酰胺均可吹膜，PA6、PA66、PAMXD6 用量较大。PAMXD6 的阻隔性好，可制造高阻隔性包装膜。

已工业化生产的聚酰胺膜有两类，一类是双向拉伸聚酰胺膜（BOPA），另一类是多层共挤出聚酰胺复合膜，如三层、五层、七层聚酰胺复合膜。

5.3.6.1 成型方法及设备

薄膜的成型方法按模具的形状及出模后的冷却方法分为两种，即 T 形模头成型法和充气膨胀成型法。

T 形模头成型法如图 5-19 所示。聚酰胺经 T 形模头挤出、冷却辊固化，形成具有一定厚度的薄膜，再经拉伸定型，卷绕成型。T 形模头成型法也可称为流延加工法。

充气膨胀成型法是熔融物料从环形模头挤出成管状，向该管内吹入空气使其膨胀，再经冷却形成薄膜。充气膨胀成型法与其他方法相比具有以下优点：

① 设备简单，投资少，见效快；

② 薄膜经吹胀牵伸后强度较高；

③ 无边料，废料少，成本低；

④ 薄膜呈圆筒状，制袋工艺简单；

⑤ 便于生产宽幅薄膜，薄膜成型时有一定的吹胀比，相应模具尺寸小。因此充气膨胀成型法应用范围广，在薄膜生产中占有很重要的地位。

充气膨胀成型法的缺点：

① 薄膜厚度均匀性差；

② 受冷却条件的限制，产量较低。

充气膨胀成型法生产的薄膜一般规格为：厚 0.01～0.25mm，直径 100～6000mm。

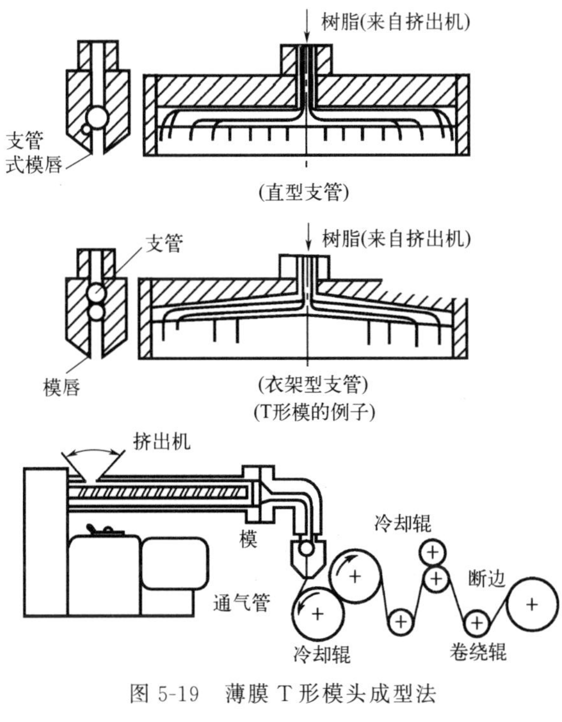

图 5-19　薄膜 T 形模头成型法

根据挤出时的出料方向与牵引方向的不同，充气膨胀成型法生产工艺流程可分为平挤上吹法、平挤平吹法和平挤下吹法 3 种。

平挤上吹法：该法是将挤出的管坯向上牵引至一定距离后由人字板夹平，该管坯由底部引入的压缩空气将其吹胀成泡管，通过调节压缩空气压力大小控制薄膜的横向尺寸，用牵引速度控制纵向尺寸，泡管经冷却即可得到吹塑薄膜。其工艺流程如图 5-20 所示。

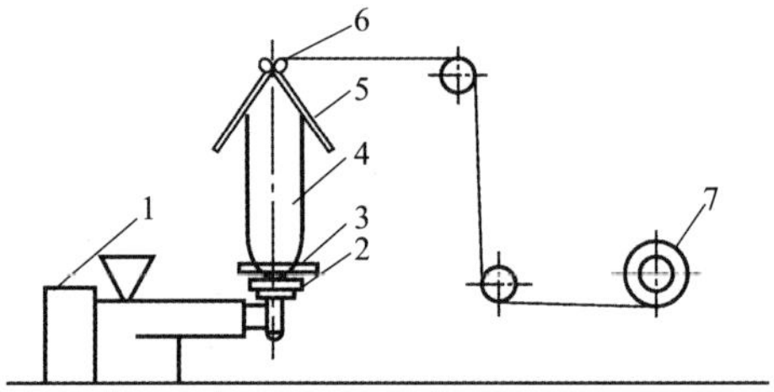

图 5-20 平挤上吹法工艺流程

1—挤出机；2—机头；3—冷却风环；4—膜泡；5—人字板；6—牵引辊；7—卷取装置

平挤下吹法：泡管从机头下方引出，特别适用于黏度小的原料及要求透明度高的薄膜。其工艺流程如图 5-21 所示。

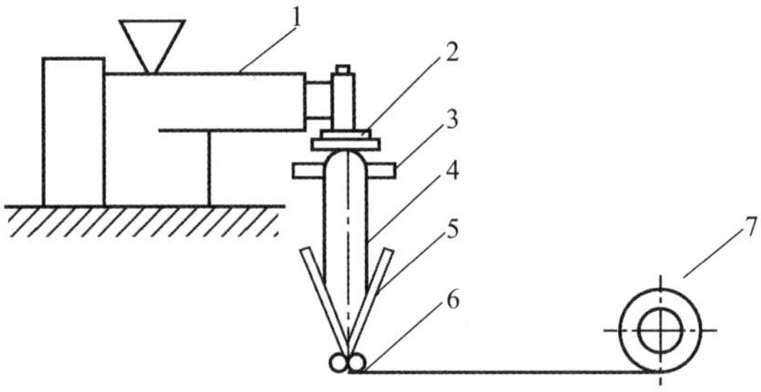

图 5-21 平挤下吹法工艺流程

1—挤出机；2—机头；3—冷却风环；4—膜泡；5—人字板；6—牵引辊；7—卷取装置

平挤平吹法：泡管与机头中心线在同一水平面上，只适用于小规格薄膜的生产。其工艺流程如图 5-22 所示。

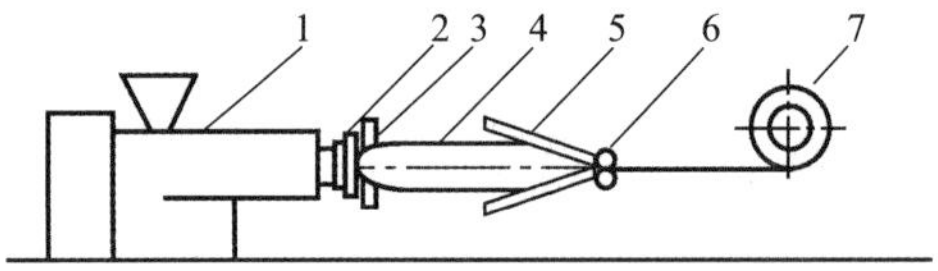

图 5-22 平挤平吹法工艺流程

1—挤出机；2—机头；3—冷却风环；4—膜泡；5—人字板；6—牵引辊；7—卷取装置

5.3.6.2 BOPA 膜的生产

BOPA 膜是一种用途广、用量较大的高强透明聚酰胺膜，其拉伸强度高，印刷性好，可用于食品保鲜、包装、电子元件等领域。

(1) 生产工艺过程 BOPA 生产工艺过程如图 5-23 所示，PA6 粒料经螺杆熔融挤出，

T 形模头挤出成膜，再经冷却、拉伸、卷绕生产 BOPA 膜。

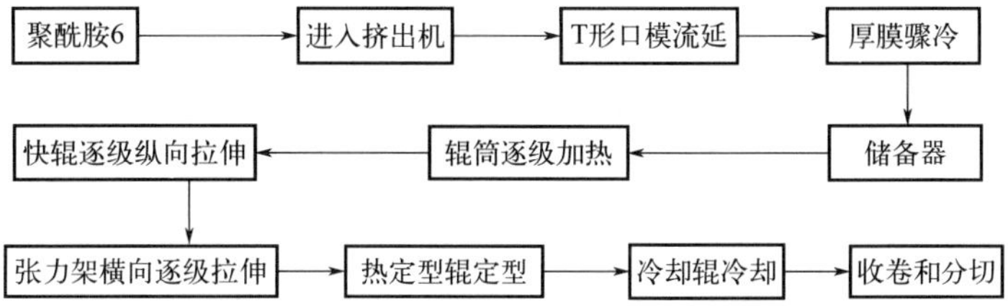

图 5-23　BOPA 膜生产流程示意

(2) 影响因素

① 原料　BOPA 膜对原料 PA6 的要求较高，体现在 3 个方面：即分子量要求较高，相对黏度约为 3.4±0.1，分子量分布小于 2；含水率低于 0.05%；添加的助剂（如抗粘连剂、爽滑剂等）颗粒大小 3～5μm，否则降低过滤网使用周期。

② 螺杆挤出温度　螺杆挤出温度比一般挤出工艺条件略高，螺杆挤出机各区温度的设定原则是前低后高，即进料段低，熔融段、均化段高。各段的温度范围见表 5-19。

表 5-19　螺杆各段的挤出温度

进料段/℃	熔融段/℃	均化段/℃	连接处/℃	模头/℃	冷却辊/℃
210～230	230～250	250～270	250～270	250～260	50～60

③ 熔体压力　熔体压力在线检测与控制是保证成型稳定的重要条件。影响熔体压力的因素有 PA6 分子量的波动、螺杆转速及原料中的灰分含量。可根据熔体压力的变化来改变螺杆转速，调整进料量。

④ 拉伸取向　拉伸取向的作用是提高薄膜的拉伸强度与表面光泽。BOPA 膜生产一般采用同步双向拉伸法，如图 5-24 所示，打开导辊在横向进行拉伸的同时，还在夹板的间隙沿纵向进行拉伸。PA6 属于结晶高聚物，其晶体难以发生塑性形变，采用同步拉伸较为适宜，可生产超薄型薄膜（如 0.5～1.5μm 厚的薄膜）。拉伸比影响薄膜力学性能与厚度，当薄膜厚度、拉伸强度确定后，其拉伸比只能在很窄的范围内调节。

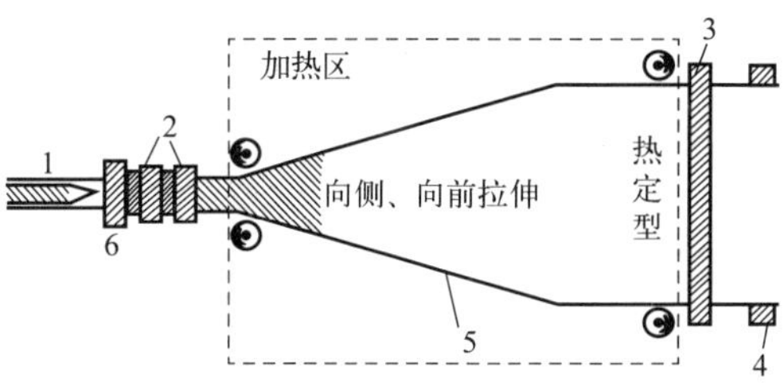

图 5-24　BOPA 膜同步双向拉伸示意

1—挤出机；2—流延辊；3—冷却辊；4—卷取；5—加速展幅机压板；6—模头

(3) BOPA 膜的性能　表 5-20 列出了未拉伸与双向拉伸 PA6 膜的性能比较，可以看出，PA6 膜经过双向拉伸后，其力学性能大大提高，同时，其透氧量、透湿度、雾度均得到了明显的改善。

表 5-20 未拉伸及双向拉伸 PA6 薄膜的性能比较

项目		测试方法	测试值	
			未拉伸	双向拉伸
密度/(g/cm³)		密度梯度法	1.13	1.14
断裂强度/MPa	MD	ASTM D882	60～90	220～250
	TD		60～90	220～250
断裂伸长率/%	MD	ASTM D882	300～400	90～120
	TD		300～400	90～120
冲击强度/(N·m/mm)		落锤冲击试验法	160	100
透氧量(0.1MPa)/[cm³/(m²·24h)]		ASTM D1434	15	5
透湿度/[g/(m²·24h)]		JIS Z-0208	80～100	20～30
雾度/%		ASTM D1003	18	4
实际使用温度/℃			−10～130	−10～130

5.3.6.3 多层聚酰胺复合膜的生产

聚酰胺有优良的氧气阻隔性，但由于聚酰胺有很强的吸湿性和水蒸气透过性，聚酰胺在吸湿后，其阻隔性将下降，使包装物的水分减少，外表起皱。为了弥补这一缺点，保持其良好的阻隔性，一般采用多层共挤的方法，将阻水性好的聚烯烃，如 PE、PP 等与 PA 进行复合成膜。聚酰胺复合膜主要用于食品包装。

（1）聚酰胺复合膜的结构与组成　聚酰胺复合膜的成型利用多台挤出机，通过一个多流道的复合机头，生产多层结构的复合薄膜。多层聚酰胺复合膜中，一般聚酰胺层位于中间，两边是聚烯烃层，由于聚烯烃与 PA 的黏结性较差，为提高层间的黏结，往往在 PA 和 PE 或 PP 间夹有黏合层，如图 5-25 所示。

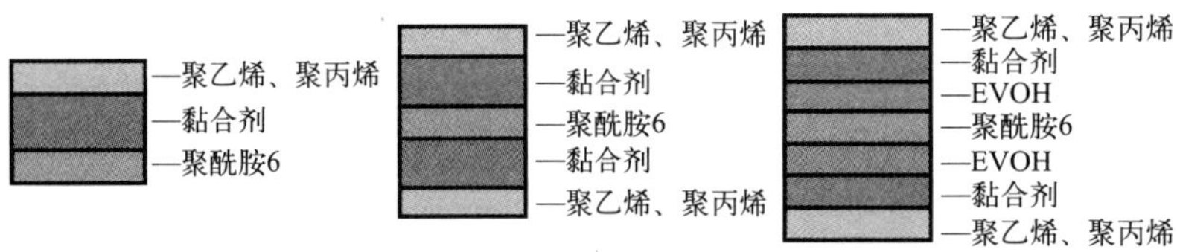

图 5-25　多层聚酰胺复合膜的三层、五层和七层结构示意

（2）成型工艺及性能　多层共挤聚酰胺复合膜有共挤吹膜和共挤流延两种成型方法。

共挤吹膜法有上吹法和下吹法两种实施方式。上吹法采用空气冷却，冷却速度较慢，结晶度较高，膜制品强度较高但透明度较低；下吹法采用水冷却，冷却速度较快，结晶速度较低，膜制品强度较低，但透明度较高。虽然吹膜法在产品平整度和透明度方面不如流延法，但其生产效率高、设备投入低、材料损耗量低，且近年来通过改进模头设计、冷却系统和材料配方等，其在薄膜的透明度、平整度和各层材料厚薄均匀度上已达到或接近流延法的水平。

共挤流延法涉及多台挤出机、多流道分配器、T 形模头、流延系统、水平牵引系统、振荡器以及收卷系统等多个关键组件。这种工艺的主要亮点在于其产出的薄膜制品具有出色的表面光泽度、平整度，以及优异的厚度公差和拉伸性能。此外，其柔韧性和透明度也高于共挤吹膜法。

采用下吹法，使用传统的带有螺旋流道的套筒式复合机头生产三层、五层聚酰胺复合膜的工艺参数分别见表 5-21 和表 5-22。

表 5-21 下吹法生产三层共挤聚酰胺复合膜的工艺参数

项目		参数		
膜结构		聚酰胺 30μm	胶黏剂 30μm	LDPE 40μm
挤出机温度/℃	进料段	210	170	180
	熔融段	230	190	200
	均化段	260	200	200
	连接	260	200	200
	模头	260	260	260
折径/mm		220		
收卷速度/(m/min)		7		

表 5-22 下吹法生产五层共挤聚酰胺复合膜的工艺参数

项目		参数				
挤出机直径/mm		60	45	60	45	60
膜结构		聚酰胺 25μm	胶黏剂 5.5μm	EVOH 10μm	胶黏剂 5.5μm	LDPE 35μm
挤出机温度/℃	进料段	220	170	205	170	180
	熔融段	230	190	205	190	180
	均化段	230	200	205	200	200
	连接	240	200	210	200	200
	模头	240	240	240	240	240
折径/mm		220				
收卷速度/(m/min)		7				

表 5-23 列出了五层共挤聚酰胺复合膜的物性。从表 5-23 可以看出，五层共挤聚酰胺复合膜的阻隔性与 BOPA 膜相近，但原料成本低于 BOPA 膜。

表 5-23 五层共挤聚酰胺复合膜的物理性能

项目	测试方法	测试值	
断裂强度/MPa	ASTM D882	MD	590
		TD	570
断裂伸长率/%	ASTM D882	MD	440
		TD	490
透氧量(0.1MPa)/[cm^3/(m^2·24h)]	ASTM D1434	3	
透湿度/[g/(m^2·24h)]	JIS Z-0208	5	
雾度/%	ASTM D523	14	

（3）生产中易出现的问题　多层共挤薄膜加工过程中，不同的材料、不同加工特性的树脂必须在同一个模头内、相同的加工条件下成型，否则易产生晶点。晶点是多层共挤薄膜最常见也是最难消除的问题。通常聚酰胺晶点可以通过染色（染黄色、褐色或红色）的方法来进行区别，若非晶点通常不会被染上颜色，保持白色或半透明状态。

复合膜中各类晶点的产生原因如下。

① 聚酰胺层的聚酰胺晶点　聚酰胺晶点绝大多数是由于聚酰胺原料在加工过程中发生交联所产生的，也有部分源于设备成型加工区（模头、90°转角等清洗不够）等因素。

② 聚酰胺层的非聚酰胺晶点　主要源于层与层之间熔体黏度不匹配，黏合树脂或其他熔体进入聚酰胺层中。这种层间的流动速度和熔体黏度不匹配，使得薄膜局部截面中的某一段中的一层很容易被另外一层挤掉，因此造成了晶点。

③ 非聚酰胺层中的聚酰胺晶点　是聚酰胺料被混入其他挤出机中、传统式旋转模头流道间有泄漏、聚酰胺层和相邻层的树脂黏度不匹配造成的。

④ 非聚酰胺层中的其他晶点　这些晶点是由交联的原料或者未熔融的树脂颗粒造成的。但90%的晶点来自靠近黏合树脂的较厚层。

⑤ 非聚酰胺层中连续的小晶点　黏合树脂层中呈连续状的小晶点通常是由于黏合树脂受到污染或模具清洗不够、黏合树脂本身的问题所产生的。这类呈连续状的小晶点在每一层都有可能发生，其成因和现象也都类似。

5.4 聚酰胺的滚塑成型

滚塑成型又称为旋转成型、回转成型，是塑料成型加工中的一个重要分支，始于20世纪40年代，最初主要用于PVC树脂，生产小型制品，如玩具、皮球、瓶、罐等。自20世纪70年代起，滚塑成型技术在欧美等发达国家实现了工业化生产并广泛应用，不仅能生产小型制品，还可生产出用注塑和中空成型方法无法加工的大型或超大型（如30m^3）容器。随着国内经济的发展，滚塑制品正在进入市场，并逐渐被人们接受。

5.4.1 滚塑成型原理与工艺设计原则

5.4.1.1 滚塑成型原理

滚塑成型加工方法较独特，加热、成型和冷却等过程全部在同一个模具中进行，操作过程简单，但由于其成型机理比较复杂，目前还没有理想的数学模型给出准确的描述。图5-26是聚酰胺滚塑成型示意。首先把定量的聚酰胺粉末或短纤维与聚酰胺混合料装入铁制或铝制模具型腔内，然后闭合模具并开始加热，同时使模具绕两个相互垂直的轴线旋转。当金属模具加热到一定的温度时，模内聚酰胺开始熔融并涂覆在模具的内表面。待所有物料熔融后，开始冷却模具并保持继续旋转，直到聚酰胺完全冷却固化；打开模具，取出制品，然后再装物料，进入下一个循环。

相对于注射和吹塑成型工艺，滚塑成型突出的优点表现在设备和模具投资少，适用于中大型及形状复杂的塑料制品的生产，且产品不易产生凹陷和变形等。

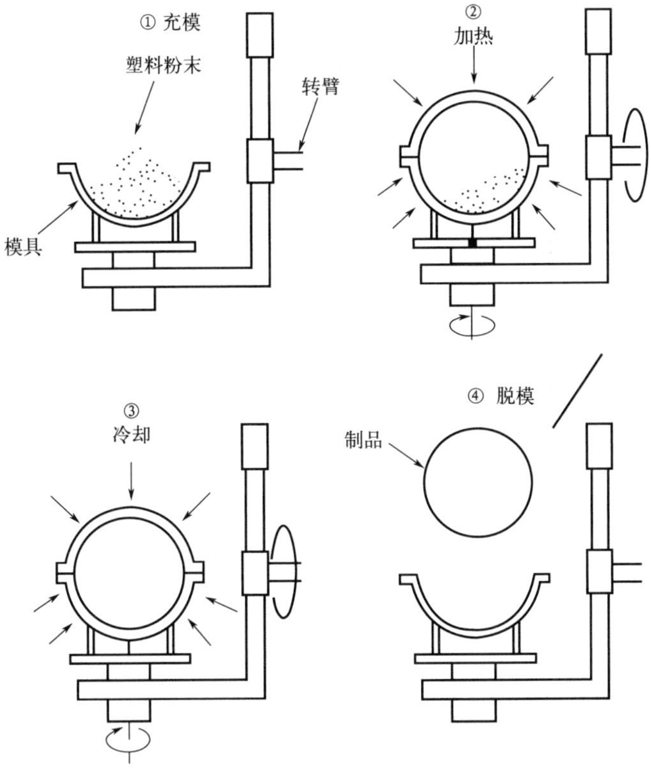

图 5-26　滚塑成型示意

5.4.1.2　工艺设计原则

（1）滚塑用聚酰胺树脂　不是所有的聚酰胺都适合于滚塑工艺，例如 PA66 经滚塑成型后冲击强度有所降低，因为 PA66 的熔点比 PA6 高，需要较长时间的加热过程，但在高温下 PA66 又易氧化老化，所以不适合；PA46 的熔点为 285℃，也不适用于滚塑。目前工业中适用于滚塑成型的聚酰胺为 PA6、PA11 和 PA12。

（2）滚塑设备　适用于聚酰胺滚塑成型的设备中应有惰性气体（如 CO_2、N_2）输入保护装置，以防止聚酰胺的氧化。惰性气体的输入如图 5-27 所示，模腔内的气体加热会膨胀，因此系统要有很好的密封性和耐压性。

适用于聚酰胺滚塑成型的模具可用铸铝、铝板、钢板、不锈钢和电镀成型镍来制造。由于聚酰胺在熔融状态比聚乙烯流动性好，为防止聚酰胺熔体流进模具配合间隙，造成脱模困难，滚塑模具应有较好的配合精度。

滚塑制品可以通过模具型腔内表面的设计来制成有纹理型表面。但是，对于聚酰胺制品来说，最好采用光滑表面设计。在模具型腔表面应尽量避免局部凹凸结构，在拐角处，应设计出半径（r）不小于 9.5mm 的圆角，脱模斜度不应小于 1.5°。

聚酰胺复合材料滚塑成型时，应采用聚酰胺粉料和短切纤维的混合料。短切纤维的长度应控制在 0.1～2.0mm，否则制品截面材质的均匀性会受到影响。

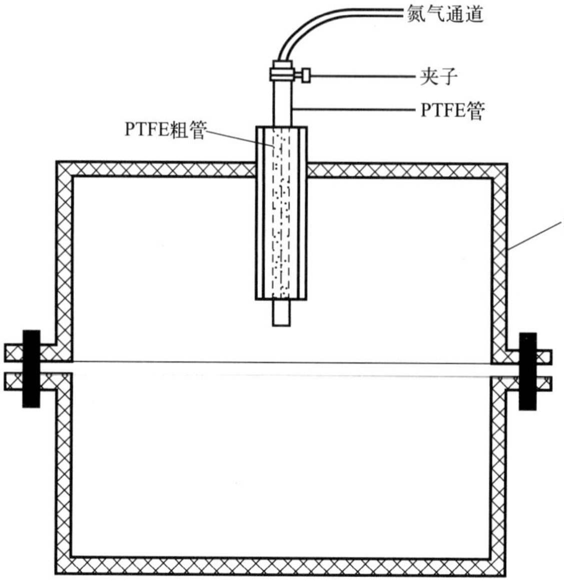

图 5-27　带通气孔的模具示意

5.4.2　典型滚塑成型工艺

5.4.2.1　聚酰胺粒料或粉末的滚塑成型

滚塑成型工艺要求物料含水率不超过 0.2%，因此在装料前物料必须进行干燥处理。

对于不同品种的聚酰胺粉料或粒料，模具加热温度不同，通常 PA11 和 PA12 的加热温度要低于 PA6。图 5-28 给出了 PA6 粒料滚塑加热时间随制品厚度的变化规律：制品厚度每增加 0.76mm，加热时间应增加 2min（实验以 6.35mm 厚的铸铝件为模具，实验时炉温为 343℃）。图 5-29 给出了 PA6 滚塑制品的冲击强度与加热时间的关系。

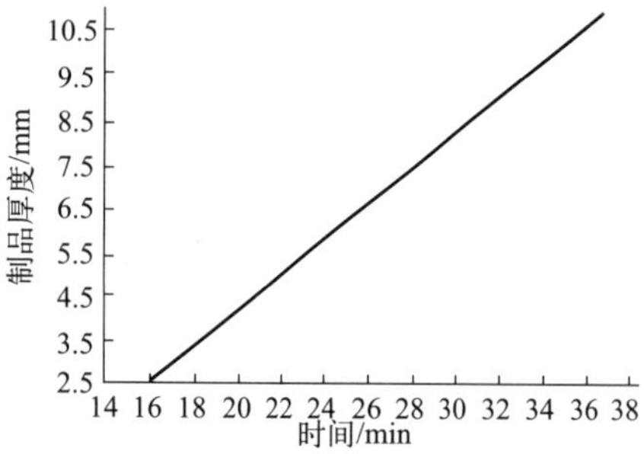

图 5-28　PA6 制品厚度与滚塑加热时间的关系

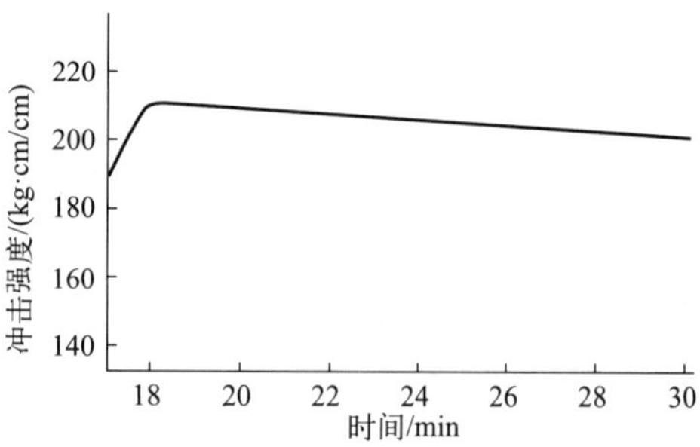

图 5-29　PA6 制品冲击强度与滚塑加热时间的关系

控制好冷却过程可以减少聚酰胺滚塑制品的收缩和翘曲变形。在加热过程后期，聚酰胺物料已经完全熔化并黏附在模具的内壁上，这时模具的旋转运动并未停止，模具被送入滚塑机的冷却室。在冷却室，模具首先进行风冷，然后进行水冷。在冷却过程中，模具的双向旋转速度应保持与加热过程一致，这样可以防止聚酰胺熔体流动，特别是对于壁厚大于 6.3mm 的聚酰胺制品，必须满足上述要求。

形状比较复杂的聚酰胺滚塑制品脱模比较困难，需要“趁热”脱模，可以采用向模具内充水的方法将制品快速冷却，然后使其从“热模”上脱开。这样获得的聚酰胺制品是非晶态的，具有很高的耐冲击性能，但是，聚酰胺制品会吸收一定的水分。表 5-24 为 67L PA6 油桶的滚塑工艺参数。

表 5-24　PA6 油桶的滚塑工艺参数

项目	参数
制品厚度/mm	3.8
制品尺寸/cm	40.6×40.6×40.6
制品重量/kg	4.54
加热温度/℃	343
加热时间/min	22
冷却时间/min	
空气冷却(第一次)	5
水冷	7
空气冷却(第二次)	2
主轴转速/(r/min)	6

5.4.2.2　己内酰胺的滚塑成型

己内酰胺滚塑成型包含阴离子聚合反应和滚塑成型，该过程伴有熔体聚合放热反应，因此成型温度低于 PA6 的熔点，滚塑能耗较小，具有较好的经济性。

与聚酰胺粉料滚塑不同的是，反应性己内酰胺的熔体滚塑时，温度在 170℃左右，低于 PA6 的熔点；制品成型后，可以不经冷却，直接从模具中取出。整个成型过程，模具及滚塑机的转动部件温度变化不大，不需要反复高温加热和低温冷却，是一种能耗较小的加工方法。

己内酰胺滚塑主要制备 PA6 容器，早在 20 世纪 60 年代末期，这种成型工艺已引起人们关注，经过多年来的开发研究，取得了很大进展，技术、设备日臻完善，国外已用此方法生产出容积大于 1000L 的大型燃料容器。我国也掌握了该技术并生产各种不同容积的聚酰胺中空制品。

己内酰胺滚塑过程中，物料附着在模具的型腔壁上，不依赖于模具的温度而是取决于液态己内酰胺聚合后黏度的变化。滚塑初期，液态己内酰胺黏度很低，难于黏附到模腔壁上，而一旦完成聚合过程，黏度高达 1.5Pa·s 左右，流动减慢，就可黏附到模腔壁上，因此用于滚塑的反应性己内酰胺体系，必须具有比较合适的聚合速度，使聚合过程与滚塑模具的转动过程相适应，以便使物料能够均一地分布到模腔的整个表面上；另外，反应性己内酰胺的配方直接关系滚塑制品的性能。

大型滚塑制件的表面积可达 10～15m^2 或者更大，当壁厚 4mm 左右时，物料用量将达到 45～70kg，如果采用常规的滚塑方法，往往难于使这样多的物料均匀地分布在整个模腔表面上，而提高转速又会由于熔融物料的强烈运动，夹入大量气泡。为了解决这个问题，国外采用了多次加料的办法，即将己内酰胺熔体分若干次（或者逐渐连续配入）加入滚塑模中，比如每次加入物料滚塑形成 1.5～2.0mm 的厚度。

在生产中，己内酰胺滚塑比较理想的加料方式是通过计量泵，按给定混合比将各组分喂入混合装置，混合均匀以后再加入滚塑模具中。配制反应性己内酰胺熔体有两种方法，其一是将两种己内酰胺（一种含催化剂，一种含活化剂）按照 1：1 的比例泵入混合器，另一种方法是将含催化剂的己内酰胺熔体泵入混合器的同时，同步泵入液态活化剂，后者要求混合系统有较高的计量精度，能保证按照（200：1）～（300：1）的比例进行混合。

空气加热及夹套式加热的旋转成型设备均可用于己内酰胺滚塑，大型容器特别是特大型燃料油的贮槽，绝大多数采用夹套式滚塑设备成型，在模具的夹套中通入油类介质进行加热与冷却。

5.4.2.3 多层聚酰胺复合材料的滚塑成型

制备多层滚塑制品时，聚酰胺常用于制品的外层，以增强制品的强度和刚度；聚乙烯或聚四氟乙烯则用于制品的内层，以提供耐酸、耐水、耐腐蚀或盛装食品等功能。当两层材料相容性差，难以复合时，需在中间加入与两者都相容的材料来黏合，因此构成了三层滚塑制品。

生产多层滚塑制品的方法是：先向模具中装入一种树脂，加热旋转直至熔化；然后向模具中装入第二种树脂，加热旋转直至熔化；再装入第三种、第四种等，重复同样的加热旋转过程。多层滚塑制品的滚塑应注意下列问题：不同树脂之间的亲和性；不同树脂之间的热胀冷缩差异；第一层树脂的熔点和厚度的选择，防止模具停止旋转装第二层树脂时发生流动。

聚酰胺粉料用于多层滚塑制品时，最好先对聚酰胺进行改性，使之与其他树脂发生化学黏合；也可以在两层树脂之间复合一层可以同时与两种树脂发生化学黏合的中间黏合层。例如 PA6 和高密度聚乙烯进行复合时，可采用烯烃单体接枝改性 PA6 作为中间黏合层。

5.4.3 滚塑制品缺陷分析及解决方案

5.4.3.1 滚塑制品有气泡或孔洞

（1）成因分析　滚塑时模具内的物料在受热过程中，随模具的转动逐渐熔融、流动、黏附在热的模具内表面，模具内部空气受热体积膨胀，气压升高，通过通气孔逐渐向模具外部流动，直至模具内外空气压力平衡。同时，模具型腔内保持着一定压强，在树脂熔融致密化的过程中，滞留在粉末颗粒之间的气体被挤向塑料熔体的自由表面，但由于熔体表面张力的存在，气体的压力不足以脱离熔体表面而形成气泡，从而形成制品内表面的气泡和外表面的气孔，严重情况下形成较大的孔洞。

如果熔体流动性好、模具升温速率慢、模具通气孔通畅，则熔体中的气体可以顺利地逸出，反之则熔体中的气体易滞留形成制品缺陷。当模具合模不严，模具加热过程中型腔中的一部分气体会通过合模部位的缝隙向模具外部流动，致使在模具相应部位的产品内部产生气孔或气泡。在模具冷却过程中，如果模具闭合不严，因模具内外存在空气压力差，空气会通过合模部位（分型面处）的间隙进入模具内，在制品的外部产生气孔。

（2）解决方案

① 调整通气管至模具内部适当距离。通气管一般采用氟塑料管，其直径由制品尺寸和物料性能决定，管子长度根据制品型腔深度应保证其末端伸入模腔中心或到合适位置。为避免模具旋转时树脂粉末从排气口溢出，通气管内要用玻璃丝、钢丝绒、石墨粉等充填。

② 模具适当缓慢升温、提高炉温（熔融温度）或延长加热时间，确保物料充分熔融和气体排出。

③ 在模具内表面涂覆聚四氟乙烯涂层替代各种脱模剂。

④ 保持模具内部干燥。

5.4.3.2　滚塑成型时树脂包覆不良

（1）成因分析　滚塑制品上一般有许多金属镶嵌件，通过滚塑成为制品上的一部分，以增强制品局部强度。在滚塑时，嵌件相当于模具上的一部分，使得此处模具壁厚增加，嵌件末端不易获得与模具同样的温度，导致嵌件上的树脂包覆不良，尤其是大型嵌件，如果嵌件结构设计不合理，使得嵌件传热不良，不能获得与模具同样的温度，更易导致树脂涂覆不均或达不到设计要求，降低嵌件与制品结合的强度。旋转滚塑成型的转速通常较低，不同于制作铸型尼龙产品的离心浇铸，嵌件相对制品表面太高时出现树脂包覆不良的概率更高一些。

（2）解决方案

① 使嵌件具有良好的传热结构，尽量消除不利于嵌件传热的因素。

② 在满足滚塑条件和嵌件强度需求的前提下，嵌件相对制品表面高度和体积尽量小。

③ 嵌件上的止转或防拉槽的深度和宽度与滚塑要求相适宜。

④ 滚塑时，视情况对嵌件进行预热会取得比较好的效果，对大型嵌件尤其有效。

5.4.3.3　滚塑成型制品壁厚不均

（1）成因分析　滚塑成型工艺适于成型壁厚相对均匀的中空制品，不容易加工壁厚突变的制品。投料量的多少决定了制品的平均壁厚，其均匀性与模具本身的结构、滚塑成型工艺有关。从制品和模具结构来说，一般在制品内凹的转角处（模具外凸）厚度较小，在制品外凸的转角部位（模具内凹）厚度较大，但如果制品外凸部位角度过小，易导致物料不能充满模具带来相应的孔洞等缺陷，所以制品不宜有尖角部位，通常用大的平滑圆弧过渡。

塑料的熔融和黏附能力主要与模具温度有关。模具温度高的地方，塑料较易先熔融并随模具的转动层层涂覆，黏附树脂会较多，而温度低的部位黏附的树脂相对较少，造成制品壁厚不均。制品的壁厚还与旋转速度有关。旋转速度不均匀，容易造成壁厚不均，而且无规律性，所以一般采用能自动控制的恒扭矩或恒转速的电动机来保证主副轴匀速旋转。当制品某处部位与其他部位壁厚悬殊较大，模具不能修改时，需从工艺角度寻求解决办法。

（2）解决方案

① 把滚塑模具固定在模架上适当的位置，并调整模架的平衡。

② 主、副轴旋转速度保持比例均衡、速度均匀。

③ 加热炉能保证模具在各个方向上受热均匀。

④ 加热和冷却过程中都换向一次，换向时要迅速，要求正转、反转时间相同。

5.5 聚酰胺的吹塑成型

吹塑成型作为一种广泛应用的塑料加工工艺，主要被用于生产中空包装容器，例如各种塑料瓶。按型坯成型的方式，吹塑成型分为挤出吹塑、注射吹塑、拉伸吹塑和多层吹塑。

挤出吹塑的基本流程：首先，通过挤出机将型坯挤出，当型坯达到预定长度后，进行夹持并定位合模；随后，将压缩空气引入型坯内部进行吹胀，促使型坯紧贴模具的型腔，从而形成所需的制品。挤出吹塑工艺具有设备成本和运行成本相对较低的优势，能够适应不同形状甚至复杂产品的生产需求，同时，材料选择也极为广泛。

注射吹塑的基本流程：首先，通过注射机将熔融塑料注入预先设计好的注射模内，经过冷却固化后形成管坯；随后，将管坯移至周壁带有微孔的空心凸模上进行进一步成型；接着，在高温状态下，将管坯迅速移入吹塑模内，并合模进行吹塑；最后，经过保压和冷却定型后，释放压缩空气并打开模具，取出最终成型的塑件。注射吹塑相较于挤出吹塑，其显著优势在于具有更高的精确度。这使得它特别适合生产需要极高尺寸精度的容器，例如对包装精确度要求极高的场合。

拉伸吹塑是生产水杯及食品、化妆品等包装产品的常用工艺之一，其关键步骤包括：首先，通过挤出法或注射法制备出型坯，接着将型坯加热至适宜的拉伸温度，利用内外部机械力对型坯进行纵向拉伸，再通过压缩空气吹胀实现横向拉伸，从而得到最终制品。这种工艺不仅能提升产品的透明度，还能在力学性能和物理性能方面进行优化。

多层吹塑的流程与单层吹塑有相通之处，但技术层面更为复杂，它涉及使用两台或更多挤出机，这些挤出机将同种或异种塑料分别熔融混炼。随后，经过特殊设计的机头将不同塑料层复合并挤出，形成多层结构。最后，通过吹塑工艺，这些多层结构被制造成中空容器。

聚酰胺的吹塑产品有着广泛的应用，例如PA6、PA66的吹塑制品可用于有高温性能要求的应用领域，如汽车发动机的外罩、某些液压转向装置的液体储槽和散热器溢流槽、一些重型拖拉机的空气导管等；PA6或PA66吹塑制成的包装材料比高密度聚乙烯（HDPE）或聚氯乙烯等具有更优良的耐热性、耐溶剂性、耐渗透性；聚酰胺合金的吹塑制品可用于汽车阻流板、汽车油箱等。

本节主要介绍聚酰胺的挤出（储料缸式机头）吹塑。

5.5.1 吹塑成型过程与工艺

储料缸式机头可间歇式地挤出大直径厚壁型坯，用来吹塑大型容器和包装桶。此法用一台或两台挤出机连续地向储料缸加料，使储料缸积存较大容量的熔融物料，再由注射柱塞将贮存的熔融料通过机头压出形成型坯，如图 5-30 所示。

吹塑制品的性能主要受型坯挤出、吹胀、顶出等工艺的影响。适合吹塑的聚酰胺应具有三种特性：在宽剪切应力范围内具有较高的熔体黏度；高熔体弹性；结晶速率慢。

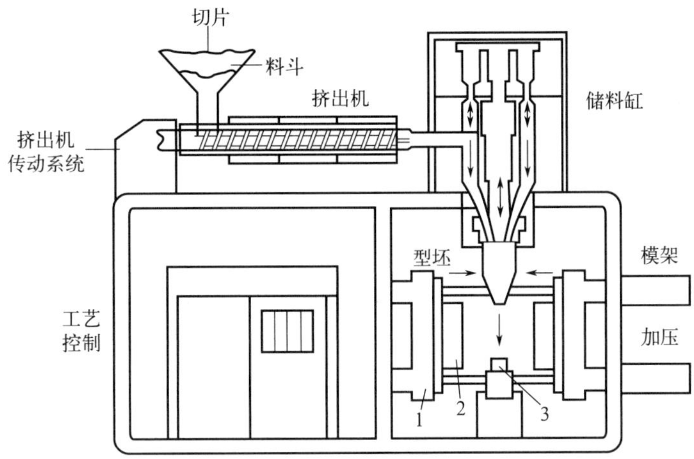

图 5-30　储料式机头吹塑工艺流程
1—压板；2—模具；3—吹气杆

吹塑过程：当挤出机将熔融物料送至储料缸式机头后，在型坯还未挤出前，应很快关闭进料阀。从型坯挤出到吹胀所需时间是吹塑的关键参数，小注射量型坯小于 1s，而大的长型坯则要 15s 左右。吹塑过程中，垂伸必须控制到最小化。垂伸是指型坯横向瘪陷，沿轴向伸长的现象。型坯冷却的速率也是一个很重要的因素，它取决于挤出-吹胀的时间间隔、型坯厚度以及型坯周围的空气温度。

为了保证型坯厚度均匀，在挤出-吹胀的时间间隔内必须尽可能地保持型坯的温度在熔点或玻璃化转变温度以上。如果型坯任何部位的温度低于熔点或玻璃化转变温度，型坯在这个部位就不可能吹胀均匀。吹胀用气体压力为 0.3～0.6MPa，吹胀时间 1～2s。高压下溶解在聚酰胺熔体中的水分和挥发分，在型坯的形成及吹胀期间，因压力降低又会溢出，使零件产生膜泡和条纹等缺陷。

吹塑级 PA6 和 PA66 的性能列于表 5-25 和表 5-26。大多数聚酰胺树脂在挤出口模处迅速加压时不能有效地胀大，且多数情况下型坯的直径只能吹胀至比口模大 5%～10%。从机械角度考虑，聚流式模头可使离模膨胀最大化，而散流式则相反，因此，一般选择聚流式模头（图 5-31）。然而，即使采用聚流式模头，离模膨胀在标准条件下很少超过 10%。

从经济上考虑，冷却条件的控制必须以能尽快顶出零件为标准，但也不能太快，以免引起零件的形变。聚酰胺零件通常用于工程应用，因此要求其尺寸接近公差。常用的 PA6 和 PA66 树脂，其吹制件的脱膜温度一般低于 75℃，这样有利于脱模，并且形变最小。

表 5-25　典型吹塑级 PA6 的性能

项目	测试方法	未改性 PA6	增韧 PA6	PPO/PA6 合金
拉伸强度/MPa	ASTM D638	84	59	70

续表

项目	测试方法	未改性PA6	增韧PA6	PPO/PA6合金
断裂伸长率/%	ASTM D638	180	150	75
弯曲模量/MPa	ASTM D790	2896	1972	2337
Izod缺口冲击强度/(J/m)	ASTM D256	53	310	187
热变形温度/℃ 1.82MPa 0.46MPa	ASTM D648	 66 175	 58 144	 112 180
熔融温度/℃	ASTM D3418	216	216	216
密度/(g/cm³)	ASTM D792	1.13	1.09	1.09

表5-26　典型吹塑级PA66的性能

项目	测试方法	未改性PA66	增韧PA66	增韧无定形PA
拉伸强度/MPa	ASTM D638	94.8	53.1	73.8
断裂伸长率/%	ASTM D638	60	94	120
弯曲模量/MPa	ASTM D790	3100	2070	2000
Izod缺口冲击强度/(J/m)	ASTM D256	53	不断	1010
热变形温度/℃ 1.82MPa 0.46MPa	ASTM D648	 81 238	 57 220	 115 115
熔融温度/℃	ASTM D3418	262	262	—
密度/(g/cm³)	ASTM D792	1.14	1.11	1.09

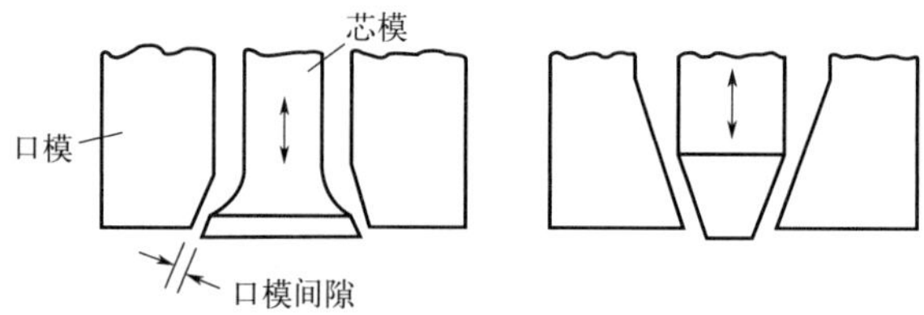

图5-31　散流式/聚流式模具

(a) 散流式：芯模向上移动时，型坯壁变薄，芯模向下移动时，型坯壁变厚，通常用于制作大型型坯；
(b) 聚流式：芯模向下移动时，型坯壁变薄，芯模向上移动时，型坯壁变厚，通常用于制作小型型坯

5.5.2　吹塑过程中的异常与对策

吹塑成型中常见的问题、产生的原因及解决的办法见表5-27。

表5-27　吹塑成型常见的问题及解决方法

常见的问题	产生的原因	解决办法
型坯有粗糙橘皮纹	熔体破裂，熔体温度太低	所有成型部件进行抛光处理，提高熔体温度
缺乏光泽	模具温度低	提高模具温度

续表

常见的问题	产生的原因	解决办法
制品中有黑斑	原料由于降解而被污染	将系统清理干净，并保持原料干净
型坯黏滞	回料粉碎过细 树脂受潮 螺槽太深	筛出回料中的细颗粒 用前对树脂进行干燥 用剪切作用较高的浅螺槽和温度较低的料筒
壁内有气泡	物料夹入气体	增加挤出压力，降低螺杆转速，降低加料段温度
圆周壁厚不均	口模吹针对中不好	调整吹针位置
型坯变成钩形	机头温度不均匀	调整机头加热圈间隙
吹塑不完全	挤出速度太高 吹胀气压太低 吹胀时间太短	降低螺杆转速 增加吹胀气体压力
型坯或瓶子上有孔	有污物或降解树脂 夹入气体 树脂受潮	清理机头和螺杆 让挤出机运转几分钟 干燥树脂
型坯流延	树脂熔体流动速率太高 熔融温度太高	用熔体流动速率低的树脂 降低熔融温度，提高螺杆转速，增加挤出速度
型坯被吹破	吹胀太快 熔融温度太高 截坯口太锋利 吹胀比太高	吹胀先从低压开始，逐渐升压 降低熔融温度 校正模具 使用较大的型坯
型坯上有口模划痕、熔接线	口模圆周被损坏 型芯支架处引起物料不恰当的汇合	修理或更换口模 使支架处流线化，降低口模温度，增加机头压力
瓶底较硬	开模前吹入的空气未排尽 冷却不均匀	增加空气的排放时间 清理模具冷却通道
未拉住尾部	型坯太短 塑料或其他物质滞留在模具上	提高挤出速度以增加型坯长度 清理模具的合模面
瓶子各部分厚薄不均	型坯卷曲 型坯太长或太短	调整口模对中 降低或提高挤出速率
模具没有与瓶颈螺纹分离	切环不锋利	磨锋利或换切环
瓶肩太软	型坯垂伸 型坯太长或太短 容器太轻	降低熔融温度 降低或提高挤出速率 增加重量
瓶颈螺纹倾斜	吹针、切刀进入太深 型坯折叠	切割型坯时吹针上升 换掉钝刀

续表

常见的问题	产生的原因	解决办法
制品粘在模具上	模具太热	改进模具冷却系统
	周期太短	加长周期
凹痕	空气在模具中受阻	改善排气系统

5.6 聚酰胺的浇铸成型

聚酰胺的浇铸成型通常是指在常压下，以强碱为引发剂，*N*-乙酰基己内酰胺或异氰酸酯类化合物及其衍生物等为活化剂，与熔融的己内酰胺单体一起直接注入预热到一定温度的模具中进行聚合反应，凝结成坚韧固体坯件的过程。该方法由于将聚合和成型过程结合在一起，因此成型方便、设备投资少，易于制造大型零件，如齿轮、涡轮、轴承等。这种方法加工成型的制品称为铸型尼龙，或单体浇铸尼龙、MC尼龙。

5.6.1 铸型尼龙成型原理

首先，己内酰胺在引发剂（如强碱）的作用下，生成较为稳定的己内酰胺阴离子，反应式见式（5-1）。由于体系中己内酰胺阴离子的浓度不高，要抽真空才能使反应向右移动。

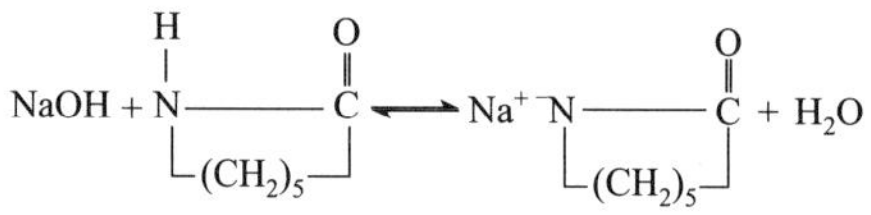
（5-1）

然后，在高温下，己内酰胺阴离子进攻另一个己内酰胺分子上的羰基，生成活泼的胺阴离子，如式（5-2）所示。

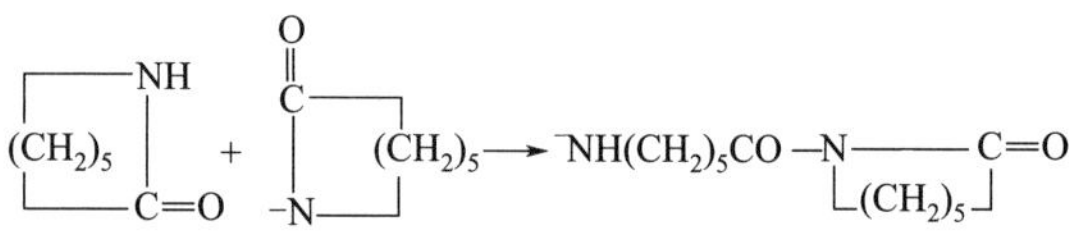
（5-2）

生成的胺阴离子与己内酰胺阴离子相比，因无共轭稳定作用，比较活泼，很快夺取己内酰胺上的一个质子生成二聚体，同时再生成另一个己内酰胺阴离子，如反应式（5-3）所示。

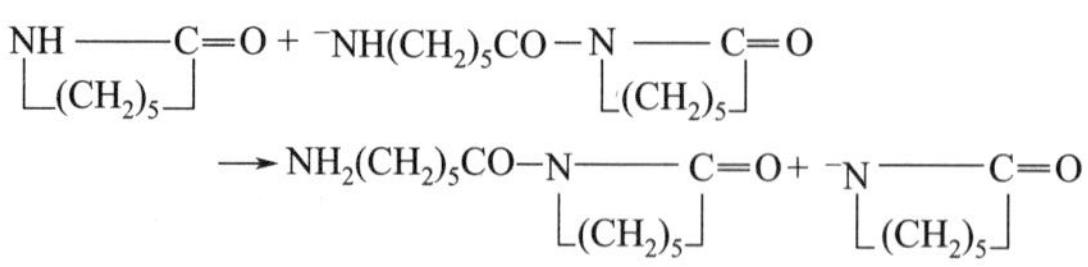
（5-3）

因酰胺键上的碳原子缺电子性不足，活性不够，不易与己内酰胺的阴离子作用，即式（5-2）中二聚体胺阴离子的生成速度较慢，所以己内酰胺阴离子聚合开始时有一个诱导期，但是当活化剂*N*-乙酰基己内酰胺二聚体中环己内酰胺的氮原子上连接有羰基后，酰胺键的缺电子性增加，从而增加了环酰胺结构被己内酰胺阴离子亲核进攻的活性。

链增长反应首先是活性较高的 N-乙酰基己内酰胺与己内酰胺阴离子反应，使 N-乙酰基己内酰胺开环，然后其反应产物很快与单体发生交换反应再生成己内酰胺阴离子和活泼的 N-乙酰基己内酰胺，见式（5-4）。

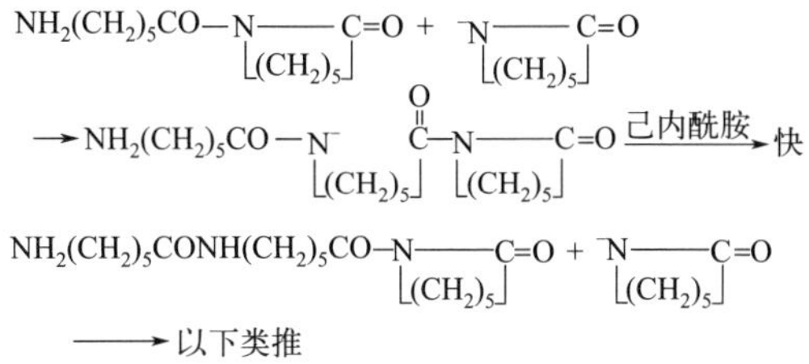

（5-4）

式（5-4）的反应过程与链引发反应原理相同，己内酰胺阴离子向酰亚胺的羰基进攻，然后，其胺阴离子就立即为周围的己内酰胺分子所中和取代，同时又生成己内酰胺阴离子。这些阴离子又继续与酰亚胺末端加成，如此反复进行，使链迅速增长生成很长的线型高分子。

在碱催化聚合时，直接加入助催化剂 N-烷基酰亚胺，如 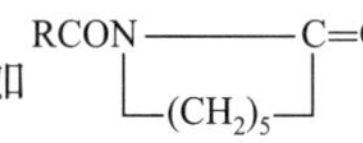 这类化合物，则聚合反应可以不经过在 250℃高温引发的反应阶段，而是立即进入式（5-4）所示的反应阶段，这样大大降低了反应需要的活化能，可以在 150℃甚至低至 120℃也能够很快进行聚合增长，如式（5-5）所示。

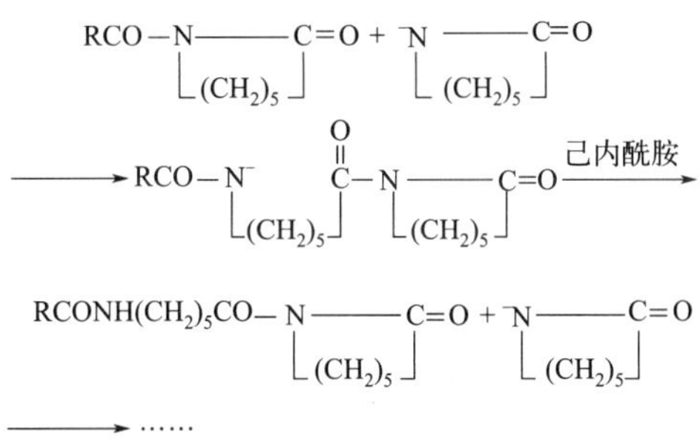

（5-5）

在原理上，每一个分子的酰亚胺成为一个链的增长中心，而加入一定量的助催化剂，可控制分子链的数目和增长过程，使聚合物的分子量比较稳定，也不会因继续加热而产生显著的分子量下降现象。在活化的强碱系统作用下，因己内酰胺聚合温度较低，在熔点（220℃）以下就能够迅速聚合，聚合体一经生成就会凝结出来成为固体结晶状态，其形状与聚合容器一样，所以反应平衡的单体含量比在高温液相时低得多，这也是聚合产率比较高的原因所在。

浇铸成型过程中，己内酰胺的聚合反应因仅仅是打开内酰胺环的酰胺键（聚合放热约 14kJ/mol），温度大约升高 50℃，所以预热至 140～150℃的己内酰胺活性单体在注入绝热的容器中进行聚合达到最高转化率时，体系的温度仍能控制在 200℃以下。而且，聚合和结晶整个过程中所有的变化都是在反应物料各个部位同时进行的，所以得到的聚合块是比较均匀的。在聚合结晶过程中，总体积的收缩大部分被过程中的放热膨胀所抵消，使得生成的聚合块能够很好地充满容器内腔，复刻聚合容器的形状，而且制件的残余内应力很小。这与熔融尼龙聚合体的情况也不同，当用尼龙熔体铸模凝固时，是从外向里冷凝的，会形成很大的张力，容易出现缩孔和空洞。

5.6.2 铸型尼龙加工工艺

按照铸型尼龙加工的特点，可以将整个工艺分为三个部分：

（1）己内酰胺单体熔融、脱水后，配制成聚合活性料；

（2）聚合成型，包括静止模具铸塑、离心铸塑、滚塑或连续挤塑等；

（3）铸件的后处理，主要是热处理和机械加工以及边角料、切屑废料的回收处理。

铸型尼龙的工艺流程如图5-32所示，工艺参数见表5-28。

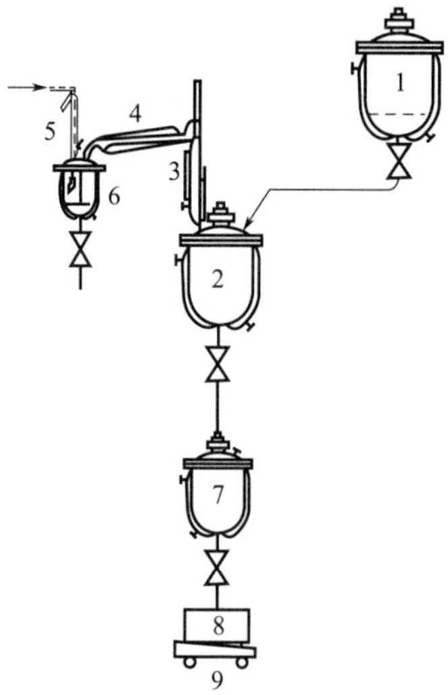

图5-32 铸型尼龙的制备工艺流程

1—熔料釜；2—除水釜；3—回流保温管；4—加热保温管；5—冷凝管；6—冷凝接收器；7—加助催化剂混料釜；8—模具；9—四轮转向小车

表5-28 铸型尼龙的制备工艺参数

项目	参数
己内酰胺熔料温度/℃	80～100
减压蒸馏时釜内熔体温度/℃	130～140
减压蒸馏时釜内己内酰胺沸腾温度/℃	130～140
加入助催化剂混料温度(聚合起始温度)/℃	130～140
模具温度/℃	160～180
模具中聚合时间/min	15～40min

5.6.3 铸型尼龙的改性

5.6.3.1 铸型尼龙的热处理

热处理是将铸型尼龙材料或制品浸渍于热油、热水或其他不影响铸型尼龙热性能的液体介质中，其目的是消除材料的内应力，增加尺寸稳定性。在油中加热称为油处理，在水中加热称为水处理。

油处理的加热温度大约比铸型尼龙的熔点低 60℃为宜。从实际应用结果看，在 160～170℃的油中进行热处理比较合适。水处理的加热温度为水的沸腾温度。热处理的时间和处理温度与制品的厚度有关，大约每 1mm 厚度的制品需要处理 15min。热处理完毕后，铸件必须缓慢冷却。

油处理和水处理对材料性能改善的方向不同。在油介质中进行热处理，可以提高材料的机械强度、硬度和耐磨性，降低摩擦系数和吸水性。这是因为制件在 160～170℃的油中处理后，在缓慢冷却的过程中晶体发生重新排列而趋于规整化，因而结晶度有所提高，分子量增大。而在沸水中进行热处理，并不影响材料的晶体结构状态，因而对结晶度和分子量没有影响，除了冲击韧性因为吸水原因而提高外，其他物理及力学性能并没有提高，相反由于吸水量的增加而使材料的弹性模量和力学性能有所下降。

5.6.3.2 铸型尼龙的共混改性

将己内酰胺与改性剂混匀后直接浇铸于模具内，然后在模具内聚合并成型，可制得不同用途铸型尼龙。

(1) 成核剂改性 铸型尼龙在聚合成型时，加入成核剂，可使聚合物球晶微细、均匀。常用的成核剂有酞菁蓝和炭黑等，粒径控制在 10μm 以内为宜。

酞菁蓝是一种很好的成核剂，当其质量分数为 0.005%（相对于己内酰胺单体）时，铸型尼龙的球晶大小为 30～35μm；当其质量分数为 0.01%时，球晶直径为 20～25μm；当其质量分数增至 0.05%，球晶直径可降至 15μm 以下。表 5-29 为酞菁蓝用量对铸型尼龙力学性能的影响。

表 5-29 酞菁蓝的用量对铸型尼龙力学性能的影响

性能	酞菁蓝质量分数/%				
	0	0.01	0.02	0.05	0.08
拉伸强度/MPa	54	56	53	50	49
弯曲强度/MPa	66	76	67	69	68
冲击强度(缺口)/(kJ/m^2)	6.2	7.9	21.3	19.2	6.8
断裂伸长率/%	73.7	95.4	168.4	138	104

注：催化剂为氢氧化钠，助催化剂为 JQ-1 胶(三苯甲烷三异氰酸酯)。

(2) 增强改性 铸型尼龙的增强改性主要是填充活性粉煤灰、滑石粉、高岭土、稀土、$Al_2O_3 \cdot 3H_2O$、$Mg(OH)_2$ 等无机材料，其质量分数一般为 10%～20%。为了使填料与铸型尼龙有良好的结合力和相容性，一般都要用硅烷或钛酸酯偶联剂预处理。表 5-30 给出了活性粉煤灰增强的铸型尼龙的主要性能，其反应条件为：以 NaOH 为催化剂，乙酰基己内酰胺为助催化剂，活性粉煤灰质量分数为 20%。

表 5-30　活性粉煤灰增强铸型尼龙的性能

项目		未加填充剂	加粉煤灰	加活性粉煤灰
马丁耐热温度/℃		68～72	74～78	76～80
吸水率/%	24h	0.8～1.3	0.6～0.9	0.6～0.85
	饱和	5.8～6.6	4.2～5.0	4.2～4.5
尺寸稳定性		较差	较好	较好
收缩率		较大	较小	较小
拉伸强度/MPa		71.6～86.5	66.7～73.2	73.6～91.6
冲击强度/(kJ/m^2)		215.8～262.5	210～248	226～264
弯曲强度/MPa		135.5～157.3	121～149	142～161.1

在铸型尼龙中加入活性粉煤灰，不仅能减少己内酰胺的用量，显著降低成本，其拉伸强度、冲击强度和弯曲强度都明显提高，尺寸稳定性和耐热性也都得到较大的改善，同时吸水率和收缩率均有所降低。

（3）增韧改性　铸型尼龙在干燥状态下脆性较大，冲击韧性低，用其制作的铁道绝缘鱼尾板和轧钢轴瓦等使用寿命短，更换频率高。改进的方法有两种，一种是加入增塑剂，改变形态相结构进行物理改性，另一种是开发研制新的催化剂或选用多官能团助催化剂，改变分子结构进行化学改性。

六甲基磷酰三胺（HPT）是铸型尼龙比较理想的增韧增塑剂，其分子式为$[(CH_3)_2N]_3PO$。在己内酰胺阴离子催化聚合反应中添加质量分数为5%～30%的HPT，可使铸型尼龙的冲击韧性成倍地提高。表5-31为HPT的用量对铸型尼龙力学性能的影响。从表5-31可以看出，随着HPT用量的增加，铸型尼龙的伸长率、冲击强度都有很大改善，但拉伸强度相应降低。

表 5-31　HPT用量对铸型尼龙力学性能的影响

HPT质量分数/%	拉伸强度/MPa	断裂伸长率/%	冲击强度(缺口)/(kJ/m^2)
0	82	31.8	6.4
5	68	47.9	7.8
10	54	85.6	10.1
20	44	139.0	39.7

HPT具有强极性的分子结构，可与极性的酰胺基团发生偶合作用，削弱PA6分子链间的作用力，使PA6的氢键数目减少、大分子排列的规整性下降。随着HPT用量的增大，上述变化的倾向更加明显，最终会促使铸型尼龙由结晶度较高（50%左右）的结晶型高聚物向无定形含量渐增的韧性高聚物转化。为了更好地发挥HPT的增塑作用，防止其渗析，可将其与硬脂酸锌一起使用，以形成络合物，效果更好。

在己内酰胺阴离子聚合反应中添加质量分数为5%～10%的十二内酰胺，可以改善零件的吸湿性和冲击强度，提高材料的韧性。表5-32为十二内酰胺的用量对铸型尼龙性能的影响。

表 5-32　十二内酰胺的用量对铸型尼龙性能的影响

项目	测试方法	己内酰胺/十二内酰胺质量比			
		100∶0	95∶5	90∶10	80∶20
拉伸强度/MPa	ISO 527	75	65	55	50
断裂伸长率/%	ISO 527	10	—	70	70
弯曲模量/MPa	ISO 178	3000	2600	2300	2000
缺口冲击强度(23℃)/(kJ/m^2)	ISO 180	5	7	8	15
邵氏硬度	ISO 868	82	81	80	77
密度(20℃)/(g/cm^3)	ISO 1183	1.15	1.15	1.14	1.12
熔点/℃	ISO 3146	220	214	209	204

(4) 抗静电改性　由于铸型尼龙的电阻率很高，因而表面易聚集静电产生火花，造成火灾事故。石墨、炭黑等导电材料可作抗静电剂，但若想达到良好的抗静电效果，一般需较高的添加量，这导致制品的颜色变深并使得制品的某些力学性能下降。磺酸盐与烷基磷酸酯类（阴离子型）、磺酸基甜菜碱类（两性型）或烷基醇酰胺类（非离子型）等是铸型尼龙的理想抗静电剂，例如添加磺酸盐或/和 HPT，可使铸型尼龙的表面电阻率由 $1.9\times10^{11}\Omega$ 下降到 $1.3\times10^{7}\Omega$，满足煤矿井下制品材料表面电阻率低于 $3\times10^{8}\Omega$ 的抗静电要求。

磺酸盐的分子中既含有亲油性基团，又含有亲水性基团，亲油部分和铸型尼龙有较强的亲和力，亲水部分则吸附空气中的水分子，使铸型尼龙表面形成单分子导电，从而泄漏静电荷，产生抗静电效应。

(5) 纳米改性　与传统的聚合物增强、增韧改性方法相比，纳米材料具有独特的小尺寸和表面效应等特性，显示出许多常规材料不可能具有的性能，因此，这方面的研究十分活跃。但纳米复合材料制备中颗粒容易团聚，均匀分散一直是一个十分棘手的问题，如何解决好纳米粒子的良好分散性及对单体的阻聚作用等问题，是得到性能良好的纳米复合材料的关键。

①纳米 SiO_2 改性　在熔融的己内酰胺中加入一定量的用硅烷偶联剂 KH-550 处理过的纳米 SiO_2，脱水后，加入适量 NaOH，在减压状态下继续加热反应一段时间，加入适量甲苯二异氰酸酯（TDI）活化剂，搅拌均匀，然后浇铸于预热好的模具中，将模具放入烘箱加热聚合，30min 后脱模成型可制得纳米 SiO_2 改性铸型尼龙。铸型尼龙/SiO_2 纳米复合材料的力学性能见表 5-33。

表 5-33　铸型尼龙/SiO_2 纳米复合材料的力学性能

SiO_2 质量分数/%	拉伸强度/MPa	断裂伸长率/%	弯曲模量/MPa	简支梁冲击强度/(kJ/m^2)
0	72.00	34.00	2600	11.00
1	87.02	19.33	3648	18.69
1.5	82.86	23.34	3014	14.04
2.5	70.00	16.28	2208	4.08

② 蒙脱土纳米改性　将季铵盐处理过的蒙脱土按配比加入熔融己内酰胺中，再按铸

型尼龙的合成工艺可制备铸型尼龙/蒙脱土纳米复合材料，从而改善铸型尼龙的热变形温度和硬度，见表5-34。

表5-34　铸型尼龙/蒙脱土纳米复合材料的力学性能

蒙脱土质量分数/%	热变形温度/℃	硬度/MPa
0	202	0.57
1	202	0.62
2	207	
3	214	0.69
4	218	0.70
5	212	0.71

5.6.3.3　铸型尼龙的共聚改性

用环氧树脂共聚改性铸型尼龙可提高缺口冲击强度。将己内酰胺加热至140℃，待己内酰胺部分熔融时开始抽真空（真空度0.093～0.1MPa），15min后停止抽真空，加入NaOH再抽真空；10min后加入经过脱水处理（在110℃、真空度0.093～0.1MPa条件下保持数分钟）的环氧树脂，混合搅拌继续加热抽真空；5min后加入TDI，振荡后倒入已加热至165℃的模具中，放入烘箱中保温聚合，待完全聚合后关闭电源，让模具在烘箱中自然冷却至室温后脱模可制得环氧树脂改性铸型尼龙，产品性能见表5-35。

表5-35　环氧树脂改性铸型尼龙的性能

项目	改性前	改性后
缺口冲击强度/(kJ/m^2)	14.12	30.68
压缩强度/MPa	96.22	90.40
拉伸强度/MPa	74.36	70.72
断裂伸长率/%	35.33	45.73
吸水率/%	0.49	0.55
洛氏硬度	90.07	79.40
密度/(g/cm^3)	1.16	1.15

注：己内酰胺100份、环氧树脂3份、NaOH 0.4份、TDI 1.0份。

从表5-35可以看出，铸型尼龙改性后其压缩强度和拉伸强度变化不大，缺口冲击强度却有较大提高，为改性前的2倍多。这是因为铸型尼龙中的—NHCO—基团含有活泼氢，能与环氧树脂反应生成交联结构，破坏了原来分子空间排列的规整性，减少了氢键的数量，使改性铸型尼龙的结晶度下降，降低反应时形成的内应力，从而减少材料的内部缺陷，而且交联结构也可提高材料的缺口冲击强度。

5.7　聚酰胺的反应注射成型

反应注射成型（RIM）工艺由德国Bayer公司开发，于1967年首次在杜塞尔多夫塑料博览会上展出，最初应用于聚氨酯材料成型，生产汽车零部件。RIM 工艺直接将两种或两种以上高反应活性的低分子量、低黏度的液态组分经混合后注入密闭的模具中，在模具内实现聚合、交联并固化成型，制得具有弹性或刚性的高分子材料制品，具有生产效率高、能耗低、产品设计灵活、性能优良、适应面广等特点。

PA6-RIM 由荷兰 DSM 公司和美国 Monsanto 公司于 20 世纪 80 年代初同时开发成功，1983 年实现商品化，其商品名为“Nyrim”。1986 年初 DSM 公司收购 Monsanto 公司的 RIM-尼龙业务，用于生产汽车外部构件，开展 PA6-RIM 的生产和销售，成为最大的 PA6-RIM 生产企业。

5.7.1 反应注射成型原理与工艺

PA6-RIM 的成型原理以己内酰胺在碱性催化剂存在下的阴离子聚合为基础，催化剂多为金属钠或其氢化物、醇钠、氢氧化钠、碳酸钠等，也有用有机金属化合物如格氏试剂作为催化剂的，所使用的活化剂主要有乙酰基己内酰胺、各种异氰酸酯、氨基甲酸酯衍生物、碳酸酯、磺酸酯、羧酸酯、磷酰亚胺化合物、氯化磷腈等，目前使用较多的是乙酰基己内酰胺和各种异氰酸酯。

PA6-RIM 体系的原料包括 A、B 组分，A 组分由己内酰胺与预聚物构成，B 组分由己内酰胺与催化剂构成，两组分按比例混合，亦可根据需要添加填料，以调节性能，生产出各种不同规格的刚性或弹性产品。

Monsanto 公司商品名为 Nyrim 的 PA6-RIM 体系的 A 组分由 Nyrim 预聚物、己内酰胺及内脱模剂、增强剂、抗氧剂、颜料等添加剂组成，B 组分由催化剂和己内酰胺组成。聚合反应机理：聚丙二醇（PPG）和链扩展剂己二酰双己内酰胺（ABC）在催化剂己内酰胺/溴化镁（CMB）存在下，首先反应生成带有酰基化的己内酰胺端基的预聚物——PA6-PPG 嵌段共聚物，然后共聚物再和己内酰胺（CPL）迅速进行开环聚合，生成 PA6-聚醚嵌段共聚合体。

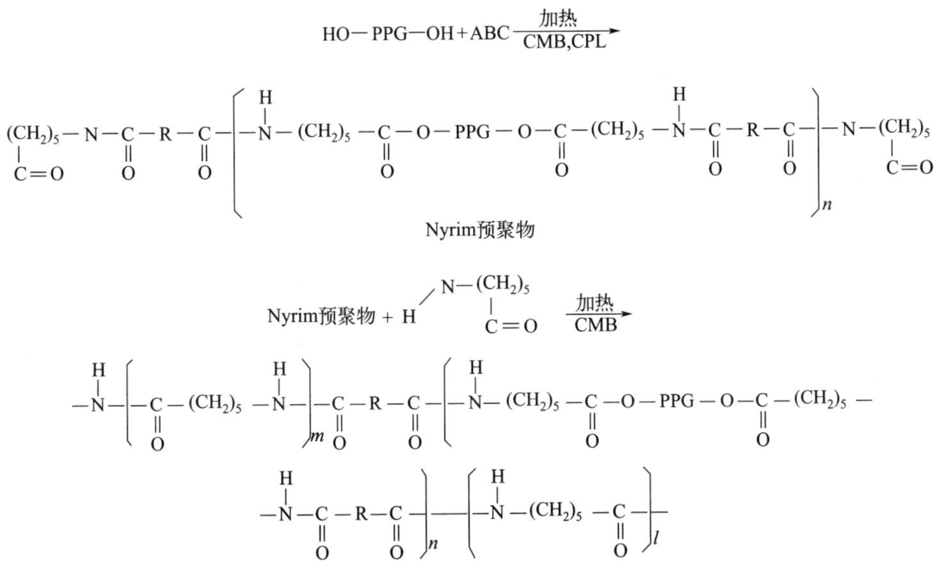

加工成型过程：首先将 A、B 组分分别加热到 70～75℃，得到适宜黏度的液体，保

存在氮气气氛下备用；然后将A、B组分按一定比例，通过静态混合头或撞击搅拌式混合头，迅速地混合均一，注射到预热温度为135～140℃的模具内，约2min完成反应，得到成品。PA6-RIM的生产工艺流程见图5-33。

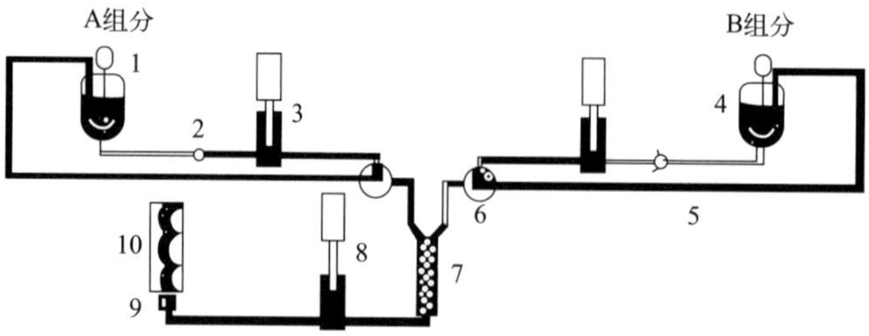

图5-33　PA6-RIM的生产工艺流程

1—A液槽；2—单向阀；3—柱塞泵；4—B液槽；5—加热管线；6—循环注射阀；7—静态混合头；8—充料活塞；9—冷却密封装置；10—模具

为了缩短成型周期，Monsanto公司还通过将A、B液温提高至74～83℃，以加快反应速度；提高A、B液槽的氮气背压，以使部分氮气溶解于A、B组分中，使成型时可以轻微发泡，起到缩短固化周期的作用；此外还采用自清洁型撞击搅拌式混合头。

5.7.2　反应注射聚酰胺的性能

在Nyrim的结构中，硬链段PA6贡献高熔点、高结晶度、高强度和高刚度；软链段聚醚贡献韧性和高低温冲击强度。根据不同的使用要求，聚醚含量可在10%～60%之间任意变化。聚醚含量对Nyrim制品性能的影响见表5-36。

表5-36　聚醚含量对Nyrim制品性能的影响

项目	聚醚质量分数/%				
	0	10	20	40	60
邵氏D硬度	84	83	78	62	37
拉伸强度/MPa	74.5	53.8	44.1	36.5	14.5
断裂伸长率/%	30	35	285	490	530
断裂强度/MPa	12.4	—	8.9	5.5	2.8
弯曲强度/GPa	2.6	1.9	1.5	—	—
缺口冲击强度/(J/m)	32	85.4	304.2	—	—

从表5-36可以看出，随着聚醚含量的增加，Nyrim的邵氏硬度、拉伸强度、断裂强度、弯曲强度下降，而缺口冲击强度及断裂伸长率都有提高，说明聚醚含量在某一定值时，Nyrim制品的各种性能才能达到平衡状态。

PA6-RIM制品具有抗冲击性能优良，耐腐蚀性能好，加工周期短、成本低、可循环利用等优点，可广泛用于汽车制造业，如制作挡泥板、门板、发动机罩和防撞盖等。另外，PA6-RIM制品也可替代金属、特种塑料和部分PU-RIM用于家电外壳、办公机械、农用机械、体育娱乐用品等领域。

5.8 聚酰胺的反应挤出成型

反应挤出成型（REX）工艺是指单体、预聚物或者聚合物在挤出加工成型的同时完成化学反应的过程，它与反应注射成型（RIM）构成了反应性加工的主要内容。

目前，利用 REX 技术研制开发的聚合物材料品种主要有聚酰胺类、聚烯烃类、聚酯类、聚氨酯类等。自 1968 年 G. Illig 等提出用双螺杆挤出机设备制造 PA6 的专利以来，有许多专家学者对 REX 技术进行了不同程度的研究与开发。但所有报道、研制工作仅限于小设备、小型挤出机的实验室研究，尚无工业化规模生产的公开报道。

5.8.1 反应挤出成型原理与特点

反应挤出成型以螺杆挤出机作为反应器，使物料及助剂等在混合、熔融挤出的物理过程中完成聚合、接枝、交联等众多化学反应。以强碱为催化剂，内酰胺类或者异氰酸酯类为活化剂，己内酰胺反应挤出合成 PA6 的反应机理如下：

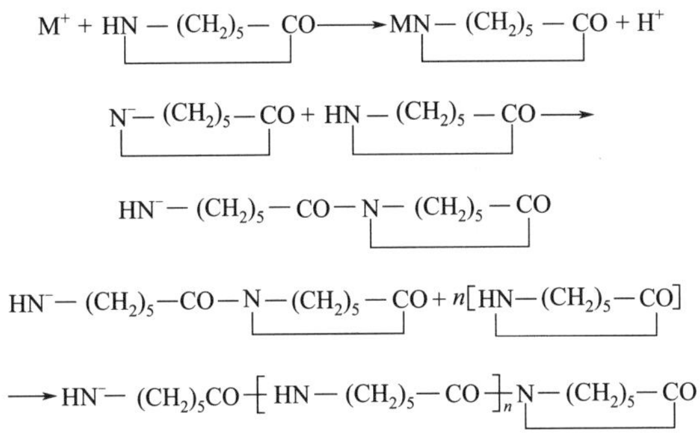

碱性离子型催化剂（M^+）与己内酰胺反应，生成具有反应活性的盐，反应活性盐又与游离的己内酰胺反应，形成 *N*-乙酰基己内酰胺，并引发 PA6 链增长。

与其他加工成型工艺相比，反应挤出成型拥有众多独特的优点：

① 聚合物合成与加工能够同时进行，极大缩短了工艺流程和生产时间，提高了经济效益；

② 可根据化学反应程序设置加料口，使反应按照预定的顺序和方向进行；

③ 挤出机各段相对独立，温度、螺杆转速和几何结构可以根据具体反应进行调整，从而控制各阶段反应时间和进程，具有优异的操作性和可靠性，同时控制反应速度与反应程度，防止副反应的产生；

④ 通过改变双螺杆挤出机内部结构、反应参数（包括加料位置、螺杆元件的组合、温度、压力、转速）就能生产出同类系列的不同分子量的高聚物或聚合物改性品种，产品多样化；

⑤ 反应挤出时间短，一般为几分钟，而缩聚反应一般为 10h 以上。

缺点为：

① 物料在反应挤出机中停留时间有限，这使得反应挤出只适用于反应速度快的化学反应；

② 实际生产中需要调整加工温度、螺杆转速、喂料量等参数，并且每种化学反应通常需要设计相应的配套反应挤出程序，工艺相对复杂，这使得反应挤出成型的通用性受到限制。

5.8.2 反应挤出成型工艺

反应挤出成型工艺可用来制备高分子量PA6及其制品、改性尼龙及其制品。PA6的反应挤出成型工艺分为反应前处理、双螺杆反应挤出和制品成型3个阶段，其工艺流程如图5-34所示。

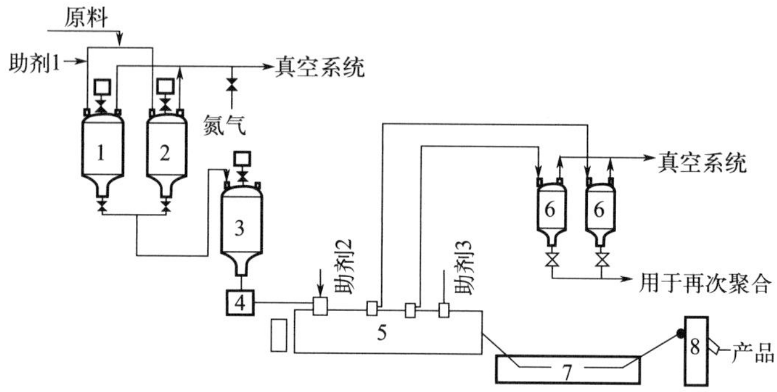

图5-34 双螺杆反应挤出合成PA6工艺流程
1—熔化釜Ⅰ；2—熔化釜Ⅱ；3—贮罐；4—输送器；5—双螺杆反应挤出机；
6—回收罐；7—水槽；8—切粒机

其具体制备方法：将所用己内酰胺的50%（质量分数）和0.5%（摩尔分数）碱式引发剂置于前处理装置1，在熔点以上进行脱水处理；另将50%（质量分数）己内酰胺和1%（摩尔分数）处理后的活化剂置于前处理装置2进行脱水处理；处理后两组物料直接计量注入反应性双螺杆挤出机。挤出机各区料筒的反应温度控制在120～260℃，待反应达到单体-聚合物的浓度平衡点时加入终止稳定剂，然后真空脱除剩余单体及低分子量聚合物，这样挤出成型的聚合物相对黏度达4.5以上，转化率达94%～97%。整个合成工艺过程为无溶剂过程，反应过程中除有部分单体析出外无其他有害副产物排出。

双螺杆挤出机模头与成型装置相连可直接得到PA6的各种制品，如异型材、管材、板材等；与纺丝模头相连可直接得到尼龙丝；与纺丝箱体相连可直接得到PA6单丝；与吹塑设备相连可直接吹塑、吹膜等。将合成与成型过程联合，缩短了生产周期，降低了成本，提高了制品性能。

5.8.3 反应挤出聚酰胺的性能

传统工艺合成的PA6的相对黏度一般在2.4～3.5（以98% H_2SO_4 为溶剂），结晶度不超过40%，而反应挤出PA6的相对黏度可达4.2～5.0，结晶度达50%以上。在力学性能方面，反应挤出PA6的拉伸强度是普通PA6的120%以上，缺口冲击强度为常规PA6的3倍以上。此外，在耐磨性、耐化学性、吸水性及尺寸稳定性方面都强于普通PA6，具体比较数据见表5-37。

表 5-37　反应挤出 PA6 与常规 PA6 的性能比较

	反应挤出 PA6	常规 PA6
密度/(g/cm^3)	1.12～1.14	1.12～1.14
熔点/℃	215～225	215～225
相对黏度	4.2～5.0	2.4～3.5
拉伸强度/MPa	75	63
断裂伸长率/%	58	100
弯曲强度/MPa	78	88
无缺口冲击强度/(kJ/m^2)	NB	—
缺口冲击强度/(kJ/m^2)	35	9.8
球压硬度/MPa	114	98

目前，通过反应挤出工艺对聚酰胺进行改性，生产小批量、高性能、多功能的聚酰胺已成为发展趋势。然而，其反应速率较快，这使得其工艺过程控制相对困难，制得的产品颜色较深、发黄等，因此实现反应挤出聚酰胺的规模化工业应用仍待进一步突破。预计随着对反应挤出技术研究的不断深入，反应挤出工艺在聚酰胺改性中的应用也将不断拓展和延伸，从而进一步拓展反应挤出聚酰胺的应用空间。

今后，聚酰胺的反应挤出工艺的研究重点包括：反应机理的研究，尤其是高黏度、高温、强剪切环境下材料性能的研究；反应挤出设备的研制，以便更好地适应反应挤出的特征；反应挤出产品的开发，如通过接枝改性、共混改性、交联改性等改善聚酰胺的综合力学性能和其他物理性能、合成新型功能聚酰胺、促进废旧聚酰胺的回收再利用等。

5.9 聚酰胺的 3D 打印成型

3D 打印又称三维打印，是一种结合了计算机技术、电子技术、数控技术、高能束技术、材料技术和信息技术的高度集成的复杂机电一体化系统。传统制造技术往往是采用切削或钻孔等进行减材制造（也称减量制造或减量工艺），而 3D 打印不同于传统制造技术，它是将物品通过材料的叠层累加打印出来，也被称为增材制造技术（又称增量制造，简称 AM）、立体印刷或直接数字制造，是在制造业领域迅速发展的一项新兴技术，被称为“具有工业革命意义的制造技术”。

3D 打印以目标产品的三维数字化模型为基础，以固体粉末（如聚酰胺、金属或陶瓷粉）、丝材（如 ABS 丝）、片材（如纸、塑料膜）或液体（如光敏树脂）等为打印耗材，通过不同的快速成型技术（包括熔融挤出、激光烧结、激光熔融、光固化成型、层压成型等），以逐层打印的方式来制造产品，基本包含了生产生活中的各类金属、陶瓷、复合材料以及高分子材料。

由于早期 3D 打印设备体形庞大、价格昂贵且用途有限，与传统制造方法相比并无显著优势，因此限制了其推广应用。此后，随着高端 3D 打印技术的不断发展完善，在高性能、难加工的大型金属关键构件加工上取得革命性突破，在高端和中低端市场的渗透力均不断增强。在制造业领域，3D打印技术既可用于预生产阶段（快速原型，RP），也可用于商业生产阶段（快速制造，RM）。目前，3D打印已从最初在模具制造、工业设计等领域用于快速原型，逐步发展到制成品的快速制造，广泛应用于工业、航空航天、国防军工、医疗保健、教育科研、消费娱乐等领域。

3D打印能够实现任意复杂形状和几何特征产品的快速生产，并随时进行修改，这是传统制造工艺无法比拟的。此外，3D打印适合个性化设计及不具量产条件的定制产品的生产。同时，它还能够优化原材料的利用，减少库存，降低运输成本，从而有助于减少人类的碳足迹。然而，目前3D打印技术仍存在一定局限：主要适用于小批量生产及小尺寸部件；可选择的打印材料有限；部分通用3D打印技术所制备制品的物理机械性能尚不能达到实用要求；不同厂商3D打印设备之间兼容性较差，且行业内部缺乏统一的技术与制度标准。

5.9.1 3D打印聚酰胺材料

用于3D打印的PA材料包括PA粉末、PA丝材。

PA粉末的制备方法有：直接聚合法、机械粉碎法、溶剂沉淀法、热致相分离（TIPS）法。

直接聚合法是将原料单体运用特殊的合成方式直接聚合成粉末状的方法，通过添加助剂形成纳米或微米级粉末。如以己内酰胺、十二内酰胺和聚苯乙烯（PS）为主要原料，通过阴离子开环聚合制得PA6/PA12/PS合金，通过溶去PS相可得到PA6/PA12粉末；以己内酰胺作为原料，利用二苯甲烷二异氰酸酯（MDI）、硅烷偶联剂（KH-550）对木粉进行接枝改性，通过添加引发剂，阴离子聚合可制备PA6/木粉复合粉体。该方法制得的PA粉末尺寸均匀，但是制作过程复杂，批量生产较难。

机械粉碎法通常是在温度达到PA树脂脆化温度以下并保持此温度，之后在机械粉碎机中粉碎得到PA粉末，如以Al_2O_3、PA12为原料，采用熔融共混法制备复合母粒，再通过机械低温粉碎即可制得复合粉末。该方法采用的冷源是液氮或者二氧化碳，不需要化学溶剂且制备方法简单，在工业中能规模化生产，但制备的过程中消耗能量较大，粉末球形度较差，尺寸分布不均，有的还需要进一步筛分，导致制备流程增加，用途限制大。

溶剂沉淀法是将PA在高温高压条件下溶于溶剂中，通过改变聚合物和溶剂的温度和压力将PA溶解，再冷却结晶或抽滤沉淀制得粉末，如以受阻酚类抗氧剂为分散剂，乙醇和甲酸为良溶剂和不良溶剂，在高温高压可制得PA1212粉末。一般情况下PA树脂很难溶于常规有机溶剂，只有在一定温度和压力下才能溶解，经过冷却结晶抽滤后可得到用于工业的粉末，此方法用于溶解PA的溶剂主要为醇类和部分酸类。

TIPS法制作聚合物粉末的主要流程为将聚合物与该聚合物的良溶剂与不良溶剂添加到一个体系，升温至PA熔点保温一段时间获得均相溶液，在后续降温过程中均相溶液发生液液相分离或固液相分离，最终结晶形成PA粉末，如以*N*,*N*-二甲基乙酰胺（DMAC）/聚乙二醇400（PEG-400）形成两相，加入PA12颗粒，通过调节体系温度可制得PA12粉末，且制得的粉末较规则，球形度也较好，也适合在SLS中运用。TIPS法通过调节相分离过程调控粉末的粒径分布，在常压下即可进行制备，工艺简便。

常见的3D打印PA丝材有PA6长丝、碳纤维增强PA6长丝等。

5.9.2　3D 打印工艺与设备

目前，3D 打印技术主要分为高能束流技术、紫外光固化技术和喷嘴基技术三大类。其中，高能束流技术以激光束或电子束为能量源，通过选择性激光烧结（SLS）或熔融（SLM）等方式，使聚酰胺、金属等粉末材料逐层成型；紫外光固化技术以紫外光为能量源，通过光固化（SLA）工艺使液态光敏树脂逐层固化成型；喷嘴基技术（或称挤出技术）则不依赖高能束流，而是通过加热熔融丝材或粉末，并借助熔融沉积成型（FDM）或多喷嘴融合（MJF）等方式，经喷嘴挤出后逐层堆积成型。典型 3D 打印技术的比较见表 5-38。

表 5-38　典型 3D 打印技术比较

项目	FDM	SLS	SLM	SLA
原型精度	低	较低	高	较高
典型打印层厚/μm	70～400	60～180	20～200	50～150
成型速度	较慢	较慢	慢	快
典型打印速度/(cm^3/h)	10～100	90～130	20～70	200
制造成本	低	较低	高	较高
复杂程度	中等	复杂	复杂	复杂
零件大小	中小件	中小件	中小件	中小件
打印耗材	线材	粉末	粉末	液体
典型打印材料	ABS、PLA、PP、石蜡、橡胶等	金属、陶瓷、石蜡、热塑性塑料等	不锈钢、钛合金等金属粉	光敏树脂及其聚合材料

在选择 3D 打印技术进行应用时，用户需考虑的主要因素有：耗材的种类、性质（如强度）和成本，制成品的尺寸、物理机械性能或表面性能（如尺寸精确度和表面品质），设备的购置和维护成本，打印速度和打印尺寸，以及能否实现彩色打印等。

适用于聚酰胺 3D 打印的技术有 SLS 技术、FDM 技术，MFJ 技术。

5.9.2.1　SLS 技术

SLS 技术也称激光选区烧结技术，是工业聚合物 3D 打印的主流工艺，可与各种聚合物粉末兼容。该技术通过高密度、高能量激光束热源使聚合物粉末逐层熔化，固化成型。优点是无须支撑结构，未烧结的粉末能起到支撑作用，并可重复使用，材料利用率高；可打印镂空等复杂结构；打印件力学性能优于其他工艺类型的 3D 打印技术；市场应用多，与工业结合紧密。缺点是打印精度、表面光洁度不如紫外光技术，制作零件表面粗糙，后处理较麻烦，需在表面涂覆环氧树脂固化、打磨；成型过程中不能完全熔化金属粉末底物，制件的密度低。

SLS 工艺选材广泛，石蜡、聚酰胺（如 PA11、PA12）、ABS、聚碳酸酯（PC）、树脂裹覆砂（覆膜砂）、金属或陶瓷粉等都可作为烧结对象。SLS 工艺生产过程：将材料粉末铺洒在已成型零件的上表面，并刮平；用高强度激光器在刚铺的新层上扫描出零件截面，材料粉末在高强激光照射下被烧结在一起，得到零件截面，并与下层已成型的部分粘接；当一层截面烧结完后，新铺上一层材料粉末，选择地烧结下层截面。SLS工艺的基本原理见图5-35。

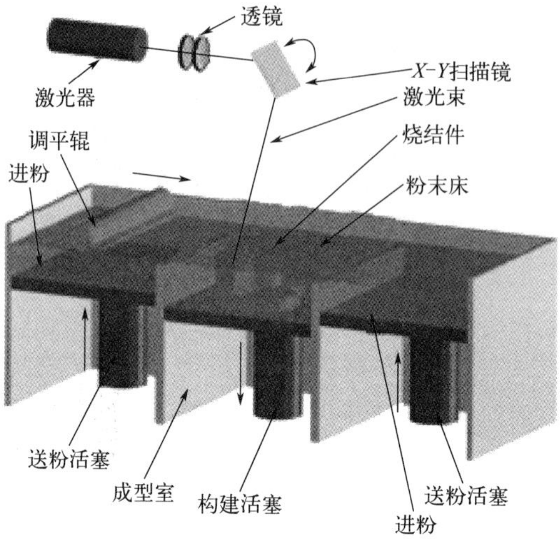

图5-35　SLS工艺原理示意

该技术在打印PA11粉末、PA12粉末及PA11/碳纤维复合材料粉末时，氮气吹扫能更好地保护未烧结粉受氧化，使烧结过程更有效，用户可以在下一个打印周期中重复使用更多的PA粉末。

国外领先的SLS设备制造商为美国的3D Systems公司及德国的SLM Solutions公司，国内领先的SLS设备制造商为湖南华曙高科技有限责任公司，在PA的3D打印方面居于领先地位。

5.9.2.2　FDM技术

FDM技术又称熔融线材制造，是一种面向普通消费者的快速成型工艺，是目前使用最广泛的3D打印技术。该技术是将热塑性丝材加热至熔融状态，然后通过一个微细喷嘴逐层喷射到构建平台上，最终形成三维物体。优点是设备成本较低，操作简单；缺点是打印质量和精度较低，适用于桌面和小型应用。

FDM技术通常使用热塑性材料（如ABS、PLA、PC、PTEG）和石蜡等作为打印材料，主要以丝状供料，此外还会使用到支撑材料。支撑材料通常为可溶性支撑材料，如丙烯酸聚合物，可用热水和清洁剂溶液去除，一般清洗时间为60～180min；以及可移除性支撑材料，可手工或用钳子等工具从部件上取出，如蜡。

目前，适用于FDM 3D打印的聚酰胺长丝较少，如Markforged公司推出的牌号为Onyx™的聚酰胺/碳纤维复合材料，可打印成坚韧耐热部件；杜邦公司推出的玻璃纤维增强聚酰胺（Zytel 3D12G30FL BK309）和碳纤维增强聚酰胺（Zytel 3D10C20FL BK544）3D打印长丝，可满足行业对更硬质、更坚固材料的需求。

采用FDM技术打印聚酰胺3D材料时，其打印温度高于许多FDM打印机可以管理的温度，并且FDM技术在使用聚酰胺长丝时也面临翘曲问题。

近年来，桌面级FDM 3D打印机发展迅猛，最具代表性的桌面级FDM品牌有MakerBot

公司的 MakerBot Replicator 系列、3D Systems 公司的 Cube 系列、北京太尔时代科技有限公司的 UP 系列以及杭州先临三维科技股份有限公司的 Einstart 系列等。FDM 3D 打印机的机械结构简单，产品设计相对容易，成品精度通常为 0.2～0.3mm 层厚，少数高端机型能实现 0.1mm 层厚，但受温度影响较大，成品效果不够稳定。

5.9.2.3　MFJ 技术

MJF 技术是另一种粉末床 3D 打印技术。该技术通过使用多个喷嘴将黏合剂喷射到粉末上，然后通过红外能量源熔化黏合剂区域，从而将粉末熔合在一起。这个过程涉及喷墨头在粉末床上移动，沉积黏合剂，然后通过红外能量源熔化这些区域。

MJF 技术适用于 PA11、PA12、PP 等材料 3D 打印，可在 1 天之内生产出最终用途的生产零件。与 SLS 技术相比，MJF 技术 3D 打印的最终零件具有高质量的表面光洁度，出色的特征分辨率及更一致的力学性能，其整体打印速度也更快。

2014 年 10 月，传统打印机生产商惠普（HP）公司开始研发 MJF 3D 工业打印机，2015 年进行全面测试，并于 2016 年 5 月发布。HP 的 MJF 打印机技术支持一系列聚酰胺 3D 打印材料，包括 PA11、PA12 和玻璃珠填充聚酰胺材料（40％玻璃珠填充聚酰胺）。

MJF 3D 打印机融合了黏合喷绘的属性。首先在工作区铺放一层粉状材料。然后，从左至右移动含有喷头阵列的第一组笔架，将化学试剂（熔融剂和细化剂）喷涂在已铺好的粉状材料上；从上向下移动第二组负责加热和铺粉的笔架，先使已打印粉体相互熔合，再新铺一层打印层。如此反复进行，直到完成 3D 打印。该技术可实现全彩打印，其核心是基于惠普现有的热喷墨技术，将喷头做成孔径细小、密度极高的阵列，喷头的一次单程运动就可完成一层喷射材料的覆盖。

参考文献

[1] 朱刚，孙锡红．接插件精密注射成型工艺参数的优化研究[J]．工程塑料应用，2010，38(5)：35-37.

[2] 胡文文，辛勇．高光无痕注射成型流动分析[J]．工程塑料应用，2010，38(5)：32-34.

[3] 张甲敏．尼龙 1010 注塑制件气泡形成的原因及解决方法[J]．工程塑料应用，2005(10)：38-40.

[4] 晋日亚，钟国晋，张静婷．尼龙 11 的注射成型与挤出成型技术[J]．工程塑料应用，2000(1)：19-21.

[5] 敖婷婷，樊振兴，韩克清，等．高聚物 PA66 压力诱导流动成型研究[J]．塑料工业，2007(3)：39-41.

[6] 黄伟，郭奕崇，吴大鸣．PA12 双腔医用导管挤出成型工艺实验研究[J]．工程塑料应用，2008(2)：30-34.

[7] 王建宏，白培康．选择性激光烧结用复合尼龙粉的制备与性能[J]．工程塑料应用，2007，(01)：30-33.

[8] 赵树高，郑韦，尹兴昌，等．不同注射条件对尼龙 6 力学性能的影响[J]．合成橡胶工业，2006(3)：200-203.

[9] 张甲敏，祝勇．尼龙 1010 注塑制品工艺设计[J]．塑料工业，2006(9)：29-32.

[10] 张甲敏，连照勋．玻璃纤维增强尼龙的注射成型工艺改进[J]．工程塑料应用，2010，38(5)：42-44.

[11] 韩勇，刘卫祥，陈荣，等．塑料加工机械新技术进展[J]．塑料，2008，37(6)：77-80.

[12] 张玉霞．吹塑薄膜技术进展[J]．塑料包装，2007(3)：38-46.

[13] 陈昌杰．功能性塑料包装薄膜[J]．塑料包装，2017，27(6)：1-8.

[14] 刘功．塑料挤出机产业发展的现状及趋势[J]．化工装备技术，2007，(4)：51.

[15] 江财明．国内滚塑行业现状和发展趋势[J]．橡塑技术与装备，2016，42(16)：29-32.

[16] 吕家杰，邢素丽，吴彬瑞．聚合物反应挤出技术应用进展[J]．塑料工业，2020，48(S1)：1-5，12.

[17] 邓鑫，王进，杨军，等．反应注射成型尼龙 6 的研究进展[J]．化工进展，2009，28(8)：1382-1385，1394.

[18] 邱菊芳．反应注射成型(RIM)新技术[J]．工程塑料应用，1990(3)：25-28.

[19] Li X P, Zhao G Q, Guan Y J, et al. Optimal design response surface and genetic algorithm[J]. Materials and Design, 2009, 30: 4317-4323.

[20] Melvin I Kohan. Nylon Plastics Handbook[M]. Munich: Hanser Publishers, 1995.

[21] Yao D G, KIM B Y. Developing rapid heating and cooling systems using pyrolytic graphite[J]. Applied Thermal Engineering, 2003, 23: 341-352.

[22] Chen S C, Chen R D, Lin S H. Feasibility evaluation of gas-assisted heating for mold surfac temperature control during injectoiun molding process[J]. International Communications in Heat and Mass Transfer, 2009, 36: 806-812.

[23] 邓如生，魏运方．聚酰胺树脂及其应用[M]. 北京：化学工业出版社，2002.

[24] 彭治汉，施祖培．塑料工业手册：聚酰胺分册[M]. 北京：化学工业出版社，2001.

[25] Corina M, Dinyar K C. Recycling of Nyoln From Carpet Waste[J]. Polymer Engineering and science, 2001, 41(9): 1457-1470.

[26] 吴生绪．塑料成形工艺技术手册[M]. 北京：机械工业出版社，2008.

[27] Kye H, White J L. Continuous polymerization of cap rolactam in a modular intermeshing corotating twin screw extruder integrated with continuousmelt spinning of polyamide 6 fiber: Influence of screw design and process conditions [J]. Appl. Polym. Sci, 1994, (9): 1249-1262.

[28] 吴京，殷敬华．热塑性聚合物的反应挤出与双螺杆挤出机[J]. 塑料，2003, 32(1): 31-38.

[29] Gao S S, Zhang Y, Zheng A, et al. Polystyrene prepared by reactive extrusion: kinetics and effect of processing parameters[J]. Polymers for Advanced Technologies, 2004, 15(4): 185-191.

[30] 姚宗宇，郭纯，李文清，等．选择性激光烧结尼龙复合材料研究进展[J]. 中原工学院学报，2024, 35(03): 36-40, 71.

[31] 吴凌云．高温尼龙网络连接器注塑成型工艺优化研究[J]. 塑料科技，2023, 51(6): 80-84.

[32] 王佳明．RTM成型纤维增强原位聚合尼龙6阻燃特性研究[D]. 北京化工大学，2023.

[33] 周石林，张秀芬．尼龙线材FDM成型质量优化研究[J]. 塑料工业，2023, 51(2): 100-106.

[34] 张松峰，孙琦岳，孟玲玲，等．汽车用PA66冷却软管开发[J]. 汽车工艺与材料，2023, (2): 16-19, 24.

[35] 黄勇．PA6T/66反应挤出过程的数值模拟研究[D]. 杭州：浙江大学，2021.

[36] 郑奇飞，张萌，殷茂峰，等．反应挤出在尼龙6聚合与改性中的研究进展[J]. 工程塑料应用，2024, 52(8): 176-183.

[37] 王学军，李锋招，杨峰．反应挤出在尼龙聚合与改性中的应用进展[J]. 工程塑料应用，2023, 51(6): 146-150.

[38] 苏丹丹．3D打印用尼龙粉末的制备及性能研究[D]. 贵阳：贵州大学，2022.

[39] 师平，白亚琼．选择性激光烧结成型尼龙6的拉伸性能研究[J]. 现代塑料加工应用，2021, 33(4): 29-33.

[40] 虞立果．连续纤维增强尼龙3D打印设备及工艺研究[D]. 北京：北京化工大学，2022.

第6章
聚酰胺树脂的应用

聚酰胺具有机械强度高、韧性好、耐磨损、自润滑、耐化学药品及加工性能好等特点，最早主要用于合成纤维，20世纪50年代开始作为工程塑料使用，以取代金属满足下游工业制品轻量化、低成本的要求。20世纪80年代后，随着各种改性设备及技术不断的成熟，聚酰胺工程塑料的应用领域不断扩大，如在汽车工业领域，聚酰胺能够满足汽车部件在复杂环境下的使用要求，可用于制造汽车零部件、内饰件和底盘结构件等；在电子电气领域，聚酰胺可用于制造电路板、连接器、绝缘材料等；在航空航天领域，聚酰胺可用于制造飞机零部件、卫星结构件等。

“十二五”以来，受益于主要原料己内酰胺国产供应的瓶颈被打破，原料自给率大幅提高，国内聚酰胺树脂的消费保持了快速增长，年均增长率达到10%。目前，聚酰胺树脂已广泛应用于汽车、电子电气、轨道交通、工业机械、日用五金、单丝棕丝、薄膜等领域，其中汽车和电子电气行业是聚酰胺工程塑料的主要消费领域，约占聚酰胺工程塑料总消费量的60%。聚酰胺工程塑料各品种中，PA6、PA66占主导地位，分别占聚酰胺工程塑料总消费量的57%、32%，其次是PA11、PA12、PA610、PA612、PA1010、PA46、PA9T等特种聚酰胺，约占11%。

随着技术的不断创新和市场需求的不断增长，未来聚酰胺树脂有望在新能源汽车、半导体、3D打印等更多领域发挥重要作用，为现代工业的发展提供有力支持。

6.1 聚酰胺在汽车领域的应用

汽车是国民经济的重要支柱产业，是衡量一个国家工业化水平、综合经济实力和科技创新能力的重要指标之一。近年来，我国机动车与汽车保有量持续增长，2020年机动车已经达到3.7亿辆，汽车保有量为2.8亿辆。但与美国、澳大利亚、意大利等国家相比，我国人均汽车拥有量仍较低，汽车保有量还有较大的增长空间。

轻量化是汽车产业的重要发展方向之一，也是实现节能减排和可持续发展的重要手段。汽车轻量化是指通过采用先进的材料、设计和技术，使汽车在保持性能和安全性的同时，尽可能地减少其重量，从而提高燃油经济性和减少排放。据估计，汽车重量每减轻10%，就会节省8%～10%的燃料。

采用高性能塑料是实现汽车轻量化的一条重要途径。高性能塑料在汽车工业的应用不仅可以减轻40%的零部件重量，且生产成本较低，如果以单位体积计算，生产塑料制件的费用仅为有色金属的1/10，还可使采购成本降低40%左右。另外，塑料还具有综合性能、加工性能好，绿色环保等特点，如按单位质量来计算材料的拉伸强度，塑料的抗冲击性并不逊于金属；具有弹性变形特性，能吸收大量的碰撞能量，对强烈撞击有较大的缓冲作用，对车辆和乘员起到保护作用；具有良好的耐磨、避震、吸音性能，对电、热、声都有良好的绝缘性能，可广泛用于制造汽车内部的电绝缘、保温、隔热以及吸音零部件；设计自由度大，可一次成型复杂结构的制品，适合大批量生产、生产效率高；可回收利用，满足人类可持续发展战略要求。

据统计，目前世界上很多轿车的塑料用量已超过120kg，而德国高级轿车塑料使用量已达300kg，占汽车总重量的22%。塑料在汽车中的应用已从内饰件向外饰件、车身和功能结构件扩展，如保险杠、车门模块、前端模块、小腿防撞梁、备胎架、顶盖及背门系统等。目前，聚丙烯（PP）、PA、聚氨酯（PUR）、丙烯腈-苯乙烯-丁二烯共聚物（ABS）、聚乙烯（PE）、聚氯乙烯（PVC）、聚对苯二甲酸丁二醇酯（PBT）、聚对苯二甲酸乙二醇酯（PET）、聚碳酸酯（PC）、聚苯醚（PPO）等塑料零部件均已在汽车中广泛使用，各种塑料在汽车上的应用情况见表6-1。

表6-1　各种塑料在不同汽车中的应用情况

项目	BMW 1型	Toyota Aygo	Toyota Arius	Renault Clio	Peugeot 207
塑料重量/kg	279	128	140	166.8	152
塑料占整车重量比例/%	20	15	10.2	13	13
PP	33	52	51	45	50
PA	14	9	4	7	9
PUR	14	13	9	13	12
ABS	7	8	5	2	2
PE	6	8	7	8	7
PVC	4	3	3	3	3
PBT及PET	3	1	10	4	6
PC	1	3	3	1	1
丙烯酸树脂	1				
PPO	1				
其他	16	8	8	11	10

聚酰胺作为一种高性能工程塑料，具有高的冲击强度及优异的耐摩擦磨耗特性、耐热性、耐化学药品性、润滑性、尺寸稳定性等，约占汽车塑料制品总重量的10%，且占比不断提高，广泛用于汽车发动机零部件、燃料系统、驱动和底盘系统、电子仪表系统等。

6.1.1　发动机零部件

发动机零部件塑料化是汽车轻量化的一个重要方面。发动机的工作环境非常恶劣，发动机周边的零部件要承受−40～140℃环境温度，砂石冲击，盐雾腐蚀以及各种油、洗涤剂的侵蚀；发动机内的零件材料则要承受发动机的高温高热、剧烈振动及汽（柴）油、润滑油、灰尘等的污染，因此，应用于发动机零部件的塑料需要具有优异的综合性能。聚酰胺具有优良的力学性能、耐热性、耐磨损性和耐化学药品性，目前已广泛应用于汽车发动机零部件，如汽车塑料进气歧管几乎全部由注塑聚酰胺使用无缝和超声波焊接技术生产而成，制件表面光滑并有一定的弹性，在满足使用功能的同时，还能降低噪声和振动，方便汽车装配，降低装配过程中的制造成本。聚酰胺在汽车发动机零部件中的应用见表6-2。

表 6-2　聚酰胺在汽车发动机零部件中的应用

体系	部件名称	材料
主体系统	气阀门罩盖、发动机座	PA66/GF-M，PA66/GF
进气系统	空气进气歧管、空气除尘器外壳	PA/GF
	空气进气歧管、调压池	PA6/GF、PA66/GF
	节流阀体	PA66/GF、PA66-M
冷却系统	散热器槽	PA66/GF，PA66/PA612/GF
	散热器中间部分支架、水进口管件	PA66/GF
	风扇叶片护罩	PA66/GF，PA6/GF
	水出口管件/水泵涡轮/水泵皮带轮	PA6T/GF
润滑系统	油盘	PA66/GF-M
	油过滤器、油过滤网支架	PA/GF
	充油罐、油水准仪	PA66/GF，PBT/GF，PET/GF
转动系统	牙轮皮带罩	PA66/GF，PA6/GF
	链导轨、凸链轮	PA66，PA46
发动机罩盖	发动机罩盖	PA66/GF-M，PA6/GF-M

注：GF 为玻璃纤维，M 为蒙脱土。

6.1.1.1　进气歧管

发动机内燃机室进气歧管是汽车动力系统主要部件之一，其作用是将汽油混合气体引入发动机的各汽缸，决定着发动机的进气效率和各汽缸充气均匀性，是影响发动机动力特性和油耗的关键零件。与金属进气歧管相比，采用聚酰胺制造的进气歧管重量减轻 40%～50%，成本降低 20%～35%；可一次成型，大大减少制作工序、提高成品合格率和生产效率；内壁光滑，可减少汽油混合气体流动时的空气阻力，减少功率损失，提高汽油燃烧效率；热导率低，不易受到发动机传热的影响，不仅可以改善发动机的热启动性，还可以提高发动机的效率和扭矩，减少废气排放，同时冷启动时也可在一定程度上避免管内气体热量的损失；减振消声、设计自由。

20 世纪 80 年代，欧洲开始采用失芯成型法生产聚酰胺进气歧管，该法成型工艺复杂、成本高、生产效率低，1998 年后被低成本的振动焊接——shell 法替代，现多采用注塑成型或吹塑成型与振动焊接法结合生产聚酰胺进气歧管。

日本宇部（UBE）开发的进气歧管专用 PA6 牌号为 1015GNKF，具有优异的特性和加工性，可以满足振动焊接要求的二次加工性和焊接强度。进气歧管专用 PA6（牌号 1015GNKF）与常规 PA6（牌号 1015GC6）的性能比较见表 6-3。

表 6-3　进气歧管专用 PA6 与常规 PA6 的性能对比

项目	测试方法	进气歧管专用 PA6	常规 PA6
拉伸强度/MPa	ASTM D638	185	170
断裂伸长率/%	ASTM D638	4	4
弯曲模量/MPa	ASTM D790	8500	8000

续表

项目	测试方法	进气歧管专用PA6	常规PA6
缺口冲击强度/(J/m)	ASTM D256	108	100
热变形温度/℃	ASTM D648	215	215
振动焊接强度/MPa	UBE自测	63	55
注射流动长度/mm	UBE自测	101	82

福特（Ford）汽车公司对其Transit中型卡车进行重新设计时，为降低车重，提高燃油效率，采用30%玻纤增强PA46树脂制造空气进气歧管，具有高耐热性、尺寸稳定性及高温下优良的力学性能，优于其竞争树脂聚苯硫醚（PPS），并且能满足Ford公司新型柴油发动机的关键性能要求，包括可靠性、耐用性，在价格上也具有竞争力。

法国罗地亚公司开发了高流动性Technyl Star AFX，为60%玻纤增强PA66，其拉伸强度和铝一样，可用于制造进气歧管、空气导管，还可用于制造汽车结构部件，如轴承保持架、齿轮等。

比利时Solvay公司推出了进气歧管用35%玻纤增强PPA，与现有聚酰胺进气歧管相比，重量减轻25%，各项性能优异，可提高发动机功率。采用35%玻纤增强PPA吹塑成型的空气导管（安装在空气过滤器和涡轮充电器之间）能够供给大型载重汽车发动机燃料燃烧时所需要的空气，能耐140℃的温度和2×10^5Pa压力，可在严酷的环境条件长期使用10000h。采用该PPA树脂制造的进气歧管已应用到多款汽车发动机，如通用汽车公司的LS1和LS6发动机、沃尔沃公司的HGV发动机。

2004年，中国第一汽车集团和巴斯夫公司联合开发了33%玻纤增强PA6制造的进气歧管，并应用于红旗轿车上，这是国内首次将聚酰胺制造的进气歧管应用于轿车发动机。此外，国内金发科技股份有限公司也开发了多款进气歧管专用聚酰胺材料，如PA6-G30 HS和PA6-G35 HS，具有非常优异的性能，满足振动焊接要求。

6.1.1.2 汽缸盖罩和发动机盖罩

塑料制造的汽缸盖罩具有重量轻、防噪声效果好、成本低等优点。现大部分汽车的汽缸盖罩均采用塑料制造，如日产公司2000年后研发的汽车发动机几乎均采用聚酰胺制造的汽缸盖罩，德国BMW公司的带有可控调节阀（VVT）6缸发动机的多功能汽缸盖罩也采用无机矿物填充和玻纤增强PA66（商品名为Minlon）制造，在−40～150℃温度范围具有所需的刚性、强度、低翘曲、尺寸稳定性、噪声最佳化和机械功能等。聚酰胺材质发动机汽缸盖罩见图6-1。

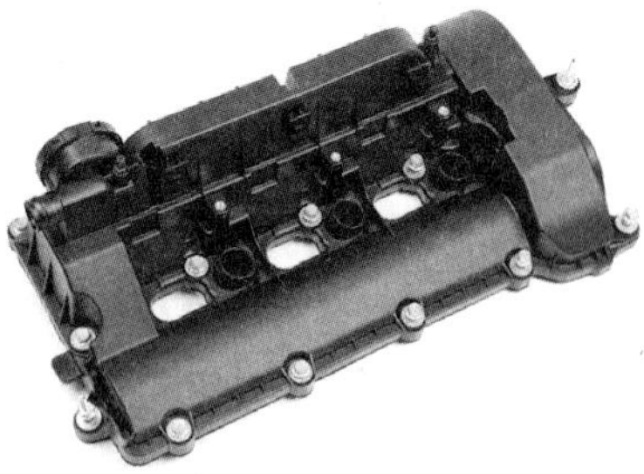

图6-1 聚酰胺材质发动机汽缸盖罩

为扩大聚酰胺在汽缸盖罩领域的应用，美国杜邦开发了高强度、高刚性PA6 73G15，具有高刚性、高抗冲的特点；德国巴斯夫开发了一种用于汽车汽缸盖罩的PA66 A3WGM33 BK20560，具有优异的力学性能和耐腐蚀性。

发动机盖罩采用塑料材料制造，内贴遮音板，能遮蔽发动机的噪声（特别是直接喷射型发动机），提高外观性能。发动机盖罩可用玻璃纤维和无机矿物填充增强 PA6 和 PA66 制造，以玻纤增强 PA6、PA66 为主。玻纤增强聚酰胺是高端汽车发动机盖罩选材的最优方案之一，如奥迪车系的发动机盖罩就采用高流动玻纤增强 PA66 A1G6-HR 制造，具有优异的流动性和力学性能，相比常规玻纤增强 PA66，流动性提高近 60%，生产周期缩短 15%～30%，并且制件轻巧，薄壁化，厚度减少约 20%。玻纤增强聚酰胺具有耐高温、耐老化，力学性能优异、耐化学药品性稳定等优点，但流动性差，注塑加工困难，为了增加其流动性，必须对其进行改性。

6.1.1.3　油过滤器

油过滤器的作用是通过油管上安装的过滤网将油盘内吸出的油分配到发动机各部件，使油渣和异物不能通过。早期汽车油品过滤主要通过法兰和钢管之间安装过滤网来实现，近年来，出于轻量化和安全等方面的考虑，油过滤器开始采用玻纤增强聚酰胺制造，将原钢管结构分为上部和中间两部分，各自用树脂注射成型，再将金属过滤网与中间部分熔接在一起，如图 6-2 所示。与金属过滤网相比，采用聚酰胺制造油过滤器后，油管中空气混入率降低 10%～30%，成本降低 50%，重量减轻 70%。

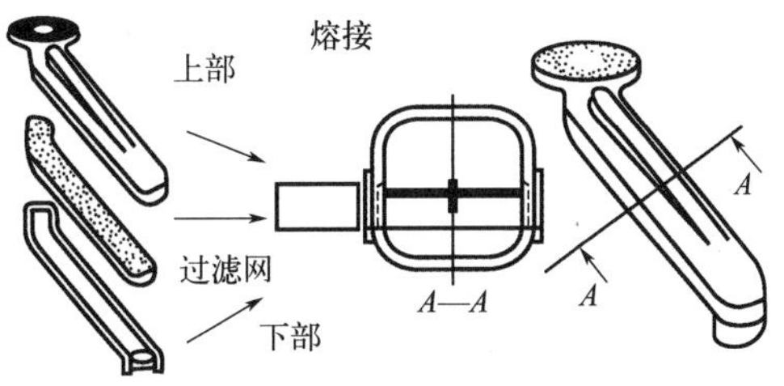

图 6-2　油过滤器

6.1.1.4　散热器

散热器是汽车中的关键冷却装置，负责将发动机的高温降至适宜水平。它由风扇、上槽、下槽、中间支架等多个部件组成，其中中间支架、上槽、下槽、风扇叶片及叶片保护罩均采用玻纤增强 PA6 或玻纤增强 PA66 制造，以确保其既具备出色的强度又兼具轻量化的特点。

发动机长效冷却液的进口位置连接着进水口管件，这部分对耐温性的要求相对较低，因此可以使用玻纤增强 PA6 或玻纤增强 PA66。然而，位于发动机长效冷却液出口位置的排水口管件，则需承受高达 230℃的高温，因此必须选用耐温性能更好的材料，如玻纤增强 PA46。

6.1.1.5　涡轮增压器进气管路

随着涡轮增压技术的日益成熟和广泛应用，涡轮增压器与中冷器之间连接的进气管路的塑料化研发已成为行业焦点。目前，硬质进气管路部分多采用 20%玻纤增强 PA66 注塑后焊接成型，而相应的连接卡箍则采用 35%玻纤增强 PA6 来制造；高温段与胶管配套的接头也选用 30%玻纤增强 PA66 制造，以确保其具有优异的耐热性能和机械强度。

6.1.2 燃料系统零部件

汽车燃油系统是由燃油储存系统（包括燃料箱及其相关配件）、燃油注入系统及燃油供给管路系统共同构成的一个回路。在这个回路中，燃油供给管路会收集燃油箱内挥发的燃油气体和供油时产生的挥发气体至滤毒罐吸附，当发动机工作时，滤毒罐中吸附的可挥发气体随进气系统进入发动机。早期，燃油系统回路零部件大多由金属制成。然而，自1996年开始，使用塑料生产燃油系统零部件逐渐成为主流。塑料材质轻便，符合汽车轻量化的需求，同时还具有优异的耐腐蚀性、使用安全性、耐燃料渗透性及耐冲击性，且成型方便、安装容易、成本较低。图6-3为汽车燃料系统的构成。聚酰胺在汽车燃料系统中主要用于制造燃料管、燃料箱、燃料盖、滤毒罐等零部件。表6-4为聚酰胺在汽车燃料系统零部件中的应用。

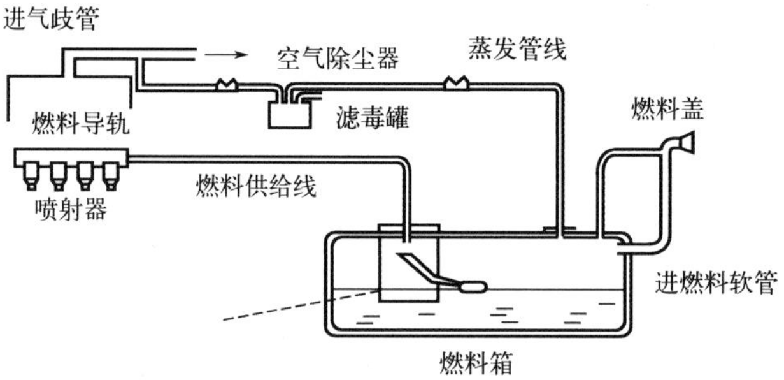

图6-3 汽车燃料系统构成

表6-4 聚酰胺在汽车燃料系统中的应用

体系	部件名称	材料
燃料注入系统	燃料盖上部 燃料盖中部	PA66 POM
燃料贮存系统	燃料箱	单层：HDPE 多层：HDPE/阻隔层(PA6或EVOH)/粘接层/HDPE
	副油箱	PA6
	燃料出口阀	PA6T、POM
燃料供给系统	燃料管	单层：PA11、PA12 多层：PA12/ETFE
	燃料过滤器外壳	PA66/GF
	燃料输送管	PA66/GF
	燃料喷嘴	PA66/GF、PA6T
蒸发线路系统	滤毒罐	PA66，PA6，增韧PA66、PA6

注：ETFE为乙烯-四氟乙烯共聚物。

6.1.2.1 燃料盖

汽车的燃料注入口处都配备了燃料盖，其材质必须具备出色的耐冲击性，以确保在日常使用中不会轻易损坏。同时，良好的密封性也是不可或缺的，这主要依赖于密封垫圈的密封性和材料本身的柔韧性。目前，主流的燃料盖制造材料是增韧改性 PA6 或 PA66，这些材料在保持耐冲击性的同时，还具有良好的耐油性。然而，为了降低成本，某些车型也采用了聚甲醛（POM）材料，但 POM 的燃料挥发透过率相对较高。

6.1.2.2　燃料截止阀

为了防止汽车倒转或燃油箱满溢时燃油泄漏，车辆中专门安装了燃料截止阀。由于该部件在生产过程中需要经过 100℃的烘烤处理，因此其制造材料必须能够承受高达 130℃的温度。目前，玻纤增强改性 PA6 是生产该部件的主要材料。主流车型中，约 70%的阀体采用 PA6 改性材料制造；而在高端车型中，则普遍使用耐热性能更优的 PA66 材料。

6.1.2.3　燃料管

汽车用燃料管必须具备耐燃料侵蚀、良好的阻隔性以符合各国透过率标准，同时还要能承受−40℃至 80℃的温度变化，具有出色的抗疲劳性、柔韧性和耐候性。早期燃料管主要采用环氧氯丙烷橡胶（ECO）和橡塑合金（NBR/PVC）结合钢管制造，然而，随着汽车行业对降低成本和能耗的需求日益强烈，塑料管解决方案在 20 世纪 90 年代中期开始崭露头角，初期主要为 PA11 制造的单层管，后期随着全球汽车产量的激增，PA11 供应逐渐紧张，PA12、PA1010、PA612 和 PA1212 等替代品相继问世并投入产业化应用。

近年来，随着燃料挥发物排放标准日益严格，多层燃油管解决方案已成为各大材料供应商和管路生产企业的研发重点。其中，PA12（作为外层）/ETFE（作为黏结层）/导电改性 ETFE（作为内层）的多层管设计尤为引人注目。此外，为了简化油管安装过程，业界还开发了快速接头以配合燃料管的单触式设计。这种接头的优点在于能够避免更换时对管路长度尺寸的影响，只需更换相应位置的管段而无需整体替换。由于该部件对材料的耐油性和尺寸稳定性要求甚高，因此 PA12 制成的快速接头得到了广泛应用。另一方面，燃料导轨作为多点电喷和电子控制燃料喷射装置的关键部件，承担着发动机各汽缸分配燃料的任务，故其制造材料需具备优异的耐油性、耐热性、隔热性、密封性、耐压性及抗冲击性。目前，玻纤增强 PA66 是生产这种导轨的主要材料。

6.1.2.4　燃油箱

为了追求轻量化和流线型设计，塑料燃油箱在全球范围内得到了广泛普及。与金属燃油箱相比，塑料燃油箱的重量可减轻约 30%。此外，塑料模塑成型技术使得燃油箱的设计更加灵活多样，打破了传统固定形状设计的束缚，为汽车外观设计师提供了更多的自由度。

20 世纪 70 年代丰田汽车公司在其出口到欧洲的车型上率先采用了单层 HDPE 油箱，这一创新举措为燃油箱的塑料化发展奠定了基础。随后，全球各大汽车厂商纷纷效仿，并在短时间内推出了自己的塑料燃油箱产品。然而，随着燃油排放标准日益严格，单层油箱已难以满足各国法规的要求。因此，自 2000 年后，阻隔性更高的多层燃油箱开始逐渐取代单层油箱成为主流。

多层燃油箱的设计理念在于将不同功能的树脂层组合在一起，以实现既满足渗透率要求又降低成本的目标。PA6 材料因其出色的耐燃油透过性，常被用作多层燃油箱的阻隔层。例如，将 PA6 与 EVOH 树脂共同作为阻隔层使用时，其燃油渗透量可低至 0.2g/(m^2·24h) 以下，是目前全球最环保的燃油箱解决方案之一。

6.1.2.5 滤毒罐

滤毒罐作为燃油气体吸附装置，其核心作用是吸附燃油箱内挥发出的气体。它通常由活性炭、聚酰胺无纺布过滤器和 PA66 制成的盖子 3 部分组成。随着汽车排放法规日益严格，燃油蒸发污染控制要求不断提高，滤毒罐的作用愈发关键。其工作原理为：当发动机启动，进气歧管的负压将空气吸入滤毒罐，同时将挥发气体送入进气系统。鉴于过程中滤毒罐需承受冲击、高温及振动等严苛工况，因此目前多采用增韧改性的 PA6 或 PA66 制造。

6.1.2.6 燃料喷射器

燃料喷射器是一种电子控制式喷射装置，其功能是将燃料从汽缸盖附近的入口定时喷射。该部件主体部分多采用玻纤增强 PA66 制成，通过电磁铁驱动来精确控制喷射燃油量，电磁铁的线圈骨架则采用耐热玻纤增强聚酰胺制造，如 PA6T、PA9T 或 PA46。

6.1.3 电子电气系统零部件

汽车工作环境复杂，包括温度变化大、振动频繁等，因此，为了确保汽车的安全和稳定，汽车电子电气系统零部件必须能承受一定的工作温度，如发动机周边的温度可能达到−40～150℃；能承受水、化学药品、有害气体侵蚀；能承受激烈的振动和冲击。聚酰胺具有出色的绝缘性能、耐热性能、力学性能和加工性能，可满足汽车电子电气零部件的严苛要求。聚酰胺在汽车电子电气系统中的应用见表 6-5。聚酰胺主要用于制造连接器、传感器、开关及发动机的齿轮、外壳等。

表 6-5 聚酰胺在汽车电子电气系统中的应用

项目	部件		材料
电线配线	连接器		PBT、PA66、PA6T
	断电器滑块		PBT、PA66、PA6
	电线固定器		PA66、PA6
传感器	各种传感器外壳		PBT/GF、PET/GF、PA/GF、PAMXD6/GF
	传感器转子		PA66/GF-M
	各种传感器（开关、线圈、骨架）的封装		PBT、PET、PA
开关	各种开关		PBT、PA、PC
	组合开关外壳		PA66/M
启动充电	启动器	电磁铁开关线筒	PA66/GF
		转换开关	PA66
发动机	各种发动机外壳		PBT/GF、PEF/GF、PA6T/GF
	各种发动机齿轮		POM、PA

PA6T 在分子结构中引入大量苯环，与传统的 PA6、PA66 相比，PA6T 拥有更高的热变形温度，且吸水率低，尺寸稳定性、耐焊接性好等，特别适合制造电子连接器。德国

Kromberg & Schubert公司采用BASF公司牌号为Ultramid® T 4381 LDS的半芳香族PA6/6T制造了一种汽车三维互联器件（见图6-4），该材料熔点为295℃，热变形温度为260℃（0.45MPa），可承受的最高温度高达285℃，在高熔体温度、良好加工性能及低吸水性之间实现了最佳平衡。

图6-4　PA6/6T制造的汽车三维互联器件

6.1.4　驱动和底盘系统零部件

在汽车的众多系统中，驱动和底盘系统的零部件对耐久性和可靠性的要求堪称首位。这些零部件需要材料具备卓越的性能，特别是在经常滑动的摩擦部位。聚酰胺材料凭借其出色的韧性、耐磨性，以及优异的耐腐蚀、耐温和抗蠕变性能，成为驱动和底盘系统零部件的首选材料。例如，在动力传动装置中，变速控制杆罩常采用玻纤增强PA6或玻纤增强PA66制成；而底盘悬挂系统的稳定器连动杆则普遍使用增韧改性PA6或PA66制造。此外，发动机中的正时链条导轨也常采用PA6或PA66来制造。

发动机支架或者驱动电机支架早期一般选用钢铁或者铝合金材质，后开始采用玻纤增强PA66制造。聚酰胺材料本身具有阻尼减振效果，将其应用于发动机、驱动电机支架，可以有效降低发动机或驱动电机的振动和噪声。

油门踏板直接关系到驾驶员的操控和驾驶安全。早期，汽车油门踏板主要采用铸铝制造，近年来，随着汽车的轻量化，以玻纤增强聚酰胺制造的油门踏板得到广泛应用。这种油门踏板在受到驾驶员踩踏和操纵时能够承受较大的力量和压力，不易发生变形或破损，同时玻纤增强聚酰胺的高强度与刚性也有助于提高汽车整体的结构稳定性和安全性。

6.1.5　安全气囊和轮胎帘子线

安全气囊作为汽车必须具备的安全设施之一，需满足以下功能要求：在−40～80℃下能正常触发，释放气囊；具备高敏感度，任何撞击状态下均可正常启动。因此，气囊材料不仅需承受高低温环境，还应具备高耐冲击性、高撕裂强度及低伸长率。

安全气囊由内部材质和外部材质组成，其中内部材质主要是指用于制作气袋的布料和涂层。该布料需具备轻质、高强度、抗撕裂等特性，通常采用聚酰胺纤维（包括PA6纤维、PA66纤维，以PA66纤维为主）、聚酯纤维等制成。涂层则是为了提高气袋的防水性能和增加摩擦力，一般由聚氨酯、聚氯乙烯等材料制成。聚酰胺纤维因初始模量低、断裂伸长率适中、热焓值高等，使其成为制作安全气囊气袋布料的理想材料。目前，聚酰胺纤维在汽车安全气囊布中的使用比例约为70%。

安全气囊支架是安全系统的关键部件。为确保其能有效发挥保护作用，现多采用玻纤增韧改性PA6来制造。该材料不仅韧性优异、耐温性能好，还能保证安全系统的实时有效性，确保安全系统在数毫秒内迅速反应，避免司机和乘客与硬表面碰撞。为满足这一要求，壳体材料必须具备出色的力学性能和热性能，同时还要保持长期稳定性。

轮胎帘子线对材料的强度、刚性（模量）、与橡胶的黏合性、耐疲劳性、尺寸稳定性及耐热性等方面均有严格要求。依据轮胎种类、使用部位及性能要求，轮胎帘子线可采用涤纶、聚酰胺纤维、黏胶纤维、芳纶等有机纤维，也可使用钢丝、玻璃纤维等。

聚酰胺耐疲劳性佳、与橡胶黏合性好、断裂强度和断裂伸长率高，主要用于斜交胎、缓冲层和大型轮胎的制造。聚酰胺类帘子线主要包括PA6帘子线和PA66帘子线，两者的性能接近，而PA6帘子线的热收缩率略大。飞机和大型载重汽车对轮胎的耐热性和耐疲劳性要求更高，因此多采用PA66帘子线。近年来，随着斜交胎向子午胎转变，适用于斜交胎的聚酰胺帘子线的市场需求有所下降。芳纶1414具有非常高的强度和模量，适合用作高级轿车子午胎的带层材料和高性能摩托车的轮胎帘子线材料，不仅可降低成本，而且性能优异。

6.1.6 电池箱体

电池箱体是新能源汽车动力电池系统的重要组件，主要用于保护和支撑动力电池模组、电池温控系统、电池管理系统等部件，防止动力电池系统在外界冲击或者机械应力下发生损坏。电池箱体对保障动力电池系统的机械安全有重要意义，因此对冲击强度、拉伸强度等力学性能有较高的要求。目前电池箱体一般选用阻燃玻纤增强聚酰胺材料，其中以阻燃玻纤增强PA6材料居多。

阻燃性能是新能源汽车电池箱体材料选用的重要参考指标，未改性的PA6材料极限氧指数一般仅在20%～22%，阻燃等级仅能达到UL94 V-2级，难以满足新能源汽车严苛的阻燃要求。基于此，众多工程塑料公司开始致力于研发适用于电池箱体的无卤阻燃PA6材料。例如，朗盛集团推出了3种以PA6为基体的Tepex系列复合材料。该材料的纤维含量较高，不仅具备极高的刚度、强度和能量吸收水平，还具有UL94 V-0等级的阻燃特性。其中，Tepex dynalite 102fr-RG600（x）/47%采用粗纱玻璃纤维增强，这些纤维呈多轴排列，不仅可以实现良好的阻燃效果，还可以精确地匹配部件中的负载路径，应用于新能源汽车电池箱体的控制单元外壳、隔板、盖板等高压部件。Tepex材料制造的电池支架见图6-5。

图6-5 Tepex材料制造的电池支架

6.1.7 车身结构件

聚酰胺具有较好的韧性、强度及耐热性，能成型钢板难以成型的曲面，如可用来制造仪表台、车内门把手、车门锁撞针、车轮盖盘、风口格栅、后视镜外壳和支架、阻流板、行李箱盖、保险杠等车身结构件。

仪表台横梁与车身直接连接，承受并传递人机交互设备及装饰部件的载荷，并与其他安全部件构成了cockpit安全系统，直接影响着汽车的操控性和安全性。目前，长玻纤增强PA6仪表台横梁已开发成功并在部分车型上大量应用。在完全满足仪表台横梁作为承载件必须具备的刚性和强度同时，长玻纤增强PA6仪表台横梁具有优秀的抗蠕变性能、耐疲劳性能及出色的高低温抗冲击性能。

汽车保险杠的主要作用是吸收和减缓外界冲击力，保护车身和乘客安全。玻纤增强

PA6、PA66 抗冲击性优良、尺寸稳定性好，以其制造的保险杠，在受到意外撞击时，能够迅速吸收能量并分散应力，从而有效地保护乘客的安全。

后视镜长期暴露在户外，受到风吹日晒雨淋的影响，其制造材料必须能够抵御紫外线的侵蚀，且具有良好的耐腐蚀和耐热性，以避免在高温暴晒下出现腐蚀损伤或变形老化现象。采用玻纤增强 PA66、PA6 制造的后视镜部件能够承受来自风阻、震动和外部环境的各种力量，确保后视镜的稳定性和耐久性。

车内门把手需要承受乘客的拉力和开关门时的冲击力，因此材料必须具备足够的强度。采用 20%矿物增强 PA6、PA66（电镀级）制造的电镀型门把手能够满足暴拉力的要求，在德系汽车中应用广泛。电镀级 PA6 制造的车内门把手见图 6-6。

图 6-6　电镀级 PA6 制造的车内门把手

6.2 聚酰胺在电子电气领域的应用

聚酰胺在干燥条件下表现出良好的电绝缘性，介电常数较高（3.4～4.0，1MHz），体积电阻率在 $10^{12}\sim10^{15}\Omega\cdot cm$，但吸水性较大，尺寸稳定较差，吸湿后会降低其绝缘性（体积电阻率下降 1～2 个数量级），所以聚酰胺应用于电子电气领域时，常用于低压电器部件，不适用于高湿环境或高频高压场合。

聚酰胺在电子电气领域的应用仅次于汽车工业，主要用于制造电气接插件、绕线轴、线圈架、接线柱、开关、电阻器、电缆、绝缘支柱等，如 PA66 具有优良的耐焊锡性，在电气产品中用作接线柱；PA6、PA66、PA610 主要用作电动机罩、电器框架、线圈绕线柱、电机叶片、电视机调谐零件、电表外壳、继电器零件、电器外壳、热敏元件等；PA11、PA12、PA1010 主要用作电线电缆；透明聚酰胺用于制造安全开关、流量计透明罩、油面指示计、熔断器罩、速度计等。聚酰胺在电子电气领域的应用见表 6-6。

表 6-6　聚酰胺在电子电气领域的应用

项目	部件名称	材料	备注
绝缘材料	电线电缆保护套	PA6、PA66、PA11、PA12、PA6/GF、阻燃 PA66	PA6 适用于中低压电缆保护套，PA66 适用于高温环境电缆保护套，PA12、PA11 适用于埋地电缆、海底电缆、野外电缆保护套，阻燃增强 PA 适用于高压电缆
	断路器的绝缘拉杆、新能源汽车充电枪、继电器线圈支架、低压电缆终端绝缘子	PA66/GF、PA6/GF	
	铁路接触网绝缘件	PA12	
	油浸式变压器骨架材料	对位芳纶纸、纤维素/聚酰胺黏合纸(Nomex 910)	

续表

项目	部件名称	材料	备注
连接器及开关件	汽车电子连接器、高温环境开关部件、耐高温电子连接器	PA46、PA4T、PPA、PA6/ASA	
	精密电子接插件、潮湿环境开关外壳	PA12	
	高压开关、插座、断路器外壳	阻燃PA66、阻燃PA6	
	电气连接器壳体、开关底座	PA66	
	高强度接插件、开关支架、继电器外壳	PA6/GF、PA66/GF	
电路板	多层印刷电路板的支撑膜	PA66/GF	
	柔性电路板的支撑膜，高频天线基板、雷达模块的介电层	PA12	
	可穿戴设备电路基板	TPU/PA	
外壳和结构件	家用电器外壳	PA6、PA66、PA6/GF、PA66/GF	
	电动工具外壳	PA66/GF、PA66/CF	
	路由器、电源适配器、充电宝外壳	阻燃PA66、PA6T	
	电机叶片、线圈骨架	PA66/GF、PA6/GF、PA46	
	流量计透明罩、电表外壳	透明PA	

6.2.1 绝缘材料

聚酰胺具有相对较高的耐热性、阻燃性和机械强度，能够承受高温、高电压等恶劣环境，非常适合用作电线电缆的绝缘材料，能在温度−60～105℃、相对湿度98%的环境下正常使用。如采用玻纤增强PA66制造的电机绕组引线，长期使用温度达150℃；采用PA11和PA12制造的电线电缆绝缘材料，不仅可作为护套还可绝缘，具有质量轻、绝缘性好、耐老化、力学性能优异、耐湿及易于加工成型等优点，特别适合用作埋地电缆套材料、野外特种用途通信电缆套材料、海底光缆电缆的保护材料，能满足环境苛刻和安全要求较高的核电站、轨道交通和隧道等场合的电缆需求，不仅安全寿命长（40～60年），而且可以满足电缆对白蚁和老鼠的防护要求。澳大利亚数十年前已采用PA11和PA12作为防白蚁电缆的绝缘保护层，我国也发布了YD/T 1020.1—2021《电缆光缆用防蚁护套材料特性 第1部分：聚酰胺》，该标准明确了电缆光缆用防白蚁材料聚酰胺塑料的技术要求、试验方法、包装和标志等。聚酰胺护套电缆结构示意见图6-7。

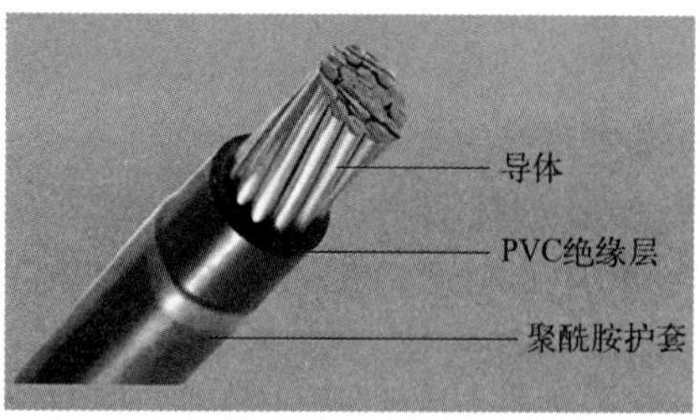

图6-7 聚酰胺护套电缆结构示意

除了用作电线电缆的绝缘材料外，聚酰胺也是制造电气设备绝缘部件和绝缘子的理想材料。例如，30%玻纤增强PA66已广泛用于制造断路器的绝缘拉杆；30%玻纤增强PA66制造的继电器线圈支架、触点隔离件可耐受继电器触点通断时的温度（120～150℃）；15%玻纤增强PA6已用于制造低压电缆终端绝缘子，30%玻纤增强

PA66 已用于制造新能源汽车充电枪，PA12 已应用于铁路接触网绝缘件；对位芳纶纸、纤维素/聚酰胺黏合纸（Nomex 910）等作为油浸式变压器骨架材料已得到广泛应用，与纤维素纸相比，Nomex 910 纸的耐热性能比纤维素纸高 20℃以上，绝缘系统耐热等级为 140℃。

6.2.2 连接器和开关件

作为电子设备中不可或缺的组件，连接器材料的选择直接关系到连接器的性能、可靠性和使用寿命。在众多材料中，PA6/丙烯酸酯-苯乙烯-丙烯腈共聚物（ASA）因其独特的综合性能，成为连接器制造的理想选择。PA6/ASA 材料是一种高性能的聚合物合金，结合了 PA 和 ASA 的优点。此外，采用 PA46 制造连接器的应用也很广泛，如帝斯曼公司开发的 30%玻纤增强高流动性 PA46 能够承受无铅焊接的高温并保持卓越的力学性能，适合于要求极高的薄壁连接器，如创新型平板电视、液晶显示屏、笔记本电脑、移动电话等所用连接器。PA46 制造的耐高温连接器见图 6-8。

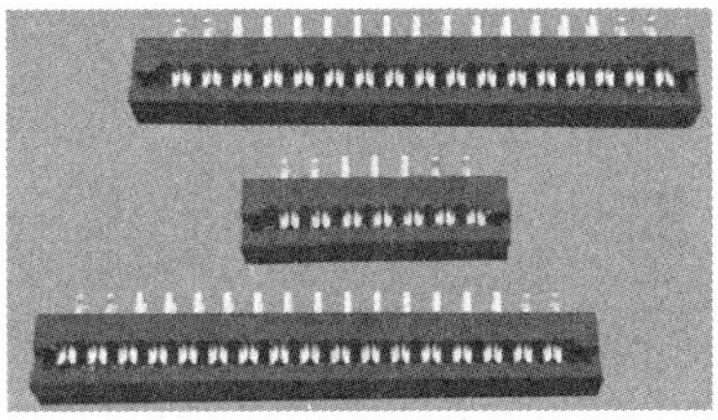

图 6-8　PA46 制造的耐高温连接器

接线端子主要用于固定和连接电线。聚酰胺绝缘性、力学性能优异，可提供可靠的电气连接，如采用 PA4T 制造接线端子，不仅阻燃等级达 UL94 V-0，具有出色的耐热性和力学性能，而且还能充分满足 SMT 回流焊的需要，既能降低成本、保护环境，又可大幅提高产品合格率。

聚酰胺在电气连接器件中也有广泛应用，如制造开关、插头、插座、电缆头等，具有耐高温、耐腐蚀、耐磨损等优点。其中，PA66、玻纤增强 PA66 主要用于制造工业开关，具有高刚性、耐高温的特点；PA6、玻纤增强 PA6 主要用于制造家用电器开关，具有成本低、易加工的特点。

6.2.3 电路板

在电路板领域，聚酰胺可制造多层印刷电路板（PCB）的绝缘垫片、隔离柱，用于机械支撑和电气隔离，常见材料为玻纤增强 PA66，不仅介电强度高，而且可耐受 150℃以上高温。此外，聚酰胺还可用作柔性电路板（FPC）的柔性覆盖层，替代传统聚酰亚胺覆盖膜，保护 FPC 的铜线路免受机械损伤和环境腐蚀，主流材料包括 PA12、PA6 薄膜，通常厚度为 25～50μm，不仅具有超强的柔韧性（如 PA12 可承受大于 100 万次的动态弯曲）、良好的低温性能（在－40℃仍保持柔韧性，而聚酰亚胺在低温下易脆裂），而且耐化学腐蚀性优异，可满足汽车电子等恶劣环境使用要求。

另外，聚酰胺也是制造可穿戴设备、医疗贴片等需要拉伸变形的电路基板的理想材料，如 TPU/PA 弹性体制备的电路基板的断裂伸长率可达 300%。

6.2.4 外壳和结构件

聚酰胺耐冲击性和耐热性优异，非常适合制造电子电气设备外壳，为设备提供保护和散热，其典型应用包括：采用 PA6、PA66、玻纤增强 PA6、玻纤增强 PA66 制造家用电器外壳，如电饭煲、微波炉、空气炸锅、咖啡机、吸尘器等；采用 30%玻纤增强 PA66、碳纤维增强PA6制造电动工具外壳，如电钻、电锤、电锯等；采用矿物填充PA66制造工业设备外壳，如控制柜、传感器、电机罩等；采用阻燃PA66、PA6T制造电子设备外壳，如路由器、电源适配器、充电宝等；采用透明聚酰胺制造透明外壳等，如流量计透明罩、油面指示计、熔断器罩、速度计、电表外壳等部件。

此外，聚酰胺在电子电气设备内部结构件中的应用也非常广泛。例如，阻燃玻纤增强PA6、PA66、PA46等制造的电器框架、风机叶片、各种线圈骨架等，不仅机械强度高、绝缘性能优异，而且能承受各种恶劣的使用环境；采用碳纤维增强PA6制备的笔记本电脑转轴，其开合寿命达10万次；采用PA12 3D打印的格栅骨架可使笔记本电脑减重25%；采用PA6T/PTFE制造的5G基站天线罩，透波损耗小于0.3dB/mm。

6.3 聚酰胺在包装领域的应用

聚酰胺以其使用温度范围广、拉伸强度大、抗冲击、耐有机溶剂、气体阻隔性高等优点而被广泛应用于日用品包装、电子产品包装、药品包装、食品包装等领域。

6.3.1 食品包装

食品包装材料需具备多项性能：足够的力学性能，良好的尺寸稳定性，以及优异的耐温性、耐油性、耐化学腐蚀性；同时要求具有阻气、保鲜、保香与适宜透光性能，还需抗紫外线且安全卫生。聚酰胺薄膜必须符合严格的安全标准方可应用于食品领域。目前，食品级聚酰胺薄膜的主要安全性指标有总迁移量、重金属的迁移量、高锰酸钾消耗量及己内酰胺的迁移量等，具体的限值及要求如表6-7所示。

表6-7 食品级聚酰胺薄膜的安全性指标

项目	安全指标
总迁移量/(mg/dm^2)	≤10
重金属(以Pb计)的迁移量(60℃,2h)/(mg/kg)	≤1
高锰酸钾消耗量(60℃,2h)/(mg/kg)	≤10
己内酰胺的特定迁移量/(mg/kg)	≤15

目前，市场上主流的聚酰胺食品包装膜有BOPA膜、PAMXD6阻隔膜。

（1）BOPA膜

BOPA膜主要以PA6为原料经双向拉伸制备。与非拉伸薄膜相比，BOPA膜具有更高的透明度、挺度和氧气阻隔性，但存在热性能差、易吸湿等缺点，实际应用中一般将BOPA与其他塑料（如PE、PP、PET、铝箔等）制成复合薄膜后使用，以实现性能与成本的平衡。其中，最具代表性的产品是BOPA/LDPE的复合薄膜，LDPE在复合薄膜中可以提高BOPA薄膜的热封合性，避免直接与含水较多的内装物品接触，保持BOPA的阻隔性能，同时也可以降低成本。此外，BOPA也可与流延聚丙烯薄膜（CPP）复合成BOPA/CPP复合薄膜，作为高温蒸煮袋（121～135℃，煮15～30min）用于包装米饭、肉丸类食品。BOPA复合膜在食品包装领域的应用见表6-8。

表 6-8　BOPA 复合膜在食品包装领域的应用

应用范围	实例	复合结构举例
蒸煮食品	肉粽、豆浆、酱料、烧鸡等	BOPA/CPP;BOPA/EVOH/BOPA/CPP
冷冻食品	肉丸、火腿、水饺、果冻条等	BOPA/PE
海鲜食品	鱼类、贝类	BOPA/CPP
普通食品	月饼、豆干、榨菜、牛肉粒等	BOPA/PE;BOPA/CPP
医药用品	注射管、泡罩药包、尿袋等	PET/AL/BOPA/PE;BOPA/AL/PE

注:EVOH 为乙烯-乙烯醇共聚物薄膜;PE 为聚乙烯薄膜;PET 为聚对苯二甲酸乙二醇酯薄膜;AL 为铝箔。

（2）PAMXD6 阻隔膜

PAMXD6 是一种优良的阻隔性树脂，具有优良的阻隔性和食品保香性，其阻隔性几乎与湿度无关，具有对 O_2、CO_2、烃类气体的永久和不变化的阻隔性，而且在高湿度下阻隔性下降很小，这是明显优于 EVOH 的特点。另外，PAMXD6 是耐热、耐高湿、耐候性及耐弯曲性佳的功能材料，其气密性比 PA6 高 10 倍多，同时还有良好的透明性和耐穿刺性，主要用于高阻隔性包装薄膜，用于阻隔性要求很高的食品软包装。

PAMXD6 通常作为多层挤出膜的阻隔层，如 BOPA/PAMXD6/PE、PET/PAMXD6/CPP、PAMXD6/EVOH/PE 等多层挤出膜，不仅具有良好的气味阻隔能力和力学性能，而且阻透性不会随着湿度的升高而降低。

6.3.2　液体容器及储氢瓶内胆

聚酰胺作为包装材料的另一个用途是制造吹塑制品容器，如桶、罐、瓶等，用于有机溶剂、农药、医药、汽柴油的包装运输，以保证产品运输的安全性。聚酰胺强度、刚性高，对芳烃、油类（如汽油）等阻隔性较好，在燃油箱、润滑油箱等方面有着巨大的市场，并且其加工流动性好，可以加工成薄壁容器制品。常见塑料制品的最小壁厚及推荐壁厚见表 6-9。

表 6-9　常见塑料制品的最小壁厚及推荐壁厚

塑料材料	最小壁厚/mm	小型塑件推荐壁厚/mm	中型塑件推荐壁厚/mm	大型塑件推荐壁厚/mm
聚酰胺	0.45	0.76	1.5	2.4～3.2
聚乙烯	0.6	1.25	1.6	2.4～3.2
聚苯乙烯	0.75	1.25	1.6	3.2～5.4
改性聚苯乙烯	0.75	1.25	1.6	3.2～5.4
硬聚氯乙烯	1.2	1.60	1.8	3.2～5.8
聚丙烯	0.85	1.45	1.75	2.4～3.2
聚碳酸酯	0.95	1.80	2.3	3～4.5
丙烯酸类	0.7	0.9	2.4	3.0～6.0

聚酰胺在储氢瓶内胆上也有重要应用，特别是Ⅳ型储氢瓶。这种储氢瓶采用全复合结构，内衬材料通常为聚酰胺或高密度聚乙烯（HDPE），外层为碳纤维或混合碳/玻璃纤维

复合材料。PA6 具有出色的耐氢气渗透性和耐热性能，适用于高压氢气储存环境。

6.4 聚酰胺在军工及航空航天领域的应用

近年来，随着科技的发展，聚酰胺树脂及其复合材料凭借其轻量化、高强度、易加工、耐腐蚀等特性，在现代军事装备中发挥着越来越重要的作用，主要表现在以下方面。

（1）低密度有利于实现轻量化　聚酰胺的密度仅为钢的 1/7～1/6，是铝合金的 1/4～1/3，却具有高韧性、优良的比强度和比刚度，可实现武器轻量化。重量是制约武器战技性能发挥的关键因素，坦克装甲车每减重 1kg 可使速度增加 5～10km/h；导弹火箭每减轻 1kg，可增大飞行速度 30%，对捕捉战机将起到关键作用。轻量化已成为世界各国军事工业努力的目标。

（2）降低成本　聚酰胺树脂品种多、特性突出、综合性价比好，易改性，能与不同材料如玻璃纤维、陶瓷、金属制成复合材料，满足军事及航空领域的性能要求，实现低成本化。

（3）加工成型特殊结构　军事及航空航天工业对部件制造灵活性和材料性能要求较高，经过多种改性方法得到的高性能聚酰胺材料能满足军事及航空航天工业部件特殊结构的要求。

6.4.1 轻武器装备零部件

聚酰胺树脂及其复合材料已广泛代替金属用于枪托、枪架、护木和携行具等，极大地促进了现代化武器装备的轻量化和功能化，如美国 VLTOR 武器系统公司生产的“Mods-tock”枪托采用玻纤增强聚酰胺制成，可耐冲击、耐高温、耐化学药品；美国 M9 式刺刀的刀鞘、刀柄均采用杜邦公司的聚酰胺产品制造；法国 FAMAS 枪全部 33 个部件都是用 30%和 60%玻纤增强聚酰胺制造；巴西恩纳姆 12 号霰弹枪外观时尚，除枪管和枪机外，其他零件全部采用聚酰胺材料制造，而且不需任何工具即可更换转轮和枪管，以发射不同口径的霰弹；英国 L85A1 突击步枪的护木、贴腮板和托底板采用高冲击韧性聚酰胺制造；国产 05 式 5.8mm 微声冲锋枪的枪托、握把，以及 88 式狙击步枪的枪托、上护盖、下护托也均采用聚酰胺材料制造；国产 QNL 95 式多用途刺刀（专门为 95 式 5.8mm 自动步枪研制）重量仅为 600g，能适应各种握持姿势，该刺刀刀柄、刀鞘采用超韧增强 PA6 注塑件，带扣用超韧 PA66 注塑，解决内带扣卡笋根部断裂的问题，如图 6-9 所示。

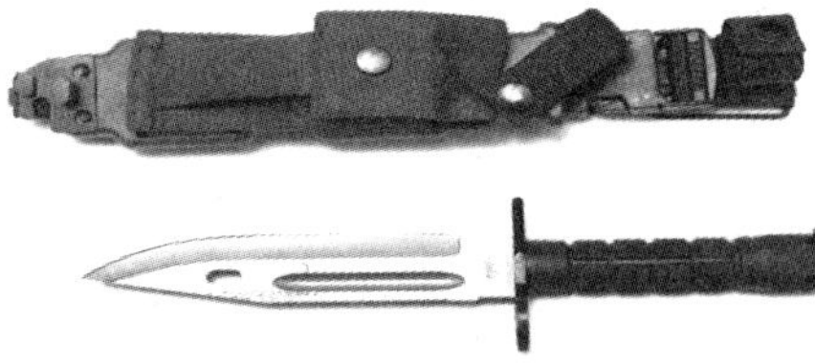
图 6-9　国产 QNL 95 式多用途刺刀

长碳链聚酰胺（如 PA11、PA12、PA1010、PA1212 等）因强度高、吸湿性低、耐冲击、耐化学腐蚀等，成为制造轻武器装备的理想材料，如以 PA11 制造的枪托、握把、扳机护圈、降落伞盖等能耐潮湿、干旱、严寒（－40℃以下）、酷暑（气温达 70℃）、尘土、海水或含盐分的空气及各种碰撞考验。目前，国外在军械上使用长碳链聚酰胺已相当普遍。我国在新装备的轻武器中，也全面采用了增强改性长碳链聚酰胺，如以 PA1010 为基体，加入一定的增韧剂、玻璃纤维等制备的复合材料已应用于制造国产 5.8mm 自动步枪、7.62mm 冲锋枪枪托，WMQ302 霰弹猎枪护木等，具有手感好、重量轻、美观、耐用等特点。

聚酰胺在单兵装具及携行具上也有广泛应用，如作战训练使用的弹夹饰袋、腰带、背带和行军背囊、水壶、油壶等。美军制式单兵腰带-肩吊带式携行具采用聚酰胺材料，不吸水，不会因下雨或浸水而增重。美军丛林靴采用芳纶复合材料制成网状结构的靴垫取代靴底内的金属板，不仅重量轻，而且具有一定的防雷能力。此外，现行美军装备的水壶、油壶也采用 PA11 制造。

6.4.2　特种防护装备

芳纶具有密度小、冲击强度优异、比弹性模量高等特点，是许多军事装备的防护材料，如芳纶增强防弹盔、防弹背心、防雷靴等。实验人员对 11 层 Kevlar 芳纶防弹背心进行测试，弹丸通常停止在前 3 层，而其他材料制成的 20～40 层背心，弹头至少停止在前 9 层，且 Kevlar 纤维能使弹头冲击减轻 15％，制品重量至少减轻 10％。与超高分子量聚乙烯纤维相比，高档防弹芳纶无纺布与高性能聚乙烯薄膜制成的软制防弹背心的防弹性能和耐热性能更好。

另外，由于芳纶在高温高湿等恶劣气候条件下始终能保持足够的强度和服用性能，在遇火、高温及热辐射条件下均不会产生熔滴或强烈收缩，并具有耐磨损、抗撕裂、重量轻和穿着舒服等一系列优良特性，因此，芳纶也被应用于一些特种行业，如消防服、各种军警制服、税务海关等公职部门制服，科研和救护人员的隔离服，赛车服，石油、化工、电力、钢铁行业的工作服等。欧洲防护服产品的原料组成见表 6-10。

表 6-10　欧洲防护服产品原料组成

原料组成	克重/(g/m^2)	用途
30％间位芳纶、5％对位芳纶、65％阻燃黏胶	150(衬衣)、250、300	消防、部队、工业、警察、救护
35％间位芳纶、65％阻燃黏胶	125(里料)、150(衬衣)、215(衬衣)、300、320	消防、部队、工业、警察、救护、冶金
50％间位芳纶、50％阻燃黏胶	260、300	消防、工业防护
95％间位芳纶、5％对位芳纶	165～265	消防、部队、工业、警察、液体化学品防护
93％间位芳纶、5％对位芳纶、2％抗静电纤维	150～265	消防、部队、工业、警察、救护(抗静电、电弧)、液体化学品防护
88％间位芳纶、10％对位芳纶、2％抗静电纤维	260	消防、抗静电性能
60％间位芳纶、40％对位芳纶	220	消防、抗静电性能、防电弧
75％间位芳纶、23％对位芳纶、2％抗静电纤维	195、220	消防、抗静电性能、防电弧
60％对位芳纶、40％PBI	200、220	消防
36％对位芳纶、38％Basofil、25％Panox、1％抗静电纤维	300	工业、极热保护、镀铝防护

注：PBI 是指聚苯并咪唑纤维；Basofil 是德国 BASF 公司生产的一种三聚氰胺隔热和阻燃纤维；Panox 纤维为预氧化聚丙烯腈纤维。

6.4.3 坦克装甲车零部件

发动机是坦克装甲车辆的心脏，长期在高温环境下工作，要经受各种苛刻条件的考验，如严寒、酷暑、沙漠、沼泽、山地等。为了保持高功率和耐久性，坦克减重是一个有效途径，此举可使发动机发挥更大效率。采用增强聚酰胺、增强聚醚醚酮材料制造的供油系统的齿轮解决了齿轮的精密加工问题，具有线膨胀系数低、重量轻、自润滑、无噪声等特点。表6-11为聚酰胺在坦克发动机中的应用。

表6-11 聚酰胺在坦克发动机中的应用

国家	部件	材料	效果
美国	弯管接头	PA66	可在−40～120℃下长期工作
	高压拉杆轴套	PA66	耐磨、耐100℃高温，可在柴油中长期工作
	连接件，进排气管密封件	PA66	耐温−40～120℃，可在120℃的机油中长期工作
	活塞、活塞杆连杆，调速齿轮、阀、弹簧座、推进杆体	石墨增强聚酰胺-聚酰亚胺	韧性高，可在260℃下连续长期工作，重量仅为金属件的1/3，减重18kg
英国	摇箱、风扇、汽缸盖	PA46、PA6T	可在150℃下长期工作，急冷不损坏、耐腐蚀、强度高
	齿轮	石棉增强PA46、PA6T	带钢件，使用寿命长
	排气管包覆层	PA46、PA6T	尺寸稳定，耐温度变化
	汽缸盖、进气歧管、定时齿轮箱、输油泵体	PA46、PA6T	表面光洁度高

随着各种高新反坦克武器及特种武器的出现，坦克装甲车对移动灵活性提出了更高的要求，越来越多的坦克装甲车开始用到复合主装甲。复合主装甲主要由高强度装甲钢、钢板铝合金、Kevlar纤维和陶瓷材料等组成，如美军在M-1主战坦克上采用了“钢-Kevlar-钢”型复合主装甲，能防中子弹、防破甲厚度约700mm的反坦克导弹，还能减少因被破甲弹击中而在驾驶舱内形成的瞬时压力效应；在M1A1坦克上采用了Kevlar纤维复合材料制造的主装甲，可防穿甲弹和破甲弹；在M113装甲输送车内部结构的关键部位装有Kevlar纤维制造的装甲衬层，可对破甲弹、穿甲弹和杀伤弹的冲击或侵彻提供装甲防护。

除了主装甲外，坦克在易中弹的炮塔和车体各部位也普遍安装附加装甲和侧裙板，如采用Kevlar纤维复合材料制成的“拼-挂”式附加装甲背板，可提高铝装甲或钢装甲防弹及防破片的能力。制造附加装甲的层压薄板通常含质量分数9%～20%的Kevlar纤维，在重量相同的情况下，Kevlar纤维与铝甲板制造的复合装甲的防护力较铝装甲大一倍，且在防护能力相同的情况下，其重量可减少近一半。Kevlar纤维层压板的防弹能力是钢的5倍左右，并且Kevlar纤维层压薄板的韧性是玻璃钢的3倍，故在受到弹丸攻击时，可吸收大量的冲击动能，是钢、铝、玻璃钢装甲的理想代用品。聚酰胺在坦克装甲方面的应用见表6-12。

表 6-12 聚酰胺在坦克装甲方面的应用

部件	材料	应用及效果
战车履带部件	Kevlar 纤维增强环氧泡沫塑料	抗地雷爆炸、吸能性好，无振动、无噪声
通风装置	PA66、PA66/GF	减重 70.76kg，净化空气
风扇外罩	PA66	替代铝，减重 0.91kg，降低近 60%成本
炮塔平台	交联聚乙烯-聚酰胺	替代铝，减重 4.1kg，降低近 50%成本
防中子板	Kevlar 纤维织物/增韧钛合金、钢板或铝板/陶瓷/Kevlar 纤维复合材料	装备 88 式主战坦克
复合装甲板	晶须/纤维复合材料、Kevlar 纤维织物/无规陶瓷复合材料	可防 23mm 杀伤燃烧弹、大口径弹，具有自熄性并可防二次中弹
拼挂板	Kevlar 纤维增强不饱和聚酯	可防轻武器弹丸和弹丸碎片

6.4.4 弹箭和弹药零部件

聚酰胺在弹箭和弹药上的应用非常广泛，主要应用部件有导弹点火器触头、穿甲弹弹托、榴弹塑料药筒、弹壳、闭气环、弹带、托弹板等部件，不仅可以有效减轻弹箭自重，提高弹出口速度和精度，减少炮筒烧蚀，同时还可提高武器装备的机动性。一般弹带、闭气环、弹壳等采用的聚酰胺品种主要是 PA66、PA12、PA11、PA612、PA1212 及其增强改性产品，可有效改进炮弹闭气效果和内弹道性能，提高射程和射速，如美军采用 PA11 或 PA12 和铜粉制造了一种易碎训练弹，这种射击训练器械弹惯性小、不跳弹，不易产生碎片而伤害射击者，还采用 PA11 制造了手榴弹外壳、尾翼，重量大大减轻，意外事故也不会损坏尾翼。

塑料药筒（如大口径炮弹塑料药筒、枪弹药筒）一般采用改性聚酰胺、聚乙烯、聚丙烯材料，通过吹塑和注射成型工艺制造，可显著降低药筒自重，提高退壳率，简化生产工艺，提高携弹量。另外，PA46、PA4T、阻燃 PA66、阻燃 PA6 等在各种照明弹、宣传弹、燃烧弹、催泪弹壳体中也有广泛应用。聚酰胺在弹箭、弹药和弹托上的应用见表 6-13。

表 6-13 聚酰胺在弹箭、弹药和弹托上的应用

国家	型号	材料与结构	部件
美国	机关炮弹	PA66，PA12	弹带
	GAU8/A 易碎炮	PA12/GF	弹带
	榴弹	PA12，PA612	弹带、闭气环
	破甲弹、加农炮弹	PA66	闭气环
	脱壳穿甲弹	PA66/GF	弹带
	次口径穿甲弹	PA66	弹托
英国	改进榴弹	PA6	弹带槽
日本	高炮	PA66	弹带
俄罗斯	环形弹托	玻璃纤维、碳纤维、芳纶	
德国	箭形弹托	由 PA、PC、PUS、PPO、PEEK 制成	

6.4.5 直升机燃油箱

直升机燃油箱按战技指标要能承受起飞、迫降时的过载冲击，具有可靠的阻燃、抗静电、耐油渗、耐腐蚀等特性。MC尼龙具有重量轻、抗冲击、耐腐蚀、使用寿命长等优势，是直升机燃油箱的首选材料，并得到广泛应用。与橡胶燃油箱相比，MC尼龙燃油箱的阻燃抗静电性和抗坠性能好，并能有效降低燃油失火危险，提高直升机乘员生存率，同时使用寿命长，比传统金属燃油箱更轻。我国直11（轻型多用途直升机）燃油箱即采用MC尼龙滚塑成型制造。

6.4.6 航空航天器结构和外壳材料

在航空航天领域，航天器自重是设计师除安全性之外最关心的技术指标，有报道航天器每减重1g就相当于节约1g黄金。

芳纶增强树脂基复合材料具有密度小、强度高等特点，可代替铝合金用作航天器、火箭和飞机的结构材料，用来减轻自重，增加有效负荷，以节省大量动力燃料，如美国航天飞机的17个高压容器使用了芳纶增强复合材料作为结构材料，波音757和波音767飞机的二次结构材料，如机舱门、窗、机翼、整流罩体、天花板、舱壁等也采用了芳纶增强复合材料。

除了作为结构材料外，聚酰胺在航空航天器壳体材料和零部件方面的应用也较广泛，如美国波音757和波音767飞机的壳体材料、内部装饰材料、座椅等都使用了Kevlar 49作为增强材料，可使每架波音757飞机减重454kg左右；采用PA46制造的缝填板已应用于空客A380的发动机，该内缝填板长度达40cm，而厚度仅为0.8mm，强度高、重量轻，能在飞行中承受−20～150℃的温度变化和鸟类碰撞的冲击；美国Paramount PDS公司应用无卤阻燃PA制造了多种飞机部件，已经用于商用豪华飞机；英国ICI公司生产的50%长玻纤增强PA66（牌号Verton RF-70010）已经用于战斗机的阀门，代替了原来使用的酚醛/石棉复合材料，满足了飞机阀门在宽的温度范围内与燃料长期接触也能保持其性能和形状的要求。

6.5 聚酰胺在轨道交通领域的应用

近年来，随着我国轨道交通业的快速发展，高性能塑料在轨道交通领域的应用也逐渐增加，并在轨道交通的高速、舒适、安全、方便及经济性等方面发挥着越来越重要的作用。聚酰胺树脂及其复合材料具有重量轻、强度高、耐腐蚀、自润滑、易成型等特点，应用于轨道交通系统时，能有效解决机车抖动、噪声大的问题，并能确保轴距稳定，减少维修次数，是轨道交通运行高速化、长寿命和高安全性的保证。

聚酰胺及其复合材料在铁道工程、电务系统和铁路车辆等方面均有广泛的应用。

6.5.1 铁路工程零部件

随着铁路运行速度的不断提高，枕木轨道逐渐被水泥枕轨取代，但水泥与钢轨容易产生共振，特别是在高速铁路上振动就更大，为了减弱这种振动，铁轨与铁轨之间、铁轨与轨枕之间都需要加装聚酰胺绝缘垫和聚酰胺垫片。聚酰胺及其复合材料耐磨、耐老化、弹性好、强度高、柔韧性好，能有效起到减振作用。

6.5.1.1　轨道扣件系统

扣件是连接钢轨和轨枕的中间连接零件，其作用是将钢轨固定在轨枕上，保持轨距和阻止钢轨相对于轨枕的纵横向移动。在混凝土轨枕的轨道上，由于混凝土轨枕的弹性较差，扣件还需提供足够的弹性。因此，扣件必须具有足够的强度、耐久性和一定的弹性，并有效地保持钢轨与轨枕之间的可靠连接。聚酰胺树脂及其复合材料耐磨、耐老化、弹性好、强度高、柔韧性好，可以满足上述要求。轨道扣件系统的组成见图 6-10。

图 6-10　轨道扣件系统的组成

弹条Ⅰ、Ⅱ型扣件随着混凝土轨枕的应用及无缝线路的铺设而开发。该扣件为有螺栓扣件，其中轨距挡板是保护轨枕挡肩，保证绝缘、保持轨距的重要部件。轨距挡板座是支撑轨距挡板的部件，要求材料具有较高的韧性、强度及绝缘性能。采用增韧 PA66 制得的轨距挡板座具有较高的强度、较好的低温冲击性能和较低的压缩残余变形，以及良好的绝缘性能，可以满足轨距挡板的要求。增韧 PA66 制造的轨距挡板座如图 6-11 所示。

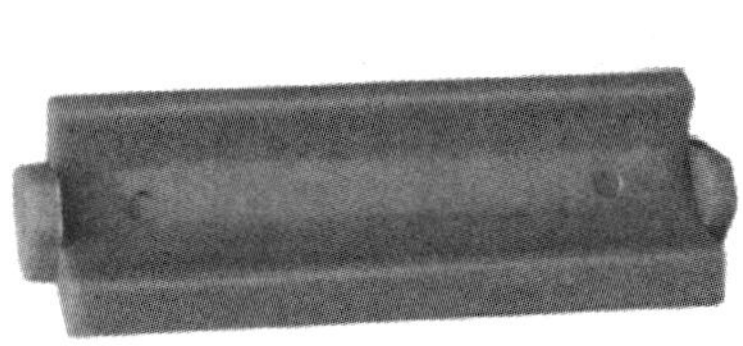

图 6-11　增韧 PA66 制造的轨距挡板座

目前，增韧 PA66 制得的轨距挡板座已应用于青藏铁路二期格尔木—拉萨段。青藏铁路二期格尔木—拉萨段处于高原地带，其中有 965km 线路在海拔 4000m 以上。高原地区太阳光辐射强度高，年平均气温 −2～4℃，最低气温达 −45℃，所处自然地理环境对轨道扣件用高分子材料要求较高。增韧 PA66 生产的弹条Ⅰ型扣件轨距挡板座完全能满足在青藏高原使用的要求。

除了弹条Ⅰ、Ⅱ型扣件外，玻纤增强增韧 PA66 复合材料、热塑性弹性体及聚烯烃复合增韧改性 PA66 复合材料在弹条Ⅲ型、Ⅳ型、Ⅴ型及 WJ-7、WJ-8 型扣件轨距挡板座中也有广泛的应用，大大提高了轨距挡板的承载能力。

6.5.1.2 铁路道岔

道岔是一种使机车车辆从一股道转入另一股道的线路连接设备，通过扣件系统牢固地安装在混凝土岔枕上，形成稳定的支承与传力体系。然而，传统施工方式直接将螺纹道钉植入混凝土或在混凝土体上钻孔锚固，很容易因应力集中导致混凝土局部裂纹甚至崩缺。

混凝土岔枕预埋塑料套管技术通过将塑料套管预埋于混凝土岔枕中来改变道钉和岔枕的连接，不仅便于施工，同时满足列车在道岔处高速运行的要求，延长了岔枕的使用寿命，保证了行车安全。我国创新实现了增强增韧 PA66 套管在混凝土岔枕中的应用，该套管内外都有螺纹结构，外螺纹使套管和混凝土轨枕紧固在一起成为一体；内螺纹通过塑料的弹性变形使道钉和套管紧密连接，从而大幅度延长了塑料套管及其组件的使用寿命。目前，该塑料套管已在我国铁路提速岔枕中得广泛的应用。混凝土岔枕预埋套管如图 6-12 所示。

图 6-12　混凝土岔枕预埋套管

早期，世界各国的铁路道岔在尖轨和滑床板之间主要是采用涂油润滑的方式来减小摩擦阻力，该方式存在明显缺陷：润滑油易吸附粉尘杂质，反而增大摩擦阻力；同时，若润滑不足则可能导致道岔转换失灵，严重影响运行可靠性。

为突破这一技术瓶颈，我国创新采用铸型含油尼龙材料，成功研制出自润滑道岔滑床板，基本上解决了普通道岔滑床板由于涂油带来的道岔转换不良和道床污染状况。铸型含油尼龙兼具铸型尼龙的高强度、高耐磨和矿物油良好的润滑性能，是一种可以在比较苛刻的条件下使用的、具有自润滑功能、减少维护的耐磨材料。铸型含油尼龙作为磨损部件或结构部件使用时，内部所含的矿物油助剂可以在外界应力作用下缓慢地由基体内部释放至材料表面，从而起到良好的自润滑和润滑接触界面的作用。目前，采用铸型含油尼龙制成的 GPA-C 型道岔自润滑滑床板已投入使用。

6.5.2 铁路车辆零部件

6.5.2.1 滚动轴承保持架

铁道机车的轮对轴承的要求很高，在确保列车高速运转时可靠性和安全性的同时，还要维修方便。滚动轴承保持架在确保轴承可靠性和安全性方面发挥着十分关键的作用，一方面，在轴承安装和维修过程中可保持滚动体的状态，使操作更加简单；另一方面，在运行中可引导滚动体从非负荷区向负荷区过渡。此外，滚动轴承保持架还有助于润滑油的均匀分布并起到阻尼振动的作用。

采用玻纤增强和石墨或二硫化钼作润滑剂制备的聚酰胺复合材料具有高弹性、自润滑性、耐磨、耐冲击、耐腐蚀、易加工、质轻等特点，能满足滚动轴承保持架所要求的性能，已广泛应用于滚动轴承保持架的制造。如瑞典 SKF 公司在铁路客车车辆轴承和机车牵引电机轴承上均采用 25%玻纤增强 PA66 复合材料制作轴承保持架。俄罗斯自 1986 年在铁路货车轴承上开始安装聚酰胺轴承保持架，这种聚酰胺轴承保持架在温升、磨损和油脂亲和等方面具有优良特性，可提高轴承负荷能力和使用寿命。圆锥聚酰胺轴承保持架如图 6-13 所示。

聚酰胺轴承保持架通常采用注射成型，相对传统的金属保持架具有以下优点。

(1) 轻量化　与铜保持架相比，仅为其重量的 1/6 左右。

(2) 润滑性能好　聚酰胺具有很好的自润滑性，作为传动部件使用时，摩擦系数小、寿命长，可提高轴承在少油润滑、高速运转条件下的性能；而且聚酰胺摩擦不产生导致润滑脂老化的金属磨耗粉末，可提高润滑脂寿命。

图 6-13　圆锥聚酰胺轴承保持架

(3) 耐疲劳强度好　铁路车辆轴承保持架的破损多由振动引起的材质疲劳导致，采用聚酰胺工程塑料来制造，利用其高弹性、耐冲击性等特性，可提高轴承保持架的疲劳强度。

(4) 成型方便，低成本　聚酰胺材质保持架生产工艺简单，质量易于控制，并且对铁路车辆轴承出现热轴后可能引发的恶性事故有积极的预防作用，可以很好地替代金属保持架，提高车辆运行安全性，有效降低生产运营成本。

6.5.2.2　转向架心盘磨耗盘

转向架是列车结构中最为重要的部件之一，起着支撑车体、保证车辆安全运行的重要作用。心盘磨耗盘是转向架关键配件之一，安装在货车转向架摇枕的中间，和旁承一起支撑整个车体，如图 6-14 所示。心盘磨耗盘及旁承磨耗板的摩擦阻力可以在一定程度上约束车体侧向运动，若摩擦力过小，则车辆蛇行运动过大，摩擦力过大，则增加了轮轨作用力。

图 6-14　转向架心盘磨耗盘

玻纤增强增韧聚酰胺、含油铸型聚酰胺和超高分子量聚乙烯等高分子材料具有良好耐磨性和自润滑性，能够在少油或无油的条件下安全运行，以其取代金属磨耗件制造心盘衬垫，可解决上下心盘间的磨耗，缓冲车辆行走动能，延长相关部件使用寿命。目前，德国货车一般采用 PA6 制造心盘衬垫，美国多用超高分子量聚乙烯，我国则选用增韧 PA66 制造心盘衬垫。

除了滚动轴承保持架、转向架心盘磨耗盘外，聚酰胺在铁路车辆领域的应用还有很多，如美国铁路在 20 世纪 60 年代将聚酰胺用于导框衬板后，又将聚酰胺的应用扩大到摇枕磨耗板和拉杆衬套；德国已将聚酰胺应用于制造各类车辆的车钩导框、客车的摇枕横向挡块，年使用量均已超过 1 万件。具体应用包括采用添加 MoS_2 的 PA66 制造车钩导框磨耗板，采用添加炭黑的 PA6 制造固定货物的夹紧箍导向滚子，采用PA66制造旅客列车转向架摇枕止挡，采用高冲击韧性PA66制造旅客列车回转窗止挡等。

6.5.3 铁路电务系统零部件

轨道电路是铁路信号设备自动控制的远程操作的重要组成部分。聚酰胺树脂及其复合材料适用于传输较高频率信息的轨道电路，可保障通讯信号的畅通，减少行车故障和提高行车安全。

6.5.3.1 轨道绝缘零件

轨道绝缘零件是轨道电路的基本组成部分之一。轨道绝缘材料除应保证轨道电路正常工作外，还应不降低钢轨接头处的机械强度。聚酰胺如PA6、PA66、PA1010、MC尼龙等具有良好的绝缘性能和较高的机械强度，可满足轨道绝缘材料的要求，主要用于制造槽型绝缘垫、绝缘管垫、绝缘垫圈、轨端绝缘垫等轨道绝缘零件，如图6-15所示。

图6-15 聚酰胺绝缘管垫

6.5.3.2 绝缘轨距杆

铁路钢轨绝缘轨距杆是用于铁路轨道电路区段保持钢轨距离和加固线路的设备。采用玻纤增强PA66做绝缘体，与金属拉杆及其他部件组成绝缘轨距杆，既能满足拉杆机械强度的要求，又具有良好的绝缘性，可确保轨道电路的正常工作。绝缘轨距杆见图6-16。

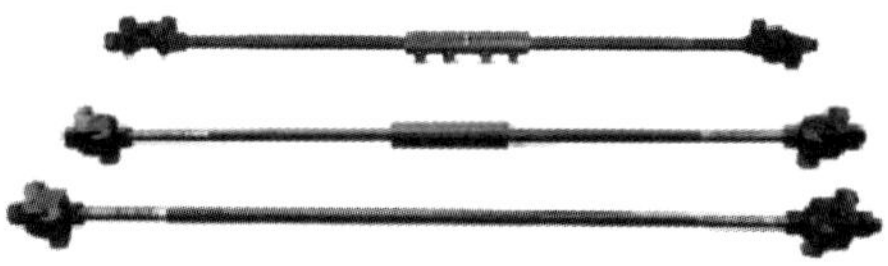

图6-16 绝缘轨距杆

6.6 聚酰胺在医疗卫生领域的应用

聚酰胺材料与天然人体组分蛋白质大分子具有相似的酰胺类结构，具有良好的生物相容性，不易使生物体细胞产生刺激信号。此外，其还具有良好的化学稳定性和可控的机械性能等。同时，细胞可以吸附在聚酰胺材料表面。这些特殊性质均使聚酰胺及其复合材料在医用卫生材料中具有广阔的应用前景。

目前，聚酰胺已广泛用于医用缝合线、医用导管、导管球囊、牙托材料、创伤修复材料、医疗器械等领域，见图6-17。

6.6.1 缝合线

医用缝合线主要被用作缝合伤口、减少感染并且保护伤口下组织。金线、银线、铁

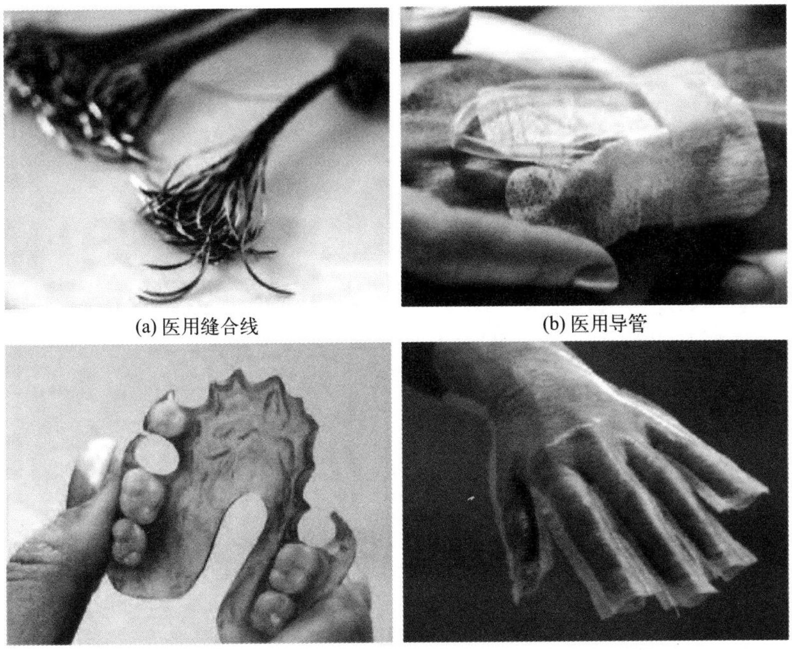

(a) 医用缝合线　(b) 医用导管　(c) 牙托材料　(d) 伤口愈合敷料

图 6-17　聚酰胺在医疗卫生领域的应用

线、钢线、动物肠线、动物毛发、蚕丝、树皮和植物纤维等材料都曾被用作或正被用作医用缝合线。一些合成类材料，如聚乳酸-乙醇酸等也可被用作医用缝合线。然而，目前没有一种医用缝合线可以满足所有种类伤口缝合的医用需要。医用缝合线的选择取决于伤口缝合区域的组织层数、伤口缝合区域张力、缝线放置深度、有无水肿、缝合线预计取出时间、缝合线强度、韧性、是否易打结、打结牢度及是否可能引起炎症等。

目前已经商业化的聚酰胺缝合线多由 PA6 或 PA66 制备得到，具有高强度、高细度及高韧度。聚酰胺缝合线的特点是不可吸收、表面顺滑且具有低摩擦阻力、坚韧、有弹性。但与聚丙烯（PP）等缝合线相比，其缺点为打结性差，需要在缝合处打多个结节以确保伤口闭合。目前临床使用的 PA6 或 PA66 医用缝合线主要为标准缝合线，包括长单丝结构、假长单丝结构、编织结构、双向带刺缝合线长单丝结构及皮芯结构的聚酰胺缝合线。编织类聚酰胺缝合线由于感染风险更高，因此使用率不高，目前广泛使用的聚酰胺缝合线为长单丝类材料。聚酰胺缝合线体内研究表明，单丝或复丝聚酰胺缝合线的年降解速度为 15%～20%。常见临床使用的非吸收聚酰胺缝合线的性质及应用如表 6-14 所示。

表 6-14　商品化聚酰胺医用缝合线的生产企业及应用

生产企业	牌号	材质	结构	规格/mm	应用
美国 Covidien 公司	Monosof®	PA6/PA66	单丝缝合线	0.01～0.5	心血管、眼科和神经外科手术
德国 B. Braun 公司	Dafilon®	PA6/PA66	单丝缝合线	0.01～0.5	皮肤闭合术、整形外科、显微外科和眼科手术

续表

生产企业	牌号	材质	结构	规格/mm	应用
美国 Covidien 公司	Dermalon®	PA6/PA66	单丝缝合线	0.07～0.4	心血管、眼科和神经外科手术
澳大利亚 Dynek 公司	Nylene®	PA6	单丝缝合线	0.07～0.5	牙科、普通外科、眼科、整形外科和美容外科手术
法国 Peters Surgical 公司	CARDIO-NYL®	PA66	单丝缝合线	0.1 或 0.15	心血管、血管、眼科和神经外科手术
美国 Teleflex Medical 公司	Teleflex®	PA66	单丝缝合线	0.04～0.5	心血管、眼科和神经外科手术
美国 Somni Scientific 公司	Riverlon®	PA6 或 PA66，有硅涂层	单丝缝合线	0.03 或 0.04	心血管、眼科和神经外科手术
印度 Suru International公司	Surulon®	PA	单丝缝合线	0.07～0.5	皮肤闭合术和整形外科手术
德国 B. Braun 公司	SUPR-AMID®	PA6/PA66	单丝/假单丝缝合线	0.07～0.7	皮肤闭合术和结扎手术
美国 Johnson & Johnson 公司	Ethilon®	PA6/PA66	单丝缝合线	0.01～0.5	心血管、眼科和神经外科手术
美国 Covidien 公司	Surgilon®	PA6/PA66	编织缝合线	0.07～0.5	心血管、眼科和神经外科手术
德国 B. Braun 公司	Trelon®	PA66，有硅涂层	编织缝合线	0.07～0.5	普通外科、眼科和结扎手术
美国 Johnson & Johnson 公司	Nurolon®	PA66	编织缝合线	0.07～0.4	心血管、眼科和神经外科手术
加拿大 Angiotech Pharmaceuticals 公司	Quill™ SRS	PA	双向带刺单丝缝合线	0.35 或 0.4	普通外科、妇科、泌尿外科和矫形外科手术
美国 S. Jackson 公司	SUPRAMID® EXTRA	PA6/PA66	电缆型结构缝合线	0.2～1.1	眼科、屈肌腱修复和兽医手术

6.6.2 医用导管及球囊

医用导管是插入人体内的柔软中空管，有助于尿液引流或者在心脏病和肠胃病的诊断和治疗中用作导丝器。聚酰胺医用导管主要由 PA6、PA66、PA11 和 PA12 制备，如以 PA66 为原材料，利用注压法制备导尿管中的侧管代替传统铝制导尿管侧管，可以将导尿管侧管的制备成本降低 83.3 %，且制备的导尿管侧管的各项性能与传统侧管一致。

此外，在一些医用导管的顶端还会配有柔软的球囊，与导管配套使用，起到扩张和清除血管中的堵塞、药物输送及医用支架的运输等作用。医用聚酰胺球囊材料通常由 PA11 和 PA12 制得，因为球囊材料在使用时需要在承受高压的同时保持其刚性结构，同时由于心脏导管内径的尺寸限制，聚酰胺材料需具有足够的韧性以满足尽量小的设计需要。

目前，生产医疗级别导管的聚酰胺商品牌号主要有荷兰 DSM 公司的 Akulon® Care K1G6（30%玻纤增强 PA6）和 K1U（PA6），均可以通过注射成型加工制备医用导管；美国 Zeus 公司的 Zeus® PA66，可用于生产导管夹套材料，具有极好的韧性和弹性；法国 Arkema 公司的 Arkema Pebax®（聚醚嵌段聚酰胺），可以作为医用导管（球囊、血管成形术导管和导尿管）及医用防护服材料，具有质轻、易加工、可伽马射线和蒸汽杀菌、耐化学腐蚀、低摩擦阻力、透气以及抗静电等一系列优点；法国 Arkema 公司的 Rilsamid® AESNO MED PA12 和 Rilsan® BESNO MED PA11，适用于挤出、注塑、滚塑和吹塑等加工工艺，具有良好的生物相容性、耐化学腐蚀性、耐蒸汽/伽马射线/环氧乙烷杀菌性、质轻及尺寸稳定等优点，可以用于制备医用导管或球囊材料；瑞士 EMS 公司的 Grilamid® PA12，可通过注塑、薄膜挤出和吹塑等方式加工，具有吸水性低、耐化学腐蚀性和耐候性好、耐水解、密度低、低温下耐冲击强度高等优点，可以被用作制备导管球囊；德国 Evonik 公司的 Vestamid® Care ML PA12 和 Vestamid® Care ME PA12，其中 Vestamid® Care ML PA12 具有高尺寸稳定性、高拉伸强度及低摩擦阻力等，可以用于制备血管成形术球囊管，Vestamid® Care ME 为聚醚嵌段 PA12 弹性体，根据模量需求可用于导管结构中的不同部分，同时还具有光热稳定性。

6.6.3　牙托材料

聚酰胺是一种理想的假牙基托材料，其韧性不仅能提供舒适的佩戴体验，还能起到固定假牙的作用。此外，与非晶的聚甲基丙烯酸甲酯（PMMA）相比，聚酰胺作为结晶材料，还具有低溶解性、高耐热性、高机械强度等。

目前广泛被用作假牙基托材料的聚酰胺多为 PA12，常见的销售商品牌号有 Valplast®（PA12）、Breflex®（PA12）和 Flexite®（PA12 弹性树脂）。在正常使用情况下，这些假牙托的使用寿命长达 5 年。

6.6.4　创伤修复材料

聚酰胺材料也被用作创伤修复材料修复慢性创伤及烧伤等伤口，如美国塞德迪医疗科技股份有限公司研发的组织工程皮肤 Biobrane®是由聚酰胺网、硅胶膜、胶原涂层复合得到的合成生物材料，可作为临时性表皮替代物，主要在深Ⅱ度烧伤治疗过程中对坏死组织进行清创术后使用；美国英特格拉生命科学公司生产的组织工程皮肤 TransCyte® 与 Biobrane®的组成成分类似，可用作切除烧伤后等待自体移植物期间的创伤覆盖物，其同样由聚酰胺网构成，并接种培养了已经失活的来自新生儿包皮的纤维母细胞，其分泌的细胞外基质成分和生长因子有助于创伤生长愈合。

6.6.5　医疗器械及辅助器具

聚酰胺在手术器械（手术刀柄、牙科器械、镊子和夹子）、医疗设备（外壳、保护套、线缆、传感器、连接器和可穿戴设备）等领域也有广泛应用，如美国 Ascend 公司的 Hi-DuraMED®系列玻纤增强 PA66 产品已被用作矫形器械、机器人手臂、灭菌托盘、手术刀刀柄、医卫设备外壳等；德国 Evonik 公司的 Trogamid® Care MX 系列透明聚酰胺因不含双酚A，具有优异的耐化学和抗应力开裂性，已应用于透析器部件、外壳、外罩，助听器外壳，液体和药物输送设备的三通阀和连接头等；比利时索尔维公司的Ixef® 聚芳酰胺（PARA）不仅拥有优异的强度、坚硬的韧度和生物相容性，同时还能经受高能伽马射线灭菌，是一次性外科手术器械的理想选择，已应用于一次性颈椎使用手术器械套件、足部及手部外科手术的锚钉固定系统等。

6.7 聚酰胺在工业机械领域的应用

聚酰胺机械强度高，耐磨性、耐化学腐蚀性好，自润滑，可用于制造各种机械的齿轮零件、耐磨零件、传动结构件等，在提高工业机械生产效率、降低噪声、抗腐蚀、延长使用寿命和减轻体力劳动方面发挥着重大作用。

6.7.1 齿轮及传动部件

传统的滑轮多采用铸铁或铸钢件，它们虽然承载能力大，但耐磨性差，而且损伤钢绳，加之铸钢类滑轮工序复杂，实际成本高于尼龙滑轮。使用MC尼龙制作的滑轮强度高，加工容易，可提高滑轮寿命4～5倍，提高钢丝绳寿命10倍，减轻吊臂和吊臂头部重量70%，既提高了生产效率，增强了起重功能和机械的整机性能，又方便维修、拆装，无油润滑。国外许多起重机制造厂，如德国的利勃海尔公司、日本加藤株式会社，自20世纪70年代就开始使用MC尼龙滑轮。目前，MC尼龙滑轮已在国内各型汽车起重机上广泛应用，以LT40型汽车起重机为例，应用MC尼龙滑轮仅钢丝绳和滑轮维修费就节省10万元以上。

图6-18　尼龙齿轮

聚酰胺自润滑性好，可减少摩擦，降低噪声，能替代金属制造齿轮、涡轮、凸轮、链轮等，用于低速中载场景，多采用MoS_2或石墨填充改性PA6、MC尼龙等制造。例如，混凝土搅拌机（小）齿轮的模数为10，齿数为20，电动机功率为7kW，原用金属齿轮传动噪声大，齿面磨损严重，改用MC尼龙齿轮后，传动平稳，噪声小，使用寿命达10年，尼龙齿轮如图6-18所示。

6.7.2 轴承及滑动部件

在起重机等大型机械中，起重机臂上使用的滑块是不可缺少的部件，核心作用在于：防止伸缩臂直接接触造成的摩擦、磨损，减小起重机臂在伸缩时产生的摩擦力；提高工作稳定性、安全性；支撑臂与臂之间的压力。早期，滑块一直使用黄铜制造，现主要通过向MC尼龙中添加轴承润滑油制造，当润滑油用量仅为5%时，复合材料即可达到较高的拉伸、压缩强度，且摩擦系数和磨损量较低，完全满足滑块使用要求。

应用于轴承及滑动部件时，不同品种聚酰胺适用场景不同。PA6韧性好、成本低，但吸湿性较高，主要应用于轻载轴承（如家用电器转轴衬套）、低速滑动导轨（包装机械导向块）、潮湿环境下的非精密部件（农业机械滑动垫片）等。PA66强度高、耐热性好（短期耐温180℃），耐磨性优于PA6，主要应用于中等载荷轴承（如纺织机械轴承，见图

6-19)、齿轮-轴承一体化部件（如汽车座椅调节机构)、高温环境滑动件（如食品加工设备耐热衬套）等。PA12、PA11 吸湿性极低、尺寸稳定，耐低温性优异（－40℃仍保持韧性)，主要应用于精密轴承（如医疗设备、光学仪器轴承)、耐油液压部件（如燃油泵轴承、气动阀滑块）等。制造机床导轨、重载轴承时，在 PA6、PA66 中添加玻璃纤维可进一步提高零部件的刚性和耐热性，在 PA6、PA66 中填充 MoS_2 或石墨等，可进一步降低零部件的摩擦系数，将 PA6 或 PA66 与 PTFE 共混可制造无油润滑轴承，实现超低摩擦。

图 6-19　纺织机械轴承

用 MC 尼龙代替铜及巴氏合金制成的各类大小轴套、轴瓦等在工程机械中应用也非常普遍，具有耐磨性、自润滑性能好，恶劣环境下适应性强，寿命长的特点，如 WK-10 型挖掘机的绷绳平衡轮轴套，尺寸为 200mm×160mm×160mm，历来均选用 ZQA19-4 铝青铜合金材料，因工作时灰尘极大，润滑条件恶劣，轴套磨损很快。改用 MC 尼龙后，实际使用载荷 140t，在环境温度 40～42℃露天使用 5 年多，挖掘 526.5 万吨矿石后，解体检查发现表面平整光滑，已形成良好油膜，基本无磨损。

6.7.3　密封件及垫片

机械密封件及垫片对材料的密封性能、机械强度、化学稳定性、温度适应性均有较高要求。聚酰胺具有优异的力学性能、耐化学性，且原料和加工成本较低，满足机械密封件及垫片的性能要求，在静态密封、动态密封、特殊介质密封方面均有广泛应用。

在静态密封方面，PA66、MoS_2 填充改性 PA6 等适用于液压系统端盖密封，管道、阀门法兰密封；PA46 短期耐温达 180℃，适用于涡轮增强器周边密封。

在动态密封方面，PA12 吸湿性低、尺寸稳定，适合精密液压密封；PTFE 共混改性 PA66 自润滑性较好，适用于旋转轴油封（如减速机、泵轴)、活塞杆密封（如液压缸、气动缸)。用 MC 尼龙制造的活塞环重量轻（是青铜质量的 15%左右)，可降低运动损耗，节约机械动力；滑动性能好，静、动摩擦系数相差小，因此不会像金属那样有黏滞现象；对异物埋没性能好，能避免缸套拉毛；无油自润滑、密封性好、不易漏油、寿命长。长江液压元件研究所在 HSG63/35×700 液压缸试验台上对液压缸用 MC 尼龙支撑环进行了寿命试验，在高压重载下，经过 170h 连续冲击 32 万次循环，MC 尼龙支撑环仍具有较好的耐用性和可靠性，符合国家标准要求。图 6-20 为 MC 尼龙制成的各种颜色规格的轮衬。

图 6-20　MC 尼龙制成的各种颜色规格的轮衬

在特殊介质密封方面，PA11、PA12 耐盐水、弱酸碱，可应用于船舶设备密封；食品级 PA6 符合 FDA 标准，可用于灌装设备垫圈。

6.7.4 轮辊和辊筒

轮辊、辊筒是工业领域中用于支撑、引导或传递动力的旋转部件，如输送轮辊、导向轮、脚轮、驱动轮、输送辊筒、印刷辊筒、轧辊等。对比传统材料（如金属/橡胶），采用聚酰胺制造的轮辊、辊筒耐磨性优异，添加耐磨填料（MoS_2、PTFE）后寿命提升3～5倍，优于橡胶，接近金属；重量轻，密度为1.1～1.4g/cm^3，比金属轮轻50%～70%，可减少设备能耗（如输送带系统节能15%）；自润滑，摩擦系数0.1～0.3，无需额外润滑（适合食品、医药等洁净环境），优于需润滑的金属轮；耐腐蚀，抗酸碱、盐雾，适用于潮湿或化学环境（如电镀车间），可替代易生锈的钢；降噪性能良好，弹性模量适中，运行噪声比金属轮低20dB，可改善工作环境。

聚酰胺已用于制造输送系统的轮辊、辊筒（如物流分拣线导轮、皮带输送机托辊），如亚马逊分拣中心输送轮采用30%玻纤增强PA6制造，寿命达5年，而金属轮仅2年；工业脚轮（如仓储货架轮、医疗器械移动脚轮、重型设备搬运轮），如德国Blickle公司生产的PA66脚轮，能承载200kg且静音，已用于医院移动设备脚轮；特殊环境轮辊、辊筒等，如采用食品级PA6制造的面包生产线输送轮、辊筒，可直接接触食物，见图6-21；采用30%玻纤增强PA46制造的玻璃厂退火炉输送系统轮辊，能耐180℃高温；采用碳纤维增强PA6制造的电子元件装配线无尘辊，表面电阻10^6～10^8Ω，防静电性优异。

图6-21 聚酰胺辊筒

6.8 聚酰胺在其他领域的应用

6.8.1 涂料

聚酰胺粉末（如PA11、PA12、PA1010、共聚PA6/PA66等）与流动剂（二氧化硅）、耐磨填料（如石墨、MoS_2）、颜料等混合后可制备粉末涂料，通过静电喷涂或流化床涂覆的方式应用于石油管道、法兰防腐，食品机械部件涂层等。在热塑性粉末涂料中，我国聚酰胺粉末涂料消费量仅次于聚乙烯粉末。相较于其他种类的热塑性粉末涂料，聚酰胺涂料具备较多的优势，如表6-15所列。

表6-15 部分热塑性粉末涂料优缺点比较

粉末涂料品种	优点	缺点
聚酯	装饰性好、厚涂性好，可不涂底漆	不耐溶剂和碱，易划伤，耐候性比热固性聚酯差
聚烯烃	弹性、柔韧性、耐药品性和厚涂性好	耐候性差、与金属附着力差，有些需要底漆

续表

粉末涂料品种	优点	缺点
聚酰胺	物理性能、耐磨性、硬度和耐热性好	烘烤温度高、受热变软，熔融时表面张力高
聚氯乙烯	弹性、厚涂性、耐候性和耐药品性好	烘烤温度高，需要底漆，受热变软，熔融黏度高

聚酰胺粉末涂层质地坚韧，兼具优异的耐磨损、抗冲击、耐化学药品和耐溶剂性能，在众多领域得到广泛应用。在家电领域，欧洲约 50% 的洗碗机框架采用聚酰胺粉末涂层；在商业设施领域，其良好的边角覆盖能力使其适用于网状物、陈列设施及购物车的涂装，具有易清洁、低噪声和成本低于镀锌材料的优势；在建筑与户外防护领域，该涂料已用于户外建筑铝材及包铝的保护，正逐步取代传统的阳极氧化处理工艺；在水处理领域，聚酰胺粉末已用于涂覆管道、连接器、阀门、泵、法兰和锅炉管道等部件，能提供持久的防腐保护，其强耐腐蚀性完全满足饮用水输送和处理的严苛要求。

PA11 是用途最广的聚酰胺粉末涂料，可直接喷涂在设备表面形成涂膜，能耐海水 6 年，耐沸水 2000h，耐盐雾 2000h，其耐候性较好，涂膜在户外暴晒 7 年后仍能保持性能。PA11 还可用于减磨涂料，如制备环氧树脂/聚酰胺涂料、航空用涂料等。我国研制的 PA11 粉末涂料已用于直升机机尾专用衬套表面、花链表面静电喷涂及其配套底胶和用于飞行员座椅滑轨，该涂层具有耐冲击、耐摩擦、耐腐蚀、耐虫蛀、耐光照、耐紫外线照射等优异性能。另外，采用 PA1010 制备的粉末涂料的应用也较广泛，其涂覆后的铝件耐磨、耐腐蚀，并可改善金属材料的表面防护、耐冲击性能。

除了用作粉末涂料外，将聚酰胺（如 PA6）溶于醇/酸混合溶剂，再加入水、稳定剂乳化分散，引入环氧树脂交联改性也可制备水性聚酰胺分散液，通过辊涂或喷涂的方法应用于纸杯内壁防油涂层、医用导管表面；将 PA12 溶于二甲苯/正丁醇，再加入 PTFE 微粒可制备溶剂型聚酰胺涂料，通过喷涂或浸涂的方式应用于精密轴承保持架涂层。

6.8.2　油墨及化妆品

聚酰胺树脂配制的油墨具有光泽性、黏结性能好，醇稀释性优良，胶凝性低、快干、气味小等特点，特别适合在 PE、PP、PET、铝箔及多种薄膜表面上印刷。

塑料油墨可分为表印油墨和里印油墨两种基本类型，表印油墨又可细分为普通表印油墨、特种表印油墨、喷墨机用墨水和水性表印油墨，其中普通表印油墨主要用于一次性塑料包装袋的印刷，对细度和附着力要求较低，主要由聚酰胺树脂分散在醇类溶剂中制备而成。该类油墨多选用软化点在 120℃ 左右的醇溶性聚酰胺树脂，其优点是产品技术成熟、色泽艳丽、附着力高。醇溶性聚酰胺树脂由二聚酸、二元酸与二元胺或多元胺缩聚制得，与各种承印材料都有较好的黏附性，特别是印刷聚烯烃类薄膜，油墨的流平性、光泽、溶剂释放性都较好；可与耐热性好的硝化纤维、纤维素酯等并用，提高油墨耐热性、耐指划性、耐摩擦性。

共聚酰胺（如 PA6/66 共聚物）与 CPP/PE 膜热封层相容性较好，可用作里印油墨。

聚酰胺粉末还可用于化妆品领域，如 PA12 的超细球形粉末可赋予化妆品柔软触感、延展性及爽滑性；微细多孔性质可赋予吸附与释放特性，吸收过多皮肤油脂，保持皮肤中的水分。

6.8.3 热熔胶

聚酰胺热熔胶以长碳链聚酰胺树脂为主，其突出优点是软化点范围窄，在加热和冷却时，树脂的熔融和固化都在较窄的温度范围内发生。这一特点使聚酰胺热熔胶在应用时，加热熔融涂布后稍加冷却即可迅速固化；在接近软化点的温度下，仍具有较好的胶接性能。与乙烯-乙酸乙烯酯共聚热熔胶相比，聚酰胺热熔胶具有较高的软化点，因此耐热性也就更好。目前用作热熔胶基体的聚酰胺树脂的分子量一般在1000～9000，随着分子量的增大，其柔韧性、耐油性和胶接性能提高（见表6-16）。

表6-16　不同分子量的聚酰胺热熔胶的性能

项目		低分子量	中分子量	高分子量
软化点		85～160	95～200	125～200
黏度/Pa·s	160℃	0.5～固状	12～固状	—
	210℃	0.1～1	2～11	25～500
	260℃	—	0.5～2.5	2～100
剪切强度/MPa		1.4～7.0	4.9～13.3	15.5～26.0

聚酰胺热熔胶主要分为3类：二元酸与脂肪族二胺的缩聚物；PA6/66、PA6/12、PA6/66/1010等共聚物；芳香族二元酸与脂肪族二元胺或脂肪族二元酸与芳香族二元胺的二元或三元共聚物。其中，前2类热熔胶应用较多，第3类热熔胶由于采用溶液聚合法在分子中链引入芳香基团和其他支链，溶剂分离时不可避免地带来环境污染。

聚酰胺热熔胶分子链中含有氨基、羧基和酰胺基等极性基团，故对许多极性材料均有较好的粘接性能，广泛应用于制鞋、服装、电子、电信、家电、汽车和机械等行业。PA11、PA12等长碳链聚酰胺具有与金属粘接性强、固化时间短的优点，可用于纤维、皮革、木材、纸张等的粘接。聚酰胺热熔胶是服装行业的高级热熔胶，具有耐水洗性、耐干洗性，不伤纤维的特点。此外，聚酰胺热熔胶柔韧、耐油、介电和对各种材料均有良好粘接性等，在电器行业也有广泛应用。

鞋用聚酰胺热熔胶一般使用低分子量的聚酰胺类热熔胶。将聚酰胺与少量环氧树脂及增塑剂热混反应后，制得的鞋用热熔胶的黏结强度和韧性会大幅度提高，该胶带（条）可缠绕成卷，脆性温度低，特别适用于鞋类及皮革的黏结。国外高档聚酰胺热熔胶一般采用PA6/PA66/PA12三元共聚物，其中PA12的添加比例高达40%以上（为主体原料）。

6.8.4 密封隔热条

随着环保节能要求的提高，众多先进的节能产品及节能工艺已经逐渐应用于建筑行业。目前，我国建筑能耗占全社会总能耗27%以上，而玻璃门窗造成的能耗损失占到了建筑能耗的40%左右，因此，如何提高铝合金门窗及幕墙的关键隔热组件——隔热条的性能就变得越来越重要。

过去，铝合金门窗隔热条主要采用PVC制造，但PVC的线膨胀系数（$8.3\times10^{-5}/K$）与铝合金相差甚远，而且存在强度低（$30N/mm^2$ 左右）、耐热性低（80℃）、抗老化性能差等缺点，在热胀冷缩的情况下易造成PVC隔热条在铝型材内出现松动、变形，破坏门窗的气密性和水密性，严重时造成窗体整体松散、脱离等。

欧洲于20世纪70年代开始采用25%玻纤增强PA66制造门窗隔热条。国内近年来也开始采用25%玻纤增强PA66制造门窗隔热条。25%玻纤增强PA66隔热条（图6-22）的热变形温度达230℃，完全能满足先穿条后喷涂的工艺要求；热导率（导热系数）为0.3W/（m^2・K），仅为铝合金的1%左右；线膨胀系数为（2.5～3）$\times10^{-5}/K$，与铝合金（$2.35\times10^{-5}/K$）相近，能保证隔热条在外界温度变化的过程中与铝合金同步；耐紫外线和热老化性能优异，能保证其长期的使用寿命。

图6-22　玻纤增强PA66隔热条

6.8.5　毛刷及牙刷

将碳化硅材料与聚酰胺共混熔融纺丝制成的毛刷单丝不仅可保持聚酰胺的弹性和韧性，以及碳化硅的耐磨性，而且耐酸碱、耐高温，广泛用于汽车、五金等行业去毛刺、清洗、清扫、除油、去锈等。其典型应用包括汽车外壳、变速器、电池箱体等零部件表面的去毛刺、去锈；空调冰箱行业压缩机缸体、缸盖、轴零件去毛刺精整加工；钢、铁、有色金属厂电镀金属涂层加工前的表面精整加工；铝型材切断面的去毛刺精整加工；电子线路板（PCB）铜板表面精整加工等。

长碳链聚酰胺具有良好的柔韧性和透明度、低的吸水率及密度，是高级牙刷和生活毛刷的首选材料。聚酰胺毛刷用于各类瓶子、餐具清洗，可以彻底洗去难以去除的顽固污垢，图6-23为聚酰胺奶瓶毛刷；由于聚酰胺毛刷柔软细腻，其还可用作化妆毛刷；长碳链聚酰胺PA612、PA610等吸水率低，不易被细菌破坏、易清洁，是常用的高级牙刷材料，约占市场牙刷总消费量的90%。

图6-23　聚酰胺材质奶瓶毛刷和奶嘴毛刷

6.8.6　结构加固材料

结构加固工程常用的增强材料主要有芳纶、碳纤维和玻璃纤维，具有轻质、高强高模、热膨胀系数低、各向异性、耐腐、耐久性能好等特点，在结构加固工程领域应用潜力巨大。

芳纶具有抗碱腐蚀能力强、不导电、抗动载、抗冲击性能好等特点，在海港码头工程、地铁工程、隧道工程、铁路工程、桥梁工程和民用建筑或工业厂房的结构加固方面应用广泛，如采用芳纶布加固混凝土梁/柱（其性能见表6-17）、芳纶网格加固砌体/砖墙结构、芳纶短纤维增强混凝土、芳纶复合材料加固节点等。例如，日本阪神高速公路桥墩采用芳纶布包裹混凝土桥墩，替代部分碳纤维加固，加固后桥墩的延性提高25%，在后续地震中未出现结构性破坏；意大利比萨斜塔塔基部分使用芳纶布/环氧树脂进行环向约束，加固后倾斜速度减缓 30%，且无电化学腐蚀风险；土耳其伊斯坦布尔历史街区砌体房首先在砖墙表面铺设芳纶网格，再覆盖砂浆层，加固后的房屋在 2023 年土耳其地震中保持完整，而未加固建筑严重损毁。法国弗拉芒维尔核电站防护墙采用质量分数为 1.5%的芳纶短纤维（12mm 长）加固混凝土，模拟飞机撞击试验表明，防护墙体仅表面剥落，未贯穿，防爆、抗冲击性优异。

表 6-17 芳纶布（单向）的主要性能

规格	克重 /(g/m^2)	幅宽 /mm	拉伸强度 /MPa	弹性模量 /GPa	幅宽强度 /(kN/m)	设计厚度 /mm
AFS-40	280	100,300,500	2060	118	400	0.193
AFS-60	415	100,300,500	2060	118	600	0.286
AFS-90	623	100,300,500	2060	118	900	0.430
AFS-120	830	100,300,500	2060	118	1200	0.572

除了芳纶外，结构加固工程领域应用较多的聚酰胺材料还有玻纤增强 PA6、PA12，碳纤维增强 PA6 等，如意大利古教堂拱顶修复时采用选择性激光烧结 3D 打印 PA12 网格结构加固，加固后拱顶的承载能力提升 30%，且外观无可见改动，符合文物保护要求；荷兰木结构房屋屋架采用碳纤维增强 PA6 作为加固筋材，风洞试验显示，加固后的屋顶抗风压能力提升 40%，且无金属腐蚀风险。

6.8.7 水处理膜

随着水资源日益恶化，水资源短缺问题已成为全球性问题。膜分离技术作为一种新型且高效的水处理技术，可以有效处理水中重金属离子，水中悬浮物、细菌，胶体及油污等各类有害物质，具有成本较低、分离精度高、投资少、易于操作和管理、对环境二次污染小等优点，在净水和污水处理与回用中有很好的应用前景。

作为膜分离技术的核心，分离膜是一种特殊的、具有选择性透过功能的薄层物质，它能使流体内的一种或几种物质透过，而其他物质不透过，从而起到浓缩和分离纯化的作用。按分离机理和适用范围，分离膜可分为微滤膜（MF）、超滤膜（UF）、纳滤膜（NF）、反渗透膜（RO）、渗透蒸发膜、离子交换膜等。

聚酰胺膜通过界面聚合反应制备，由于其大分子主链中存在苯环，所以膜的耐压性和热稳定性较好，同时该膜材料具有优良的化学稳定性，能耐强碱、油性物质、有机溶剂，脱盐率高，通量大，但是聚酰胺也有不耐酸、抗氧化性能较差等缺点。聚酰胺类膜材料主要有芳香族聚酰胺和聚哌嗪酰胺两大类，前者主要用于制备反渗透膜，后者用于制备纳滤膜。

海水淡化是聚酰胺反渗透膜的一个重要应用领域。20 世纪 80 年代，Cadotte 首先发明了聚酰胺复合反渗透膜。这是一种利用界面聚合（一般以间苯二胺和均苯三甲酰氯为聚合单体）在聚砜超滤膜上制备一层聚酰胺分离层的方法制备的复合膜。聚酰胺复合反渗透膜由 3 层构成：厚度约 120μm 的无纺布物理支撑层，厚度 40μm 的聚砜超滤膜中间层，厚度 200nm 的聚酰胺分离层。这种膜的一个最大的优势就是 3 层膜都可以进行微结构的调控以实现不同的性能。目前聚酰胺复合反渗透膜已经成为膜法海水淡化的主流膜，全球膜法海水淡化工厂大部分都是采用聚酰胺复合反渗透膜，包括美国科氏公司的 8040-FR-400-34，美国杜邦公司的 BW30FR-400/34，美国奥斯莫尼斯公司的 OS-400FR/34，美国迪赛欧公司的 AG8040F-400，美国海德能公司的 PROC10，日本东丽的 TML20N-400 等，膜材质均为芳香族聚酰胺。

除了海水淡化领域之外，聚酰胺反渗透膜在污水处理领域也有着广泛的应用。污水处理对于人类的生活和环境保护都具有非常重要的意义，而聚酰胺反渗透膜可以实现对污水中有机物、氨氮、重金属等污染物的高效分离和去除。

聚哌嗪酰胺纳滤膜一般由聚砜支撑层和聚哌嗪酰胺功能层组成，其中聚哌嗪酰胺功能层由均苯三甲酰氯与哌嗪通过界面缩聚制备，具有操作压力低、渗透通量大、能耗小、节能环保等优点，且对阴离子也有较高的脱盐率。目前应用较多的聚哌嗪酰胺纳滤膜包括美国陶氏化学的 NF270、NF90、NF200、NF4，其中 NF90 为全芳香族高交联度聚酰胺膜；美国通用公司的 D-系列纳滤复合膜；美国海德能公司的 ESNA 系列芳香族聚酰胺纳滤膜。

聚哌嗪酰胺纳滤膜目前的主要应用领域集中在饮用水处理和污水的深度处理与回用等方面。在饮用水处理方面，纳滤膜不仅可以去除水中残留的微量化学物质（如农药、杀虫剂等）和消毒副产物（三卤甲烷、卤乙酸等），截留水中藻类、细菌及病原微生物以保证生物安全性，去除重金属等有害的多价离子，保留水中部分对人体有益的矿物质，还能够在水源水质波动和应急条件下保证最终供水水质的稳定，满足不同水源条件下的用水需求。纳滤膜在低压下具有较高通量，对单价、多价离子选择性分离程度较高，运行过程中的实际能耗和成本比反渗透膜更低。对于水源条件复杂且用水要求较高的经济较发达地区，纳滤膜技术作为饮用水深度处理工艺可能是更为合适的选择。在污水的深度处理与回用方面，聚哌嗪酰胺纳滤膜已广泛应用于城市污水，电镀废水，纺织印染废水，垃圾渗沥液，食品、饮料和乳制品废水，油田采出水，制药废水的深度处理与回用。此外，近年聚哌嗪酰胺纳滤膜在盐湖提锂领域也扮演了重要的角色，其可有效地去除盐湖卤水中钙，镁，硫酸根等杂离子，大大降低镁锂比。

6.8.8　眼镜及体育器材

透明聚酰胺作为一种理想的透明材料，可满足当前市场对高级镜框和镜片材料的要求：质轻、不易碎、耐刮擦、耐化学腐蚀及抗应力开裂。目前，市面上聚酰胺材质高级镜框和镜片（尤其是太阳眼镜）主要采用德国赢创公司生产的 Trogamid CX 系列透明聚酰胺制造，见图 6-24。Trogamid CX 系列透明聚酰胺密度仅为 1.02g/cm^3，可制造最轻质的眼镜镜片，且即使镜片厚达 4mm，透明度仍超过 85%。此外，Trogamid CX 系列透明聚酰胺与人体接触时，不会引起任何过敏反应；适用于注塑工艺，且易于钻孔和打磨，可制成螺丝，代替金属用于固定 Trogamid CX 材料制造的镜片；适用于多种镀膜工艺，

图 6-24　聚酰胺材质太阳眼镜

可轻松涂覆耐刮擦涂层。另外，Trogamid CX 系列透明聚酰胺制成的镜片，尤其是太阳镜镜片，可方便地通过浸涂工艺染色，且镜片染色后可进行机械加工而不会影响染色效果。

除了透明聚酰胺外，其他聚酰胺品种在眼镜领域也有应用，如采用 PA12 或玻纤增强 PA12 制造运动眼镜、太阳眼镜镜框；采用医用级 PA6 制造儿童眼镜无铰链一体式镜腿；采用聚酰胺弹性体（PEBA）制造游泳护目镜镜框；采用 PA66 制造眼镜铰链弹簧等。

聚酰胺质轻、耐磨损、强度高和耐候性好的特点使其在体育器材领域也有广泛应用，如德国艾斯曼公司生产的 Grivory HT（一种含 PA6T/6I 和 PA6T/66 的牌号）、Grivory GV（一种玻纤增强 PA66 牌号）、Grilamid LCL（一种碳纤维增强 PA12 牌号）、Grilamid TR（一种透明 PA12 牌号）等高性能聚酰胺已成功应用于自行车的多个关键部件，不仅成功替代了金属材料，更在确保使用安全、耐用及美观的同时，实现了成本与重量的双重优化。其中，Grivory HT 与 Grivory GV 在自行车油碟系统中发挥着至关重要的作用，被广泛应用于油缸支架、油缸盖及卡钳等关键部件（见图 6-25）；Grilamid LCL 已成功应用在公路自行车脚踏上，能够制造出目前最轻的竞技自行车脚踏；Grilamid TR 凭借其轻盈的密度、高透光率、出色的耐应力开裂性以及易于着色的特性，已成功应用于制造自行车运动员护目镜。

图 6-25　自行车刹车系统

兰蒂奇集团和阿西比斯公司合作，以玻纤增强 PA66 代替铝应用于电动自行车后车架，现已经在 Fantic Trail 和 Enduro 电动自行车上应用，该材料的力学性能，如刚度和强度，受吸湿性的影响较小，同时抗紫外线和老化性能好。

在 2012 年伦敦残奥会上，荷兰残奥会自行车队使用了由帝斯曼 Stanyl PA46 制造的超轻质坚固链条。这种链条由帝斯曼与荷兰皇家自行车联盟（KNWU）共同开发，显著提升了自行车的竞赛性能。

此外，玻纤增强 PA6、PA66 等在滑雪板固定器、体育场座椅、水上运动器材、冰雪运动装备上也有大量应用。

聚酰胺在眼镜及体育器材领域的应用见表 6-18。

表 6-18 聚酰胺在眼镜及体育器材领域的应用

领域	部件	材料	备注
眼镜	泳镜框	PA12、PA6、PA66、PEBA	比 PC 减重 12%～15%
	太阳眼镜镜片	TROGAMID CX 系列	光学性能优异，用于光学部件的层压和装饰等要求严苛的应用领域
自行车	自行车车架、链条、刹车系统、脚踏	PA66/GF、PA46	自行车重量为 16.2kg
	山地自行车辐条轮圈	PA66/GF	优异韧性、力学性能和刚性
	头盔和车胎、车轮	芳纶、PA6/GF	
体育器材	网球拍索环系统	聚醚酰胺嵌段共聚物	优异的耐久性、耐候性、加工性，并且可减小超过 20% 的重量
	网球拍和羽毛球拍	PA6、PA66	能减少断弦的发生
	球拍骨架的嵌入物	PA6/GF、PA66/GF	
	棒、垒球棒、手套	芳纶	减缓振动性能更好、摆动速度更快、最佳击球区域更大
	皮艇和划艇的艇身、船桨	芳纶、PA6/GF	容易运送与操控，更好的抗冲击性，更安全
	运动鞋钉	PA6/GF、PA66/GF	
	运动鞋底	PA12	

参考文献

[1] 李丹，叶士兵．微发泡玻纤增强 PA6 在汽车散热器框架上的应用[J]．上海塑料，2021，49(6)：57-61.

[2] 俞庆华．中鼎橡塑选用巴斯夫 Ultramid 聚酰胺 6 为长城汽车打造塑料变速箱罩盖[J]．汽车零部件，2021(7)：115.

[3] 王强，胡志远．短玻纤增强型聚酰胺拉杆的极限抗拉伸性能分析[J]．汽车与新动力，2022，5(1)：79-82.

[4] 方万漂，黄志杰，邓如生，等．阻燃改性聚酰胺工程塑料在电子电器业的应用[J]．江苏电器，2006(2)：46-47.

[5] 黄志杰，周琨生．高 CTI 值改性工程塑料在电子电器中的应用[J]．塑料工业，2006(增刊 1)：313-315.

[6] 吴汾，唐伟家．聚酰胺工程塑料生产、市场及其趋势[J]．上海塑料，2009(4)：17-22.

[7] 林朗．工程塑料在电气设备方面的应用[J]．塑料工业，2024，52(2)：187.

[8] 胥晶，吴木根，陈昕航，等．绝缘性塑料材料在电气电缆的应用研究[J]．塑料科技，2022，50(3)：109-112.

[9] 刘国凯．工程塑料在电气设备方面的应用及展望[J]．塑料科技，2022，50(3)：113-116.

[10] 徐小伟，闫超，田亦瑶，等．芳香族聚酰胺纤维在航空领域的研究进展[J]．宇航材料工艺，2023，53(1)：21-28.

[11] 王萍丽，任中来，邹光继，等．半芳香族聚酰胺的发展与应用研究[J]．化工新型材料，2016，44(6)：233-234，239.

[12] 朱林，陆娟，包志军，等．医疗领域 3D 高分子材料打印技术的应用和发展趋势[J]．塑料助剂，2022(2)：62-65.

[13] 项巍巍，黄野，刘国彬，等．聚酰胺用于选择性激光烧结 3D 打印截骨导板的性能研究[J]．实用骨科杂志，2021，27(10)：951-954，959.

[14] 李兆敏，朱姝，孙权权，等．介入医疗用聚醚嵌段酰胺-蒙脱土中空纤维管[J]．合成纤维，2016，45(5)：1-4，9.

[15] 法国 Arkema 公司开发出可用于假肢及牙垫的 3D 打印材料[J]．石油化工，2015，44(4)：505.

[16] 朱旭，宫玉梅，何欣欣，等．抗菌聚酰胺纤维的研究进展[J]．化工新型材料，2023，51(3)：68-72.

[17] 张正，李方全，李杰，等．聚酰胺在医用卫生材料中的应用及研究进展[J]．中国塑料，2024，38(5)：113-119.

[18] Nimbekar A A，Bhatia P G，Deshmukh R R. Ammonia sensors manufactured by plasma enhanced grafting of conducting polymers on nylon-6 fabrics[J]. Synthetic Metals，2021，279：116840.

[19] Shakiba M, Ghomi E R, Khosravi F, et al. Nylon—a material introduction and overview for biomedical applications [J]. Polymers for Advanced Technologies, 2021, 32(9): 3368-3383.

[20] Spitz P H. Primed for success: the story of scientific design company[M]. Cham: Springer, 2019: 33-34.

[21] Turk S C, Kloosterman W P, Ninaber D K, et al. Metabolic engineering toward sustainable production of nylon-6[J]. ACS Synthetic Biology, 2016, 5(1): 65-73.

[22] Ojijo V, Sinha R S. Processing nanocomposites based on engineering polymers: polyamides and polyimides[M]. In Processing of Polymer-Based Nanocomposites: Processing-Structure-Property-Performance Relationships. Cham: Springer, 2018: 27-73.

[23] Lian J, Chen J, Luan S, et al. Organocatalytic copolymerization of cyclic lysine derivative and E-caprolactam toward antibacterial nylon-6 polymers[J]. ACS Macro Letters, 2021, 11(1): 46-52.

[24] Pant H R, Kim C S. Electrospun gelatin/nylon-6 composite nanofibers for biomedical applications[J]. Polymer International, 2013, 62(7): 1008-1013.

[25] Jackson R J, Patrick P S, Page K, et al. Chemically treated 3D printed polymer scaffolds for biomineral formation [J]. ACS Omega, 2018, 3(4): 4342-4351.

[26] Dennis C, Sethu S, Nayak S, et al. Suture materials—current and emerging trends[J]. Journal of Biomedical Materials Research, Part A, 2016, 104(6): 1544-1559.

[27] Afewerki S, Harb S V, Stocco T D, et al. Advanced technologies and polymer materials for surgical sutures[M]. In Advanced Technologies and Polymer Materials for Surgical Sutures. Amsterdam: Elsevier, 2023: 95-128.

[28] Byrne M, Aly A. The surgical suture[J]. Aesthetic Surgery Journal, 2019, 39(S2): 67-72.

[29] Sullivan M V, Dennison S R, Archontis G, et al. Toward rational design of selective molecularly imprinted polymers (MIPs) for proteins: computational and experimental studies of acrylamide based polymers for myoglobin[J]. The Journal of Physical Chemistry B, 2019, 123(26): 5432-5443.

[30] Singh R, Kumar R, Ranjan N, et al. On the recyclability of polyamide for sustainable composite structures in civil engineering[J]. Composite Structures, 2018, 184: 704-713.

[31] Boman E, Paterson D, Huang J, et al. Treatment plan dosimetric impact after catheter stretch during multi-catheter interstitial breast brachytherapy[J]. Journal of Contemporary Brachytherapy, 2017, 9(5): 418-423.

[32] Geith M A, Eckmann J D, Haspinger D C, et al. Experimental and mathematical characterization of coronary polyamide-12 balloon catheter membranes[J]. Plos One, 2020, 15(6): e0234340.

[33] Haley R M, Qian V R, Learn G D, et al. Use of affinity allows anti-inflammatory and anti-microbial dual release that matches suture wound resolution[J]. Journal of Biomedical Materials Research, Part A, 2019, 107(7): 1434-1442.

[34] Rossi F, Zaltieri M, Sacchetti A, et al. Functionalization of nylon-6,6 with polyetheramine improves wettability and antibacterial properties[J]. Industrial & Engineering Chemistry Research, 2021, 60(29): 10666-10673.

[35] Thomas D J. 3D printing durable patient specific knee implants[J]. Journal of Orthopaedics, 2017, 14(1): 182-183.

[36] Al-Takhayneh O, Warren H, Panhuis M I H. 3D printing of surgical staples[J]. MRS Advances, 2022, 7: 489-494.

[37] Ali M G, Mousa H M, Blaudez F, et al. Dual nanofiber scaffolds composed of polyurethane-gelatin/nylon 6-gelatin for bone tissue engineering [J]. Colloids and Surfaces A: Physicochemical and Engineering Aspects, 2020, 597: 124817.

[38] Olaniran O, Garcia C, Li W, et al. Amylase loading on a commercial nylon bandage intended for the control delivery of drug in treating localized wounds[J]. Materials Today: Proceedings, 2021, 38: 499-502.

[39] Thakkar S, Misra M. Electrospun polymeric nanofibers: new horizons in drug delivery[J]. European Journal of Pharmaceutical Sciences, 2017, 107: 148-167.

[40] Parikh K S, Josyula A, Inoue T, et al. Nanofiber-coated, tacrolimus-eluting sutures inhibit post-operative neointimal hyperplasia in rats[J]. Journal of Controlled Release, 2023, 353: 96-104.

[41] Keirouz A, Radacsi N, Ren Q, et al. Nylon-6/chitosan core/shell antimicrobial nanofibers for the prevention of mesh-associated surgical site infection[J]. Journal of Nanobiotechnology, 2020, 18: 1-17.

[42] Nur P F, Pınar T, Ugur P, et al. Fabrication of polyamide 6/honey/boric acid mats by electrohydrodynamic processes

for wound healing applications[J]. Materials Today Communications,2021,29:102921.
[43] 张鹏. 聚哌嗪酰胺复合纳滤膜的正、反界面法制备与性能研究[D]. 天津:天津工业大学,2021.
[44] 李昆,王健行,魏源送. 纳滤在水处理与回用中的应用现状与展望[J]. 环境科学学报,2016,36(8):2714-2729.
[45] 邓子祺,程荣,石磊,等. 膜法盐湖提锂技术研发进展[J]. 科技导报,2024,42(18):5-19.
[46] 宋姗姗,马艳,魏海娟. 纳滤膜在城镇污水资源化利用中的试验探索[J]. 净水技术,2024,43(增刊1):110-114,134.
[47] 刘起飞,樊卫军,曹江. 纳滤膜提纯工业混盐废水及资源化利用[J]. 化工生产与技术,2024,30(2):22-25.
[48] 石洁,姚家隆,唐娜,等. 纳滤膜工艺在太仓某水厂深度处理工程中的应用[J]. 净水技术,2024,43(1):50-57.
[49] 郭彩荣,王为民,张岩岗,等. 膜分离技术在饮用水处理的应用[J]. 广东化工,2024,51(2):84-86.
[50] 徐保贤. 膜处理技术在矿井废水处理中的应用[J]. 清洗世界,2023,39(10):20-22.
[51] 李嘉鹏,彭华文,赵强. 盐湖提锂纳滤膜研究进展[J]. 高分子通报,2023,36(11):1497-1514.
[52] 王宏. CFRPA6 复合材料制备及体育器材性能研究[J]. 塑料助剂,2022(3):29-32.
[53] 田华. 热塑性塑料在体育运动器材中的应用研究[J]. 塑料科技,2021,49(12):106-108.
[54] 张卫军. 碳纤维改性聚酰胺复合材料用于体育器材的研究[J]. 塑料助剂,2021(6):30-32,36.

第7章
聚酰胺树脂的回收利用

随着塑料制品的大量使用，越来越多的塑料废弃物对环境及人类健康的危害已成为人们必须面对的严峻问题。塑料废弃物的回收利用不仅有助于保护生态环境、实现资源的充分利用，同时也是为了满足经济和社会可持续发展的要求。

回收塑料废弃物的主要方法有丢弃、填埋、焚烧、回收利用等。以2019年为例，全球产生塑料废弃物约3.5×10^5kt，其中填埋处理的量约占50%，被焚烧及被随意丢弃量分别占22%和19%，而最终被回收利用的废弃塑料只有9%。丢弃、焚烧和填埋塑料废弃物不仅会造成环境污染，危害人类的生存发展，而且还造成巨大的资源浪费，也与可持续发展战略背道而驰。

面对日益严重的塑料废弃物污染，许多发达国家已经建立了比较完善的塑料废弃物回收体系并制定了相应的法律法规。近年来，我国也越来越重视塑料废弃物的回收和再利用，出台了多项政策，正加速推动再生塑料行业发展。

作为通用工程塑料之一，与其他高分材料一样，聚酰胺树脂废弃料的回收利用也受到了国内外业内人士的高度重视。除了一般的物理回收利用方法外，目前已开发了多种化学回收方法，如氨解、水解等方法，为聚酰胺树脂废弃料的回收利用提供了有力的技术支撑。

7.1 废弃聚酰胺的来源及预处理

7.1.1 废弃聚酰胺的来源

废弃聚酰胺的来源一般分为3种。

① 聚合过程中产生的废料　聚酰胺是由单体经缩聚、加聚等反应而制得的，合成条件的变化或合成原料的变化都会引起聚酰胺质量的变化，形成聚合物废料。这部分废料由于具有较高的利用价值，一般都由生产厂直接进行回收利用或者作为一种副产品外销给相关企业直接投入生产。如PA6生产中的低聚物就可直接用于高黏切片的生产。

② 产品制造中产生的废料　聚酰胺材料加工中不可避免会产生废料，如模塑过程产生的边角料、废坯、废品；纺丝过程产生的废丝、引料；拉膜过程产生的引料、废品；吹塑、热压等过程产生的废料。这些废料的特点是组分单一，比较干净，往往由厂家直接回收利用。

③ 使用后产生的废料　聚酰胺材料在地毯、汽车、机械、电子电气、渔业、包装材料、胶黏剂、油墨等领域使用后，会因损坏或达到使用寿命后被丢弃，这些废弃料是聚酰胺回收利用研究的重点。

7.1.2 废弃聚酰胺的预处理

聚酰胺废弃料在回收利用前，首先需要进行鉴别、分离、粉碎、清洗及干燥等预处理。

7.1.2.1 鉴别

废弃塑料的品种很多，按其性能可分为热塑性塑料和热固性塑料，热塑性塑料可溶、可熔，热固性塑料不溶、不熔。因此，利用加热和溶解的方法可将废弃聚酰胺与其他塑料分辨出来，以便后续回收利用。识别废弃聚酰胺的方法有许多，常用的方法有燃烧法、溶解法、熔点法等（见表 7-1）。此外，还可采用仪器分析法识别，如红外光谱、核磁共振、热分析、热化学分析等，仪器分析法在某种程度上更有效、更可靠。

表 7-1　废弃聚酰胺的常用鉴别方法及原理

鉴别方法	鉴别原理
燃烧法	在燃烧条件下观察材料的燃烧性质，以判断材料的种类。通常可以通过观察燃烧火焰的颜色、燃烧烟雾的味道和燃烧后残留物的颜色和形态来判断材料的种类。燃烧法是一种简单、实用的材料鉴别方法
溶解法	通过观察材料是否能被某种溶剂溶解来鉴别材料种类的方法。该方法的原理是不同的材料对不同溶剂的溶解性是不同的，因此通过对材料进行溶解实验，可以判断出材料的种类
熔点法	通过观察材料的熔点来鉴别材料种类的方法。该方法的原理是不同的材料在加热到一定温度时会出现熔融的现象，而熔融温度是不同的，因此可以通过测量材料的熔点来判断材料的种类

7.1.2.2 分离

废弃聚酰胺的分选、分离是其回收利用的关键环节之一，分选的主要目的有两个：一是清除混杂在废弃聚酰胺中的非塑料组分，二是利用前述的各种方法将不同的塑料品种区分开来，以保证得到优质的聚酰胺再生料。通常采用的分选方法有手工分选法、风力分选法、磁力分选法、静电分选法等，见表 7-2，需要根据废料的特性选择合适的分选方式。针对颜色差异较大的废料，手工分选法会更高效便利；风力分选适用于废料中各组分密度差距较大时，一般使用的设备为空气摇床，在风力、重力等综合作用下轻、重塑料粒子会因密度不同而背向移动，以实现分离的目的；磁力分选的目的是剔除废料中含磁性的组分（如钢铁、铁屑等）；静电分选是利用各组分摩擦带电存在较大差异的特性，将其有效分离。

表 7-2　废弃聚酰胺的常用分选方法及原理

分选方法	分选原理
手工分选法	通过人工将混在废塑料里的杂质及不同的塑料分开
风力分选法	利用空气动力学，将物料打散，然后将轻重物料分离
磁力分选法	主要目的是除去混入废弃塑料中的钢铁等金属碎屑、杂质
静电分选法	利用不同塑料的摩擦带电差异，将不同塑料分离出来

7.1.2.3 粉碎

为使回收利用更加便利与高效，还需对废弃聚酰胺进行粉碎，常用的粉碎机有剪切式粉碎机、冲击式粉碎机、兼具剪切式破碎和冲击式破碎功能的粉碎机等。常用的破碎方法有常温粉碎法和深冷粉碎法。常温粉碎是指在室温条件下对废料进行机械破碎；深冷粉碎需使用液氮、液氩等制冷剂，使废料温度降至－196℃以下再使用粉碎设备粉碎。

7.1.2.4 清洗及干燥

清洗步骤在废弃聚酰胺回收利用过程中起关键作用，它能有效去除废料中的杂质，大大提高回收产品的品质。常用的清洗方法有两种。一种是借助热风、机械或气力对废料进行清洗的物理方法。其中，热风清洗是物理法中最常见的，具有操作简单、能耗较低的优点，利用高温热风能有效去除废料中污垢、油脂等杂质；机械清洗是用机械方法对废料进行切削、粉碎和研磨等处理，去除其中的杂质；气力清洗是利用高压气流对废品进行分筛除杂。另一种是利用溶剂或酸碱清洗的化学方法。溶剂洗涤法是将废料中的油脂、污物等可溶解性杂质溶于溶剂后去除；酸碱清洗，即用酸、碱将废料中的氧化物和水垢清除掉。

废弃聚酰胺经清洗或存放后都会吸附一定量的水分，在进一步进行回收利用之前，必须对其进行干燥处理，否则会导致后续生产加工时产生水蒸气，从而影响回收产品的品质。常采用的干燥方法有烘干、热风干燥和蒸气干燥 3 种，具体采取何种方法应根据废料要求和处理设备的条件而定。烘干是将废料放在烘箱中进行加热和干燥；热风干燥是通过热风的辅助快速蒸发掉废料中多余的水分；蒸气干燥是指利用水蒸气的超高热能将废料中的水分汽化并去除。

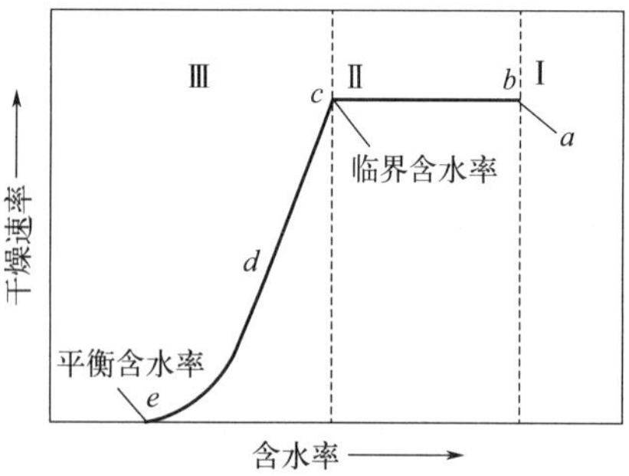

图 7-1 干燥特性曲线

从干燥原理来看，任何干燥过程都包括 3 个时期：预热区（Ⅰ）、等速干燥区（Ⅱ）、降速干燥区（Ⅲ），干燥特征曲线如图 7-1 所示。干燥特征曲线可以反映干燥速率与水分含量的关系，是确定干燥速率、水分含量及干燥最终状况的重要依据，通过该曲线对干燥过程进行控制，可有效防止偏差的产生。

7.2 回收利用方法

废弃聚酰胺回收利用的主要方法有物理回收、化学回收和能量回收等，从资源利用的角度看，物理回收应优先考虑，其次是化学回收，最后才是能量回收。

7.2.1 物理回收

物理回收（也称为机械回收）通过将收集到的废弃聚酰胺破碎、洗涤、干燥、重新造粒后，加工成制品或以一定比例加入新料中使用。该方法的优点是回收工艺简单、成本低廉、技术成熟。目前，废弃聚酰胺主要采用该方法回收利用。物理回收又分单纯再生和复合再生两种。单纯再生一般是指加工的边角料、废品或较清洁的同品种废弃塑料的再生技术；复合再生则是指混杂塑料的物理回收。目前以单纯再生为主。物理回收一般有两种方法。一种方法是熔融再造粒法，其工序是：将废料打碎或切断，再经洗涤（碱洗、有机溶剂清洗、超声波清洗等）、离心脱水、熔融挤出、冷却、切粒、干燥得到成品。该方法生产的切片由于经历了再次熔融，分子链受热断裂，分子量相较造粒前废料有一定下降。另一种方法是溶解/再沉淀法，利用溶剂选择性溶解聚酰胺，过滤杂质，析出纯聚酰胺后，再熔融造粒，该方法可实现混合废料（如 PA6/PET 复合材料）的回收。

聚酰胺回收料可根据需要与新料混合注塑加工成汽车部件和其他塑料制品等，如 BASF 公司将从废弃卡车散热器水箱中回收的玻纤增强 PA66 与新料共混来生产新的散热器；Bayer 公司和 Mercedes-Benz 公司从椅背和外壳中回收玻纤增强 PA6，经粉碎分离处理后与新料共混重新制成工程部件；Ford 公司和 DuPont 公司采用含有 25％旧地毯回收物的 PA66 生产汽车空气净化箱。与聚酰胺新料相比，聚酰胺回收料的力学性能会有一定程度的降低，图 7-2 给出了 30％玻纤增强 PA6 的冲击强度与加工次数的关系。

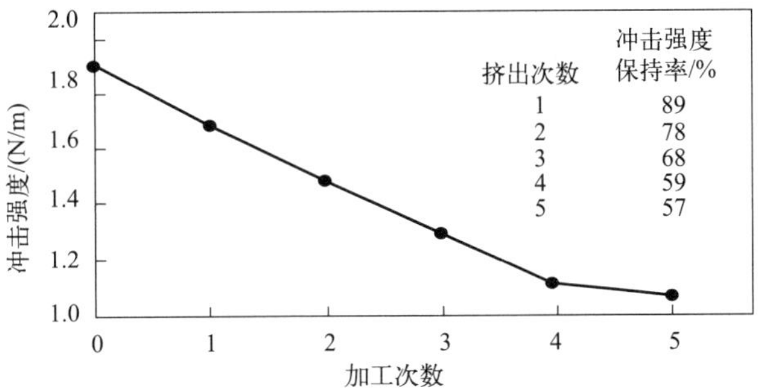

图 7-2　30％玻纤增强 PA6 的冲击强度与加工次数的关系

（挤出温度：300℃，剪切速率：370s^{-1}）

聚酰胺回收料与新料共混使用时，回收聚酰胺的添加比例对共混物的力学性能也有一定的影响。图 7-3 给出了回收 PA6（由旧汽车座椅回收）加入量对 30％玻纤增强 PA6 力学性能的影响。可以看出，随着回收 PA6 加入量的增加，玻纤增强 PA6 的缺口冲击强度、弯曲模量逐渐降低。因此，为了不显著降低回收制品的性能，需要控制聚酰胺回收料的添加量，通常不含玻纤的聚酰胺回收料的添加质量分数应不大于 50％，而含玻纤的聚酰胺回收料的添加质量分数通常在 25％～30％，这是由于玻璃纤维在反复加工过程中会造成大量断裂。

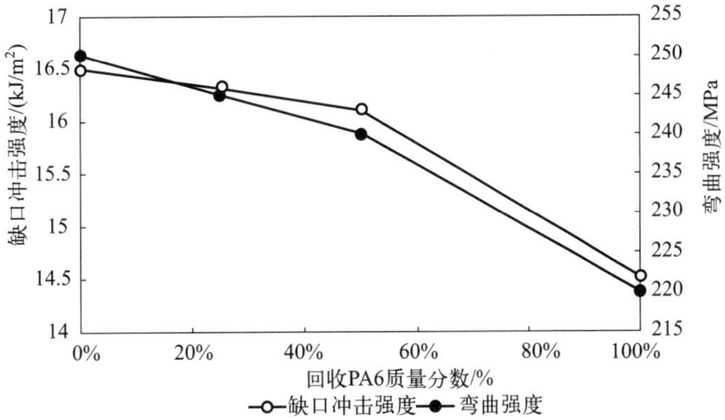

图 7-3　回收 PA6 含量对 30％玻纤增强 PA6 力学性能的影响

物理回收法具有较好的经济效益和易于操作的特点，是目前废弃聚酰胺的主要处理方式。然而，部分回收料需进行二次加工，才能达到生产高质量聚酰胺的要求，并且在某些条件下，废弃聚酰胺仅能进行部分回收。

7.2.2 化学回收

当有些混杂的废弃塑料不可物理分离或分离成本很高，或者物理回收的废弃塑料的性能比原塑料的性能差很多时，往往要采用化学回收方法来进行回收处理。化学回收是指将废弃高分子材料通过化学方法分解成其原来的单体或相似的单体，然后再进行聚合得到新的高分子材料。常见的化学回收方法包括水解、醇解、氨解、热裂解等。表7-3列出了国外聚酰胺废料化学回收主要厂商及规模。

表7-3 国外聚酰胺废料化学回收主要厂商及规模

开发公司	回收工艺	废料名称	产能/(t/a)	装置所在地
吉玛公司	酸解聚	PA6 地毯	20000	德国 Fronkfurt
巴斯夫公司	酸解聚	PA6	20000	美国
	酸解聚	PA6	20000	加拿大
	碱解聚	PA66 废物	24000	德国 Ludwigshaten
	酸解聚	PA6 地毯	590	加拿大
罗拉普朗克公司	碱解聚	PA66	5000	法国
杜邦公司	甲醇醇解	PA66 地毯	230	美国 Glasgow

7.2.2.1 水解回收工艺

水解回收工艺是指以水作为解聚剂，在高温高压下，将聚酰胺分解成低分子物质的一种方法。根据催化体系的不同，水解回收工艺又可分为酸催化水解、碱催化水解及亚/超临界水解。

Snider of Allied化学公司首先申请了PA6在高压蒸汽反应器中水解解聚的专利。该反应在氮气气氛下进行，反应温度为250℃，水与PA6质量比为10∶1，反应时间为5h，己内酰胺收率为60%～70%，其化学反应式如式(7-1)～式(7-3)所示。虽然该反应过程中不使用催化剂，但在产品提纯时需要除去己内酰胺中的水，能耗高，所以成本相对也较高。

（1）氨端基的PA6水解成6-氨基己酸

$$\sim\sim\mathrm{N(H)}-\mathrm{C(=O)}-(\mathrm{CH_2})_5-\mathrm{NH_2}+\mathrm{H_2O}\rightleftharpoons\sim\sim\mathrm{NH_2}+\mathrm{HO}-\mathrm{C(=O)}-(\mathrm{CH_2})_5-\mathrm{NH_2} \tag{7-1}$$

（2）酸端基的PA6水解成6-氨基己酸

$$\sim\sim\mathrm{C(=O)}-\mathrm{N(H)}-(\mathrm{CH_2})_5-\mathrm{COOH}+\mathrm{H_2O}\rightleftharpoons\sim\sim\mathrm{COOH}+\mathrm{HO}-\mathrm{C(=O)}-(\mathrm{CH_2})_5-\mathrm{NH_2} \tag{7-2}$$

（3）6-氨基己酸转化成ε-己内酰胺和水

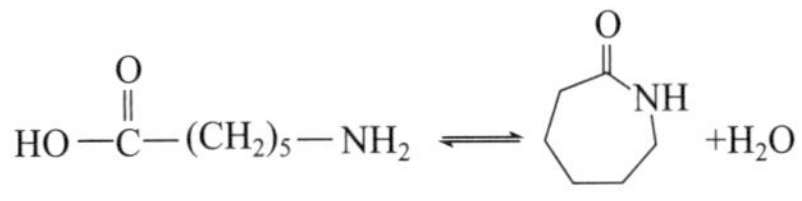

(7-3)

水解过程中，加入酸或碱可以起到催化酰胺键断裂和调控反应路径的作用。酸催化水解工艺常用的酸有硝酸、乙酸、丙酸、硫酸、磷酸（H_3PO_4）等。BASF 公司废弃 PA6 酸催化水解工艺流程见图 7-4，在酸解反应器中，切碎的废弃 PA6 和蒸汽在 H_3PO_4 催化剂的作用下水解生成粗己内酰胺，而后粗己内酰胺经蒸馏除去水分，再经高锰酸钾氧化去掉杂质，过滤得到纯度达 98％的己内酰胺。

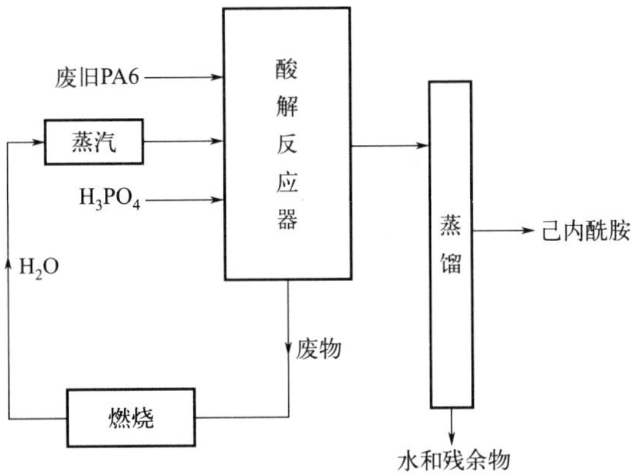

图 7-4　BASF 公司废弃 PA6 酸催化水解工艺流程

辽宁天成化工有限公司与沈阳工业大学合作申请了废旧 PA66 酸催化解聚回收单体的专利，将 1000kg 废旧 PA66、2kg 12-磷钨酸催化剂、1000kg 自来水加入水解反应器内，加热使水解反应器温度达到 100℃，搅拌反应 6.5h，冷却至 25℃过滤，使固体物和液体物分离，得固体物粗己二酸和液体混合物 A。在固体物粗己二酸中加入 1000kg 自来水、25kg 工业用活性炭，加热至 90℃，搅拌 2.5h，过滤滤除活性炭，滤液冷却至 25℃，即得到纯己二酸产品，产品质量达到 SH/T 1499.7—2012 己二酸工业一级品标准。将固液分离得到的液体混合物 A 与碱性中和剂和自来水按质量比（0.2～1.0）∶（0.02～0.60）∶（0.4～0.6）均匀混合，中和至中性，得到液体混合物 B，在回转炉脱除己二酸钙、硫酸钙后得到粗胺，再将粗胺在压力 133～3990Pa、温度 150～220℃条件下蒸馏，得到己二胺。工艺流程如图 7-5 所示。

在碱性条件下，PA6 同样可水解生成己内酰胺，常用的碱有氢氧化钠（NaOH）、氢氧化钾（KOH）、碳酸钠（Na_2CO_3）等。DSM 公司使用 NaOH 溶液在较温和的条件下水解废弃 PA6 地毯，再通过过滤或蒸馏得到己内酰胺，解聚率高达 93％。与酸催化水解工艺相比，碱催化水解工艺可水解复杂废料，对设备要求较低，缺点是反应速率较慢，需要增加酸化提纯额外步骤。

亚/超临界水具有独特的物理化学性质，可以促进废弃聚酰胺等高分子化合物高效解聚或转化，实现废弃聚酰胺的绿色化学回收。日本三菱化学公司公开了一种亚临界水水解 PA6 的专利，在反应温度 250℃、反应压力 4MPa、反应时间 30min 的条件下，采用亚临界水水解 PA6，己内酰胺的收率为 88％，且无需后续纯化。BASF 公司公开了

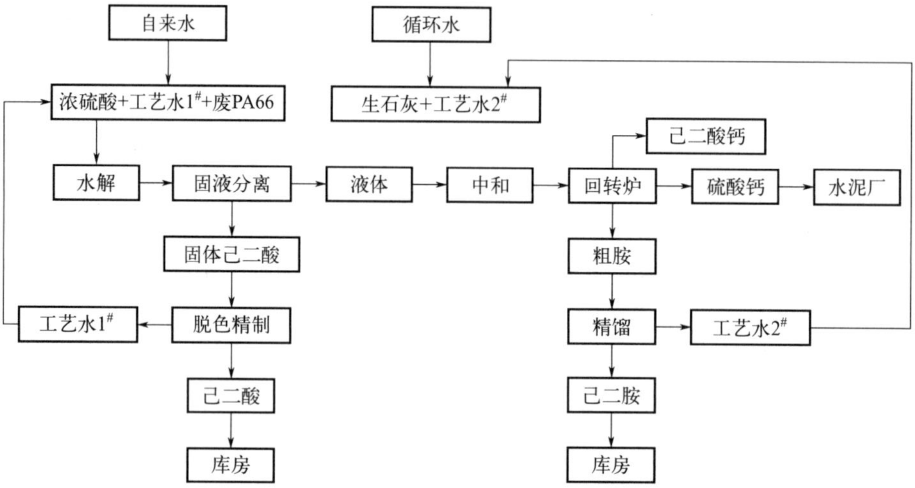

图 7-5 废弃 PA66 酸催化水解工艺流程

一种超临界水水解 PA6 的专利，采用连续管式反应器，在反应温度 400℃、反应压力 25MPa 条件下，采用超临界水水解 PA6，反应时间小于 10s，且己内酰胺的收率大于 80%。

PA6 在亚/超临界水中的解聚是连续反应，首先水解为中间产物氨基己酸，紧接着环化脱水为己内酰胺或分解为其他低分子物质，如环戊酮等［见式（7-4）］，水解速率小于环化脱水反应速率，且反应均有较小的表观活化能；在亚临界区，反应温度越高、压力越大、时间越长，解聚速率越快；在超临界区，氨基己酸和己内酰胺的收率达到最大值，符合一级连串反应规律，过长的反应时间会促进进一步的分解副反应，

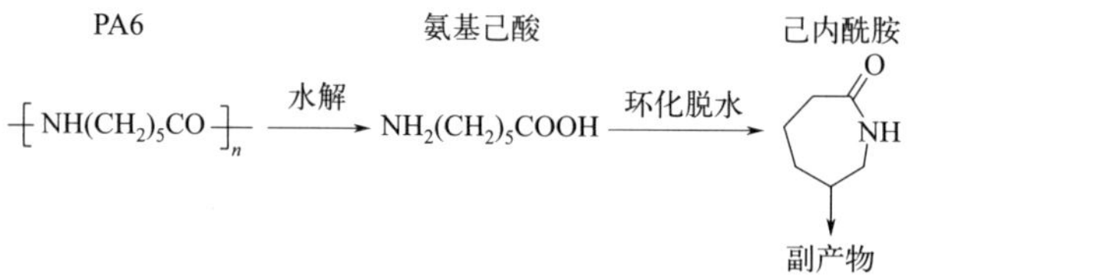

（7-4）

亚/超临界水解虽然有利于加快反应速率、减少环境污染，但反应所需条件苛刻，且副产物多，难以实现大规模生产操作。

7.2.2.2 氨解回收工艺

1994 年 DuPont 公司首先申请了氨解回收工艺的专利，该工艺以氨气为解聚剂，磷酸盐为催化剂，使聚酰胺地毯氨解生成己内酰胺（CPL）、己二胺（HMD）、己二腈（ADN）、6-氨基己腈（ACN）等单体。

氨解回收工艺的第一步是对废弃聚酰胺地毯进行预处理，如图 7-6 所示，先从回收的废弃聚酰胺地毯中分离出聚丙烯（PP）衬里、尘土和其他杂质；再通过锤式粉碎机切碎、过筛，将废弃聚酰胺地毯碾成平均粒径为 1.5mm 的粒子；然后将粒子加到水中形成浆状物，再根据密度分离组分，得到纯度达到 98%的聚酰胺材料。

第二步，将预处理的聚酰胺熔融后与氨气和磷酸盐催化剂在氨解反应器中混合，在

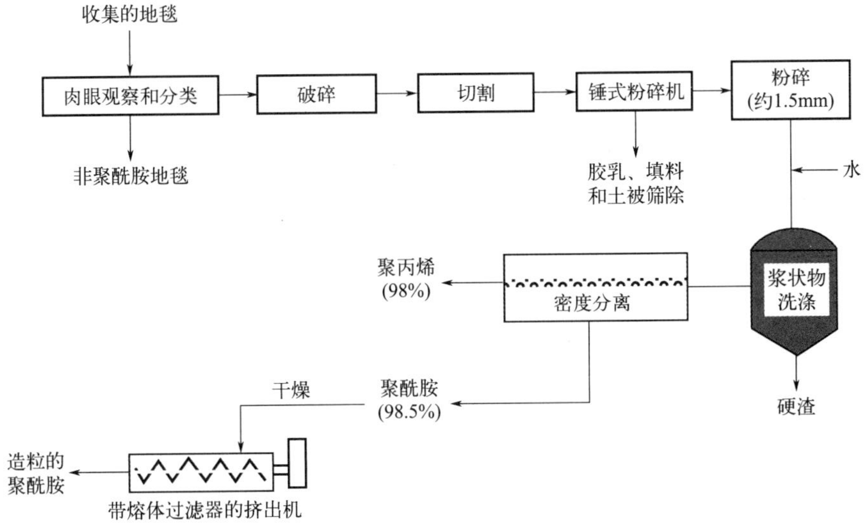

图 7-6　氨解回收废弃聚酰胺地毯的预处理工艺流程

330℃和 7MPa 的条件下反应；反应完成后，经初馏除去氨基甲酸盐等副产物并回收氨，再经分级蒸馏得到粗聚酰胺单体 CPL、HMD 和 ACN、ADN。ACN 和 ADN 经加氢可制备高纯 HMD，CPL 可进一步氨化生成 ACN 或者直接提纯为高纯 CPL，见图 7-7。

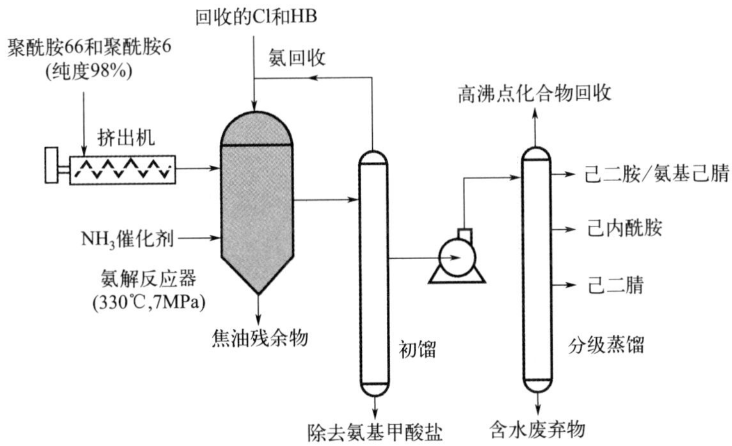

图 7-7　废弃尼龙地毯的氨解工艺流程

该工艺回收的 HMD 的纯度可达 99.8%，主要杂质为 *N*-甲基环戊胺（ACM）和 1,2,3,4-四氢-5-氨基吖啶（THA）。表 7-4 为 DuPont 公司氨解工艺回收 HMD 与参比样 HMD 的质量对比。

表 7-4　DoPont 公司氨解工艺回收 HMD 的质量指标

杂质名称	参数	
	标样	回收样
亚胺含量/(mg/kg)	25	<10
1,2,3,4-四氢-5-氨基吖啶含量/(mg/kg)	60	120
二氨基环己胺含量/(mg/kg)	25	<20

续表

杂质名称	参数	
	标样	回收样
N-甲基环戊胺含量/(mg/kg)	25	213
己二腈含量/(mg/kg)	25	26
己内酰胺含量/(mg/kg)	0	49

7.2.2.3 醇解回收工艺

醇解回收工艺是一种利用有机醇将聚酰胺分解成聚酰胺醇和其他小分子物质的方法。这种方法通常需要在高温和高压条件下进行，并且需要使用专门的醇解剂，如甲醇、乙醇、乙二醇等。在醇解过程中，聚酰胺链上的酰胺基团被醇解剂中的醇基代替，形成聚酰胺醇，如6-氨基己酸甲酯、6-氨基己酸乙酯、己二酸二甲酯等。聚酰胺醇是一种中间产物，可以进一步被水解或通过其他化学反应转化成有用的化学物质。

醇解反应过程中，加入磷酸、硫酸、对甲苯磺酸等作为催化剂可促进反应进行，例如：在废弃PA66/硫酸摩尔比为1∶2，废弃PA66/甲醇摩尔比为1∶20，反应温度为120℃，反应时间为5h的条件下，废弃PA66可完全转化，产物己二酸二甲酯和己二胺的收率分别达到86.04%和88.62%；在废弃PA6/对甲苯磺酸质量比为1∶2，废弃PA6/乙醇质量比为1∶3，反应温度为150℃，反应时间为4h的条件下，废弃PA6转化率为100%，6-氨基己酸乙酯收率达到86.04%。

醇解回收工艺可以有效地去除聚酰胺中的含氧基团，从而获得高纯度的聚酰胺醇，还可用于回收高分子量聚酰胺，并且可以用于回收多种不同类型的聚酰胺。但是，醇解回收工艺也存在一些缺点，例如需要高温和高压条件，并且需要使用醇解剂。此外，在醇解过程中还可能产生有害的副产物，需要进行严格的排放控制。

7.2.2.4 真空热裂解回收工艺

在高温及真空或惰性气氛下，PA6的分子链会断裂生成己内酰胺、低聚物及气体副产物，己内酰胺收率大于80%。

热裂解过程中，加入催化剂可降低副产物环化物及氮化物的生成。表7-5给出了催化剂类型和用量对PA6热裂解的影响，可以看出：采用碳酸钾（K_2CO_3）作催化剂时，在较短的反应时间内可获得大量的己内酰胺，且己内酰胺的纯度很高，可作为纤维级己内酰胺使用；与碳酸盐相比，磷酸（H_3PO_4）的催化效果不如碳酸盐。

表7-5 催化剂类型对PA6真空热裂解的影响

催化剂类型	催化剂质量分数/%	反应时间/min	馏出物中己内酰胺质量分数/%	己内酰胺的收率/%
K_2CO_3	10	40	100	86
K_2CO_3	1	90	100	83
Na_2CO_3	10	70	100	79
H_3PO_4	10	45	100	54
$CaCO_3$	10	150	—	—

注：温度为270～300℃，压力为4.05Pa。

热裂解反应器可以采用釜式反应器、流化床反应器、管式裂解炉等，如采用石英流化床反应器，以α-氧化铝负载氢氧化钾为催化剂，氮气为流化气体，在反应温度330～360℃下热裂解废弃PA6，只需几分钟后就可完成PA6的解聚，且己内酰胺的收率可达85%。

与水解解聚相比，真空热裂解具有一系列的优点：己内酰胺的收率高；己内酰胺的纯度高；可在较短的反应时间获得较高的收率；不必通过蒸馏除去水分。然而，该法也存在一些缺点：必须采用催化剂，且催化剂需均匀分布在聚合物中以避免不均匀反应；必须处理填料、聚合物和催化剂的残余物；由于有机残余物会导致焦油的生成，因此反应生成的有机残余物不能返回该工艺中。

7.2.2.5 其他回收工艺

为了解决水解回收工艺存在金属装置腐蚀较快、能耗高、废水处理量大等问题，日本宇部兴产株式会社公开了一种聚酰胺在烃溶剂中的解聚技术，该方法在烃溶剂的存在下或者同时在水（水相对于烃溶剂和水的总质量分数小于30%）的存在下，不加催化剂进行解聚反应，解聚温度为300～420℃。此法适合PA6、PA66、PA11和PA12的解聚，单体回收率为74.1%～96.9%。

日本旭化成公司和Microwave Chemical公司启动了一个联合示范项目，目的是利用微波技术将PA66的化学回收工艺商业化。该工艺利用微波对PA66进行解聚，直接得到单体六亚甲基二胺和己二酸，且获得的单体随后可用于制造新的PA66。旭化成公司开展了实验室层级的探讨，证实了微波能高产出解聚PA66，确认了解聚后的分离和提纯工艺的原理。

日本帝京大学以NO_2作为氧化剂，分别考察了PA6、PA11、PA12、PA46、PA66、PA69和PA612在超临界CO_2中的降解反应。实验获得的较佳反应条件为温度140℃、时间1h、压力10MPa、氧化剂2g，反应主要生成丁二酸、戊二酸和己二酸等脂肪族二酸化合物。日本山口大学应用分子生物科学学科、医学研究科研究了PA6在亚/超临界醇中的解聚，在370℃、氩气气氛下反应1.5h，PA6在仲醇和叔醇中的解聚效果较好，其己内酰胺回收率在93%以上。

离子液体具有低可燃性与不挥发性，是一种绿色催化剂和溶剂，被广泛应用于多种类型的反应。日本东京大学根据离子液体的特性，提出了一种废旧PA6回收新工艺，选用过量离子液体[Emim][BF_4]和质量分数为5%～10%的4-二甲氨基吡啶(DMAP)，在300℃下，将PA6催化反应60min后己内酰胺收率为55%～86%。离子液体法反应条件温和，且工艺过程与副产物对环境污染小，离子液体可重复利用，但价格昂贵且CPL收率较低，有待进一步研究。

美国西北大学和美国国家可再生能源实验室开发了一种高效的PA6回收工艺，使用易于获得的三酰胺镧为催化剂，将PA6解聚为己内酰胺，选择性在95%以上，收率超过90%。该工艺不需使用溶剂或有毒化学品，反应温度相对温和（240℃），且聚乙烯、聚丙烯或聚对苯二甲酸乙二醇酯等不会对反应产生干扰。该工艺的成功受益于三酰胺镧极高的催化活性。

除了上述方法外，还有一些绿色回收废弃聚酰胺的方法，如酶解法、微生物法等，但这些方法仍处于实验室研究阶段。

7.2.3 能量回收

废弃聚酰胺的能量回收是指通过焚烧、热解、气化等方法将其转化为热能、电能或燃料，该方法适用于无法通过物理法或化学法回收的废弃聚酰胺制品的回收。

焚烧法是一种低成本、高效率的废弃塑料处理方法，可以取代燃煤作为补充能源，具有重要的应用价值。废弃聚酰胺在800～1200℃的高温下焚烧时，超过80%的聚酰胺都会被氧化成小分子化合物，释放出的热量可以用来发电或供暖，但废弃聚酰胺制品中含有大量的N、O元素，在焚烧的过程中会产生有毒的HCN、CO等大气污染物，需进行净化处理。此外，若废弃聚酰胺中含有阻燃剂时，其焚烧或气化还会产生二噁英等有害气体。

除了焚烧法外，热解法和气化法也可用于处理废弃聚酰胺。热解法通过在无氧或低氧的高温（400～800℃）环境下将废弃聚酰胺分解为H_2、CH_4、CO等可燃气体、液态油和固体残炭。可燃气体可燃烧发电，液态油通过精制后可作为燃料，残炭可活化制吸附剂。气化法是在限氧、高温（700～1300℃）条件下将废弃聚酰胺转化为合成气（$CO+H_2$），合成气可用于发电，制甲醇或H_2。

7.3 回收利用实例

7.3.1 PA6聚合低聚物直接回用

在己内酰胺的聚合过程中，聚合物经水萃取后，萃取液中仍含有7%～8%的CPL单体和1.5%的低聚物，如果直接排放，会浪费大量的单体，导致生产成本较高。浓缩液直接回用技术是一种高效、低成本的从萃取液中回收己内酰胺的方法。该技术通过三效蒸发浓缩，将PA6生产时产生的废水如反应塔顶冷凝液、萃取水等浓缩至80%（质量分数）左右后直接用于聚合生产。

Karl Fisher公司将约80%的浓缩液直接送入聚合装置聚合，再采用得到的PA6切片生产了工程塑料、短纤及PA6膨体长丝（BCF）。恒天中纤纺化无锡有限公司采用三效蒸发法对萃取水进行三效蒸发浓缩后滤除残渣及杂质，然后与新的CPL按照一定比例进行配比送入聚合装置回用，实现了PA6短纤或高黏非纤维树脂的生产。山东鲁西化工有限公司在三效蒸发浓缩基础上增设压滤装置以提高浓缩液的纯度，实现了对高浓度低聚物的有效分离，并将其回收再聚合，用于制备中黏常规纺切片。为解决三效蒸发后，高浓度的浓缩液容易析出、经常性堵塞管路的难题，浙江方圆新材料有限公司将萃取水浓缩至80%左右后，再经过高温高压裂解将浓缩液中的二聚体等环状低聚物分解成线型单体后直接进入聚合管回收利用，如图7-8所示，生产了相对黏度为2.50±0.05，分子量分布指数达到1.008的高黏度PA6有光切片。与常规浓缩液直接回用技术相比，该工艺不仅减少了废水与固废排放，缩短了回收流程，能耗也大幅降低。

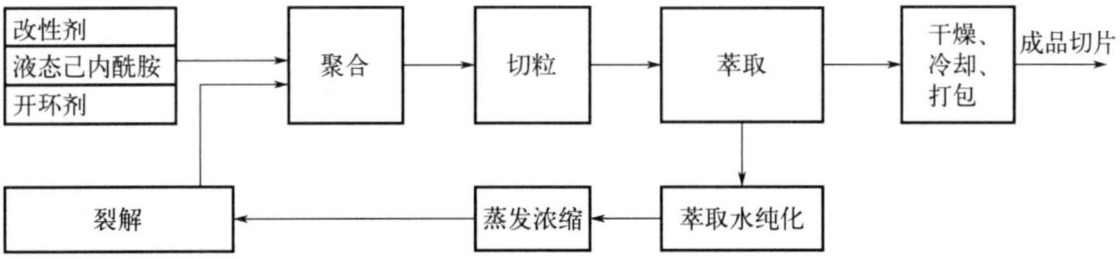

图 7-8　浓缩液直接回用工艺流程

7.3.2　工业边角料回收利用

聚酰胺边角料（包括注塑废料、纺丝废料、机械加工碎屑等）的回收利用在工业中已形成成熟体系，主要通过物理回收、化学解聚和高值化改性实现资源循环，其中物理回收是最常采用的方法。

浙江华鼎尼龙股份有限公司为实现 PA6 废丝（含油率小于 5%）的回收利用，通过碱洗、离心脱水、双螺杆挤出、水下切料、干燥等工序生产再生 PA6 颗粒，用于 PA6 短纤的生产。金发科技股份有限公司采用汽车注塑 PA6 边角料再生成保险杠材料，玻纤保留率超过 90%。意大利 Radici 公司采用纺丝废料再造粒用于生产 PA66 工业丝，强度达到原生料的 95%。德国巴斯夫公司将 PA6 边角料解聚后再重新聚合，用于电子连接器的生产。德国 RepRapper 公司将 PA6 边角料制成 1.75mm 丝材，用于 3D 打印。

7.3.3　废弃地毯/渔网回收利用

早在 20 世纪末，德国 BASF 公司、美国 DuPont 公司、荷兰 DSM 公司、美国 Allied Signal 公司等就研发出聚酰胺回收技术路线并将其应用于生产实践，其中废弃聚酰胺地毯/渔网因纯度高、易回收的特点，回收利用最为普遍。

1999 年，DSM 公司和 Allied Signal 公司联合开发了一种废弃 PA6 的回收技术，即 Evergreen Nylon Recycling 技术，并以此技术命名建立了回收工厂。该技术以 H_3PO_4 为催化剂，在反应压力 1.5MPa 下，将高温蒸汽（340℃）注入地毯（主成分为 PA6）中，使 PA6 解聚成单体己内酰胺，收率可达 92%。回收的己内酰胺可重新聚合生产 PA6 及 PA6 纤维。

美国 Shaw Industries 公司通过对废旧 PA6 地毯进行分选、清洗、熔融造粒，制成 PA6 颗粒，再用于生产新地毯纤维，实现了地毯的闭环循环。

废弃聚酰胺渔网不仅会破坏海洋生态环境，对海洋生物的影响也是致命的。为实现废弃聚酰胺渔网的循环利用，2011 年，意大利 Aquafil 公司创新性地推出了一种 ECONYL 再生聚酰胺，其原料来自废渔网、旧地毯及纺织边角料等，通过独特的化学回收工艺——解聚-再聚合，将原料还原为 PA6 单体；再利用 Aquafil 公司的专利提纯技术，将非聚酰胺成分如添加剂和染料逐一移除，得到清澈透明的己内酰胺液体，再通过聚合生产得到 ECONYL 再生聚酰胺。目前，ECONYL 再生聚酰胺生产的 ECONYL 纱线已广泛应用于生产服装面料、地毯等。

智利 Bureo 公司将废弃渔网破碎、清洗后加工成颗粒，再制成眼镜框、滑板、帽子等，每年实现了超过 30t 废弃渔网的重新利用。

日本东丽公司将回收的渔网制造的再生塑料和其他材料通过解聚和再聚合技术制造PA6纤维（N6CR）纱线、纺织品和其他产品，并于2023年开始正式销售，公司利用独特的化学再生技术，建立了年产约400t的生产线，实现了以往很困难的高附加值PA6纱线的生产。

国内金发科技开发了废弃渔网PA6的高值化再生利用技术，该技术首先通过高效过滤除杂技术除去废弃PA6渔网表面污染物，然后在反应温度260℃，反应压力10kPa条件下使废弃PA6真空熔融解聚。相比于醇解、水解工艺，该技术能够直接获取高纯度单体己内酰胺（纯度99%以上），而不再需要进一步对单体进行脱醇或者脱水环化，且对压力要求较低，既节省了高压装置的设计和维护成本，又提升了安全性。

恒申集团依托自主研发的化学再生己内酰胺专利技术，将旧渔网、废丝、废布边角料及工程塑料等多元回收原料经过化学法解聚得到己内酰胺单体，再重新聚合得到高品质纺丝级切片，可进一步加工成纱线、面料等产品，减碳减排效果达到行业领先，相比原生锦纶6产品，能够有效减少78%碳排放，展现出显著的环保贡献和行业示范引领作用。

7.3.4 汽车废旧零部件回收利用

2023年，东丽集团宣布开发出了一种可以从废弃的硅涂层安全气囊中回收PA66的技术，回收的PA66注塑时具有与原始PA66相同的流动性和力学性能。

2022年，意大利Fulgar公司推出了一种新型环保PA66纱线（Q-cycle纱线），通过回收废旧轮胎，采用化学回收和热解技术制成。通过使用旧轮胎回收料生产聚合物，Fulgar公司不仅避免了废旧轮胎焚烧导致的大量二氧化碳排放，还为欧洲每年1370kt未被回收的轮胎找到了更环保的出路。

2023年，日本东丽公司宣布，其与本田汽车公司签署了一项协议，共同开发一种亚临界水解聚PA6的回收技术，旨在从报废车辆中回收玻璃纤维增强PA6零件。两家公司计划采用废旧的发动机进气歧管为原料，开发解聚和单体分离提纯技术，并建立一座每年处理500t树脂原料的示范装置。

聚酰胺树脂作为一种高分子材料，分解周期长，随意丢弃不仅会对环境造成白色污染，而且也是一种资源的浪费。目前，废弃聚酰胺的回收利用方法主要有物理回收、化学回收和能量回收。但3种技术或多或少存在一定局限性：物理回收虽然工艺简单，操作方便，但是回收产品的品质不能保证，而且多次循环后高聚物分子链大量断裂，会导致其不能多次地回收利用；化学回收虽然回收的产品质量与原生材料接近，且可以多次循环利用，但工艺复杂，成本高，生产过程能耗高，会产生废水、废气，加重环境负担；能量回收虽然技术成熟，易于实施，但在焚烧的过程中产生大量有毒气体，对大气造成污染，不符合“碳中和”的理念。未来废弃聚酰胺回收利用技术的突破重点如下。

（1）构建智能分选系统，如多模态传感分选、区块链溯源、云端物料数据库等，实现不同聚酰胺的精准分选。

（2）开发绿色化学回收工艺，如开发高效生物酶，在温和条件下解聚，降低能耗；采用超临界水或CO_2解聚，减少废液产生；采用新型催化剂催化解聚，提高单体的回收率。

(3) 拓展再生聚酰胺的高值化应用，如 3D 打印再生聚酰胺粉末、纳米改性再生聚酰胺等。

预计至 2035 年，全球再生聚酰胺市场规模将突破 30000kt，占聚酰胺总需求的 35%以上，形成真正的循环经济产业链。

参考文献

[1] 李建林，易勇，娄益波，等．聚酰胺树脂废料回收利用[J]. 塑料工业，2023，51(9)：39-46.

[2] 赵微微，张勇，刘志，等．铁路废弃聚酰胺部件回收再生利用[J]. 中国塑料，2023，37(1)：106-111.

[3] 张金良．纤维增强树脂复合材料化学回收技术研究进展[J]. 纺织报告，2023，42(3)：19-21.

[4] 吴滚滚，冯美平．废聚酰胺纤维回收利用的研究进展[J]. 合成纤维工业，2014，37(2)：51-55.

[5] 魏丹毅，王邃，张振民，等．废旧尼龙制品的循环利用[J]. 广东化工，2008，35(2)：58-61.

[6] 黄海滨，刘锋李，丽娟，等．塑料回收利用与再生塑料在建材中的应用[J]. 工程塑料应用，2009，7(37)：56-59.

[7] 关成，姜子波，何松元，等．中国塑料回收行业现状分析及发展前景[J]. 塑料，2009(03)：36-38.

[8] Mihut C, Captain D K, Gadalcmaria F. Review: Recycling of nylon from carpet waste[J]. Polymer Engineering and Science, 2001, 41(9): 1457-1470.

[9] Schwarz R. Polyamide and polyester recycling-twin-screw extrusion and its application[J]. Chemical Fibers International, 2007, 57(5): 272-273.

[10] Seelig J, Steinbild M. Raw material recycling of nylon 6 carpets[J]. International Fiber Journal, 2003, 18(5): 48-49.

[11] 刘玉莉，钱以宏．国内地毯业的现状及 PTT 地毯产品前景分析[J]. 合成纤维，2002，14(5)：14-17.

[12] 丁明洁，陈新华，席国喜，等．我国废旧塑料回收利用的现状及前景分析[J]. 中国资源综合利用，2004(6)：36-39.

[13] 肖朝辉，刘浩，陈庆，等．聚酰胺 6 纤维浓缩液直接聚合工艺初探[J]. 化工进展，2005，24(3)：319-321.

[14] Marzouk O Y, Dheilly R M, Queneudec M, et al. Valorization of post-consumer waste plastic in cementitious concrete composites[J]. Waste Management, 2007, 27: 310-318.

[15] Ismail Z Z, Al-Hashmi E A, et al. Use of waste plastic in concrete mixture as aggregate replacement[J]. Waste Management, 2007, 28: 2041-2047.

[16] Panyakapo P, Panyakapo M. Reuse of thermosetting plastic waste for lightweight concrete[J]. Waste Management, 2008, 28: 1581-1588.

[17] Dweik H S, Ziara M M, Hadidoun M S, et al. Enhancing concrete strength and thermal insulation using thermoset plastic waste[J]. International Journal of Polymeric Materisls, 2008, 54(11): 635-656.

[18] 李智范．用废旧尼龙 6 生产己内酰胺的方法：CN01106318. 1[P]. 2002-10-16.

[19] 戚嵘嵘，周宁，周持兴，等．回收 PET/PA66 复合材料的研究[J]. 工程塑料应用，2006，34(10)：4-6.

[20] 约翰·沙伊斯著．聚合物回收：科学、技术与应用[M]. 纪奎江，陈占勋，等译．北京：化学工业出版社，2004，4：216-226.

[21] Goto M, Sasaki M, Hirose T, et al. Reactions of polymers in supercritical fluids for chemical recycling of waste plastics[J]. J Mater Sci, 2006, 41: 1509-1515.

[22] Darrell D D, Dennis W E. Nitric acid hydrolysis of polyamids: US5750791[P]. 1996-06-13.

[23] 程欣，许绍东，贺光亮，等．一种废尼龙回收利用的生产方法：CN200410020535. 1[P]. 2005-01-26.

[24] 张振民．一种用尼龙-66 解聚生产己二酸、己二胺的工艺：CN200310102234. 9[P]. 2006-05-31.

[25] Duch M W, Allgeier A M. Deactivation of nitrile hydrogenationcatalysts: New mechanistic insight from a nylon recycle process[J]. Applied CatalysisA: General, 2007, 318: 190-198.

[26] Masuda T, Kushino T, Matsuda T, et al. Chemical recycling of mixture of waste plastics using a new reactor system with stirred heat medium particles in steam atmosphere[J]. Chemical Engineering Journal, 2001, 82: 173-181.

[27] 黄发荣，陈涛，沈学宁，高分子材料的循环利用[M]. 北京：化学工业出版社，2000，303-312.

[28] 汪志勇，王官武，ALBERT S M，等．绿色化学导论[M]. 北京：中国石化出版社，2006.

[29] 井上笃人．聚酰胺[J]. 化学经济（日），2009，56（4）：121-122.

[30] 彭治汉，施祖培．塑料工业手册：聚酰胺[M]. 北京：化学工业出版社，2001.

[31] 何友宝，詹世平，王景昌，等．超临界流体技术解聚废旧塑料的研究[J]. 科技咨询导报，2007，（13）：96-97.

[32] 刘爱学，孟令辉，张泓喆，等．高温高压水条件下尼龙6的分解及其动力学研究[J]. 工程塑料研究，2004，32（10）：47-49.